目标与问题导向的
园林设计

——西南大学校园环境设计实践 **16** 例

张建林 / 编著

西南大学出版社
国家一级出版社 全国百佳图书出版单位

图书在版编目(CIP)数据

目标与问题导向的园林设计:西南大学校园环境设计实践16例/张建林编著.--重庆:西南大学出版社,2023.11

ISBN 978-7-5697-1921-5

Ⅰ.①目… Ⅱ.①张… Ⅲ.①园林设计—高等学校—教材 Ⅳ.①TU986.2

中国国家版本馆CIP数据核字(2023)第203150号

目标与问题导向的园林设计
——西南大学校园环境设计实践16例
MUBIAO YU WENTI DAOXIANG DE YUANLIN SHEJI
XINAN DAXUE XIAOYUAN HUANJING SHEJI SHIJIAN 16 LI

张建林　编著

图书策划:张浩宇
责任编辑:张浩宇
责任校对:李　君
装帧设计:魏显锋
排　　版:吴秀琴
出版发行:西南大学出版社(原西南师范大学出版社)
印　　刷:重庆升光电力印务有限公司
成品尺寸:210 mm×285 mm
印　　张:22.5
字　　数:635千字
版　　次:2023年11月　第1版
印　　次:2023年11月　第1次印刷
书　　号:ISBN 978-7-5697-1921-5

定　　价:198.00元

●作者简介

张建林

四川省中江县人，博士，西南大学园艺园林学院风景园林系教授，重庆市一级风景园林规划师。现任西南大学园林景观规划设计研究院副院长，重庆市建设工程勘察设计专家咨询委员会园林景观委员会副主任，重庆市勘察协会风景园林与生态专委会副主任委员，重庆市风景园林学会理事。曾任中国风景园林学会教育专业委员会筹备委员会副主任委员，重庆市风景园林学会教育专委会主任，中国建筑文化研究会风景园林委员会常务理事，四川省攀枝花市人民政府特聘专家。在1996年至2017年间，历任园林教研室副主任、园林系副主任、风景园林系主任、园艺园林学院副院长。2018年和2019年先后两次前往台湾屏东科技大学景观游憩管理研究所做访问学者。

主要从事山地园林工程设计理论研究与实践、观光休闲农业规划设计研究。以第一作者和通信作者发表论文80余篇；主编《园林工程》（"十一五"与"十四五"国家级规划教材），《风景园林工程制图》及《园林工程与技术》等。主持完成大中小型园林规划设计项目一百余项，获奖十余项，其中《重庆彩云湖国家湿地公园规划设计》《自贡市城市绿地系统规划》获中国风景园林学会优秀风景园林规划设计二等奖、重庆市优秀风景园林景观规划设计一等奖；《重庆渝北区铜锣山矿山公园一期建设工程》获重庆市勘察协会优秀工程勘察设计成果一等奖；《西南大学110周年校庆纪念园》获2017年中国最具特色园林景观设计一等奖（中国民族建筑研究会人居环境和建筑文化专业委员会颁发）；《生园The Regrowth Garden》获第十届中国（武汉）国际园林博览会创意花园国际赛一等奖，并建成永久展出。2013年个人获得ILIA第三届国际园林景观设计大赛"资深景观规划师"荣誉称号，2015年个人获得ILIA第五届国际园林景观设计大赛"年度杰出景观规划师"荣誉称号。

序 言

当今风景园林设计行业正被各种主义、风格、思潮所充斥与左右,致使风景园林设计作品千奇百怪,设计表现形式层出不穷,流行风大行其道,形式大于功能,不少园林设计项目昙花一现,这是为何?风景园林设计师在追求创意之美时忽略了园林设计的本质,设计作秀、迎合新贵常成为设计师博取项目设计权的手段,常常忽略园林项目建设目标与场地之间存在的各种制约与冲突,方案成为一幅画,与项目场地脱节,设计施工图与方案相去甚远,项目施工完成后的效果与设计初衷大相径庭;因忽视建设与维护成本,项目难以落地建成,或即使项目建成,景观效果却难以为继,甚为可叹!为此,如何科学地开展园林设计,实现园林项目方案的创意构思与业主诉求的契合、方案与建成实效的一致、园林景观效果的持久性,是诸多风景园林设计师追求的目标。

"园林设计"一词由"园林"和"设计"组成。"园林"是指特定培养的自然环境和游憩境域,即在一定的地域运用工程技术和艺术手段,通过改造地形(筑山、叠石、理水)、种植树木花草、营造建筑和布置园路等途径创作而成的美的自然环境和游憩境域;"设计"是指把一种设想通过合理的规划、周密的计划,通过各种方式表达出来的过程。人类任何造物活动的计划技术和计划过程均可理解为设计,在我们日常工作和生活中设计无处不在。园林设计是根据园林的功能要求、景观要求和经济条件,运用园林的历史、艺术、植物、工程、建筑等领域的研究成果来创造各种园林景观活动的过程,是在特定地方有目的的创造行为,也是众多物质设计领域中的一支。园林设计在遵循一般设计法则、手法、原理和程序以外,还必须在国家的政策和法律许可的框架内实施,必须满足合法的、合乎规则的以及合同上的约束。园林设计目标就是将设想的美的自然环境和游憩境域以恰当的方式表达出来,同时需要检验其与法律、法规的一致性,是否遵循国家和地方政府所倡导的园林建设发展的总体要求。

设计方法的合理与否直接关系着设计成果和设计质量。目前,许多园林设计师就园林设计目标的达成开展了广泛的实践和方法研究,提出了许多设计理论与方法,其中目标导向的设计法、问题导向的设计法是运用最为广泛的方法。

1. 目标导向的园林设计

目标导向的设计方法是一种系统化正向设计方法(张鄂,2007),是以设定的设计目标为方向和标准进行具体的设计,并通过设计方案来实现设定的目标,其最大的特点就是设计目标是具体设计的指导方向和评估标准。其设计流程大致可以归纳为"确定设计目标——设计分析——具体设计——设计评估和验证"四个环节。

目标导向的园林设计方法是通过对园林设计对象的功能,如形象展示、游憩休闲、康养健身、生态服务等进行研究,建立目标;通过对影响或制约目标求解的要素进行分析,根据园林景观要素的特性和相关性建立约束关系;通过求解约束关系建立方案集,如图1所示。影响或制约目标求解的要素可分为独立、关联、过程和目标等四类要素。

独立要素:可独立成景的、影响其他要素的要素,分为自然、人工两类要素。自然要素为山石、土壤、水体、植物、动物等;人工要素为建筑、道路、桥梁、沟渠、库塘等构筑物。

关联要素:不少要素之间是相互关联的,某一要素的改变导致相关联要素发生相互变化。如土壤性质的改变会导致土壤上生长的植物呈现出不同的植物景观效果;不同的植物和种植方式将影响土壤的性质和利用方式,如人们长期劳作所创造的梯田景观即是如此。关联要素可以是过程要素。

过程要素:将景观构成要素转变为设计作品实景的要素。园林景观是通过设计、施工与维护才得以呈现,施工人员的专业素质和还原设计的能力、设计所用材料及施工工艺与园林项目的匹配度和性价比、景观效果维护等要素是实现园林设计目标的过程要素。

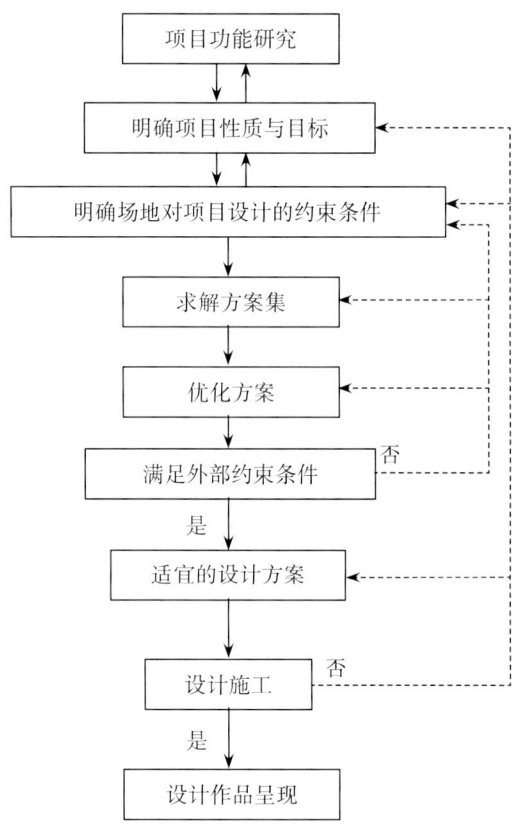

图1 目标导向设计方法框架示意图

目标要素:研究园林建设项目要达成的功能和景观效果。根据设计师的经验及设计沿革等进行初步筛选,确定目标方案集,针对目标方案集中的方案进行比较分析及优化;综合可施工性、成本、园林构景材料资源、可靠性等外部约束选取适宜的设计方案。

设计目标的建立是关键。园林项目设计目标的制定对于设计师而言,可分为选择性设计目标和非选择性设计目标。选择性设计目标是由设计师自己主导、不受业主和不完全受场地制约的创意性园林设计,如世界园艺博览会、中国国际园林博览会中的大师园、创意花园,其设计目标由设计师根据自己的喜好来确定,因而,目标具有极强的灵活性和设计方案的不确定性。另外一种情况是业主没有自己明确的建设目标,完全依赖于园林设计师的专业素养和能力制定建设项目的设计目标。非选择性设计目标与选择性设计目标相反,业主有明确的设计目标。如何达成业主的设计目标,是园林设计师经常需要面对的问题,每一个实际项目受业主的主张、项目性质、场地特征和社会经济条件等因素所左右。了解业主对园林建设项目的期许和经济投入、上位规划对园林建设项目定性与定位的约束、场地对园林建设项目设计与实施的制约等因素是设计师达成非选择性设计目标的前提,也是修正业主不恰当目标要求的基础。

与目标导向类似的设计方法是以结果为导向的理念,结果导向是唯"结果"论,即只关注最终的结果,不在乎整个过程和其他方面因素,而目标导向设计则是一种"全局"概念的设计原则,需要关注设计的全部流程环节和全部相关"因素",如项目投入、游憩体验、施工技术、景观维护等,保证流程每一个"因素"都是符合目标的,而结果仅仅是目标的一部分,因为同样的结果其实现方案可以是完全不同的。在设计中,目标就是设计方案预期能够达到的"效果"。不少人容易将目标和结果混淆,认为结果就是目标,但两者有本质上的差异,目标是整体行动的指导方向和大纲,一般包含结果,而结果仅仅是行动最后效果的反馈。

2. 问题导向的园林设计方法

问题导向是处理问题的一种方法,该方法便于对错综复杂的现实情况进行判断和选择,并以"分析研究——发现问题——解释问题——解决问题"为技术路线,进而根据问题决定"设计什么——怎么设计——如何呈现"的设计思路,避免不顾现实状况,只重理想目标的普适性设计。以问题导向的园林设计思维方法由来已久,SWOT分析法已广泛运用于园林项目设计前期分析。问题导向的设计方法把设计前期调研和分析提到与设计并列的重要位置,整个设计过程划分为问题研究阶段和设计提案阶段,如图2所示。

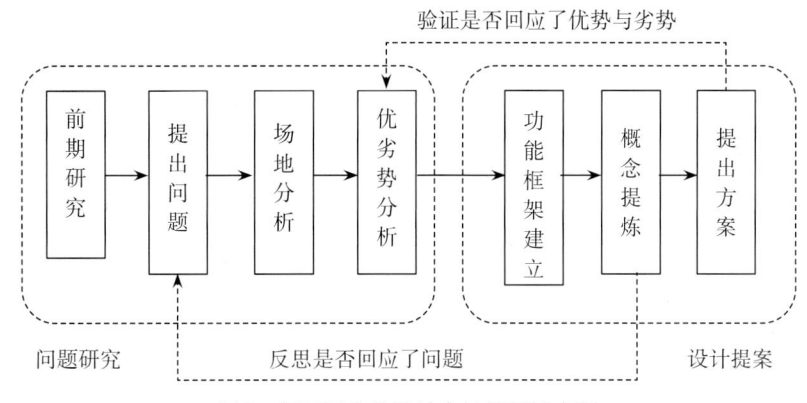

图2 问题导向的设计方法框架示意图

问题导向设计方法的关键在于就具体项目提出合理与科学的问题。当园林项目的建设目标一经确定,设计师通过分析项目用地内外资源环境条件与实现建设目标要求之间的利弊,从而找出场地与建设目标之间客观存在的各种问题。那么分析的依据和标准是什么?一般而言,根据国家、地方行政主管部门和行业制定的园林建设项目设计规范、标准、指导意见和项目属性要求进行分析,也可借鉴国内外同类型的成功案例的设计和建设经验。

设计问题的提出主要从项目用地的内外资源环境条件、施工建设难易程度、资金投入等方面入手,以美观、安全、经济、生态、适用为园林设计基本原则。从系统性的角度分析项目所在地的气候条件、城乡交通、水电设施、人文环境、服务对象、同类型园林项目差异化、项目相邻用地的各种诉求等外部诸方面对建设项目的制约与影响,需要设计师在项目设计时必须面对的问题,如气候条件对植物类型设计的限制,外部交通状况对项目出入口规划布置的影响,水电设施条件对项目建设投资与运营维护的影响,项目与人文环境的关联性、项目服务对象的主次、项目设计的特色与个性化,以及相邻用地对项目建设的有形与无形的约束和限制等问题。从单因子的角度分析项目用地范围内的地形、地貌、土壤、水文、建构物、道路、植物和人文等内部资源对项目设计目标达成的有利条件与制约,以及场地内各因子综合形成的地形空间类型、地貌景观、生态系统对项目设计的影响等方面找出设计时需要面对的问题。

3. 目标与问题导向的园林设计法

目标导向设计法与问题导向设计法在园林规划设计中的应用为我们所熟悉,问题导向与目标导向方法的根本区别在于是否从现实出发。人们习惯的园林设计是从设计概念、风格形式、空间结构入手,具有统筹全局、整体控制设计的作用,但其设计易流于形式,常难体现园林的个性,设计落地性较差。以问题导向的园林设计方法是以园林项目建设条件与目标达成之间所存在的问题,有针对性地制订解决方案,提出对策和建议,以增强方案的指导性、可操作性和实用性。但它并不是要完全抛弃目标导向方法,而是要把它作为实现目标的重要分析手段和前提,以避免在实际设计过程中可能出现的"就问题论问题"、忽视设计目标要求,造成园林整体性和系统性差等问题。因此,园林设计既要以目标为导向,也要以问题为导向,在解决场地具体问题的同时,实现对园林项目服务功能完美、空间结构清晰、景观特色明显的精细化设计。目标与问题导向的园林设计方法框架如图3所示,科学制订项目设计目标是前提,发现、探寻园林项目用地条件与达成目标之间的问题是核心,科学合理地运用设计技巧和工程技术解决问题是关键。

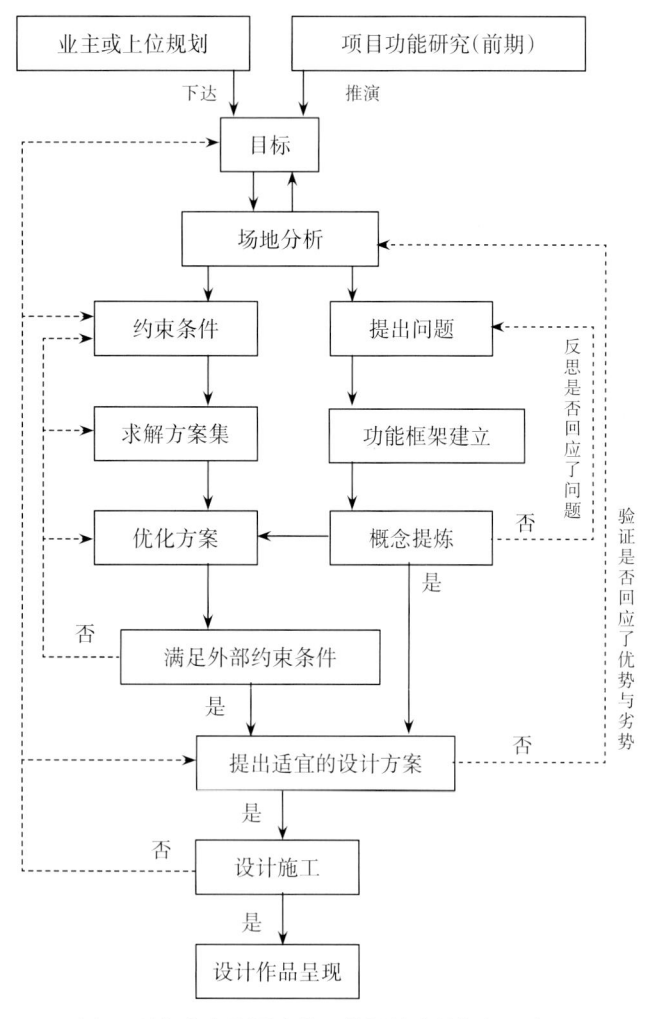

图3 目标与问题导向的园林设计方法框架示意图

4.西南大学校园环境园林设计项目概述

坐落于缙云山麓、嘉陵江畔的西南大学,于2005年由西南师范大学、西南农业大学合并组建而成,是教育部直属重点综合大学。学校办学历史悠久,源于1906年建立的川东师范学堂。学校主体位于重庆市北碚区天生街道,主体校区由创建于20世纪50年代的西南农学院、西南师范学院和总参五一研究所连片组成,占地面积约254 hm²。校园内古树参天,绿荫如盖,人文景点众多,是闻名遐迩的花园式学校。

  近十几年来,笔者有幸主持并参与西南大学校园环境建设项目的设计工作。尽管设计的项目均为西南大学校园附属绿地,但项目涉及纪念性园林(校庆纪念园、宓园)、更新改造(共青团花园、崇德湖)、屋顶花园、校园公共建筑环境(中心图书馆、中心体育馆、教学示范楼、兰苑食堂、第二学生活动中心、培训大楼)、二级单位建筑(经济管理学院大楼、资源环境学院大楼、农学部大楼、化学化工与药学实验楼、出版社大楼)附属绿地等多种类型,其项目用地规模也大小不一,面积最大的崇德湖改造项目占地约29000 m²,面积最小的忆峰苑仅为475 m²。不同类型的园林建设项目在满足西南大学校园整体风貌和功能要求的前提下,每一个项目的设计目标和所面对的主要问题又各不相同,采取的设计策略和设计手法不尽相同。项目建设施工所面对的问题多种多样,如新建项目与已建成绿化景观的协调、施工工艺的选择、工程造价限制与景观质量效果的保障、用地范围的变化与边界的模糊、部门的主观意愿等问题,需要设计师协调、指导或博弈,项目的设计目标、理念才能真正得以落实,设计效果才能较好地呈现。

  本书收录了16例西南大学校园内的园林建成项目,系统地介绍了每一个设计项目目标的确立、问题的提出、问题的解决、设计图的表达、建成后的实际效果,全面剖析了如何基于目标与问题导向法开展园林设计,以及建成后的诸多不如意。书中呈现的园林设计方案、施工设计图纸和建成实景照片,期望能为专业学生更好地理解环境景观设计的基本逻辑和设计施工图的表达、设计创意如何变为现实起到示范作用;为园林设计者和高校风景园林师生提供可借鉴的专业资料,同时,为西南大学校园环境景观维护和绿化养护提供依据。

  (说明:①因书中的设计图成稿时间跨度较大,同一种植物可能有不同称谓,只要没有错误,该书均保留原设计图本来的用法,不另做修改。②书中的图均为示意图。③书中所有图表均可在该书配套的数字资源包中查阅,数字资源包存放于西南大学出版社官网"天生云课堂"栏目中。)

Contents
目 录

1 宓园设计　001
2 校庆纪念园设计　019
3 忆峰苑设计　053
4 共青团花园设计　081
5 教学示范楼外环境设计　127
6 中心体育馆外环境设计　145
7 中心图书馆外环境设计　159
8 崇德湖景观设计　195
9 经济管理实验楼外环境设计　223
10 资源环境学院楼外环境设计　245
11 农学部大楼外环境设计　259
12 兰苑食堂外环境设计　281
13 第二学生活动中心外环境设计　295
14 化学化工与药学实验楼外环境设计　303
15 培训楼外环境设计　321
16 出版社大楼外环境设计　335
　 后记　348

宓园设计

1 宓园设计

1.1 项目概况

宓园位于西南大学文学院和马克思主义学院(原政治与经济学院)之间。为了纪念国学大师吴宓先生,体现他的学术造诣和对中国文学所做出的卓越贡献,营造校园文化氛围,迎接2007年秋季教育部组织的本科教学评估,西南大学决定于2007年秋季前建成吴宓先生纪念园(简称"宓园")。宓园用地呈三角形,占地约1600 m²。

1.2 场地条件

(1)场地西侧为车行道,北侧为人工开挖形成的陡坎,东侧为校园人行主要通道,南侧为游步道,东南角紧邻文学院(一教学楼)入口门厅,如图1-1。

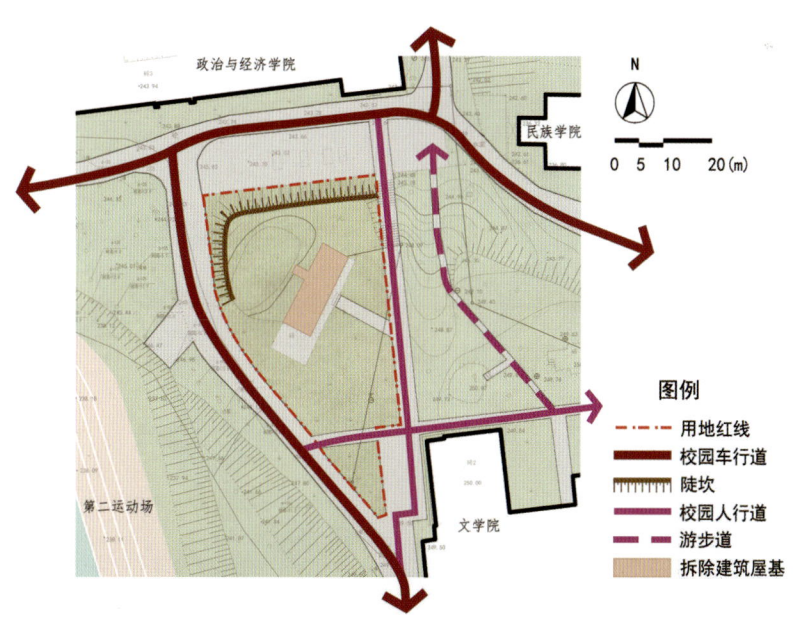

图1-1 交通分析图

(2)用地范围内最高点位于场地西北部的小山头处,海拔高程250.65 m,北侧为高度约6 m的陡坎。东、南及中部区域用地平整,高程在248.10—248.80 m之间,场地中部为北偏东至南偏西走向的建筑屋基,屋基与东南侧用地形成约1 m高差。南北向最大高差约4.2 m,东西向最大高差约2.1 m,从东南至西北形成三级台地,站在场地内的小山丘之上可遥望西北方向绵延的缙云山,如图1-2。

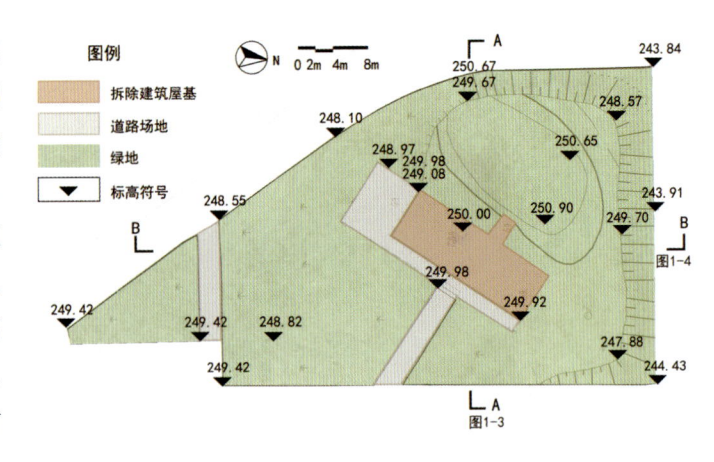

图1-2 用地现状及高程分析图

(3)场地中部为已拆除建筑屋基约142 m²,据有关人员介绍,吴宓先生曾在此处居住过,场地东南角的文学院楼是吴宓先生曾经执教的地方。

(4)现状主要植物:樟(香樟)*Camphora officinarum* Nees、梧桐(青桐)*Firmiana simplex* (L.) W. Wight、枇杷 *Eriobotrya japonica* (Thunb.) Lindl.、黄葛树 *Ficus virens* Aiton、木樨(桂花)*Osmanthus fragrans*(Thunb.) Lour.、复羽叶栾树 *Koelreuteria bipinnata* Franch.、双荚决明(黄花槐)*Senna bicapsularis*(L.)Roxb.、日本珊瑚树 *Viburnum awabuki* K. Koch、矮棕竹 *Rhapis humilis* Bl.、八角金盘 *Fatsia japonica*(Thunb.)Decne. et Planch. 等,如图1-5。乔木和灌木主要分布在用地的周边,生长茂密;场地中部杂草丛生,植物风貌整体十分杂乱,如图1-6。

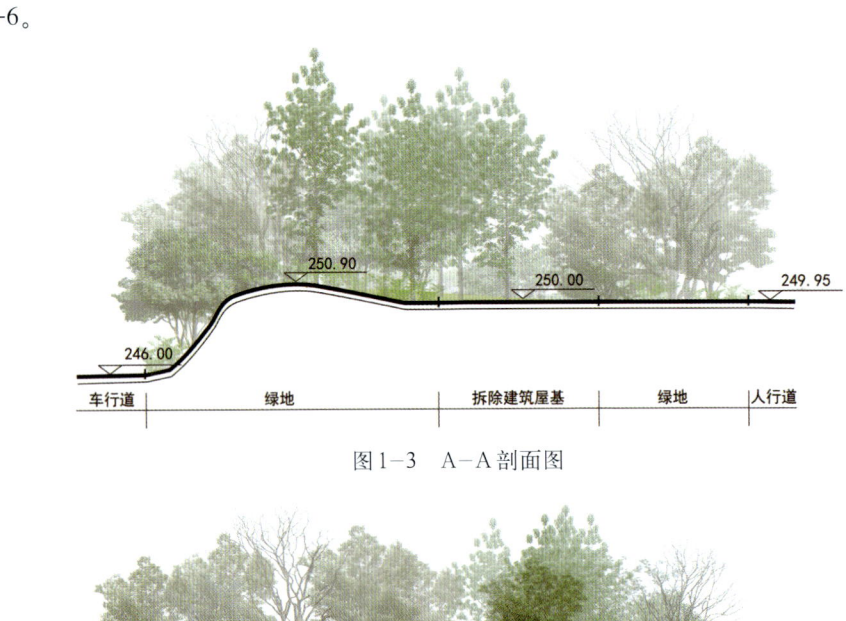

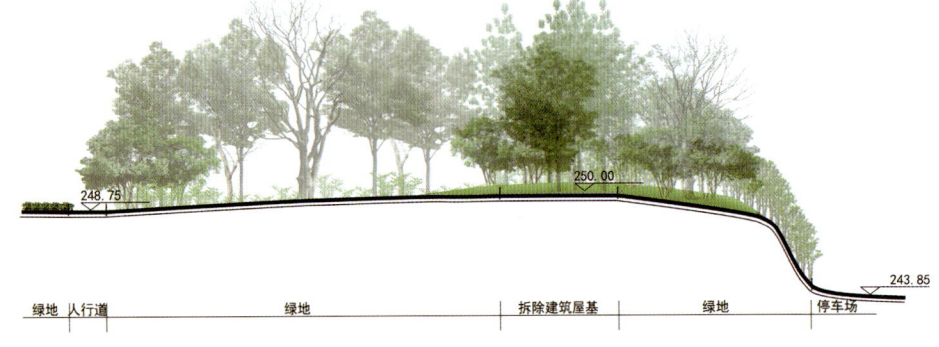

图1-3 A—A剖面图

图1-4 B—B剖面图

图1-5 场地内现状植物图

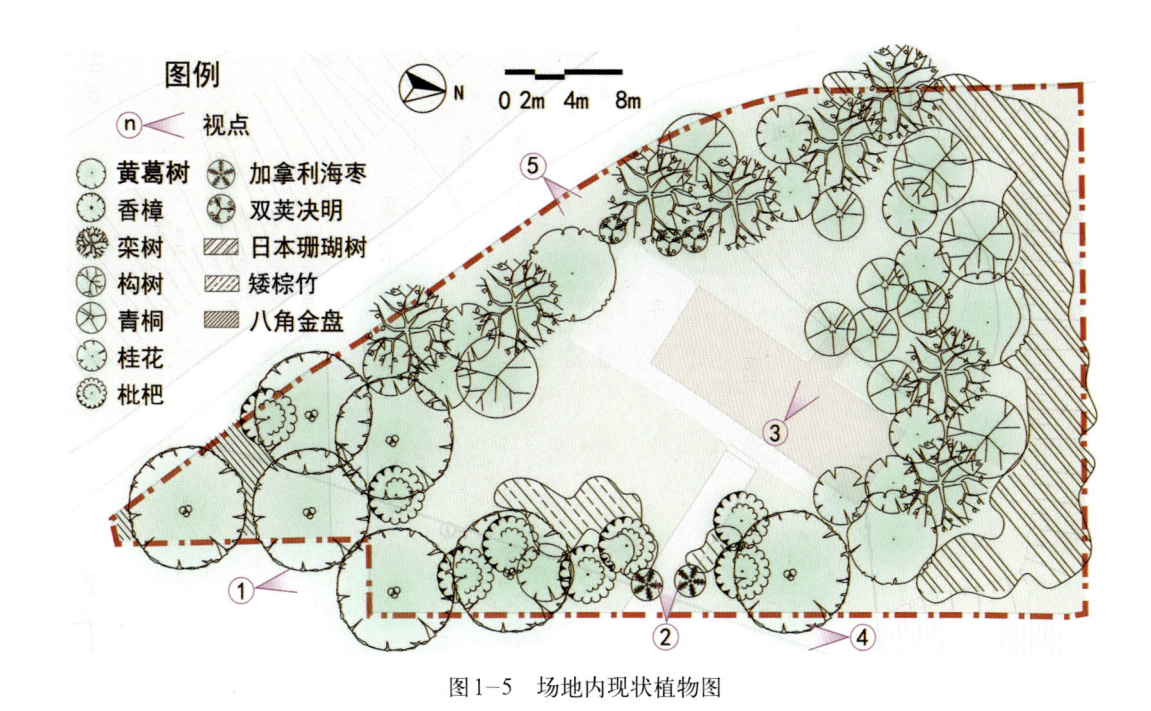

视点① 视点② 视点③

视点② 视点⑤

图1-6 现状植物实景

1.3 面对的问题

（1）如何提取中国比较文学奠基人之一——吴宓先生的个性特征、代表性学术成就，营造独特的纪念环境氛围，达到缅怀吴宓先生，传达吴宓先生崇高的精神；

（2）如何协调园内纪念性主题与师生休闲之需，在为师生提供户外休读、静思空间的同时，促进校园文化氛围的提升，使师生受到文学的熏陶；

（3）如何解决用地规模小、不规整，且场地内高大乔木和外部交通条件对纪念空间组织、空间形态结构的制约；

（4）如何解决纪念园的相对独立与周边校园环境整体协调的关系，如何利用场地内外地形高差、环境景观要素为纪念空间塑造服务，变不利因素为有利因素；

（5）如何协调纪念园出入口、纪念参观路线与校园人行流线的关系；

（6）如何利用场地原有植物为纪念环境氛围营建服务，如保留与舍弃哪些植物。如何融合西北侧陡坎及相邻环境。

1.4 设计策略

（1）广泛收集整理吴宓先生的生平介绍，社会名人和学界对吴宓先生的评价，走访吴宓先生曾执教西南师范学院历史系、外语系、中文系的同事、学生，对吴宓先生人物性格、人生轨迹、学术贡献、人才培养、大师风范等方面有一个全面的认识和了解，并进行景观化提炼性研究，如图1-7及本章附件一。

（2）在用地东、南两侧尽可能保留高大乔木的基础上，梳理中层灌木，使东、南两侧的行人可观园内之景，园内参观者也可透过树木观东、南两侧外绿地景观；由于西、北两侧与相邻道路场地高差较大，受地形的阻挡，尽可能保留树林，强化成密林，形成纪念园的背景林景观，遮蔽大楼屋顶，阻挡人们视线，实现小中见大之目的。

（3）以不规则的纪念场地、非直线纪念空间系列布置手法来适应不规整用地，避让场地内高大乔木，组织纪念空间参观系列。

（4）利用场地高差形成的三台地与吴宓人生三个阶段进行耦合性布局，利用建筑屋基台地规划主导性纪念空间。吴宓先生人生三个阶段的划分依据请见该书配套的数字资源中"吴宓先生生平时间节点图"。

（5）纪念园参观游人主要来自场地东南角的校园干道，同时为了加强纪念园与文学院的联系，宓园主入口设在场地的东南角;考虑宓园东侧为人行步道,为加强与东侧外绿地的联系,方便从北向南的行人进入宓园,在东侧偏北设置次入口。

(6)保留乡土树木,彰显具有中国文化特征的植物,如青桐。

1.5 创意构思

吴宓先生将自己的一生归纳为三个28年。以此,从吴宓人生三个阶段的品性、学习、工作和成就获取景观设计灵感。第一个28年,博学求知、首创东西方文学比较研究,成为中国比较文学研究的奠基人之一,为"凝魂"阶段;第二个28年,开坛讲学,传播思想,为我国培养出包括钱钟书等一大批文学优秀人才,为"传道"阶段;第三个28年,寄寓西南、教书怡情、归隐山林,为"淡泊"阶段。

宓园景观空间序列以吴宓一生的时序来组织,充分发挥用地逐层抬升的高差和现状植物优势,以三层台地纪念空间呈现吴宓先生三段不同的精彩人生,非直线的纪念空间组织与参观路线展示吴宓先生曲折的人生经历。引导空间以无边界、黑白相间的道路铺装展示吴宓青年时期扎根中西方文学世界、开拓中西方文学比较研究的历程,唤起对吴宓先生的回忆;核心纪念空间由山下两层长方形空间叠加而成,以吴宓雕像、吴宓赋、弟子赞美他的诗词景墙、长条石凳和方形石凳在场地与绿地中交错布置等形式展示吴宓先生刚毅的个性、开放的学术思想和不拘一格的教学形式,通过让参观者与先生在心灵上对话,"杏坛讲学"的场景得以展现,激起他们对吴宓先生的崇敬、缅怀之情。冥想结尾空间位于园内第三层台地,以现状青桐为特色,吴宓轩静静地矗立其间,让参观者体会先生淡泊名利、性格内敛、朴实无华的人生境界,如图1-7。

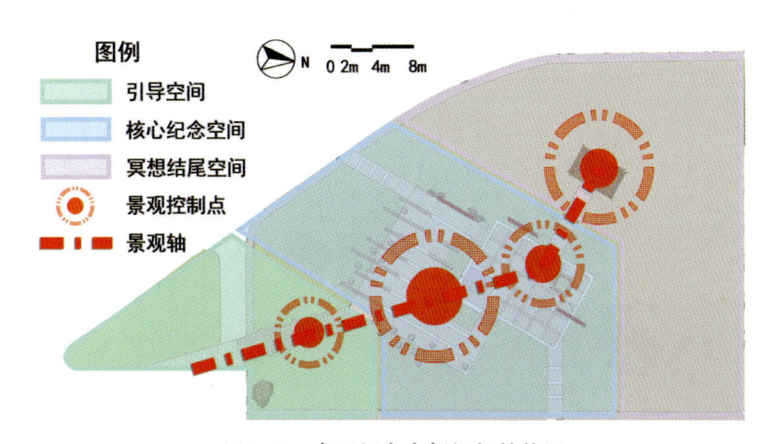

图1-7 宓园纪念空间组织结构图

1.6 方案与设计

(1) 空间布局 依据景观创意,结合场地地形、植物和主要人流方向,宓园主入口设在场地的东南角,从南至北转西北布置入口过渡空间、中心纪念空间、结尾冥想空间,三层台地空间逐渐升高,象征吴宓人生的三个阶段,形成纪念逻辑轴线,如图1-8。建成后的景观效果如图1-9。

引导空间:依托保留的香樟构成夹景,入口处设置自然山石,并题刻"宓园"二字;以黑白相间火烧面花岗岩石板铺路,参差不齐的花岗岩石板伸入道路两侧绿地之中,隐喻吴宓先生求学阶段博采东西文学艺术,以开放的思想为比较文学研究奠定坚实的文学基础。

核心空间:中心空间由两个矩形平面叠加组合而成,上部矩形场地高程是借用建筑屋基与东南侧环境的地形高差,形成上下两个相对高差0.6 m的场地。吴宓先生半身雕塑置于两个矩形场地重叠相交的区域、主入口道路中心线的延长线上,构成中心空间的主景和视角焦点,雕塑成为联系上下场地的纽带。下层以条状黑白花岗石铺地,与铺地同宽度条状白色花岗石从场地中突起,强化了"比较"元素,既装饰了场地又成为隐形坐凳,在吴宓雕塑正前方左右两侧铺地边缘有规律地设置方形的花岗岩石凳;铺地西侧边缘布置景墙,其上刻秦效侃先生撰写的《宓园赋》(见本章附件二)。当师生步入场地内,或琅琅读书,或沉思冥想,大师教诲与学子聆听,"杏坛讲学"的意境得以体现。上层平台从主入口方向看,成为吴宓雕像的基座,台上的吴宓雕塑与桂花树池坐凳呈对角线布置,桂花成为雕塑的背景树,两座怀念吴宓先生的诗词景墙平行布置于平台西北两侧,西侧景墙与平台保持一定距离,北侧景墙与平台部分叠加,呈组合关系,使桂花树池坐凳所属空间的私密性得到适度加强,整体上又顾及东侧次入口的视线景观关系。

结尾空间:在山丘上的高大乔木之间布置三面空透、一面为实墙的吴宓轩,墙上镌刻吴宓生平。吴宓轩坐西向东,背靠缙云山,其中轴线选在两株青桐之间并与中心空间边线呈90°夹角,它体态轻盈飘逸,颜色质朴,掩映在婆婆的绿树中,含蓄而内敛。当观者拾级而上,穿过原有树丛,阅其生平时,一种油然而生的敬畏、崇拜之情化为深深的冥想,与吴宓先生的精神在无声中共同升华。同时吴宓轩还可以成为游子看书、冥思的空间,与吴宓先生传教授学的形象交相辉映。

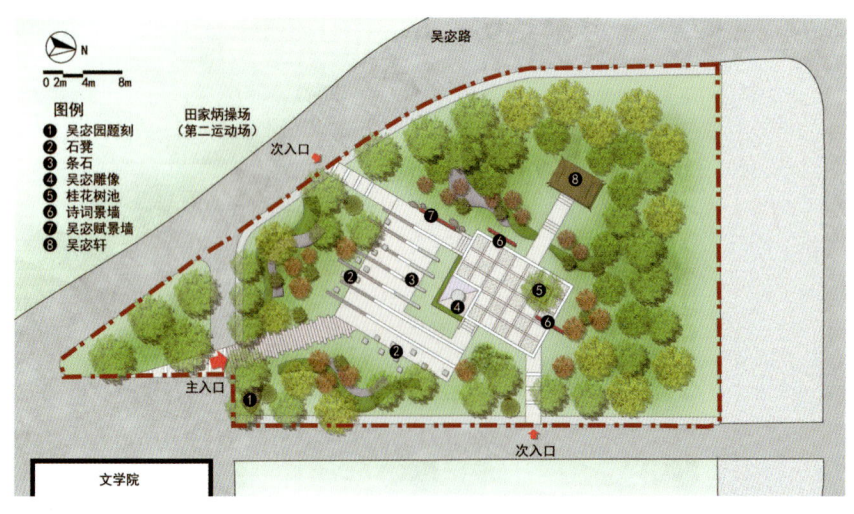

图1-8 宓园总平图

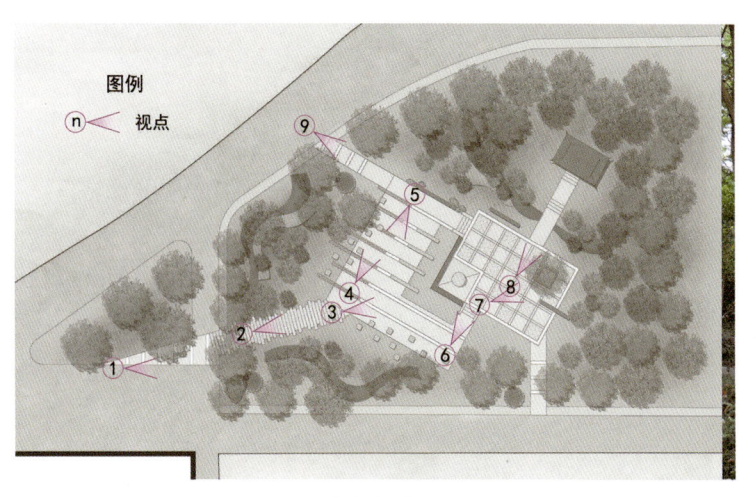

视点索引图

视点① 主入口　　视点② 入口道路与主景　　视点③ 中心纪念空间与雕塑

视点④ 坐凳与吴宓赋景墙　　视点⑤ 坐凳与铺地　　视点⑥ 桂花树池与吴宓轩

视点⑦ 桂花树池坐凳与铺地　　视点⑧ 吴宓轩　　视点⑨ 次入口

图1-9　宓园建成景观效果图

(2)竖向设计　尊重地形,巧妙利用原场地高差来强化纪念空间的意义,尽可能少地动用土方,在原建筑地基上设置休读场地,在小山丘上设置吴宓轩,硬质道路场地雨水就近排入绿地,如图1-10、图1-11。

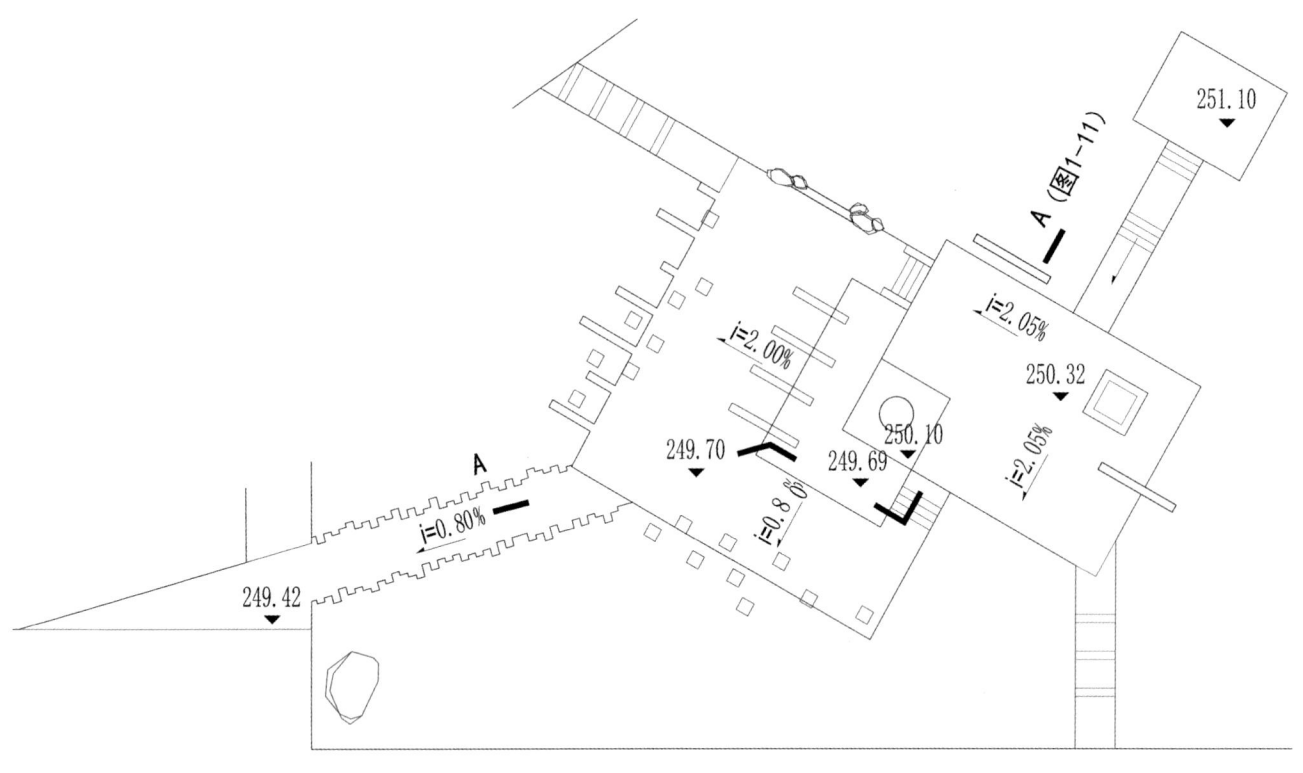

图1-10　宓园竖向设计图

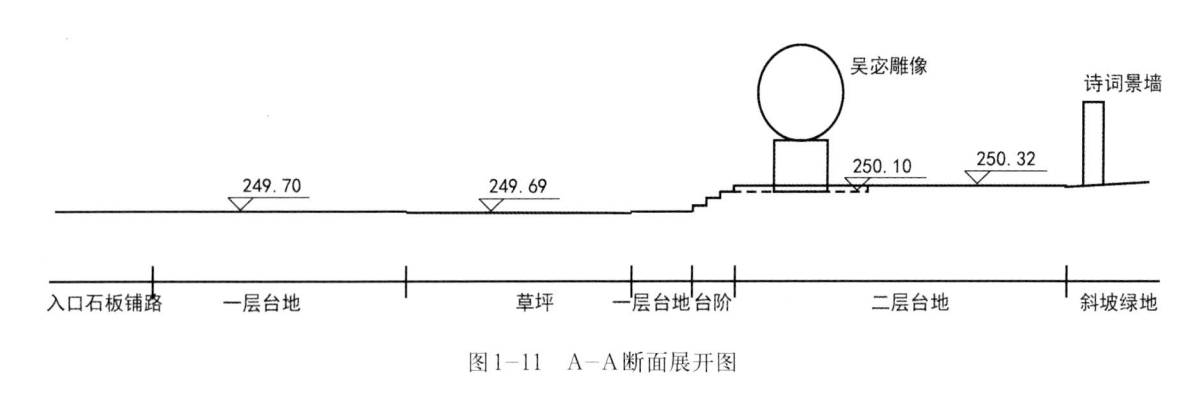

图1-11　A-A断面展开图

(3) 铺装设计　铺装在保持纪念性园林沉稳、庄重的前提下,提炼出吴宓先生比较文学的"比较"元素,在材质上从荔枝面到光面,在色彩上从白到黑进行了强烈的对比变化,为质朴的空间带来灵动性和精致性,如图1-12至图1-17。

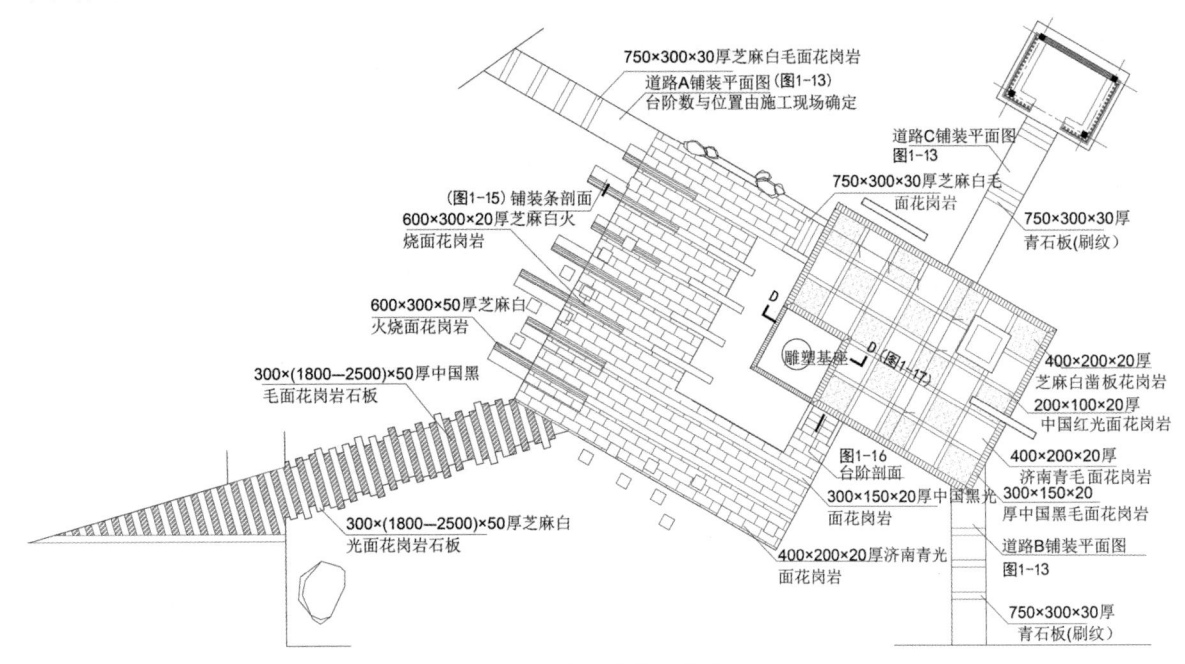

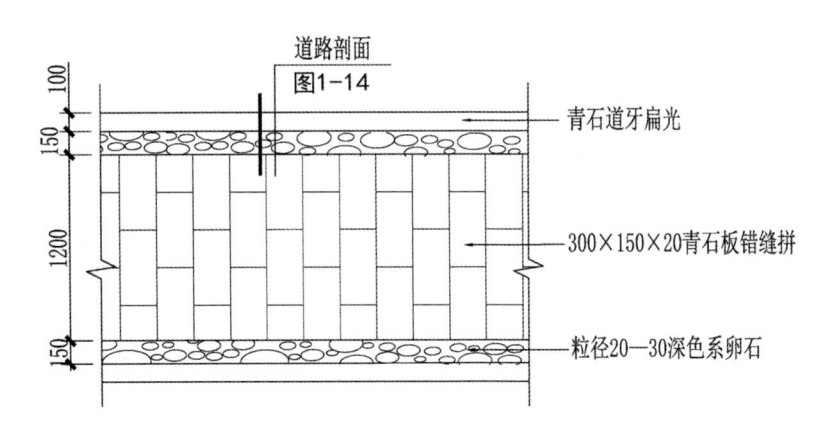

图1-12 宓园铺装设计总图

图1-13 道路A\B\C铺装平面图

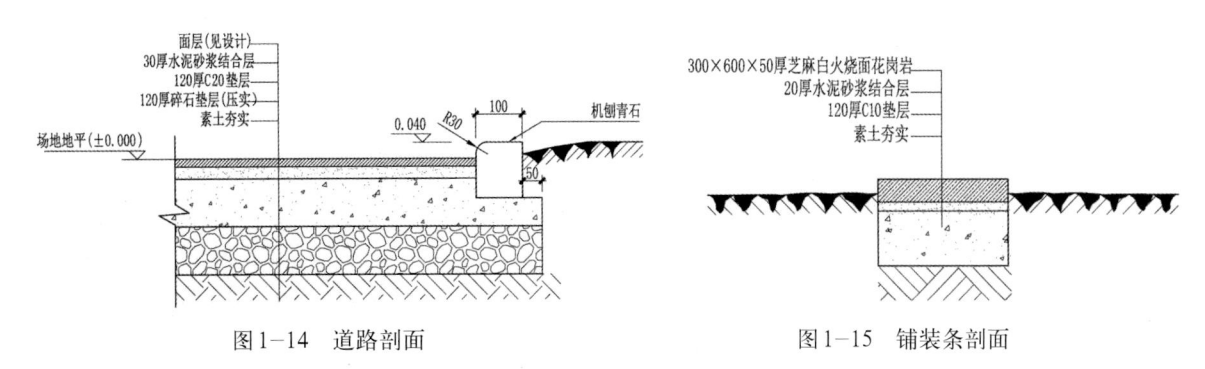

图1-14 道路剖面

图1-15 铺装条剖面

图1-16 台阶剖面

图1-17 D-D剖面图

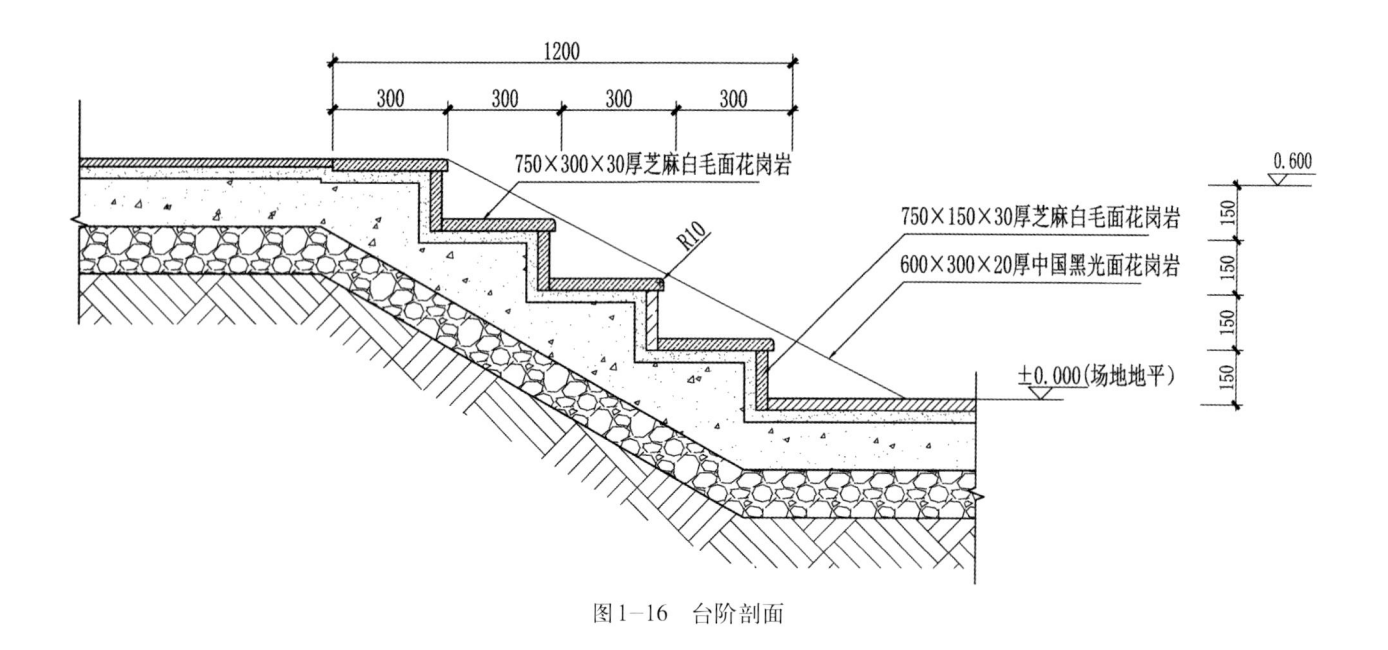

(4)吴宓轩及景墙树池设计 吴宓轩为长方形青筒瓦歇山屋顶建筑,三面空透,如图1-18至图1-24。景墙设计如图1-25,桂花树池坐凳设计如图1-26。

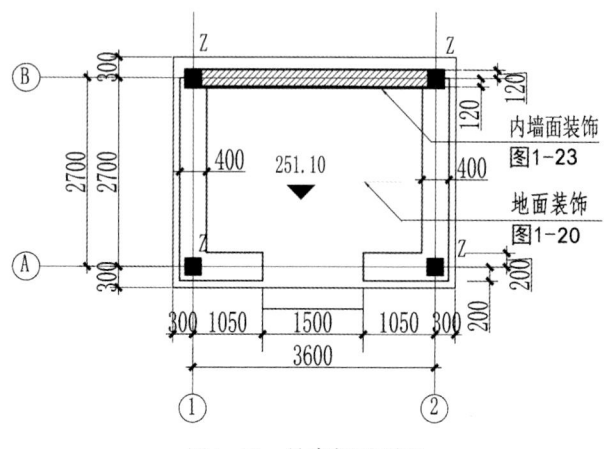

图1-18 吴宓轩平面图

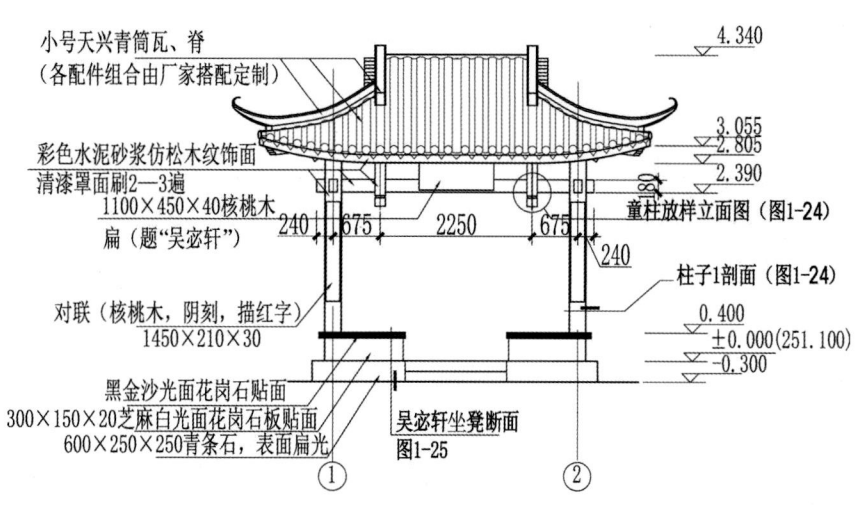

图 1-19 吴宓轩立面图

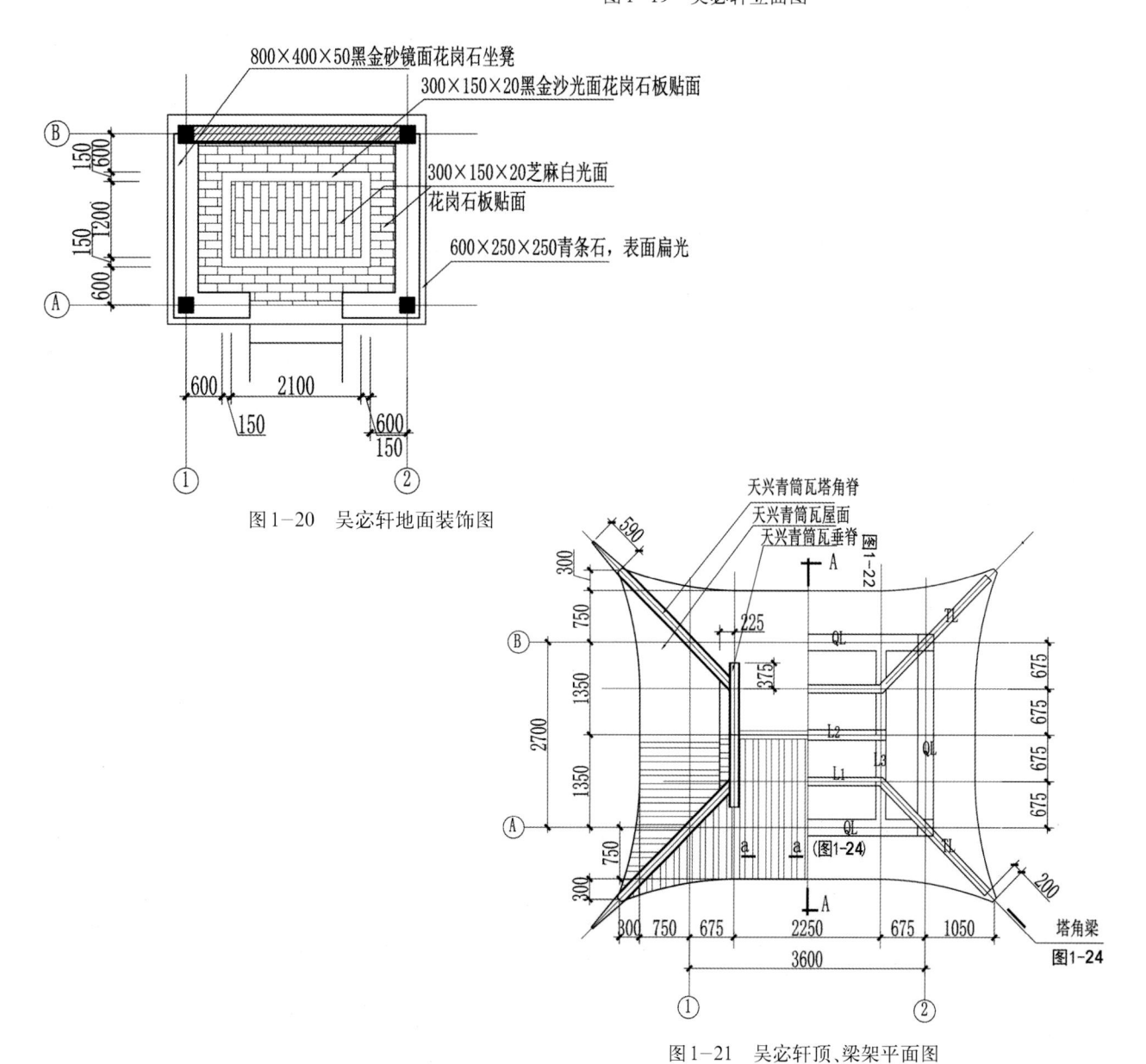

图 1-20 吴宓轩地面装饰图

图 1-21 吴宓轩顶、梁架平面图

图 1-22　吴宓轩 a-a 剖面图

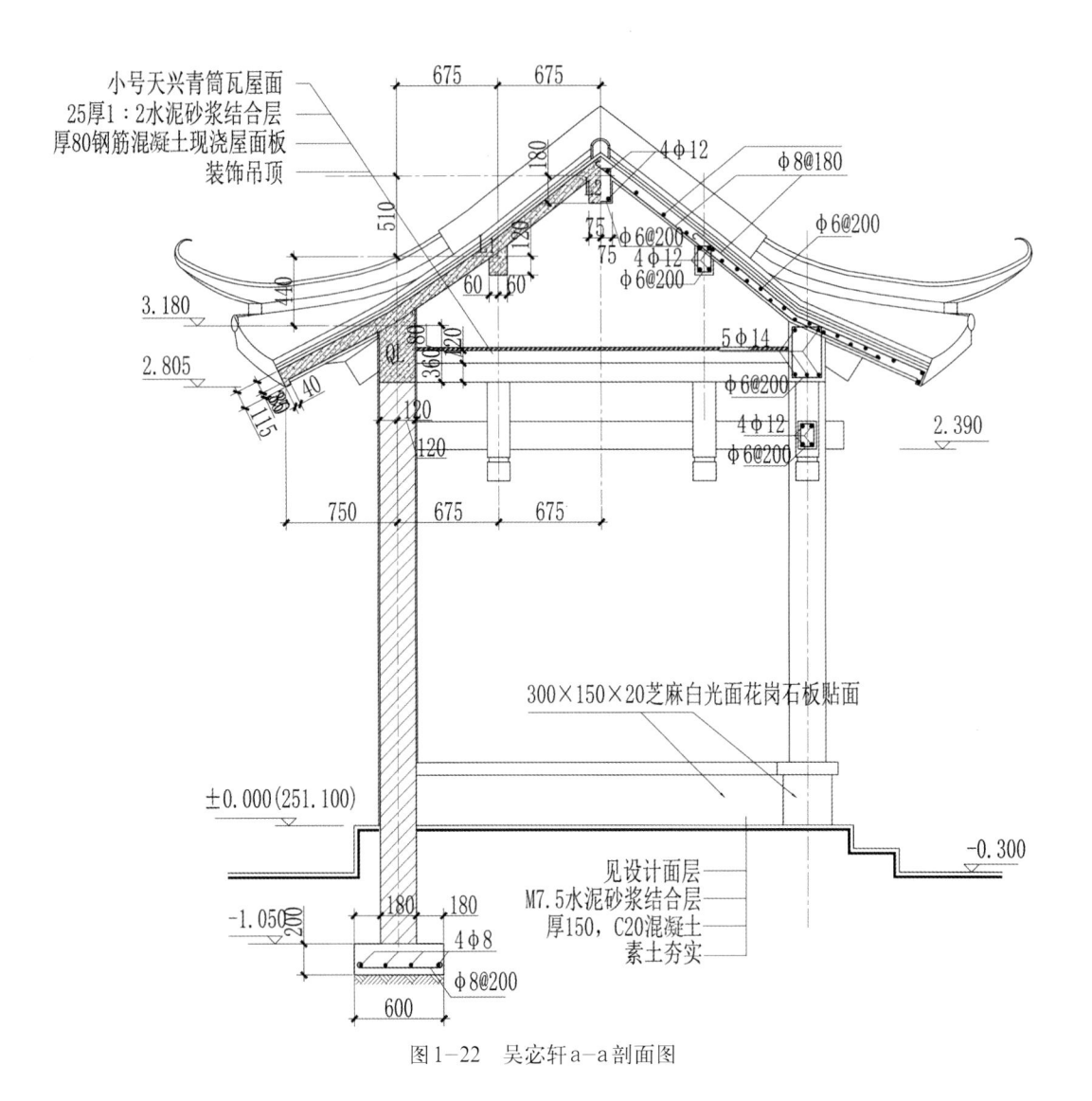

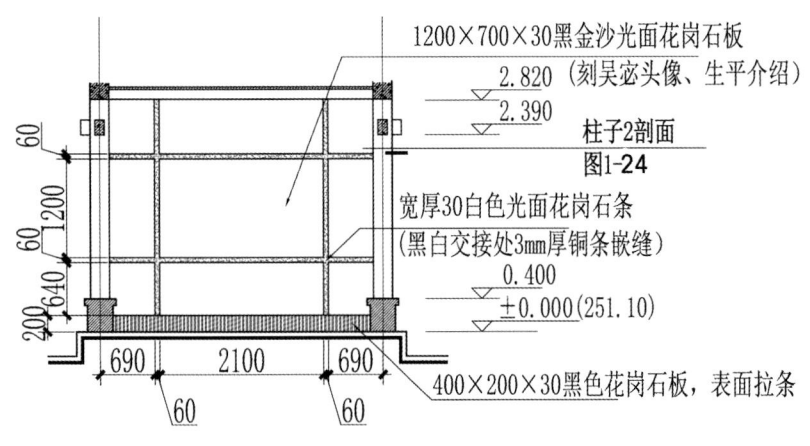

图 1-23　吴宓轩内墙面装饰图

图1-24 吴宓轩结构详图

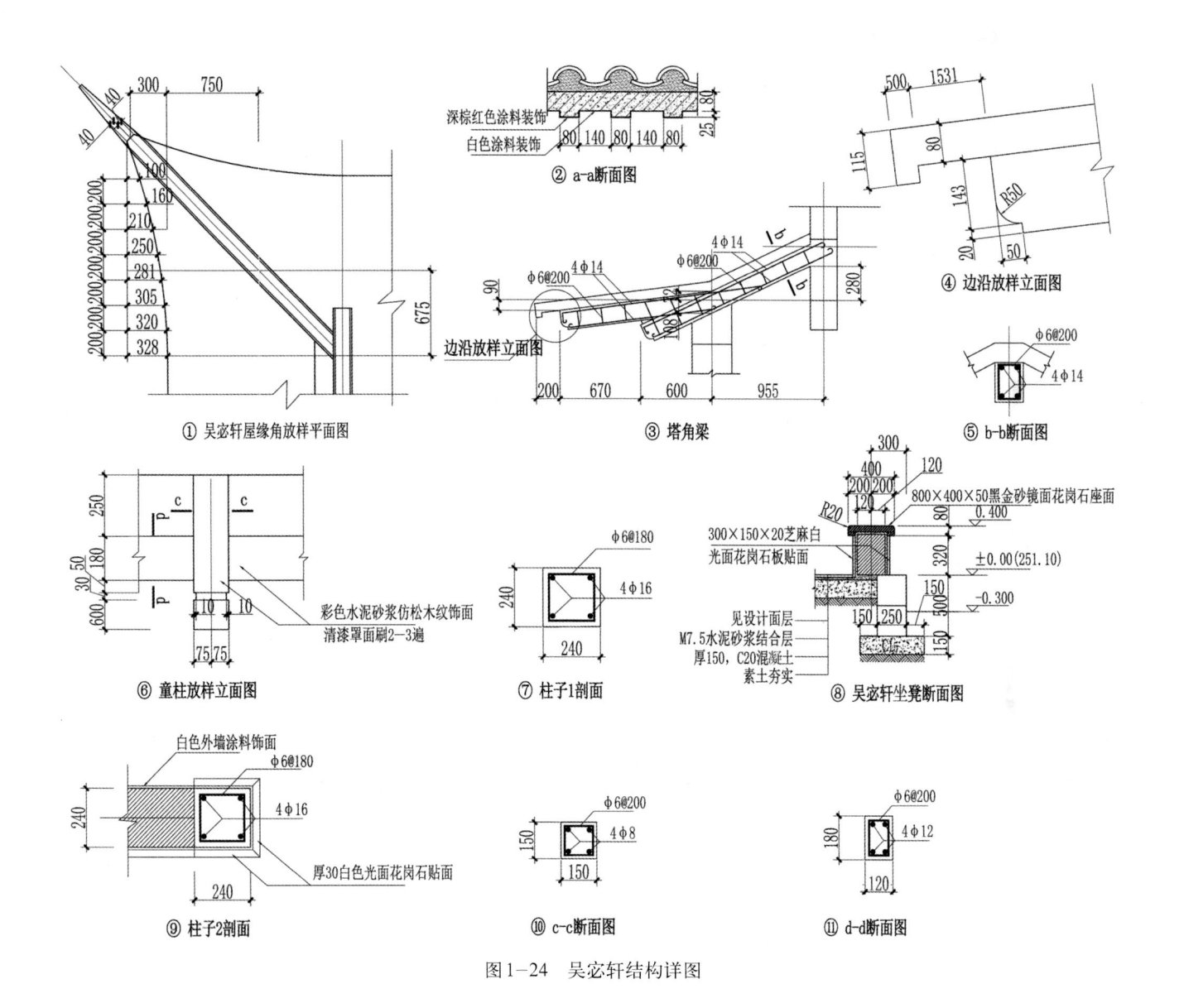

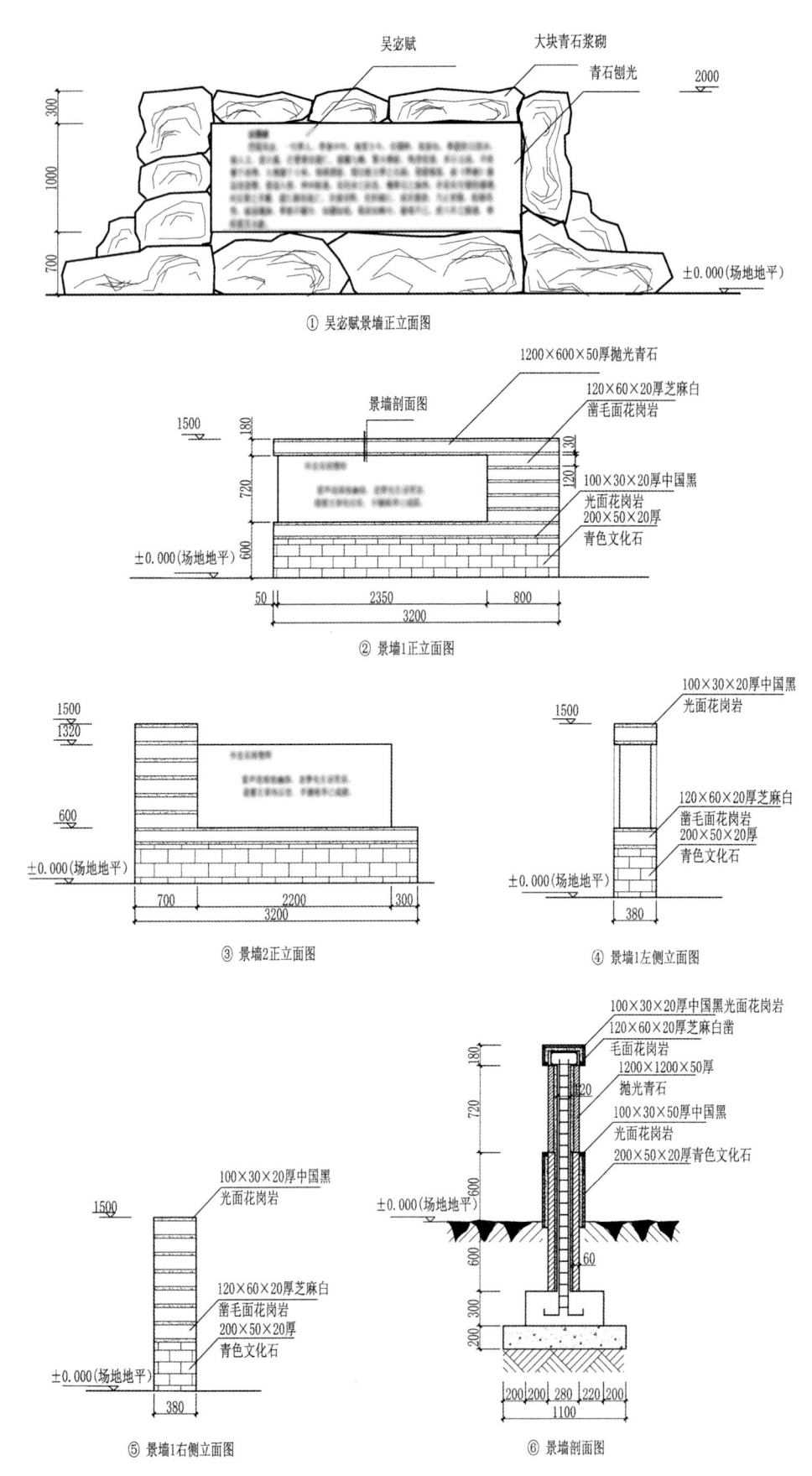

图1-25 景墙施工图

① 树池平面图
② 树池立面图
③ 树池剖面图
④ 机凿详图

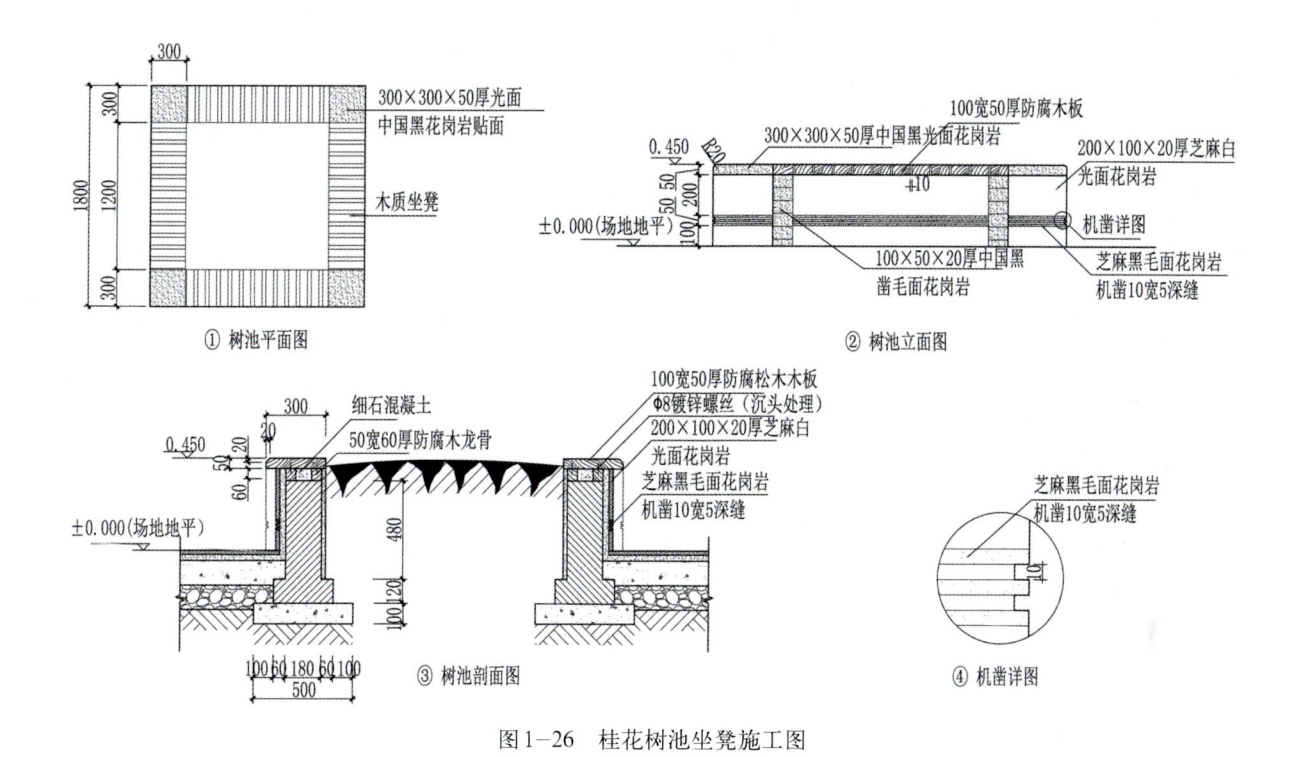

图 1-26　桂花树池坐凳施工图

1.7 施工与维护

(1)两座怀念吴宓先生的诗词景墙因校基建处的原因未能实施。

(2)2021年秋,校基建处将西北小山丘降低,吴宓雕塑所在的平台改为疏林草坡,吴宓轩移至东北侧平地,其纪念主题空间文化及创意大打折扣。

项目设计人员:张建林、彭敏等。

刘曙光(设计吴宓雕塑)

附件一:后人评价与赞誉吴宓先生的文章摘录(请见与该书配套的数字资源)。
附件二:宓园赋(请见与该书配套的数字资源)。

2

校庆纪念园设计

2 校庆纪念园设计

2.1 项目概况

西南大学校庆纪念园位于校中心体育馆、研究生院、中心图书馆和分析化学重点实验室之间的三角形地块，处于校3号门直线道路末端。2015年为迎接西南大学组建10周年暨办学110周年，学校决定在该三角形地块内规划建设校庆纪念园，以此彰显西南大学悠久的办学历史、深厚的校园文化，为未来学校重大活动集会、师生休闲读书提供一个标志性纪念空间。规划占地面积2796 m^2。

2.2 场地条件

（1）设计场地周边被车行道所包围。在车行道外侧，东北侧为分析化学重点实验室，西北侧为西南大学礼堂（原八一礼堂）、研究生院，南侧为中心体育馆，北面与中心图书馆相邻，东南角与新校门相望。参观人流主要来自西、南两侧校园主干道，以及中心图书馆、中心体育馆及第三运动场方向的人流，如图2-1。

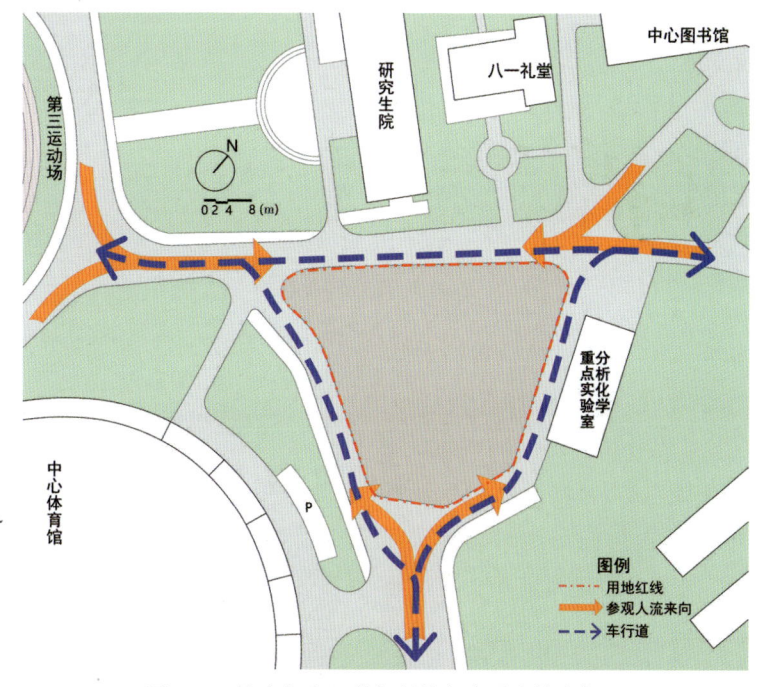

图2-1 校庆纪念园外部环境与交通人流分析图

(2）用地范围内最高处位于场地的东南部245.9 m，整体呈北高南低、东高西低；场地与周边车行道的高差不尽相同，场地高于车行道最大高差约3 m，面向新建的3号门方向，场地低于车行道最大高差约1.3 m，位于场地北侧。中部原为运动场地，与周边相对高差不到1 m，为营造平坦的中心纪念空间提供了有利的条件，如图2-2。

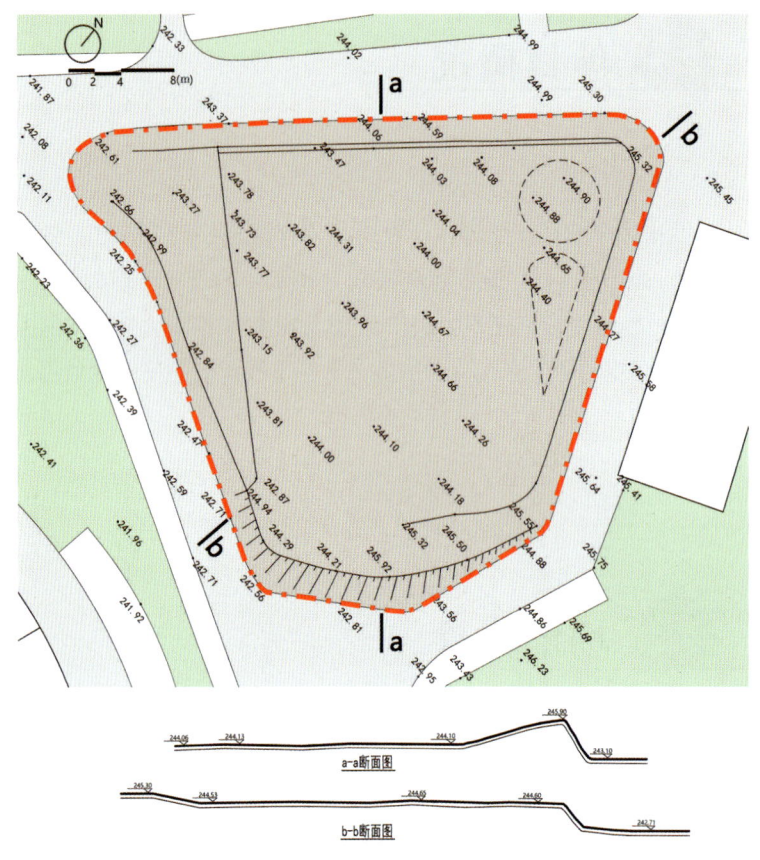

图2-2 校庆纪念园用地高程分析图

(3）用地范围内主要有香樟、天竺桂（*Cinnamomum japonicum* Sieb）、银桦（*Grevillea robusta* A. Cunn. ex R. Br.）等乔木，以香樟为主，且树龄大多在50年以上，主要分布在用地的周边。中部较为空旷，基本无大乔木，为集中性纪念空间场地布局提供可能，同时为营造富有历史文化底蕴的纪念空间提供了良好的环境本底，如图2-3。

图2-3 校庆纪念园用地现状植物平面图

2.3 面对的问题

(1)场地与周边车行道正负高差各不相同,如何平衡不稳定的场地视角感受,营造出纪念园沉稳、大气的整体形象,如何确定纪念园出入口位置?

(2)如何与校园车行道进行有效的空间隔离,在保证纪念空间不受车辆干扰、相对安静独立的同时,又能与周边环境和谐相融? 如图2-4。

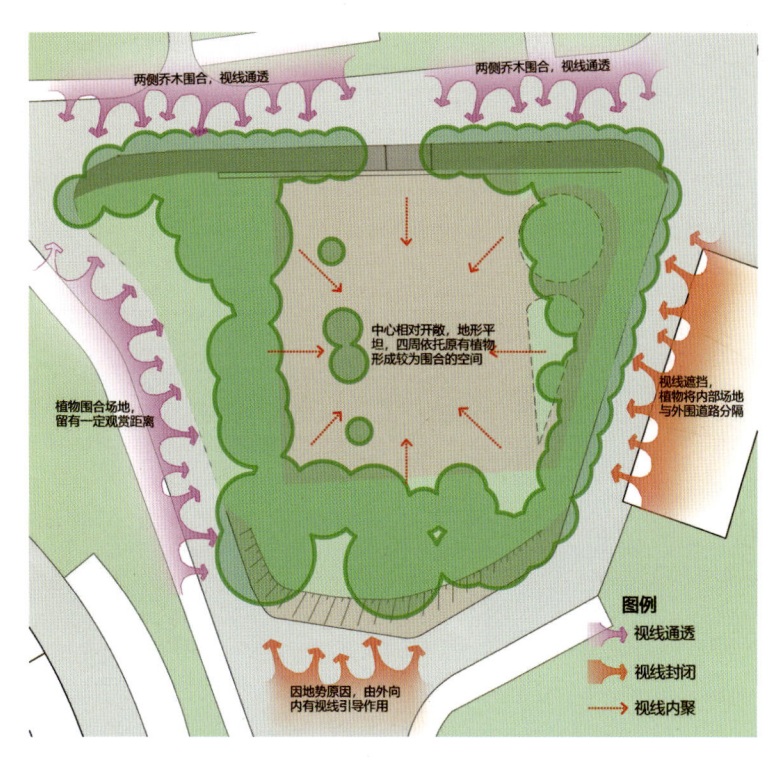

图2-4 校庆纪念园环境空间视线分析示意图

(3)如何在小面积的地块上满足学校纪念集会、文化展示的目标要求,创造出既庄重典雅,又亲切宜人的景观,在尽可能保护、保留场地中大树的条件下,做到纪念空间小中见大?

(4)如何将两校同根同源、历史长河中形成的不同文化内涵进行汇聚、凝练,并在园中以恰当的形式表达出来,让参观者感知西南大学百年办学的历史脉络和文化底蕴,达到弘扬西南大学办学精神和纪念之目的?

(5)如何将师生休闲、交流、学习的空间诉求与校庆纪念空间环境景观相结合,实现同一空间的多功能复合叠加?

2.4 设计策略

(1) 在用地允许的条件下尽可能用斜坡绿地与周边车行道顺接。对局部高差大,因保护现状植物需要,采取退台式条石挡土墙或人工塑石挡土墙来缓解纪念园周边生硬的界面,利用垂吊攀缘植物美化纪念园边界形象。

(2) 适当梳理移植场地中部长势较弱的乔木,保留周边乔木和东侧地形高度,强化东、南、北三个方面乔、灌、草的植物配置,保证中心场地完整开阔的同时强化植物空间的围合性。香樟、玉兰花分别是西南大学的校树、校花,充分利用现状高大常绿乔木香樟并增加玉兰来强化纪念空间的环境氛围和空间意义。在林下及边缘设计种植常绿耐阴的茶花、茶梅、杜鹃和观叶植物等来丰富植物景观层次,营造出清新、宁静的纪念园环境氛围,为展示百年校园奠定良好的环境条件。

(3) 以大集中小分散、藏与露的空间布局手法,以场地特征为基础、纪念功能为前提、历史文化为魂,在兼顾休闲的同时进行场地布局与形态设计,如图 2-5。

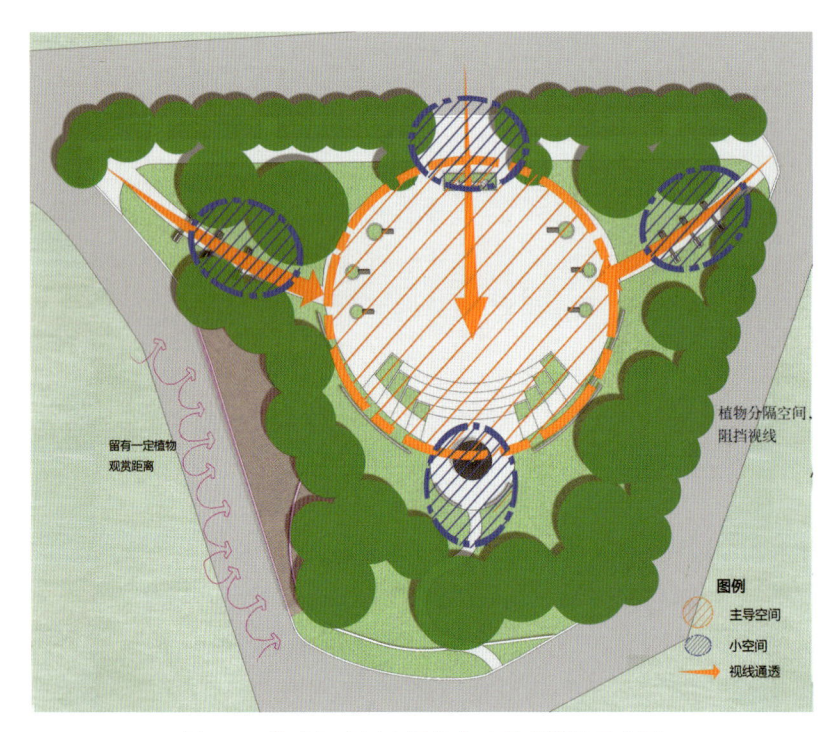

图 2-5 校庆纪念园空间组合及景观视线示意图

(4) 学校的发展如同树木的生长,仅一墙之隔的西南农业大学(简称"西农")与西南师范大学(简称"西师")如两棵并行生长的大树,树木成长的"年轮"成为纪念园平面设计构图的基本元素。

(5) 通过控制建筑、小品、地形、植物等环境要素营造尺度宜人的空间,如图 2-6 至图 2-8。将休闲坐凳设施与空间塑造、景观小品结合,使其成为纪念环境要素的有机组成部分。

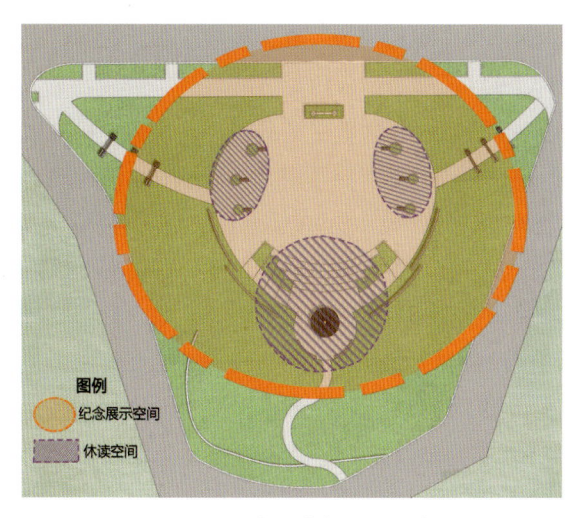

图2-6 纪念园空间类型示意图 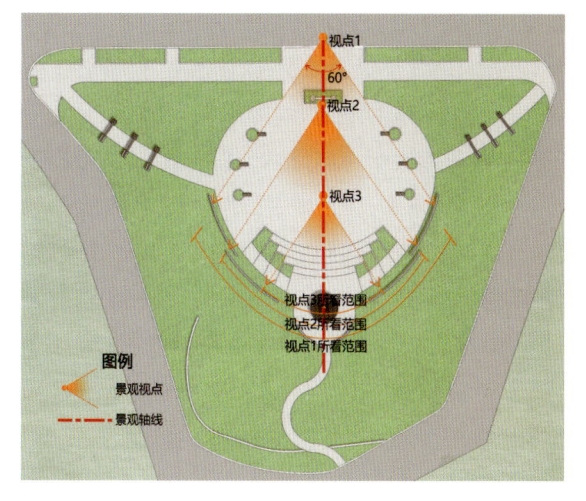　　　　图2-7 纪念园中轴线视点视域平面示意图

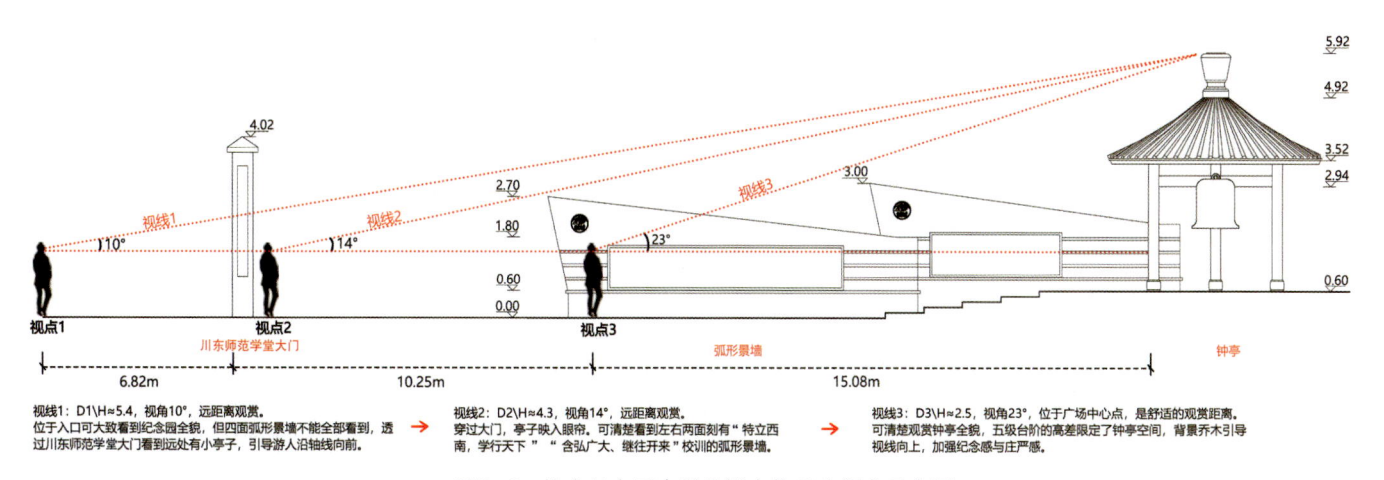

视线1：D1\H≈5.4，视角10°，远距离观赏。位于入口可大致看到纪念园全貌，但四面弧形景墙不能全部看到，透过川东师范学堂大门看到远处有小亭子，引导游人沿轴线向前。

视线2：D2\H≈4.3，视角14°，远距离观赏。穿过大门，亭子映入眼帘。可清楚看到左右两面刻有"特立西南，学行天下""含弘广大，继往开来"校训的弧形景墙。

视线3：D3\H≈2.5，视角23°，位于广场中心点，是舒适的观赏距离。可清楚观赏钟亭全貌，五级台阶的高差限定了钟亭空间，背景乔木引导视线向上，加强纪念感与庄严感。

图2-8 校庆纪念园中轴线视点的垂直视角示意图

2.5 创意构思

（1）通过对西南大学办学历史、演变过程和办学精神的解读，提取西南大学办学历史进程中的关键历史事件时间节点，即1906年川东师范学堂的创办、1950年西南师范学院和西南农学院的成立，1985年西南师范学院和西南农学院分别改名为西南师范大学和西南农业大学，2005年两校合并成立西南大学，到2016年办学10周年这一时间节点线，构成纪念园的文化主轴线，并以叙事的方式述说西南大学办学历史进程中海纳百川、两校历史渊源、交汇、融合和发展壮大。比邻的西南师范大学与西南农业大学如两棵大树并肩成长，故以"年轮"为校庆纪念园设计创意、构图的符号，随着两校年轮一环又一环生长，因时空的关系，两校以一个共同的心愿于2005年7月相融在一起，相融的年轮是新年轮产生的起点，新旧年轮的叠加抽象成一个"心形"构图的中心纪念广场,共同祝愿"西南大学更加美好",成为校庆纪念园的主题思想,在心的顶端建纪念钟亭,以钟记事,以彰显庄重而又神圣的110周年。

(2)突出新时期我国高等教育的"四大功能",人才培养是核心,科学研究是基础。人才培养和科学研究也是西南大学百年办学历程的核心。校庆纪念园的建设不仅仅要彰显西南大学曾经办学的辉煌成就,更应面向未来,激励学子。方案从"一个主题""两个基本功能""四大功能"中提取纪念空间构图元素,以川东师范学堂大门和纪念钟亭为主题纪念线,钟亭前方、左右两侧各布置"两面"前后错落弧形文化景墙,环抱中心纪念广场、面向入口方向,展现西南大学办学的开放与包容。

(3)选取能代表学校形象的校徽、校门作为纪念的可视性景观元素来表达校庆纪念园的历史文化和可理解性。川东师范学堂的大门、校徽已成为遥远的历史记忆,按照一定比例复原川东师范学堂大门,使其成为校庆纪念园忆思门的标志性景观元素。借"门"字形景架隐喻学校大门,装饰校徽的三组景架分别暗含西南师范大学、西南农业大学在发展进程中所经历的三个阶段。从北、南两个方向进入中心纪念广场的园路,象征西南师范大学(北区)、西南农业大学(南区)师生员工走向新组建的西南大学和融合发展的道路。并以"110年"校庆纪念徽章作为校庆纪念园的标识,在弧形文化景墙上布置校庆吉祥物"希希""兰兰"以营造校庆氛围。

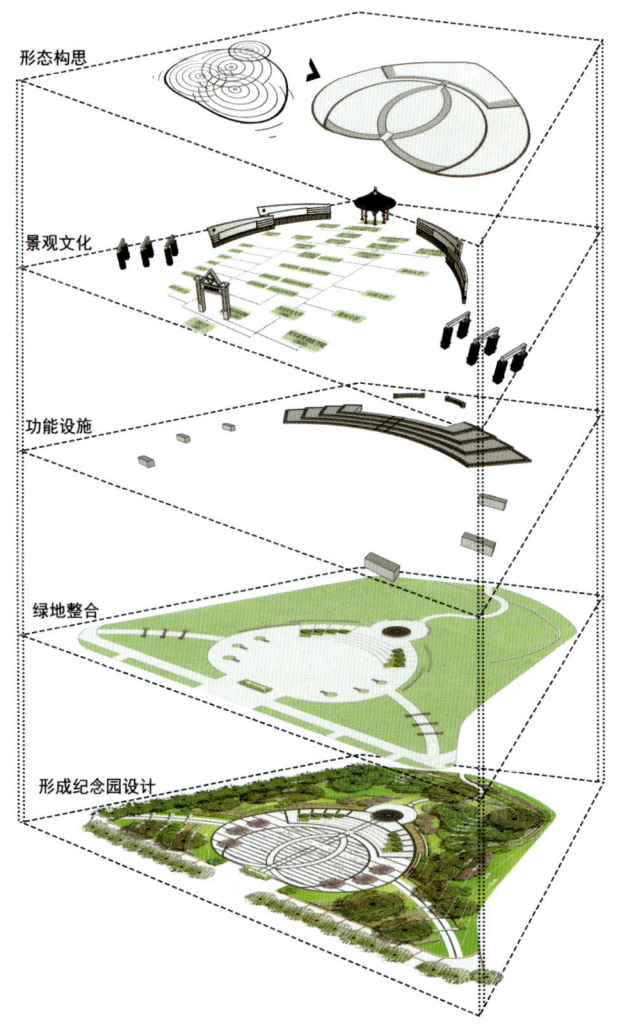

图2-9 校庆纪念园创意构思演绎图

(4)集会、休闲的功能设施与纪念景观形式结合,成为有机组成部分,如图2-9。

(5)利用学校拆除中华人民共和国建立前建成的民居建筑所获得的一批具有"川东"字样青砖,作为校庆纪念园内文化景观墙体装饰材料,以增加校庆纪念园的历史感厚重感,如图2-10。

图2-10 具有"川东"字样青砖

2.6 方案与设计

(1)平面布局 如图2-11、图2-12所示,纪念园主入口设在西北侧校园主干道旁边,入口处的花坛内布置微缩的川东师范学堂大门以纪念1906年川东师范学堂成立(图2-13)。中部广场以黑白两色花岗石铺地为基调,以时间为序,在中轴线的地面上镌刻西南大学办学历史进程中所发生的重要历史事件,形成具有文化底蕴的开阔铺装场地,在广场轴线两侧分别置圆形与条石组合的树池坐凳、以青砖为基础的弧形景墙,景墙墙面上镌刻西南大学校训、校歌与校赋、校庆吉祥物和西南大学110周年标识(图2-14);在中轴线东南端处建校庆纪念钟亭,亭中悬挂由西南大学校徽图案演化而成的110周年祭大钟,钟上刻有110周年时间刻度等铭文,钟亭与中部广场之间由5级宽大台阶连接,寓意西南大学在中国教育界的地位,也暗喻办学精神源远流长(图2-15)。

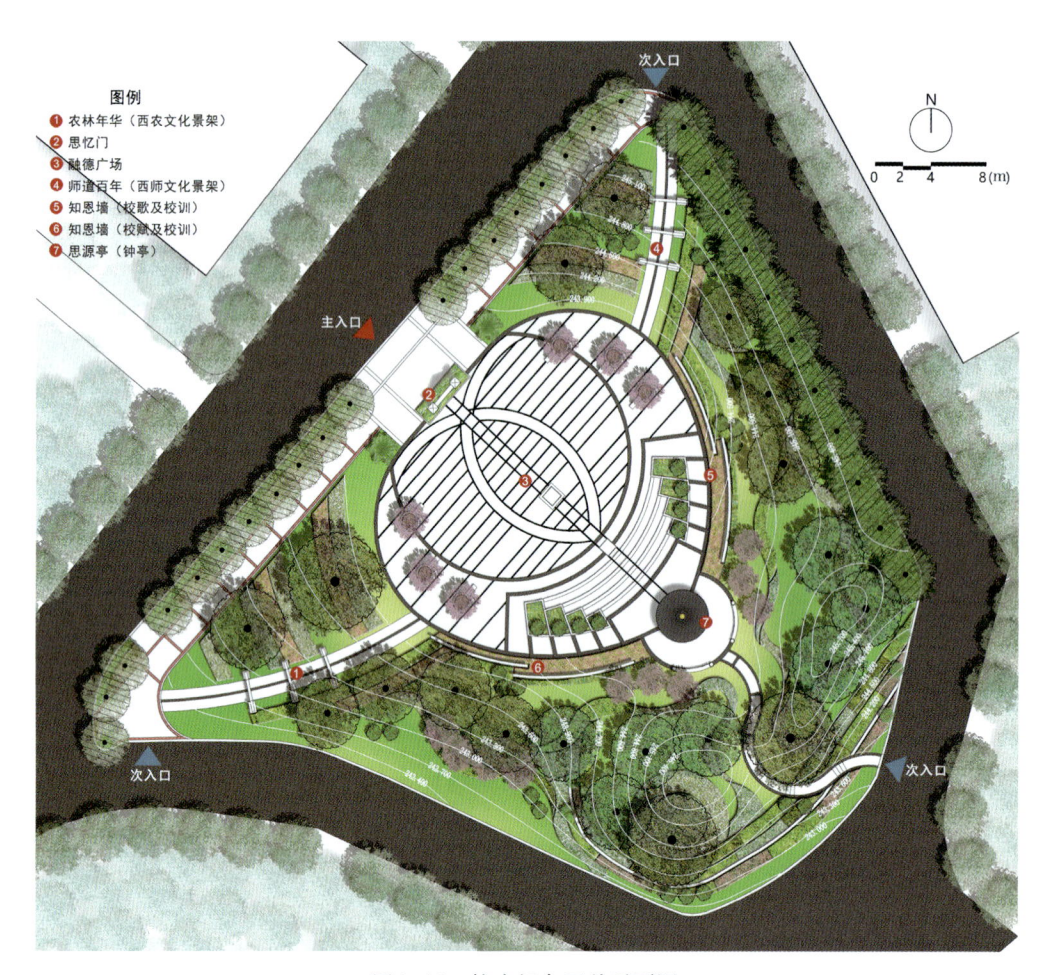

图例
1. 农林年华（西农文化景架）
2. 思忆门
3. 融德广场
4. 师道百年（西师文化景架）
5. 知恩墙（校歌及校训）
6. 知恩墙（校赋及校训）
7. 思源亭（钟亭）

图 2-11　校庆纪念园总平面图

图 2-12　校庆纪念园鸟瞰图

图2-13 校庆纪念园思忆门效果图与实景

图2-14 桌凳花池景墙效果与实景

图2-15 思源亭(钟亭)效果图与实景

场地西南角、北面、东南角分别设置次要出入口,方便来自不同方向的师生进出。其中西南角的通行道路上设置3座农林年华景墙,上刻西南农业大学校徽;北面的通行道路上设置3座师道百年景墙,上刻西南师范大学校徽;景墙均以带有"川东"字样的青砖为立面装饰(图2-16)。东南角的出入口隐藏于土墙与植物之间。

图 2-16 农林年华和师道百年景架效果图与实景

(2)竖向设计　校庆纪念园中心广场与四周校园道路之间在不影响现状乔木生长的前提下,通过适度挖填,塑坡整形,消解场地内生硬的高差关系,形成良好的场地关系。纪念园南侧边缘与校园道路高差大,且香樟树紧邻校园干道,不宜采取放坡的方式处理地形,为保障香樟的生长和坡坎的稳定,采取条石堡坎与人工塑石相结合的方式进行挡土,如图 2-17,图 2-18。

图 2-17　纪念园南侧实景

图 2-18 校庆纪念园竖向设计图

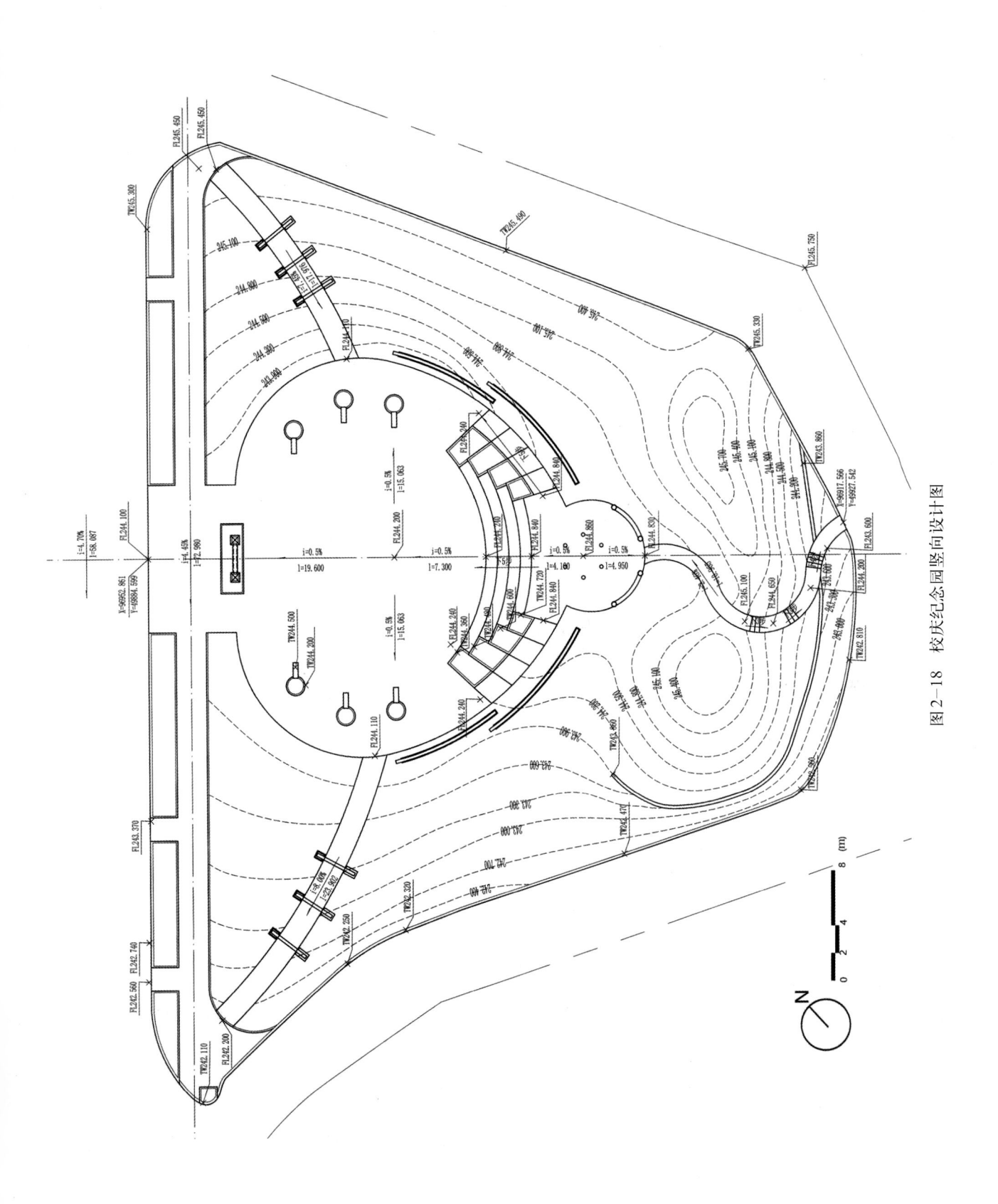

(3)铺地设计　为烘托纪念园的庄重与淡雅,全园选取黑白灰为铺地色系,材料选用芝麻白、芝麻灰长条花岗石为铺地基调,以芝麻黑为装饰线条,分区域和主体功能需要进行规格大小、表面装饰和图案组合设计,如图2-19~图2-21。

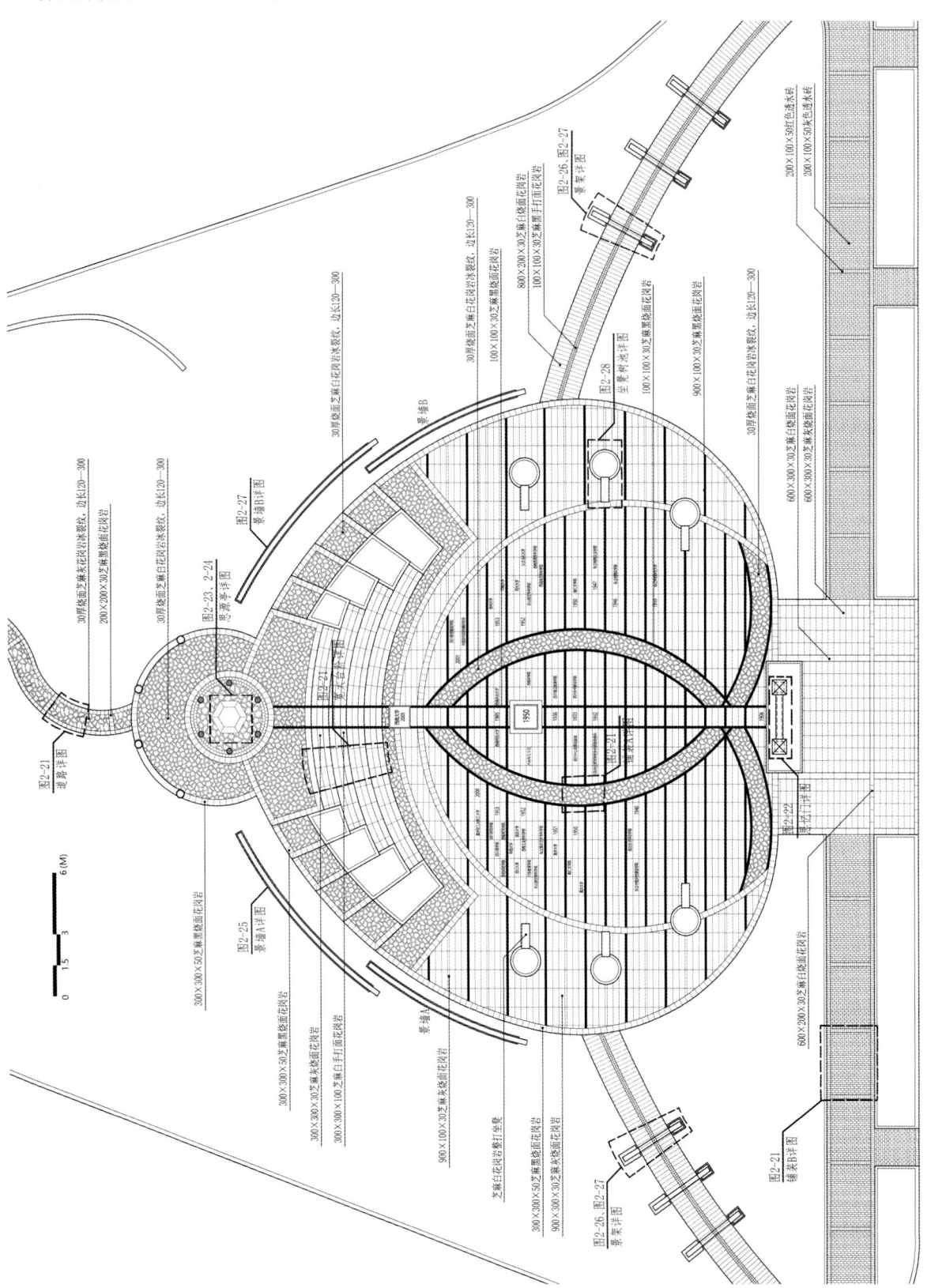

图2-19　校庆纪念园铺装物料及索引图

图 2-20　校庆纪念园广场铺地实景

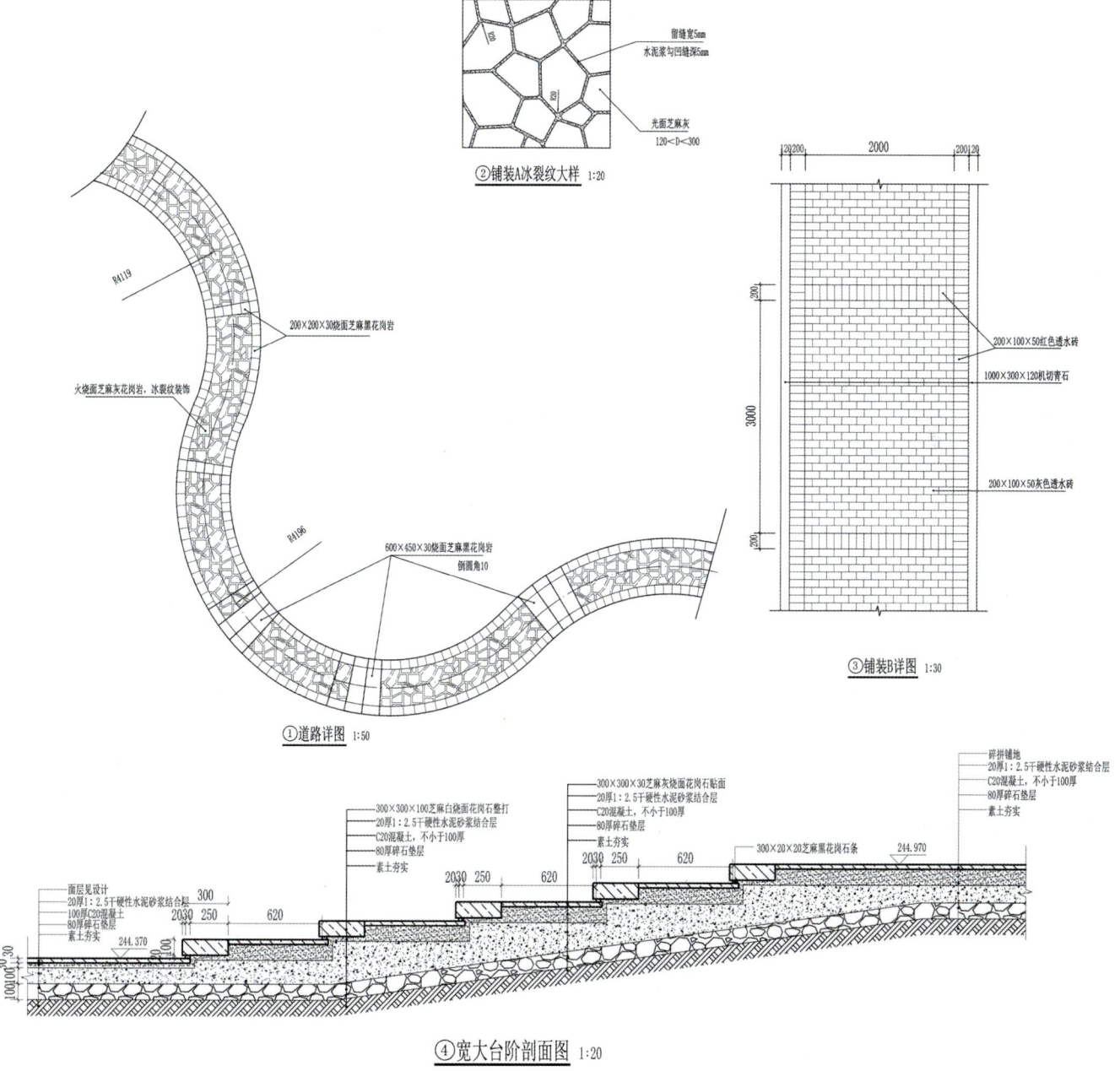

② 铺装A冰裂纹大样 1:20

① 道路详图 1:50

③ 铺装B详图 1:30

④ 宽大台阶剖面图 1:20

图 2-21　道路及铺装详图

(4)建筑小品设计

① 思忆门：以川东师范学堂大门为原型，按一定比例微缩，采用钢筋混凝土现浇，表面做旧处理，如图2-22。

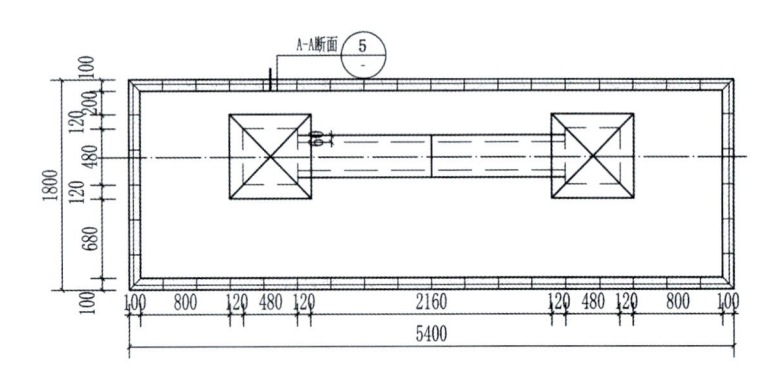

① 大门平面图 1:40

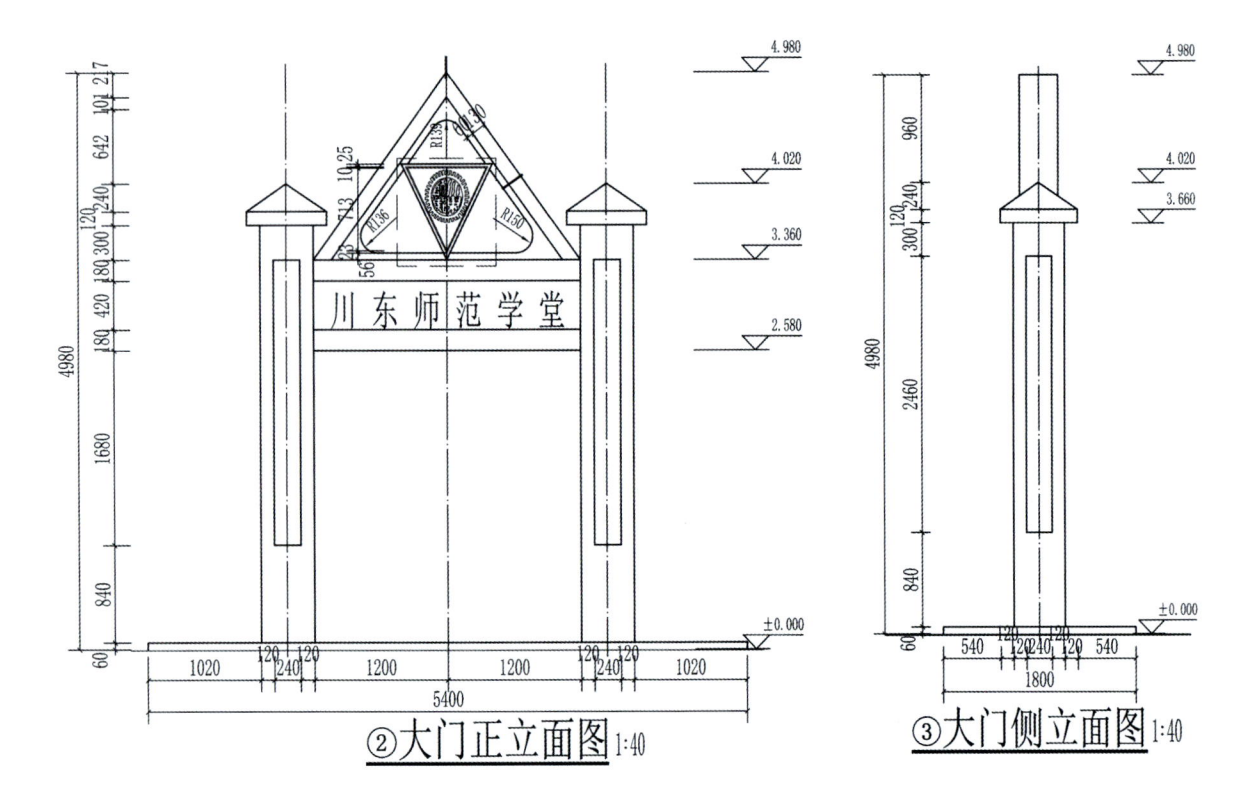

② 大门正立面图 1:40

③ 大门侧立面图 1:40

④ 大门背立面图 1:40

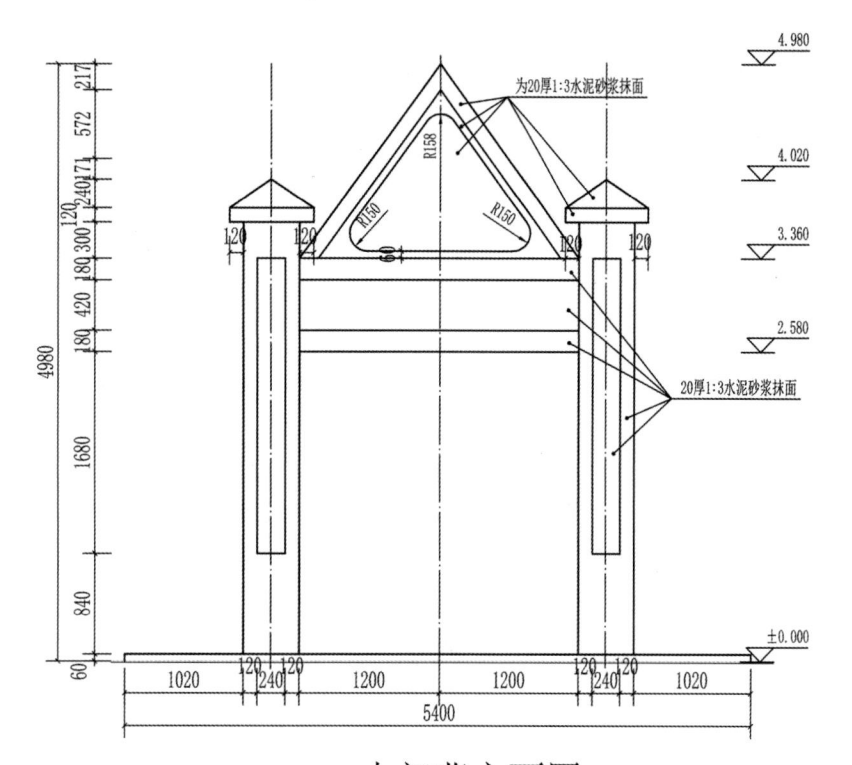

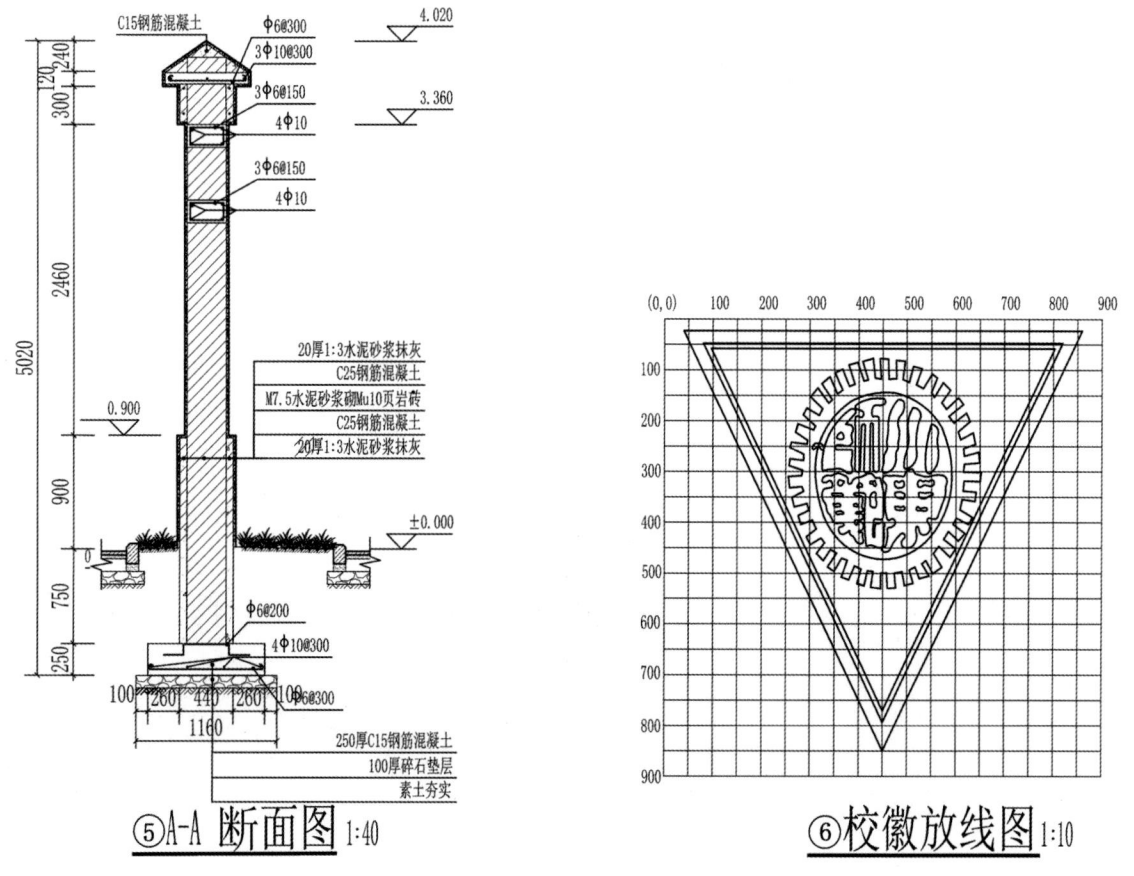

⑤ A-A 断面图 1:40

⑥ 校徽放线图 1:10

图 2-22 思忆门建筑施工图

② 思源亭，又名钟亭，为钢筋混凝土现浇、灰筒瓦攒尖、朱红柱仿古圆亭，施工图如图2-23、2-24。悬挂110周年祭大钟，设计图见本章附件一。

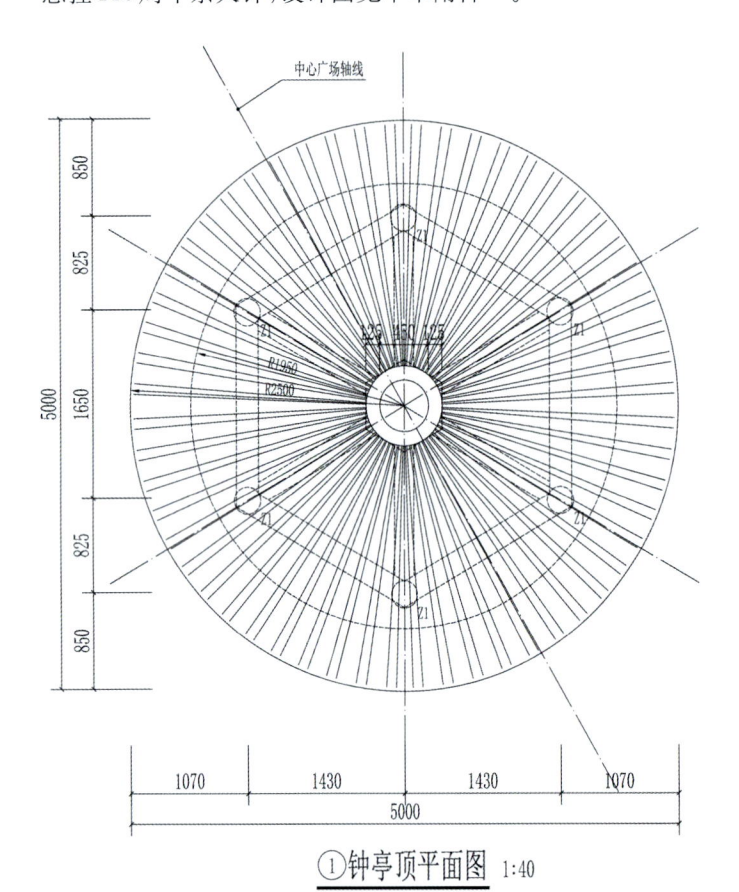

① 钟亭顶平面图 1:40

② 钟亭仰视平面图 1:40

③ 钟亭铺装平面图 1:40

④ 钟亭基础平面图 1:40

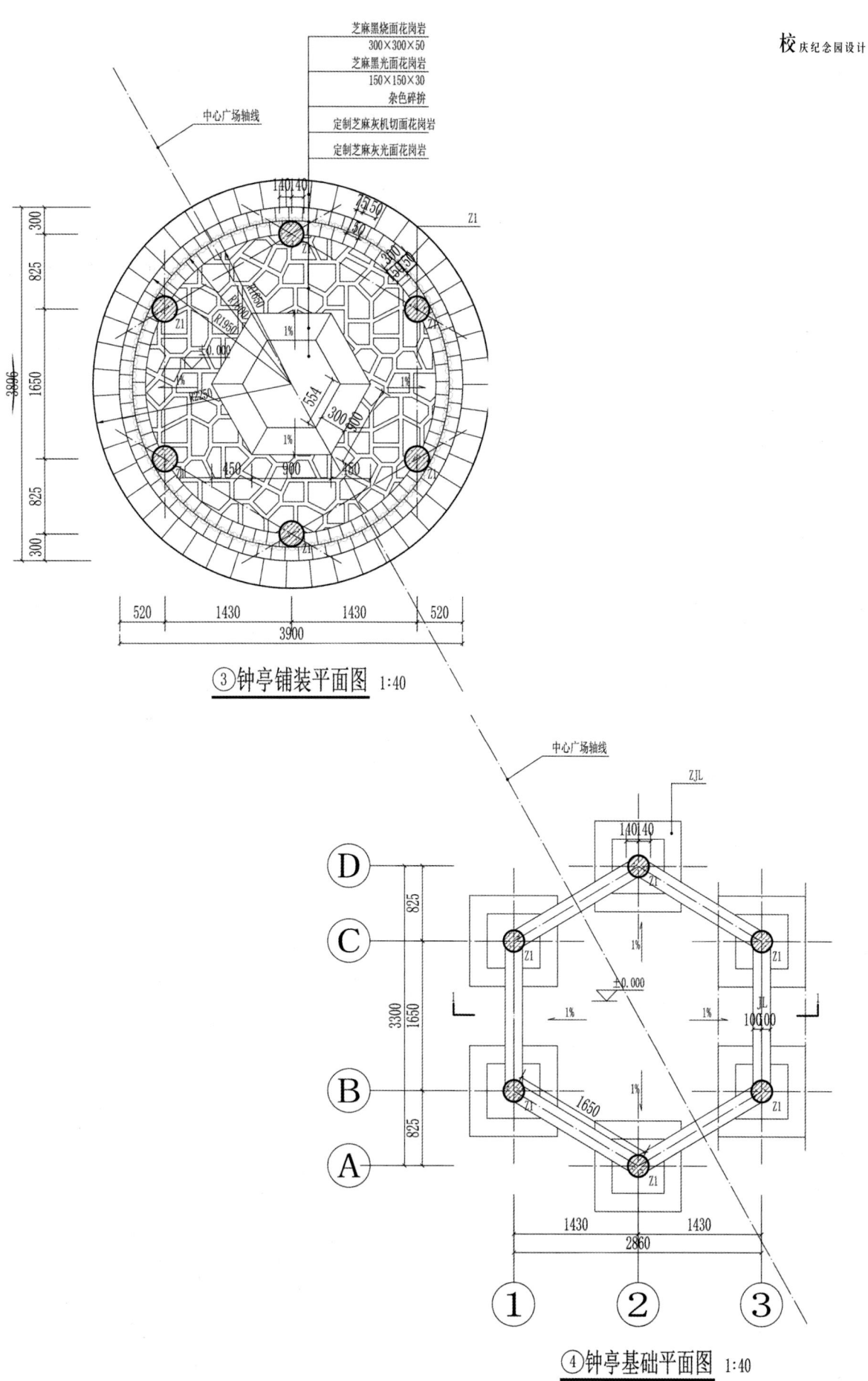

图2-23 思源亭平面图

① 1-1 钟亭剖立面图 1:20

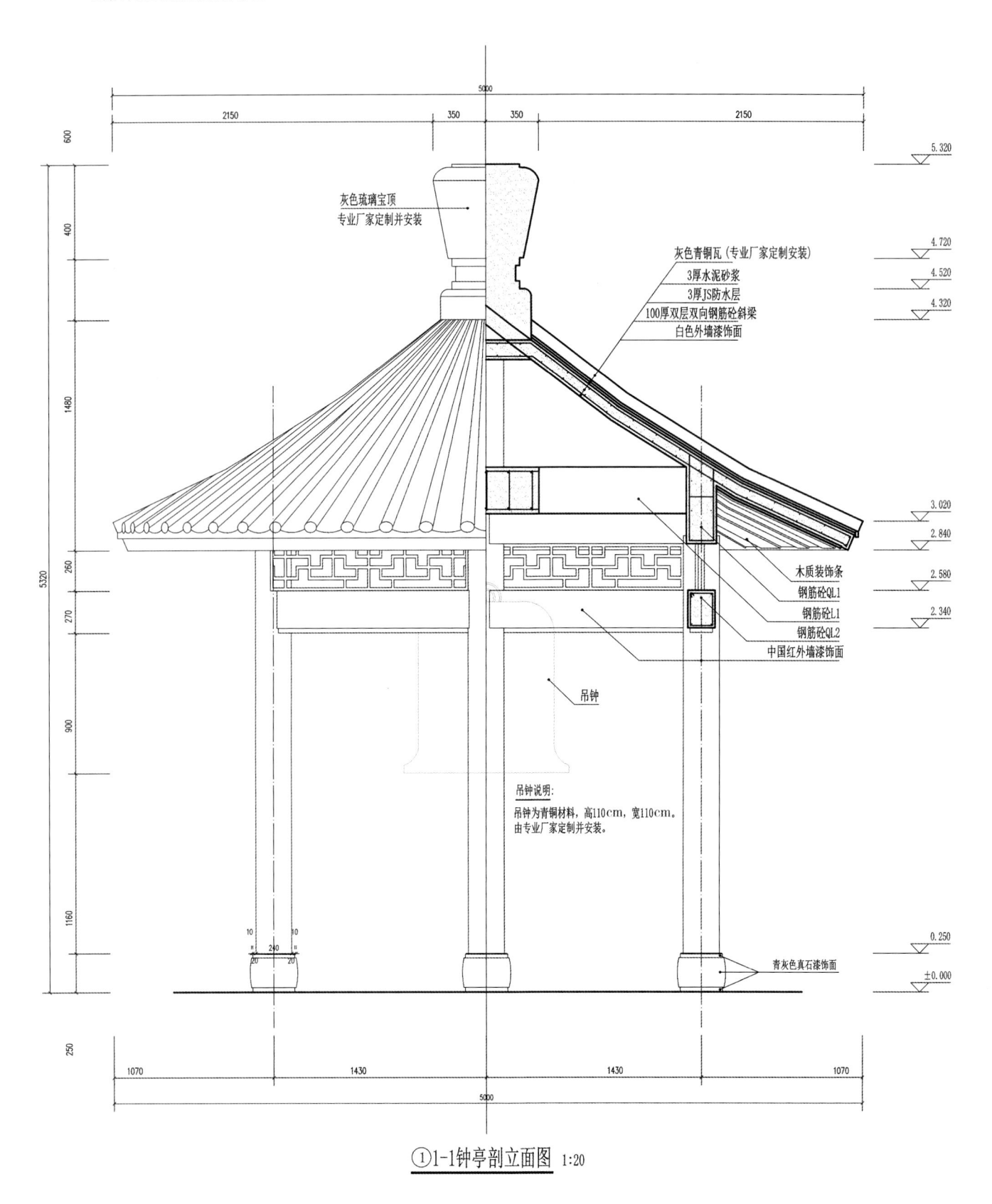

② 木质装饰花格立面图 1:10

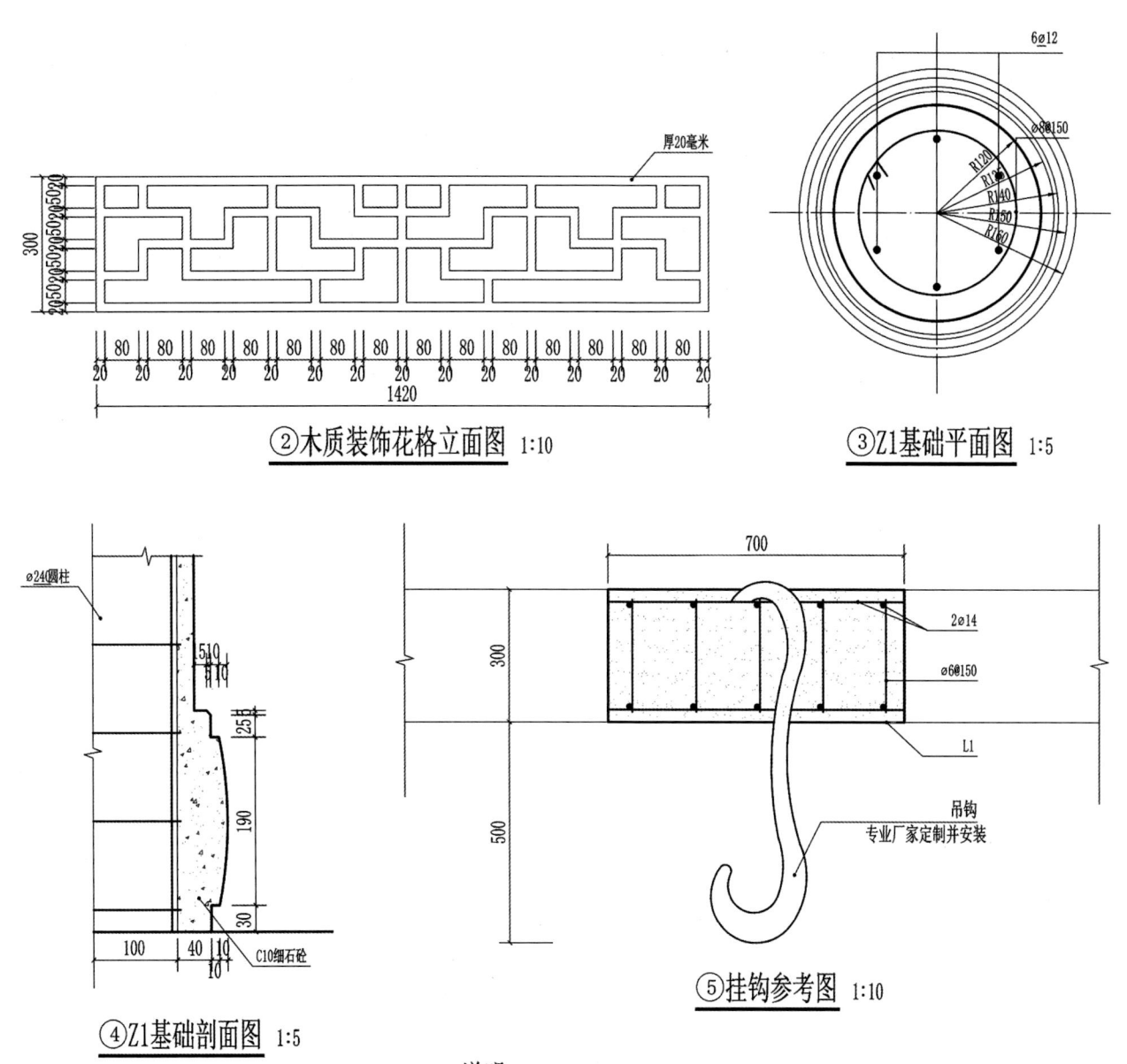

③ Z1基础平面图 1:5

④ Z1基础剖面图 1:5

⑤ 挂钩参考图 1:10

说明：
吊钟为青铜材质，高110cm（挂环除外），直径110cm，厚约1cm，吊钟及挂钩皆由专业厂家定制并安装。

图2-24 思源亭剖立面图

③ 知恩墙：两组共四面圆弧形文化景墙，平面呈圆弧形，左右对称布置。每一面景墙如一面旗帜，靠主入口一端高、靠钟亭一端低，形成动势，每一组两面景墙高低错落，在强化纪念空间围合感的同时，从心理视觉上增加纪念空间的景深。景墙A、B施工图如图2-25。

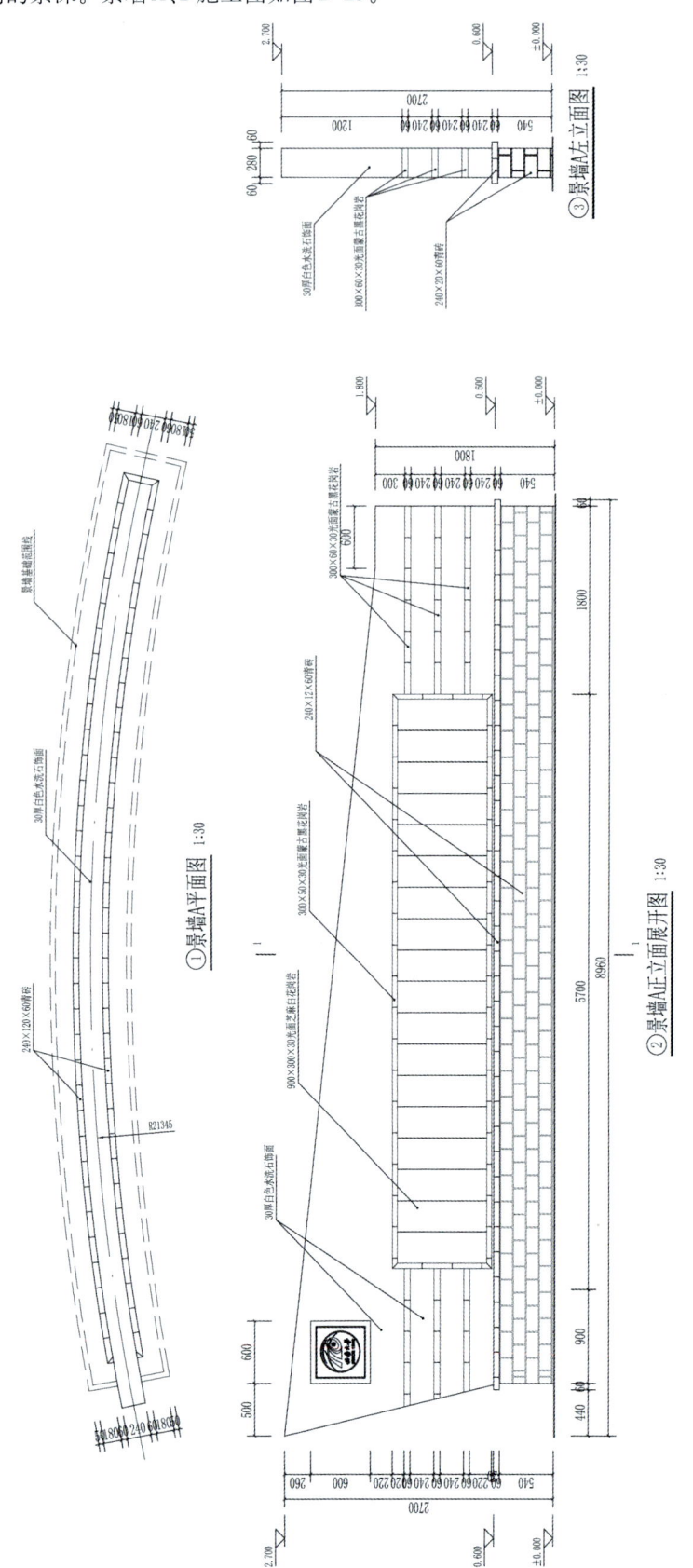

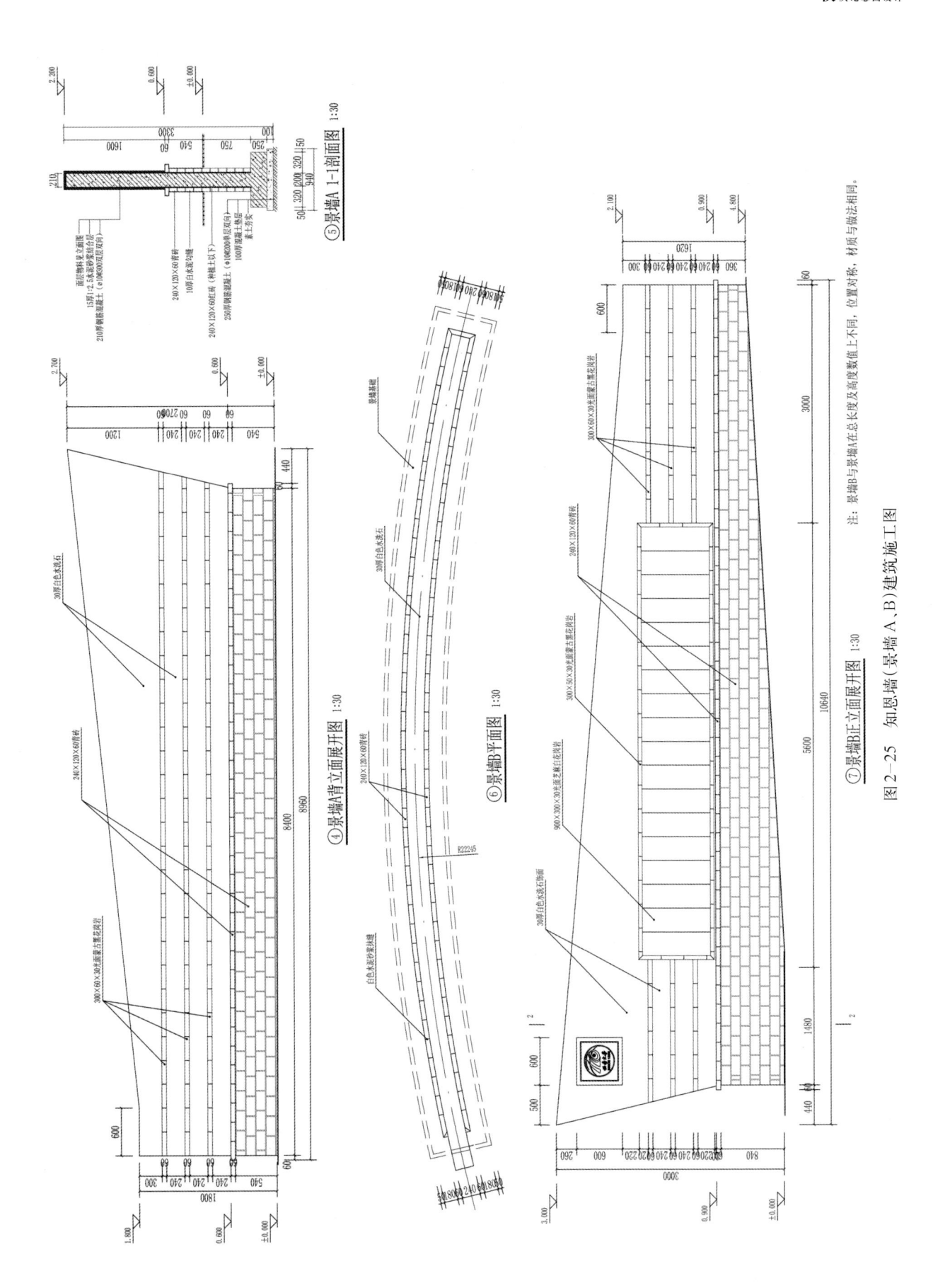

图 2-25 知恩园（景墙 A、B）建筑施工图

④ 景架：景架重复、等距离布置于次游步道路上，每三个景架成组对称布置在纪念园中轴线南北两侧，景架施工图如图2-26、图2-27。

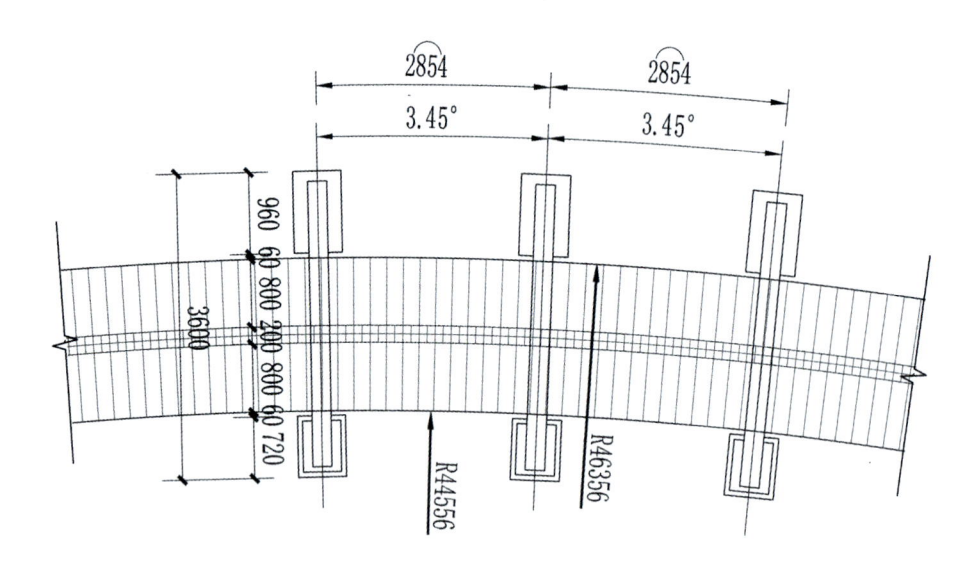

①景架与园路关系平面图 1:100

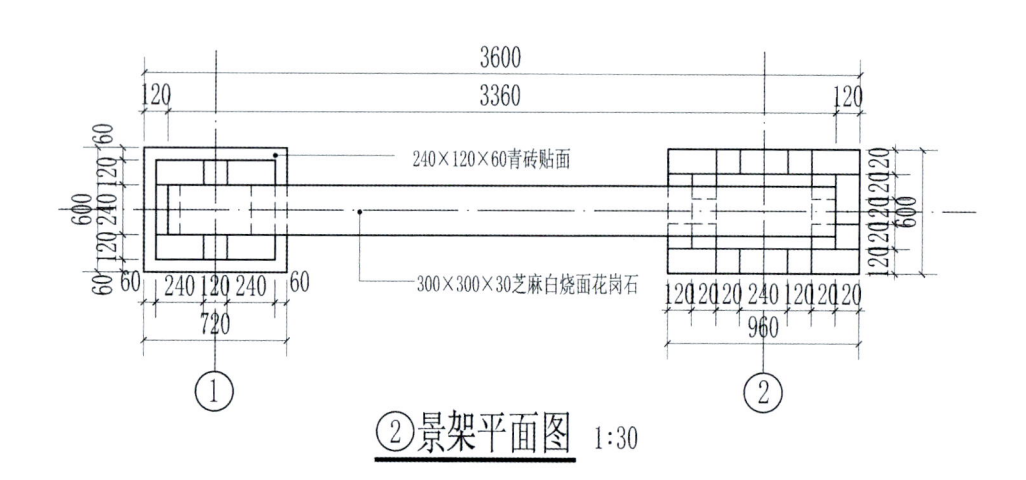

②景架平面图 1:30

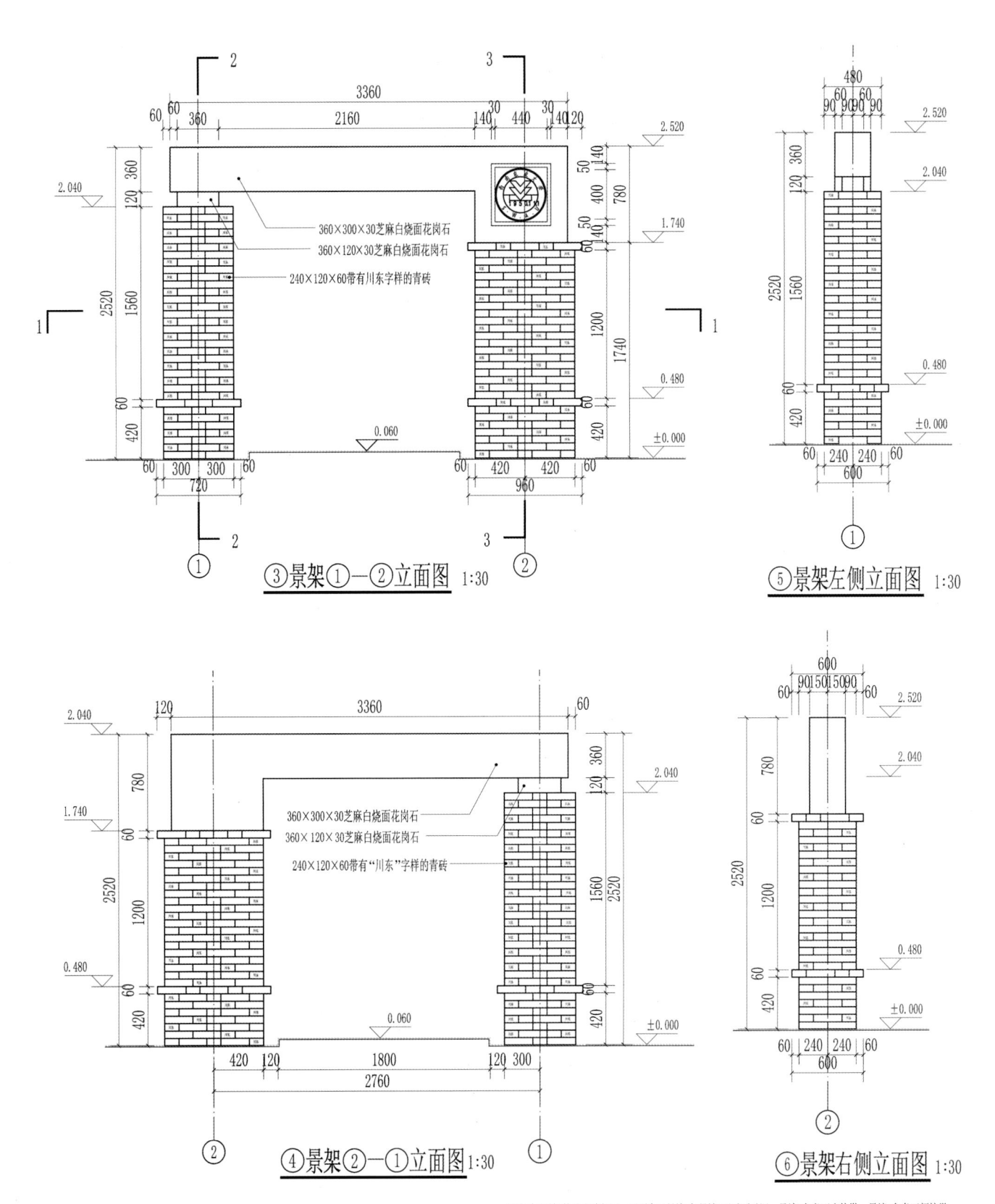

图 2-26 景架建筑施工图

图 2-27 景架阴刻详图

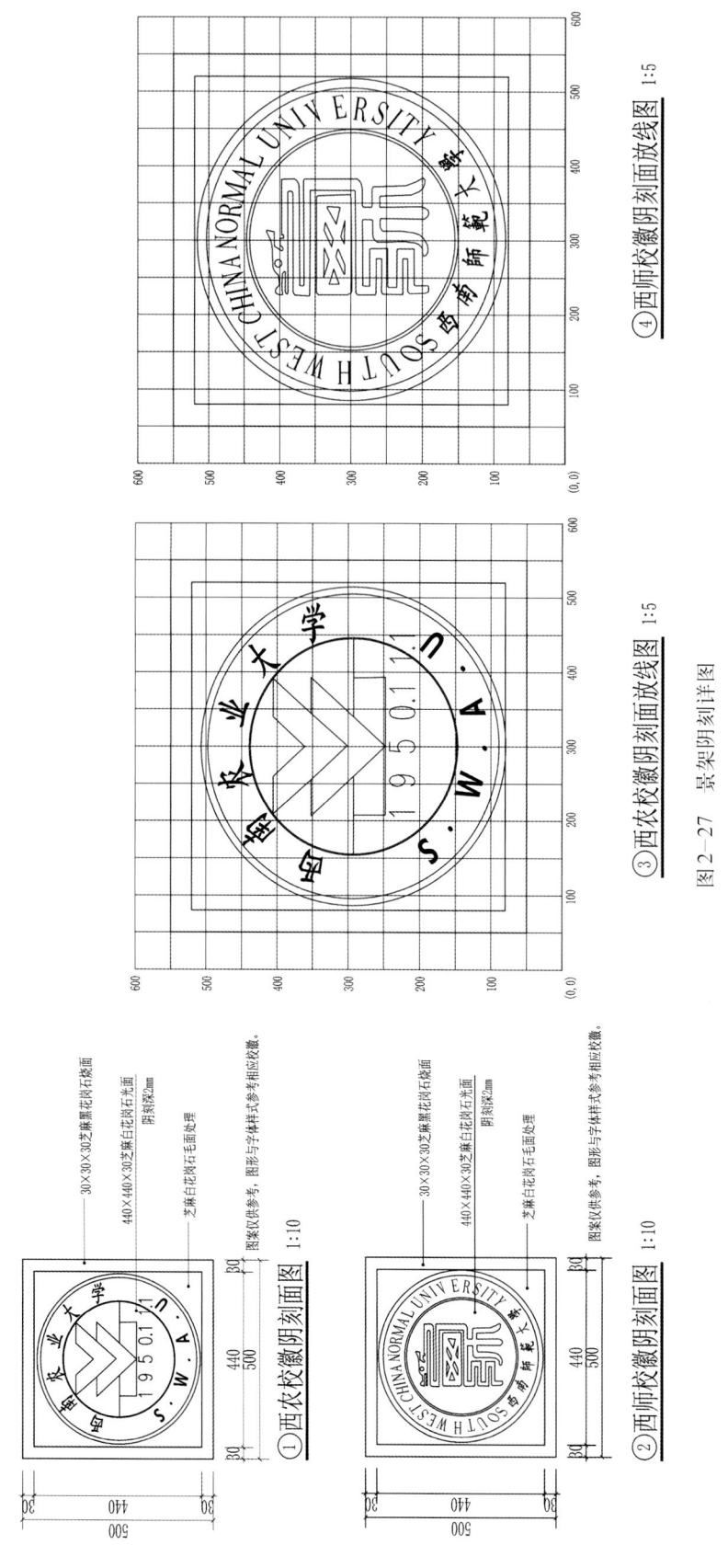

⑤坐凳：场地内设置组合树池坐凳、特色弧形坐凳，建筑施工图如图 2-28、图 2-29。

图 2-28 坐凳树池详图

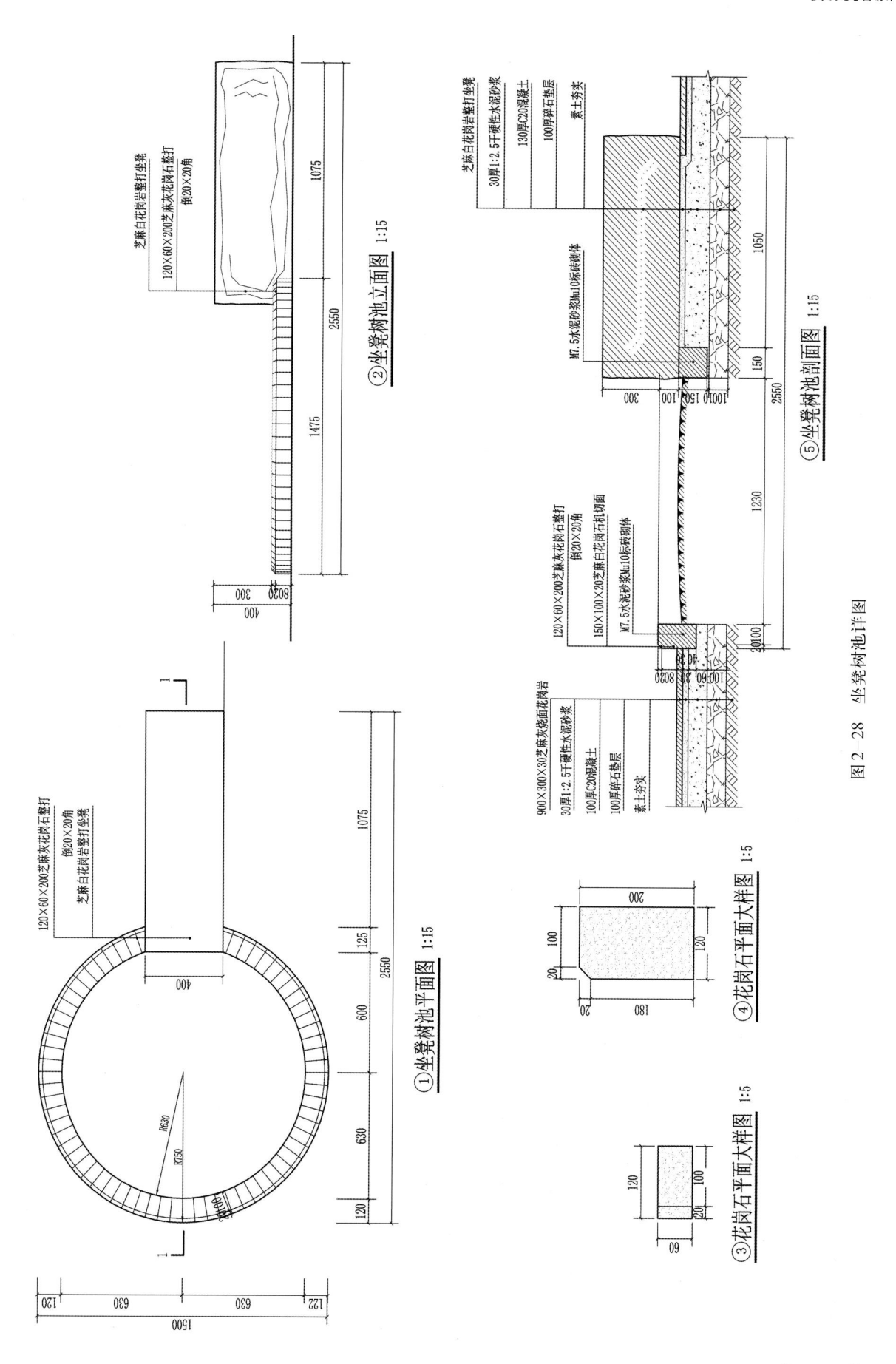

② 弧形凳整体立面图 1:20

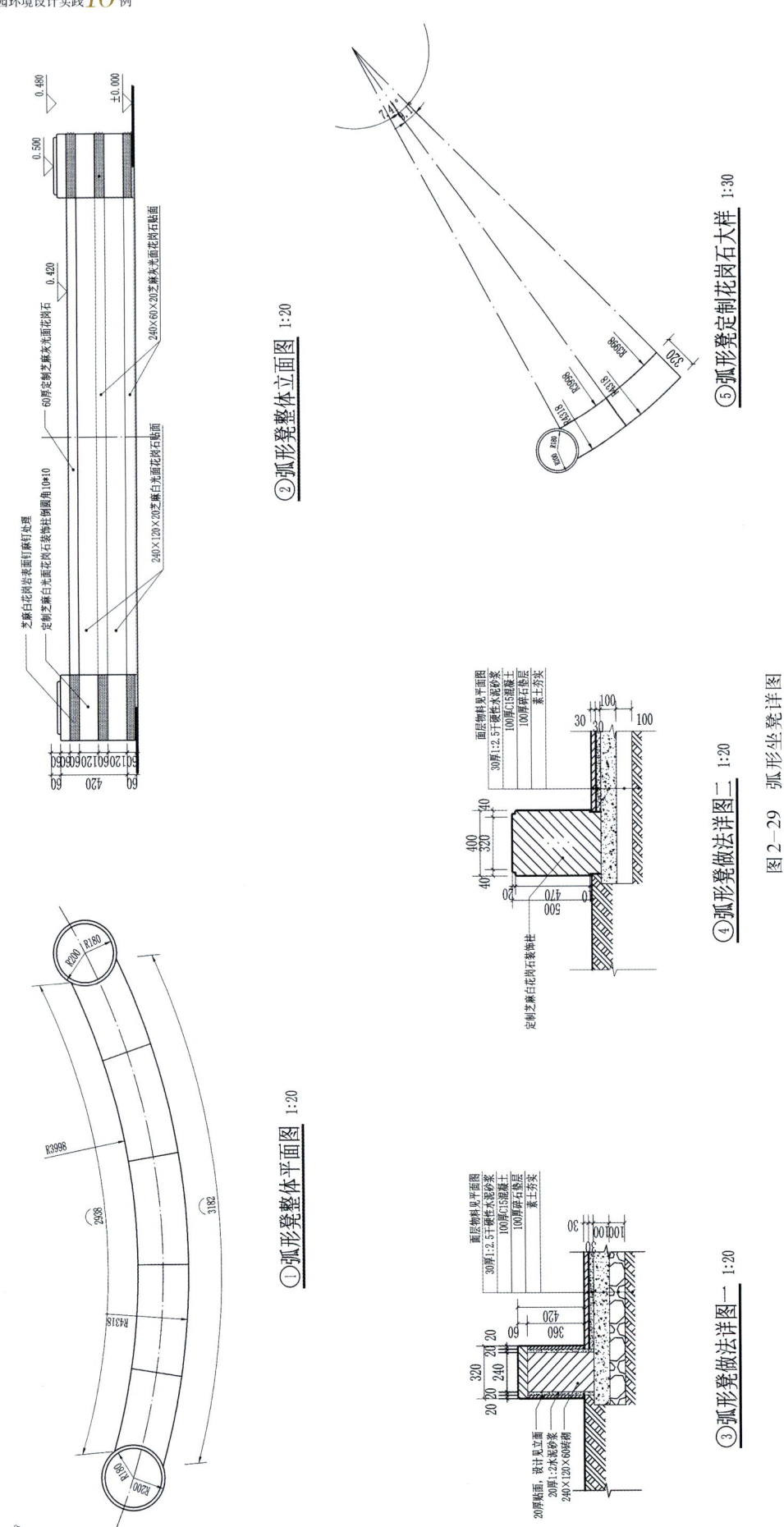

⑤ 弧形凳定制花岗石大样 1:30

④ 弧形凳做法详图二 1:20

图 2-29 弧形坐凳详图

① 弧形凳整体平面图 1:20

③ 弧形凳做法详图一 1:20

(5)植物种植设计　对场地内大面积长势良好的香樟进行保留,新增二乔玉兰,充分体现西南大学的校树和校花,增加山茶、海桐、春鹃、金叶女贞与冷水花、葱兰等灌木与地被植物,以提升四季植物景观变化和可观赏性,运用灌木色带进一步强化纪念空间的围合感,如图2-30、图2-31。

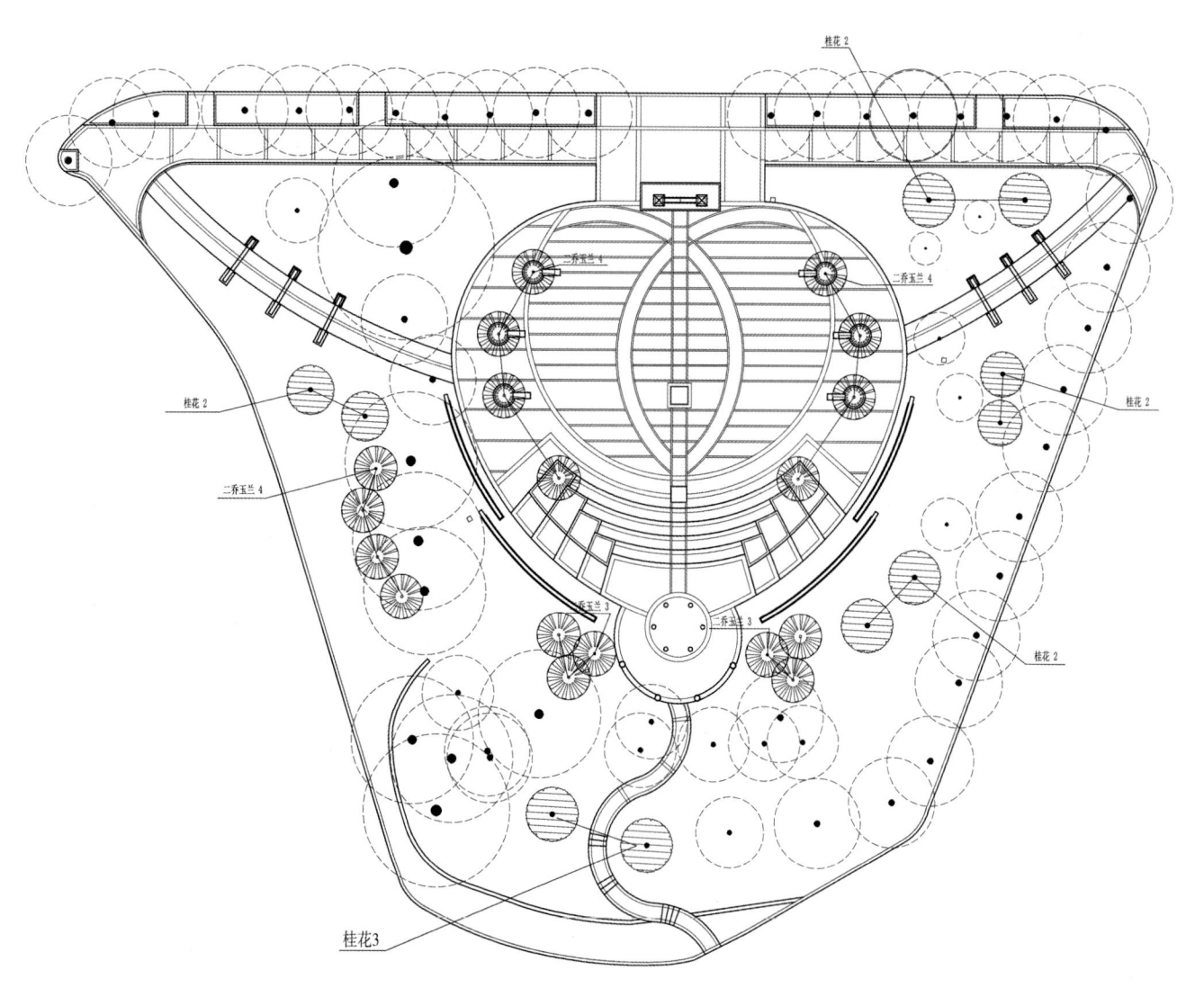

乔木总统计表

序号	图例	名称	规格要求				数量	单位	备注
			冠幅(m)	干径(cm)	树高(m)	分枝点(m)			
乔木Tree									
1		桂花	2.0—2.5	9—10	>2.5	—	10	株	全冠,树冠端正,枝叶茂密,顶尖完整
2		二乔玉兰	2.5—3.0	11—12	3.5—4.0	—	18	株	全冠,树形端正,树冠开展
3		保留原有植物	—	—	—	—		株	—

图2-30　乔木种植图

图2-31 灌木种植图

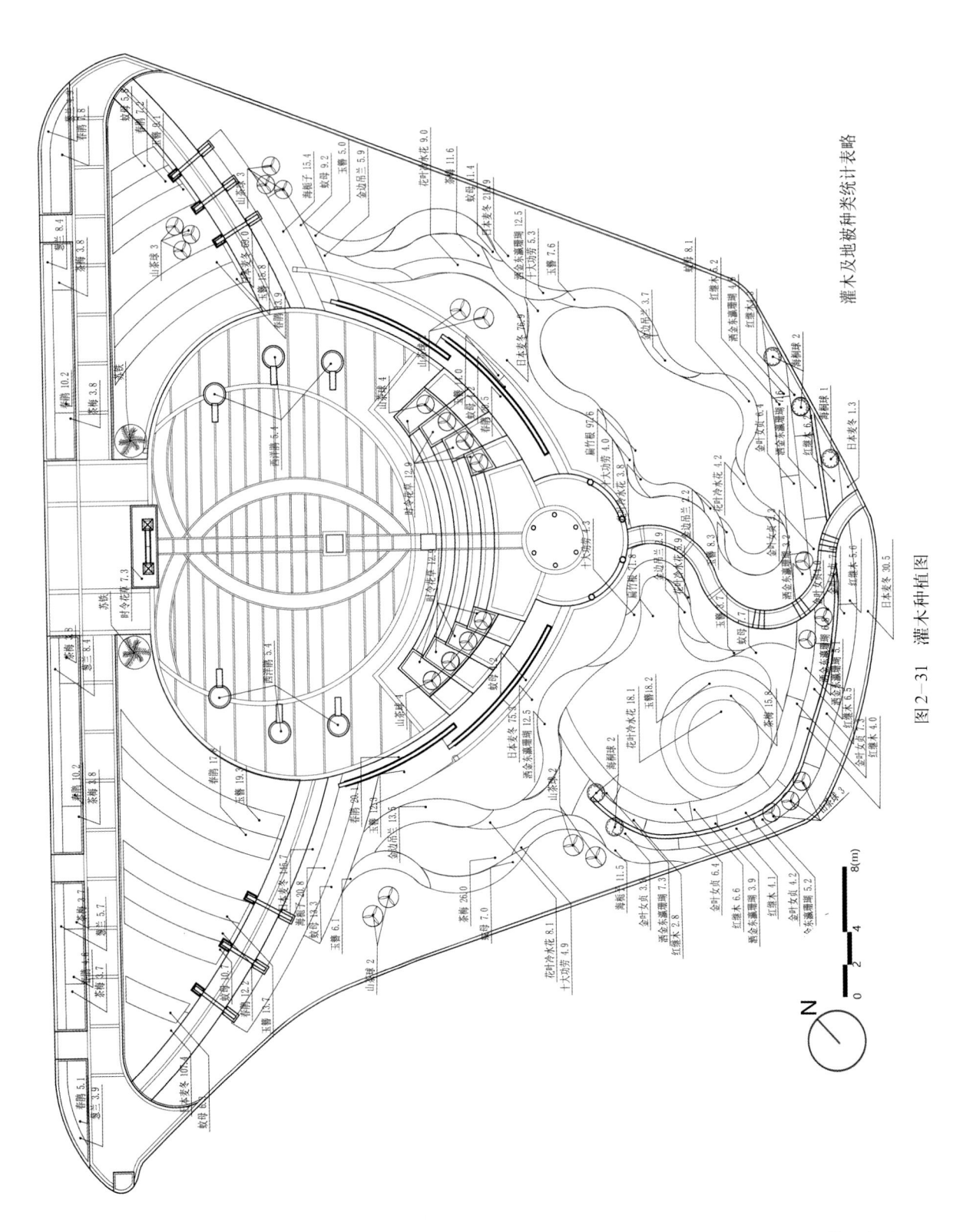

(6) 水电设计　园内功能性和景观照明主要采用庭院灯、台阶侧壁灯及LED泛光灯，具体电气布置如图2-32。园内铺地雨水就近排入绿地，在绿地内隐藏排水明沟、雨水口收集地面雨水，雨水采取分散就近的原则排入校园道路雨水管道系统，如图2-33。

电气材料表

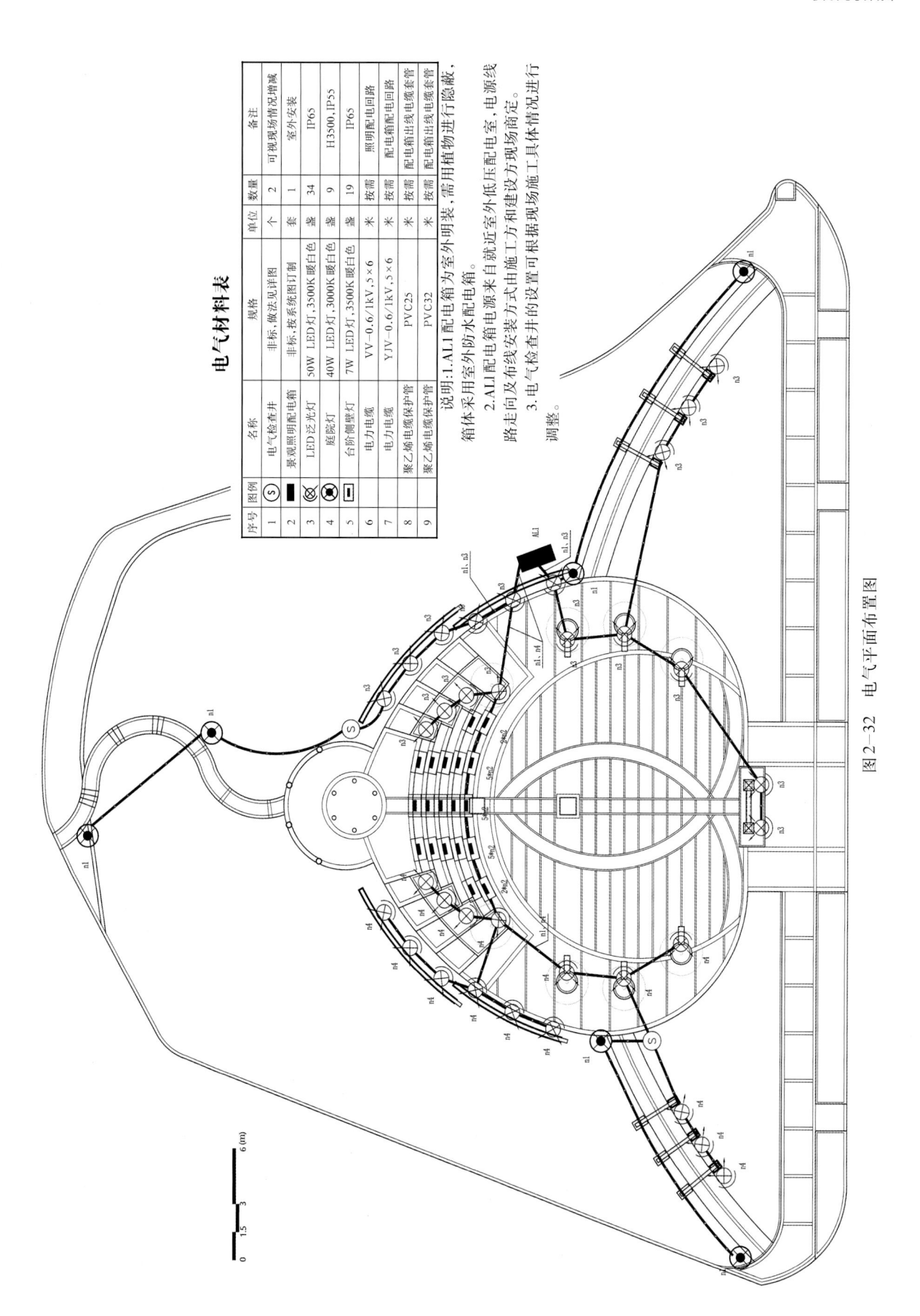

序号	图例	名称	规格	单位	数量	备注
1	S	电气检查井	非标,做法见详图	个	2	可视现场情况增减
2	■	景观照明配电箱	非标-按系统图订制	套	1	室外安装
3	⊗	LED泛光灯	50W LED灯,3500K 暖白色	盏	34	IP65
4	⊗	庭院灯	40W LED灯,3000K 暖白色	盏	9	H3500,IP55
5	□	台阶侧壁灯	7W LED灯,3500K 暖白色	盏	19	IP65
6		电力电缆	VV-0.6/1kV,5×6	米	按需	照明配电回路
7		电力电缆	YJV-0.6/1kV,5×6	米	按需	配电箱配电回路
8		聚乙烯电缆保护管	PVC25	米	按需	配电箱出线电缆套管
9		聚乙烯电缆保护管	PVC32	米	按需	配电箱出线电缆套管

说明:1. AL1配电箱为室外明装,需用室外低压配电室,电源线路走向及布线安装方式自就近室外施工方由和建设方现场商定。
2. AL1配电箱电源采自施工方由和建设方现场商定。
3. 电气检查井的设置可根据现场施工具体情况进行调整。

图2-32 电气平面布置图

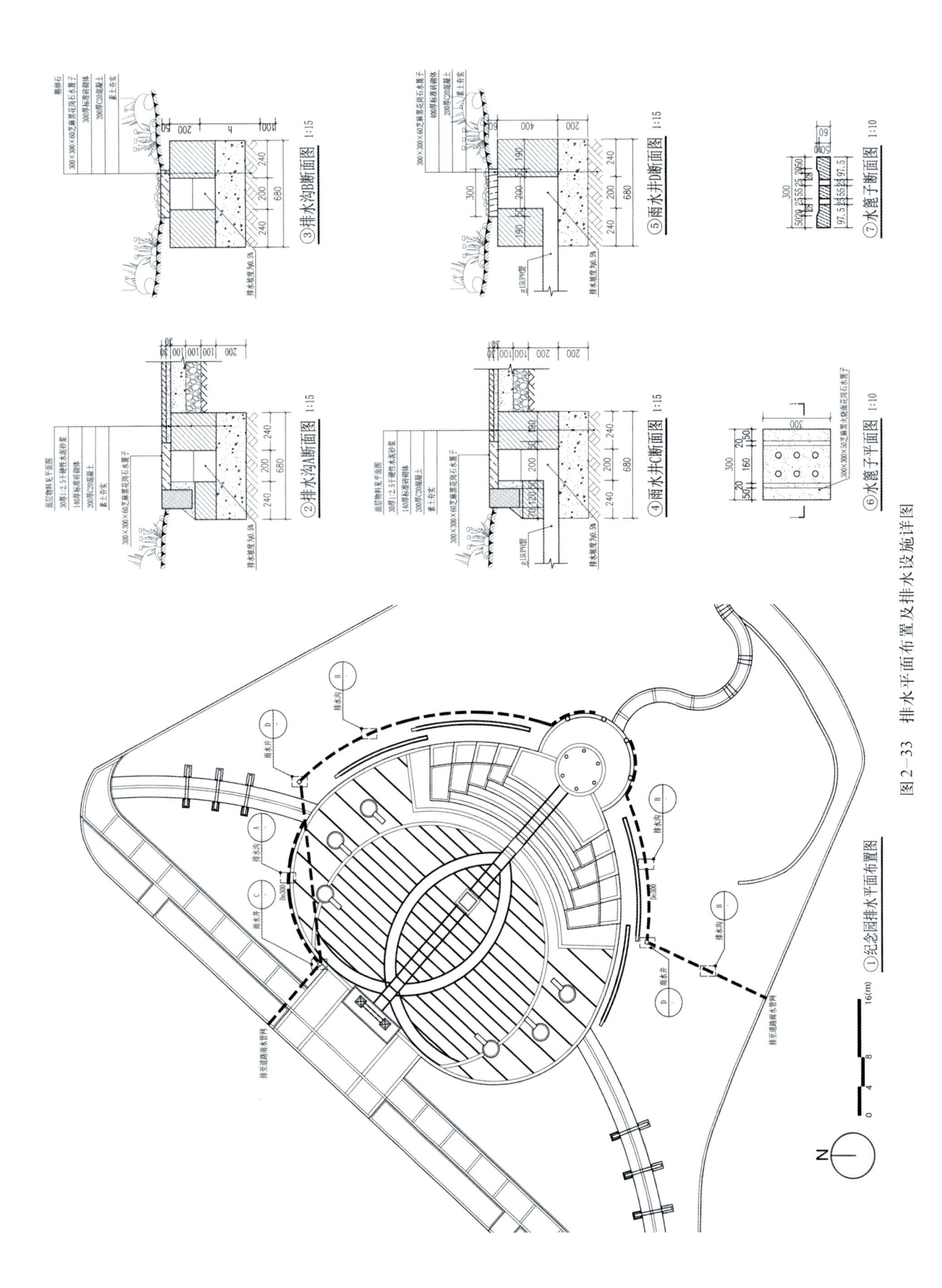

图2-33 排水平面布置及排水设施详图

2.7 施工与维护

　　施工建设过程中严格按照设计图纸施工,高度还原了设计创意;在校庆纪念活动之后,学校为了彰显校庆纪念园在西南大学校园环境中的重要地位和设计的成功,于纪念园入口右侧置花岗石,并刻《校庆纪念园记》,左侧置石,并刻《新修川东师范学堂记》。设计施工过程中,四面文化景观墙上的文化内容一直是学校领导关注的内容,最终由学校领导确定为西南大学校训、校歌、校赋。

　　后期植物管理维护过程中,台阶两旁的植物常改变,但整体维护管理及时。目前,校庆纪念园已成为西南大学校园内标志性景观空间之一,因形式与功能的合理设计,其使用频率很高,成为师生集会、留影照相、学习休闲等重要活动空间,如图2-34。

图2-34　实景照片

项目设计人员:张建林、戴梦迪、赵杨、邓钊等。
　　　　　　　　周华科(设计纪念钟和川东师范学堂大门做旧处理)

附件:

1. 曹廷华教授撰写的"西大铜钟铭"(请见与该书配套的数字资源)。
2. 《校庆纪念园记》(请见与该书配套的数字资源)。

3

忆峰苑设计

3 忆峰苑设计

3.1 项目概况

忆峰苑位于西南大学三十三教学楼七楼西北转角的上人屋顶面,处于西北两侧顶层教学科研用房之间。2007年初园艺园林学院为了改善风景园林专业办学条件,迎接本科教学评估,决定将此屋顶面打造成集园林工程设计教学展示、休闲读书为一体的屋顶花园,使其成为专业教学与休闲互动的室外教学平台,屋顶面积约475 m²。

3.2 场地条件

屋顶西、北及南侧东段为高1.35 m的女儿墙,视野开阔,东和南侧西段为高约5.5—6 m的建筑山墙,视线封闭;屋顶面梁柱关系如图3-1。屋面排水和楼下部分室空调室外机位如图3-2,屋面设计荷载500 kg/m²,结构按上人屋顶设计,隔热层、防水层、保护面层之上贴150×150×8砖红色地面砖,如图3-3;屋面与西、北两侧建筑走廊高差约21 cm,从走廊进入屋顶均上两级台阶,如图3-4、图3-5。

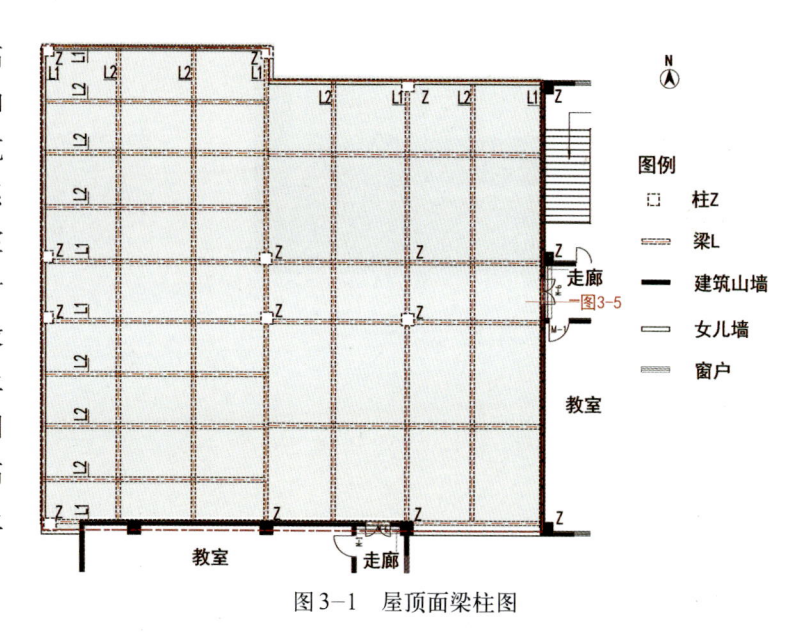

图3-1 屋顶面梁柱图

图 3-2　空调机位和屋面排水图

图 3-3　屋顶面砖红色地砖贴面

图 3-4　入口台阶(示意)

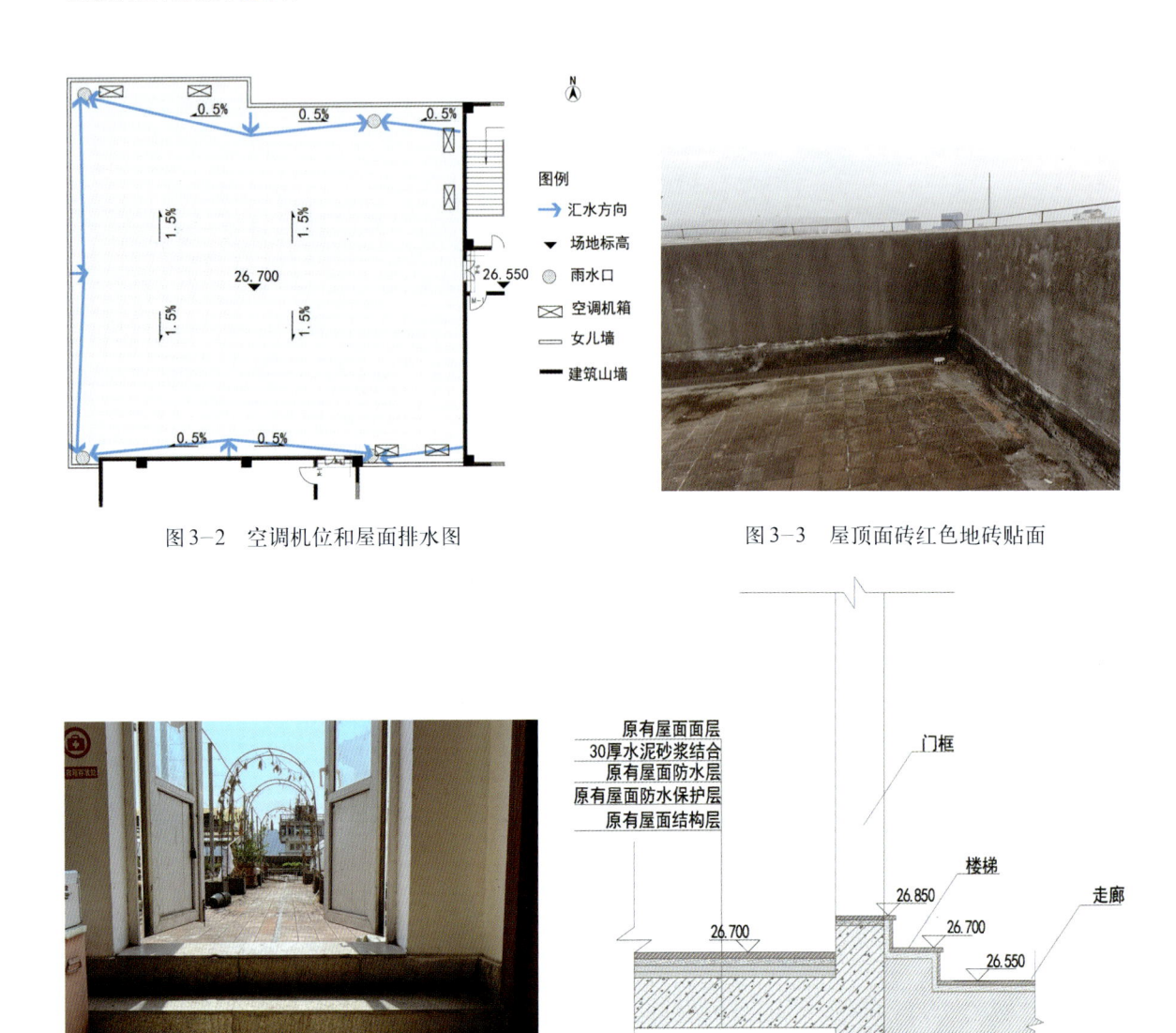

图 3-5　台阶断面

3.3 面对的问题

（1）屋面现状结构、排水及防水不允许改变，新增的花园荷载必须在建筑设计允许的安全荷载范围之内。

（2）为园林工程设计展示什么样的形式和内容？如何在有限的空间内呈现花园造景要素及丰富多样的组合类型，为园林及风景园林不同的专业课程教学提供潜在的可能。

(3)合理连接西北两侧顶层教学科研用房,解决屋顶平台东、南两侧建筑山墙造成的空间压迫感和703美术室教学用水之需。

(4)屋顶花园设计是正向设计,花园所有的给排水、供电、景观建筑小品基础等均在现状屋面之上,如何隐藏基础设施、保障景观建筑小品安全稳定。

(5)为师生课间提供什么样的休闲、交流、学习的空间类型和环境。

(6)屋顶花园建造后不能影响三十三教学楼的建筑正立面形象;屋顶花园建造与使用者的安全维护,如何以景观设计的方式解决女儿墙因花园建造相对高度变低而产生的不安全因素。

3.4 设计策略

(1)请土木工程师进一步复核屋顶建筑结构设计荷载,花园的布局充分考虑屋面下的梁、柱和墙的关系,景观建筑小品、种植土要求较厚的区域、水体等尽量在梁柱上方或靠近墙体布置,在梁和墙之间的板上尽可能或少布置集中荷载的园林景观和设施;花园土壤采用人工配制的轻质土,一般区域土壤厚度不大于50 cm,尽可能降低花园建造产生的荷载。

(2)三十三教学楼的建筑风格是现代欧式建筑,屋顶花园的设计形式为现代;以组团集景的方式展示水景、枯山水、微地形、铺地、景墙与景架、雕塑、植物造景、喷灌、排水等设计及施工方法,其水景组团、枯山水造景组团、微地形组团、景架休闲组团,如图3-6。

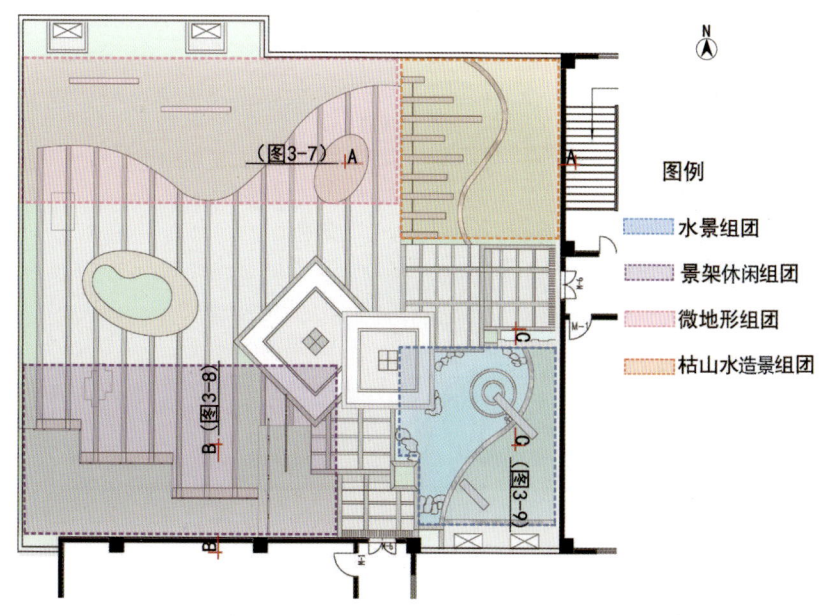

图3-6 忆峰苑教学功能展示分区图

（3）在屋顶花园东侧建筑山墙前规划绿地、水池和枯山水，在屋顶花园南侧建筑山墙前设置绿地、景架（图3-7、图3-8），在软化建筑山墙、增加观赏层次的同时，让使用者与山墙保持合理的距离，从而消除山墙对人的压迫感。

图3-7　A-A剖立面图

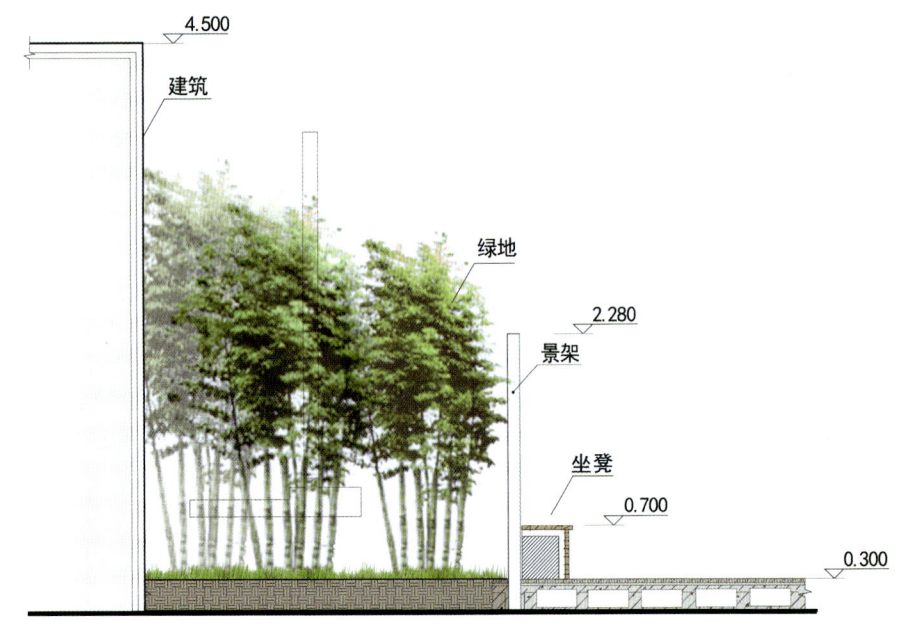

图3-8　B-B剖立面图

美术室教学用水与水池景墙相结合并布置在紧邻703教室一侧的花园入口处，利用景墙将功能性用水与观赏性水景分隔，实现交通空间与静态的水景空间的分隔，如图3-9。

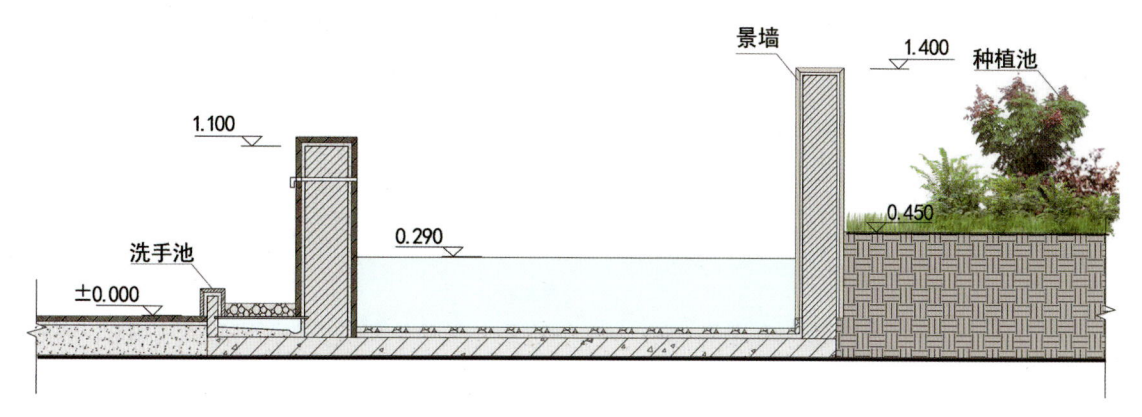

图 3-9　C-C 剖立面图

(4)利用屋顶面已有的雨水汇流分区设施,在屋顶花园四周分段设置盖板排水沟,如图3-10,花园道路场地架空抬升,使其地面比四周种植区土壤略高,花园道路场地上的地表雨水可迅速排入相邻的绿地之中,架空部分成为周边种植区土壤内多余雨水的排水暗沟,给水、供电等管线的通廊,如图3-11。景架基础采用条形板式基础,使其成为种植区墙体和架空园路基础的有机组成部分,从而提高景架的稳定性,如图3-12。

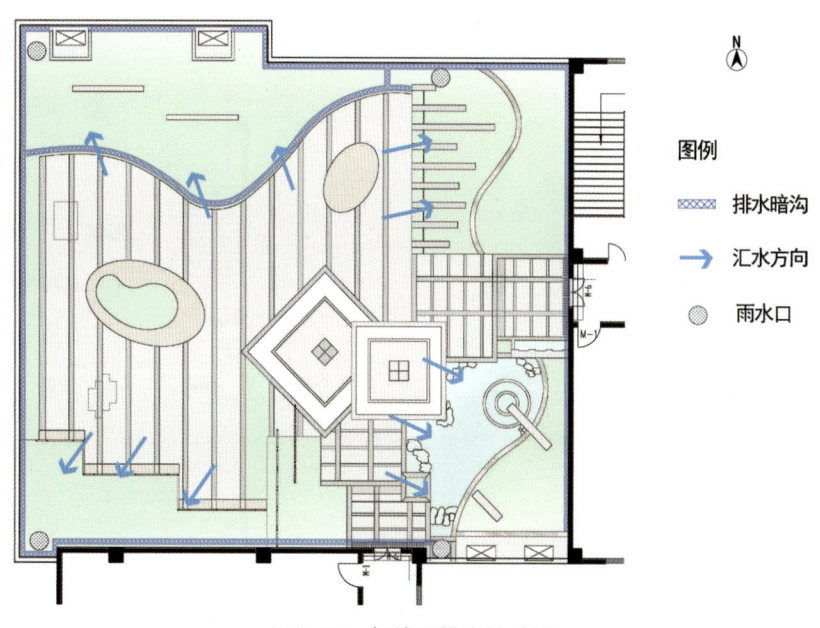

图 3-10　忆峰苑排水设计图

图 3-11　排水暗沟示意图

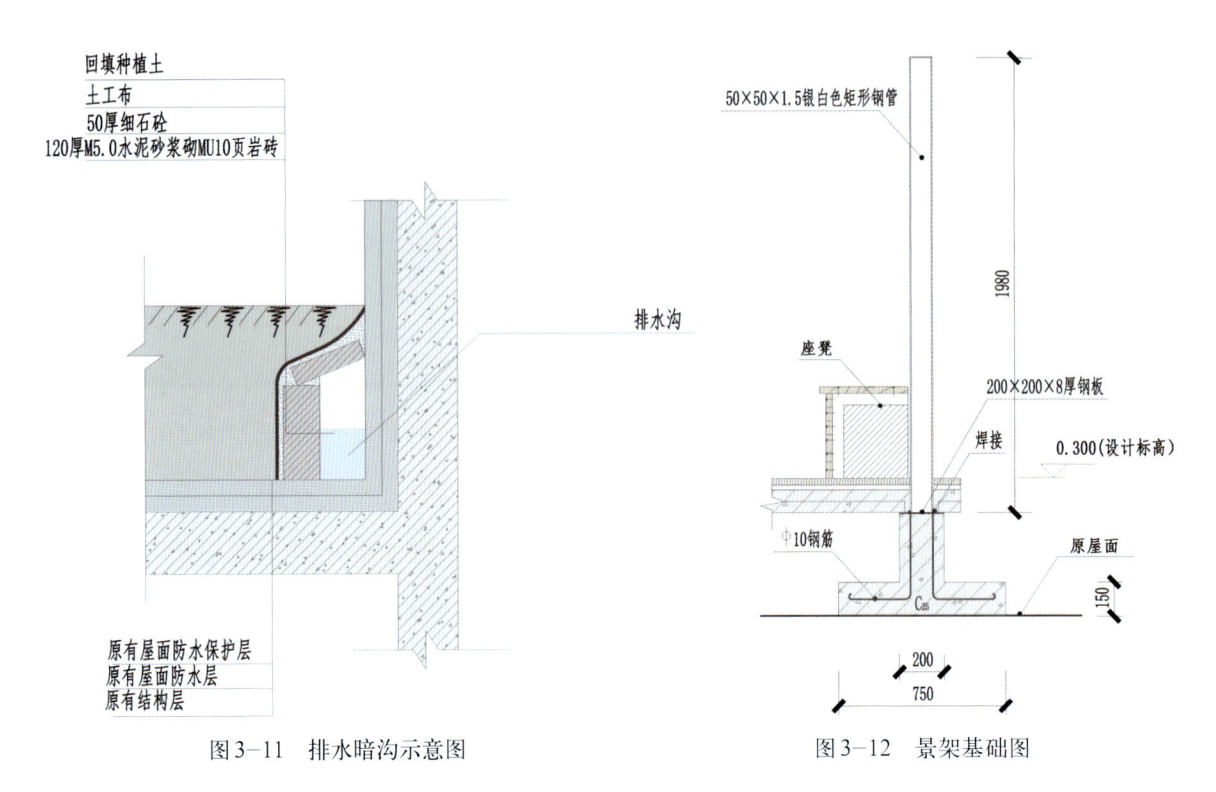

图 3-12　景架基础图

（5）屋顶花园为全校师生共享的公共花园，满足课间师生交流、眺望远山、俯瞰校园美景、近赏园内景色，达到放松心情的目的；花园中部规划为休闲空间，并在花园东南角形成交通空间，西和北面向缙云山借景，如图3-13。

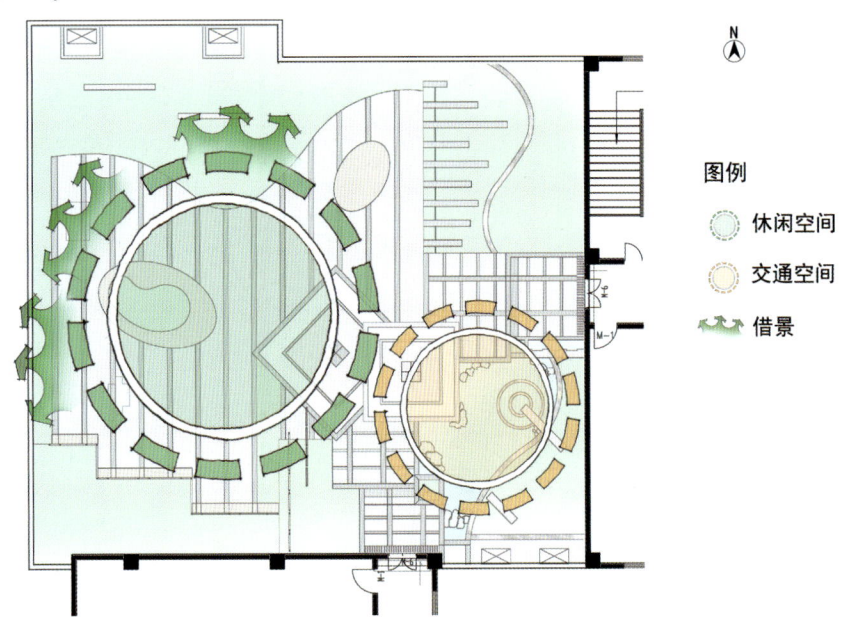

图 3-13　忆峰苑空间分析图

（6）屋顶花园的西、北两侧的女儿墙是三十三教学楼建筑轮廓线的重要组成部分，因此高于女儿墙且在校园干道上能看见的景观建筑小品、植物原则上不能在屋顶花园的西、北两侧布置。屋顶花园道路场地标高的抬升，使女儿墙顶与花园道路场地相对高差变小，为保障师生安全，在西、北两侧女儿墙前设置一定宽度的植物种植区,防止游人靠近女儿墙,如图3-14。

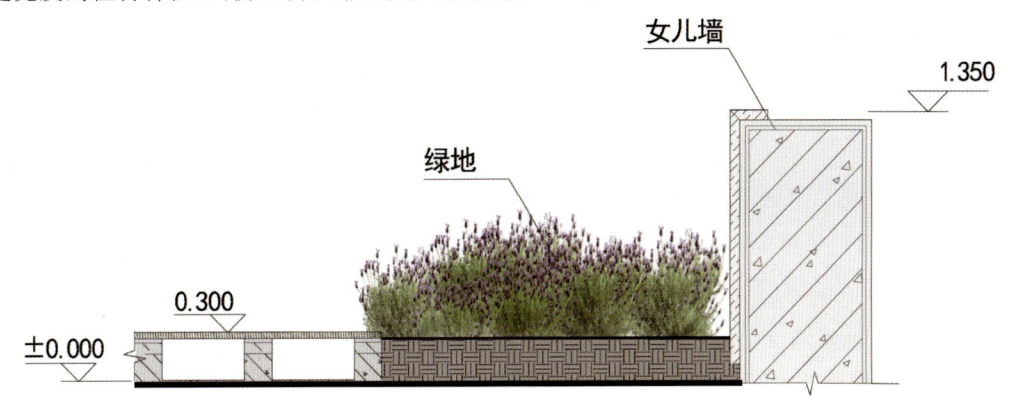

图3-14 女儿墙与绿地示意图

3.5 创意构思

(1)运用"金、木、水、火、土"五元素相生、相克的中国古代哲学思想指导屋顶花园构景要素的选取和景观空间布局;土涵养水,是屋顶花园植物赖以生长的基础,以木为具,打造坐凳、花池,植物与土是人们感知自然、亲近自然和拥抱自然的物质条件,由金与火打造的雕塑小品令绿地增色,绿地让金与火更加靓丽耀眼,让观赏者感知文化艺术魅力,文化的延续与传承;水中有金、金中有水、金中有火。

(2)"忆峰苑"的含义。"忆"——"记忆",风景园林规划设计师常常将"记忆"中的美好景观、意向、场景体现在设计作品中;美好的校园景观常令学生终生难以忘怀,是学生学习生活美好记忆的场所。"峰"——"山峰"、山顶、最高处;登高望远、视野开阔、放飞心胸;学习犹如攀登高峰。此苑内可以远眺缙云九峰,借园外之景来壮大园景。古人云"仁者乐山,智者乐水",园外的山与园内的水相映成趣,是"仁者"与"智者"的乐园。"苑"——指花园。"忆峰苑"——一个美好的花园,一个给学生和参观者对设计符号、手法留下美好记忆的场所。

(3)功能构思:从园林工程设计出发,选取地形、水环境、硬质铺装、景观雕塑小品、园林植物等造园要素进行构景,将造园的设计手法、工程技术与景观形式融为一体。整体风格吸取东西方园林的造园手法,打造简洁、实用的屋顶花园;细节处展示材料、结构、工艺,为师生提供从创意到设计作品建成的教学示范场所,以及为师生交流、接受园林设计熏陶提供一个平台。

3.6 方案与设计

(1) **总体布局** 如总平面图 3-15 所示，忆峰苑的布局由四个景观组团与中心休憩区域构成。各组团的平面构图由折线和曲线组成，线条流畅，空间贯通，形式呼应。中心休憩区域由木质平台、种植池、雕塑小品构成，打造为开放的休憩空间，如图 3-16。水景组团由功能性洗手池与观赏性跌水池组成，洗手池位于花园东侧入口，跌水池位于花园东南角，三五成堆的自然山石软化水池驳岸的边角，三组景墙与跌水交错布置在水池与种植池之间，形成动静结合、层次丰富的景观，如图 3-17。枯山水造景组团位于东北侧，由长度不同的条形铺装、曲线流畅的景观矮墙、白色石子与草灌木构成，形成的景观具有韵律感，同时弱化了建筑山墙的压迫感，如图 3-18。微地形组团位于北侧，景墙结合植物形成自然的景观，遮挡空调机箱和女儿墙，将视线引向远处缙云山的美景，如图 3-19。景架休闲组团位于南侧山墙前，竹子、景墙与坐凳形成半开放空间，与中心休憩区过渡，如图 3-20。

图 3-15 忆峰苑设计总平面图

图 3-16 中心休憩区　　图 3-17 水景组团　　图 3-18 枯山水造景组团

图3-19 微地形组团　　图3-20 景架休闲组团

（2）竖向设计　花园总体竖向设计是基于原屋顶面的高度做正向设计，如图3-21。东、南入口平台与大门门槛高程保持相同，其他区域的道路地面利用铺设1×1 m砖作基础、现浇出钢筋混凝土板的方式抬升、架空，使其高程与周边种植池的高度相同。花园入口平台与中心游憩铺地之间设置3级梯步，水池低于道路平面0.2 m，周围种植区内土壤略低于道路平面，如图3-22。

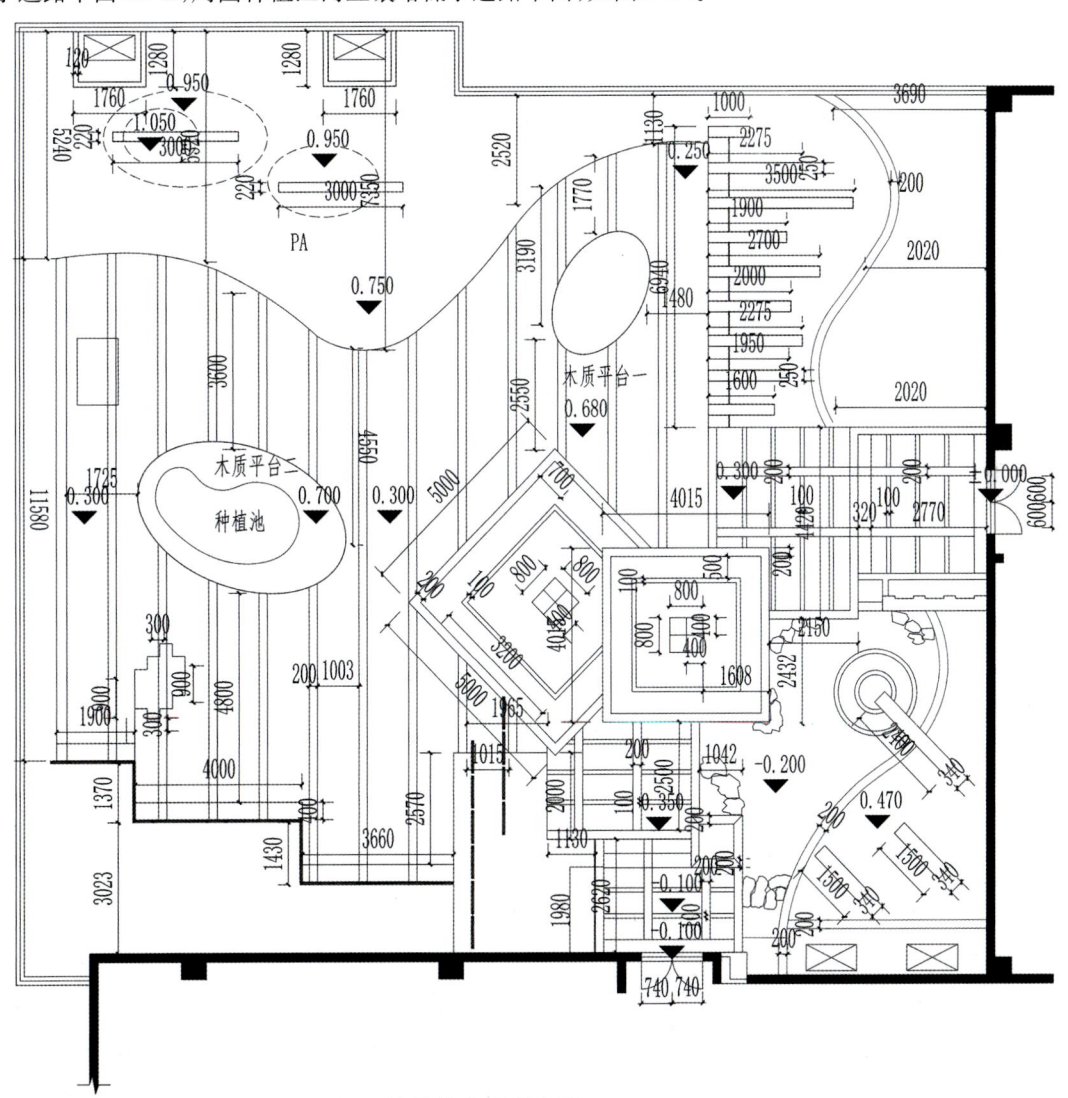

总体放线及竖向图

图3-21　忆峰苑总体放线及竖向设计图

砖基础放线图 1:100
说明：现浇钢筋混凝土板砖基础间隔1m安置一个

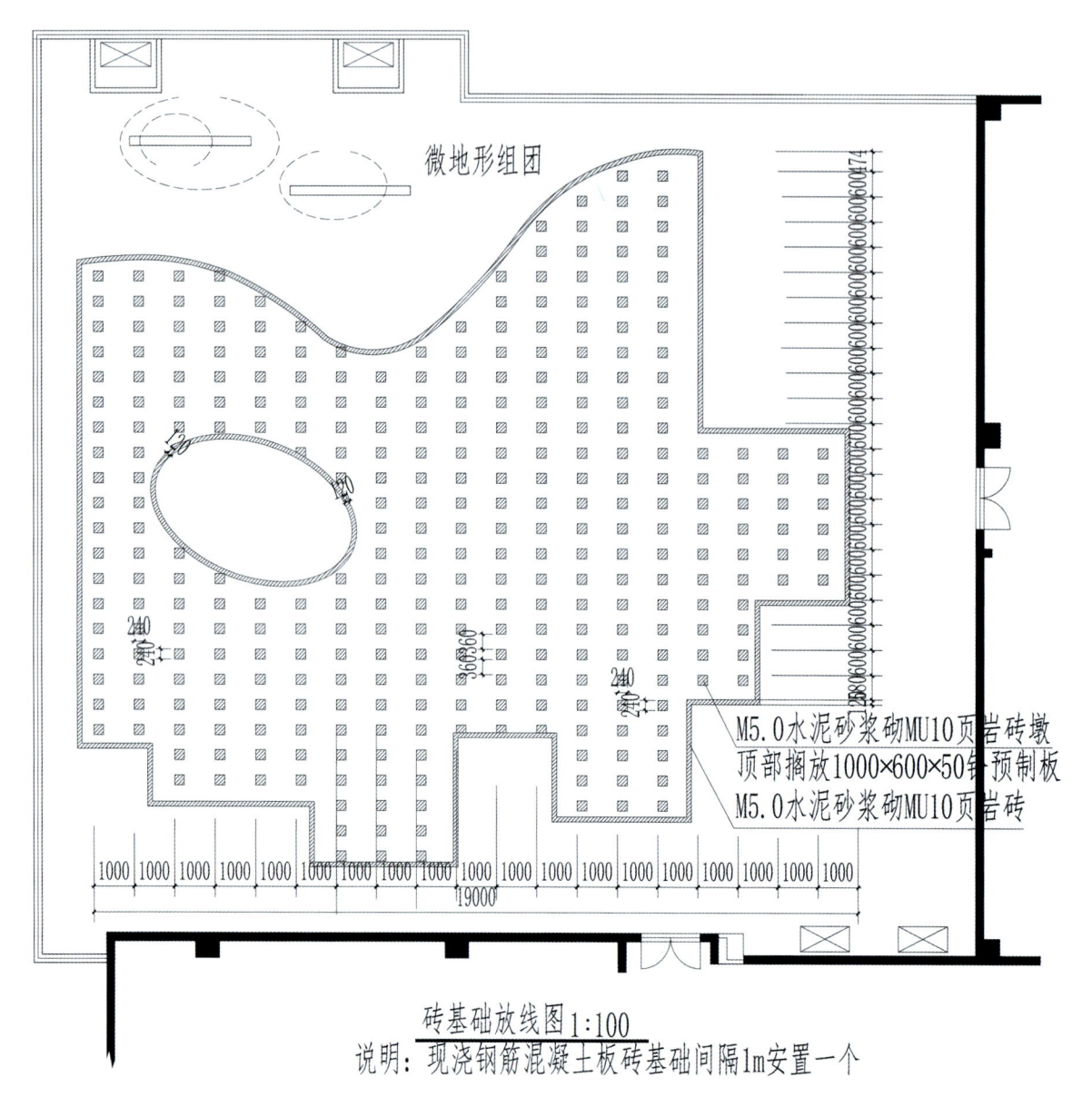

图3-22 忆峰苑砖基础放线图

(3) **铺地设计** 花园以火烧面芝麻白花岗石和水晶黑花岗石为主要铺地材料，辅以木质桌凳、白色大理石、雨花石和方解石，根据空间功能要求变换设计图案形式，形成简洁统一的景观效果，如图3-23、图3-24。

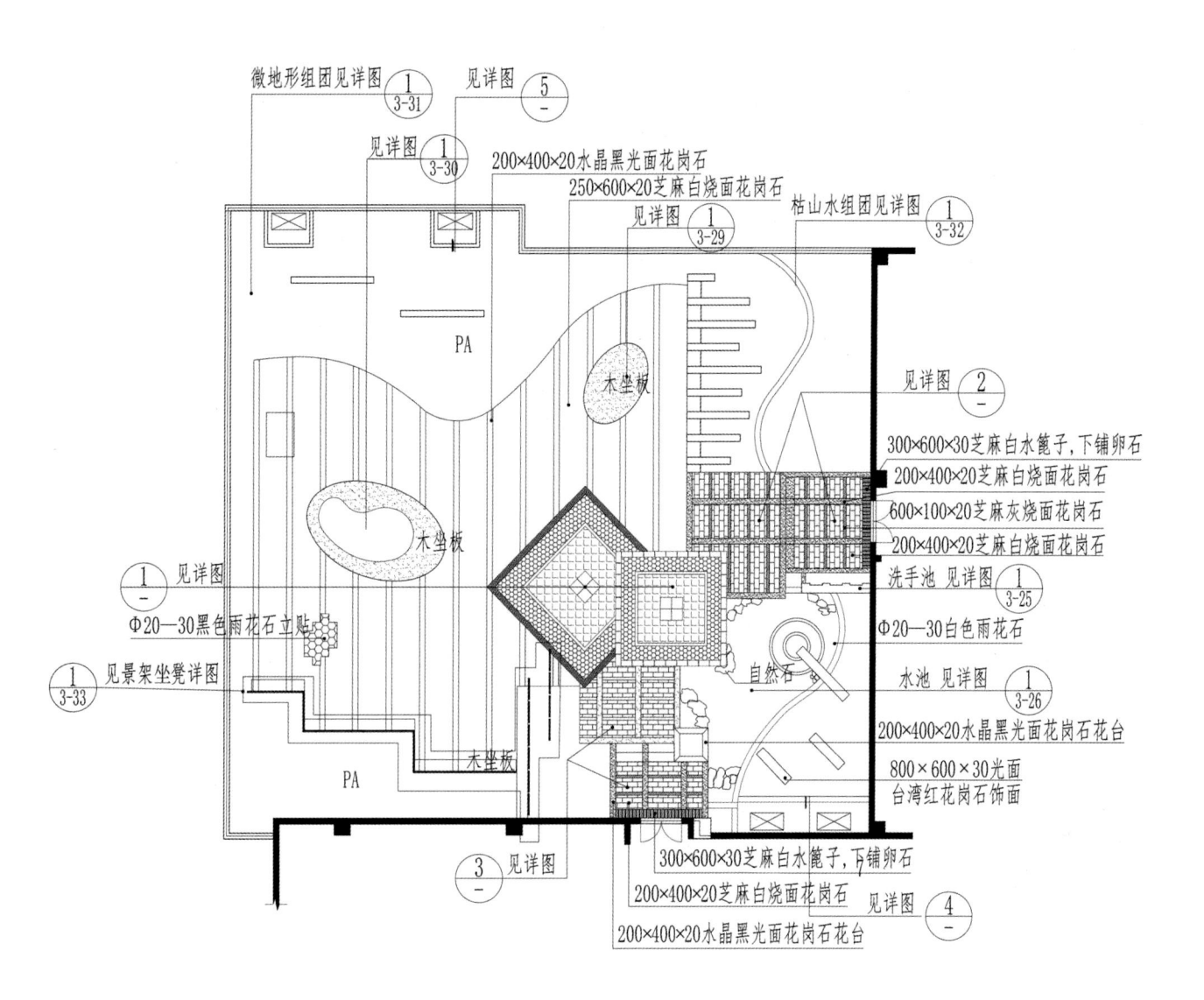

总平面铺装图 1:100

图3-23 忆峰苑铺地设计平面图

图 3-24 忆峰苑铺地设计详图

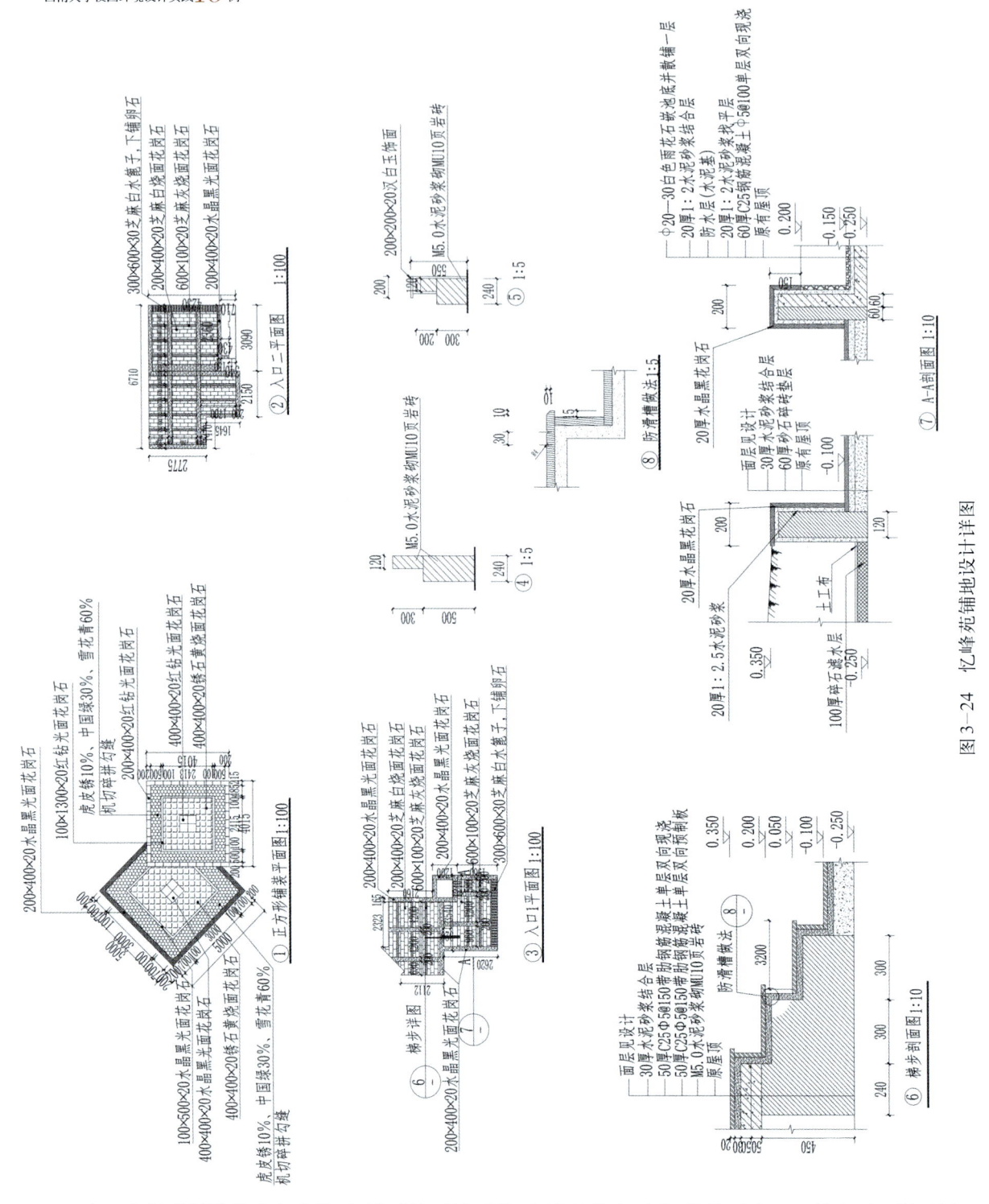

入口大门处铺设芝麻白水筏子,洗手池下铺雨花石,满足排水需求,连接两个入口的交通区域设计为正方形铺装图案。花池采用水晶黑花岗岩,水池内铺设白色雨花石,营造空灵水景氛围;东侧种植池内用长度不同的芝麻白花岗石条,散铺白色方解石,与植物形成枯山水景观。

(4)洗手池与跌水池设计 洗手池所需安装水龙头的墙体平行于园路布置,以光面花岗石为贴面材料,并用于分割跌水池与交通空间,如图3-25。跌水池为立体组合型景观水池,三组平行的长条形景墙跌水与圆弧形驳岸组合相交,水池岸边的花池,水池内由自然山石组成的水生植物种植池,极大地丰富了景观层次(图3-26至图3-28)。

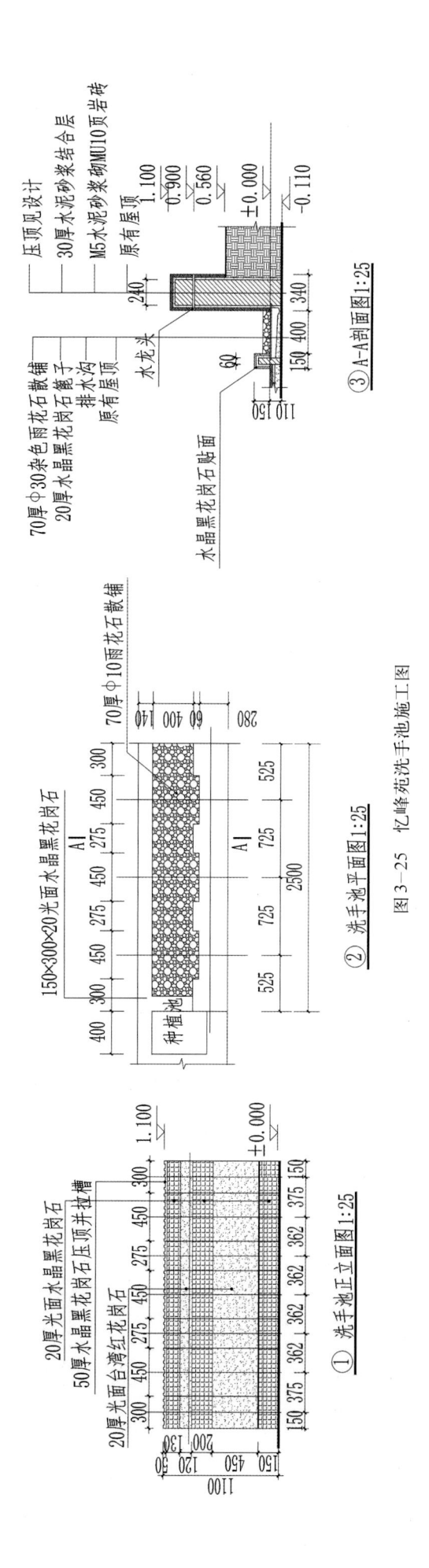

图3-25 忆峰苑洗手池施工图

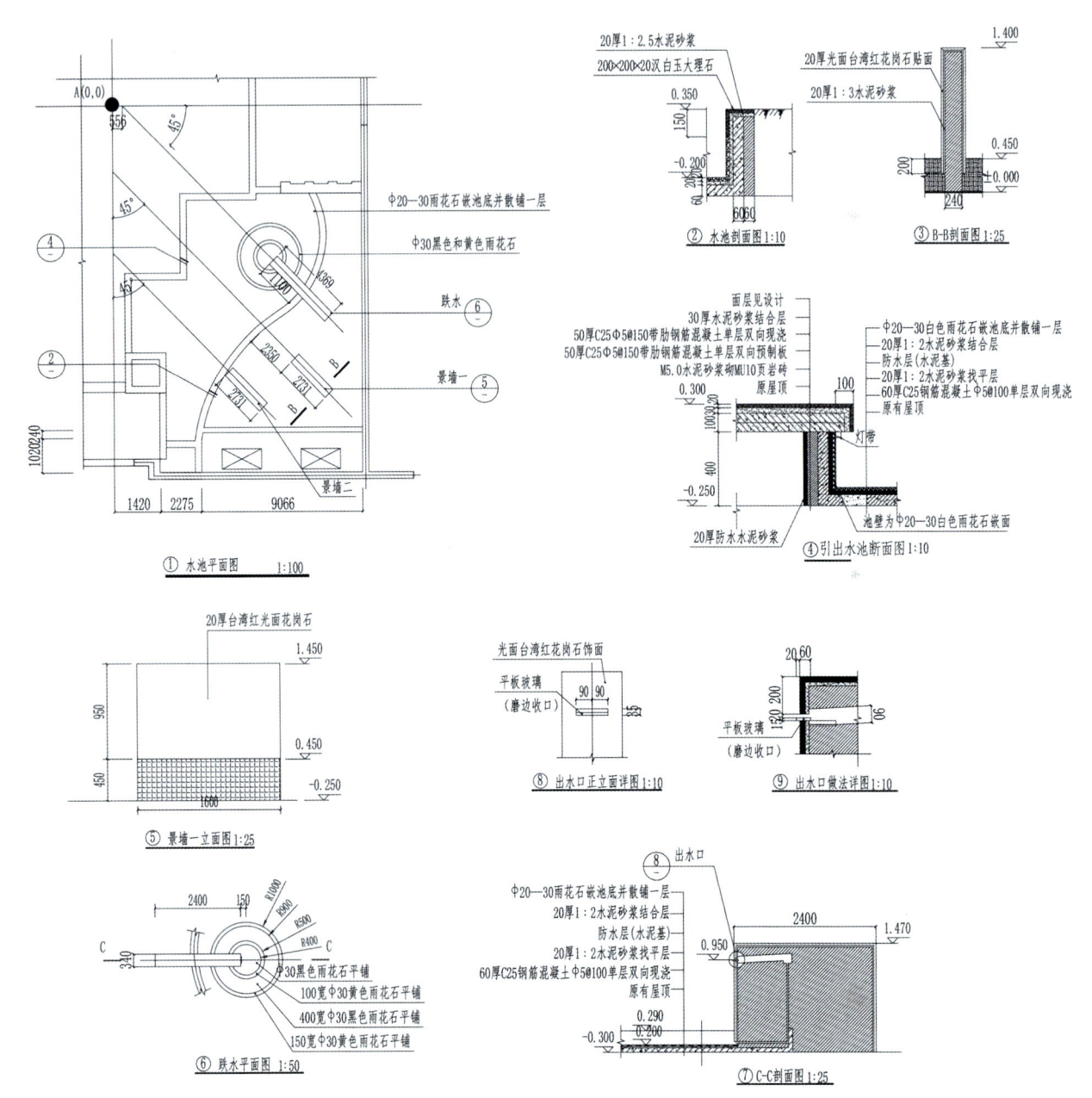

图3-26 忆峰苑跌水池施工图

图3-27 忆峰苑跌水池实景图 　　　　图3-28 忆峰苑洗手池实景图

(5) 园林建筑小品设计

①木质平台　花园中心休憩区域较为开敞，设置椭圆形造型的木质平台，如图3-29。

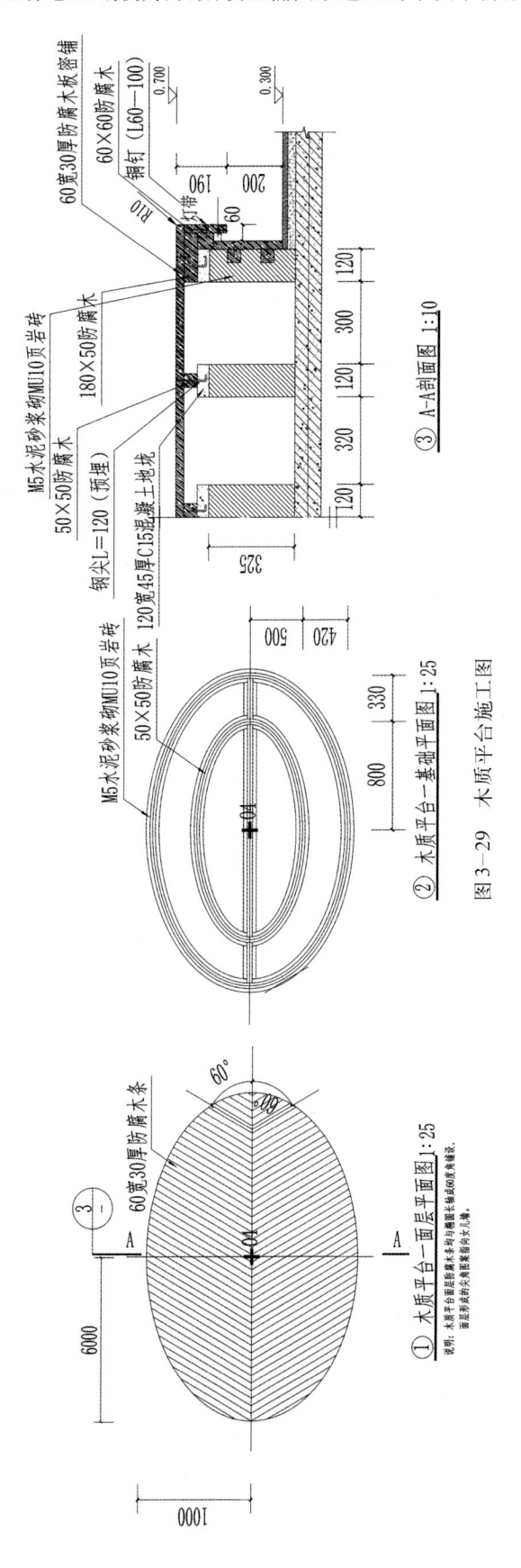

图3-29　木质平台施工图

②木质花坛坐凳　围绕椭圆形木质花坛布置雕塑小品并种植植物，为师生交流休息提供良好的平台，如图3-30。

图3-30　木质花坛坐凳施工图

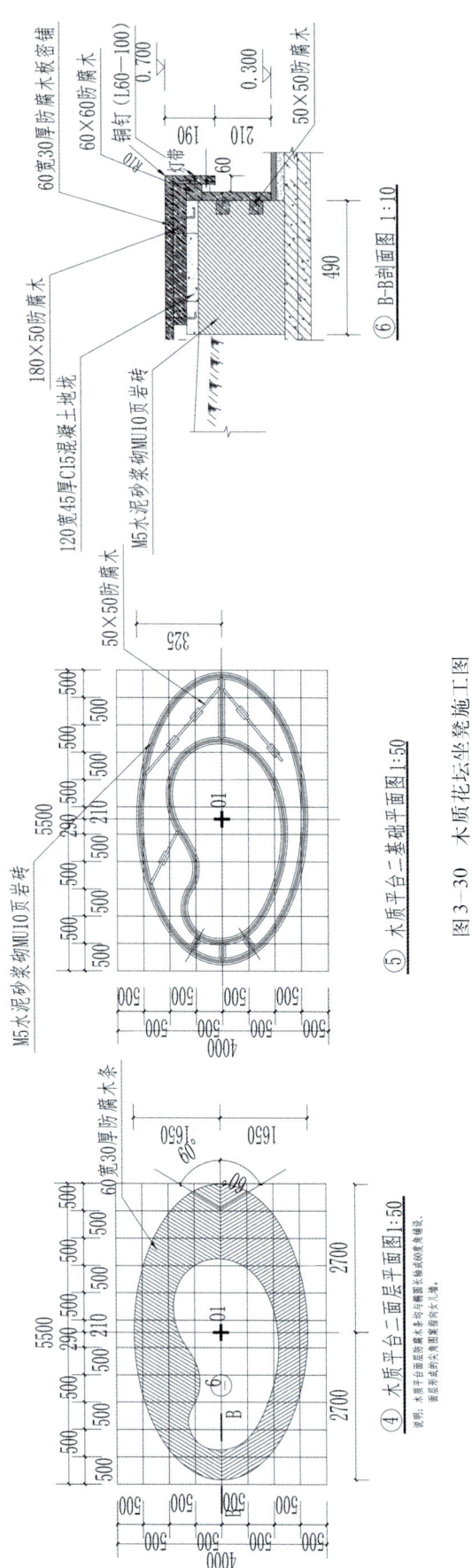

③微地形组团矮墙　微地形组团中设计了矮景墙,高度较低,形式流畅,与铺地材料和乔灌木融为一体,有分割植物空间、丰富景观、增添层次感的作用,如图3-31。

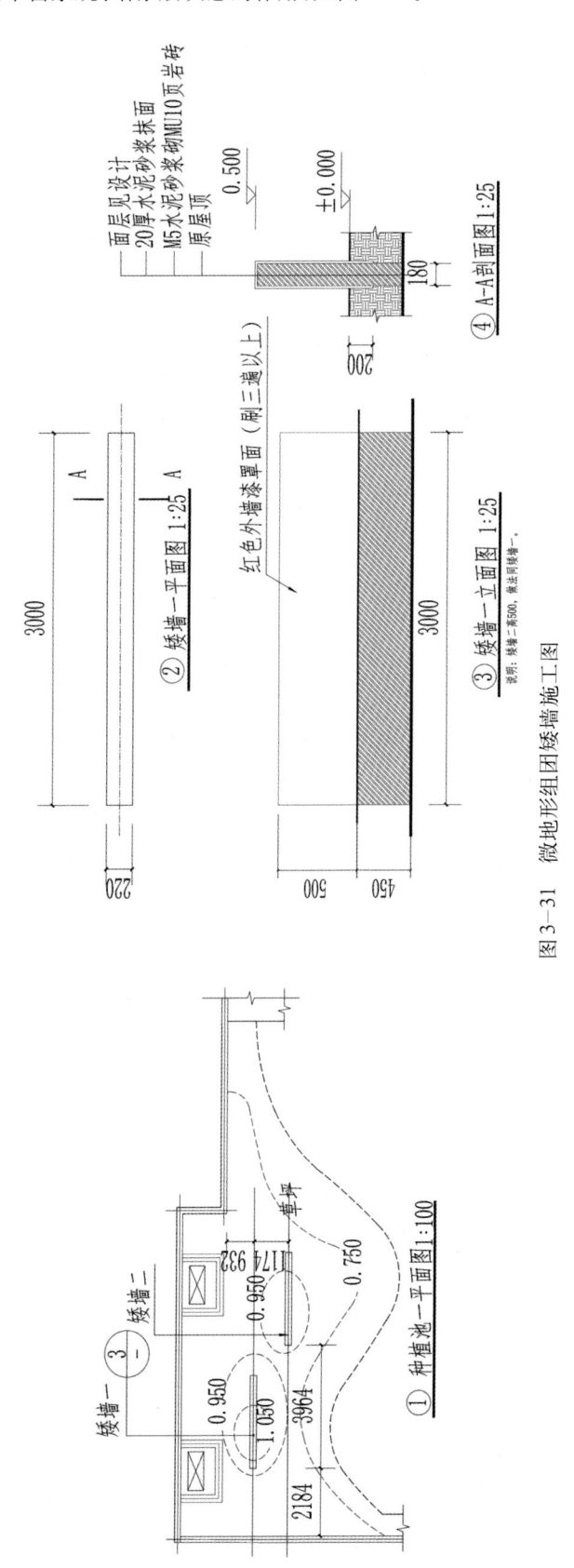

图3-31　微地形组团矮墙施工图

④枯山水造景组团，如图3-32。

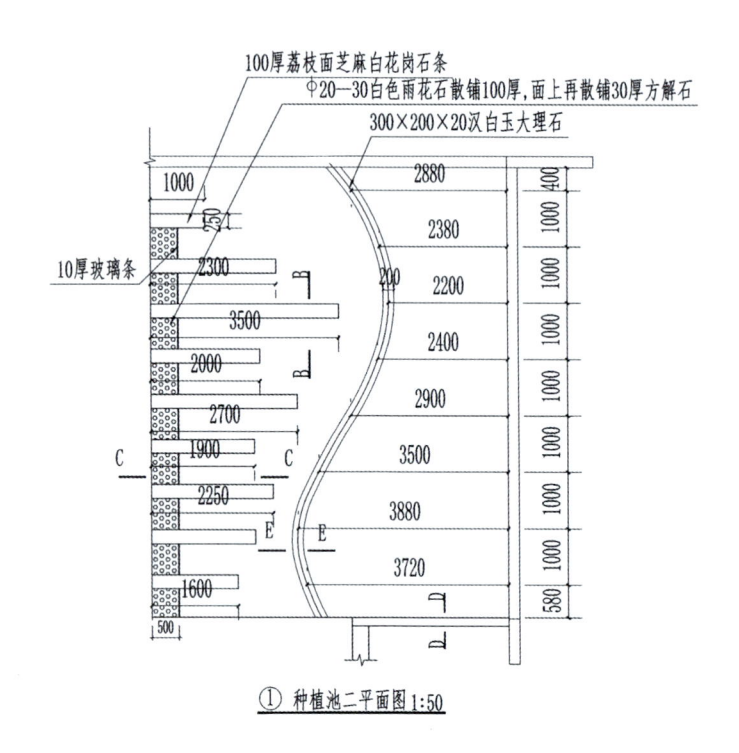

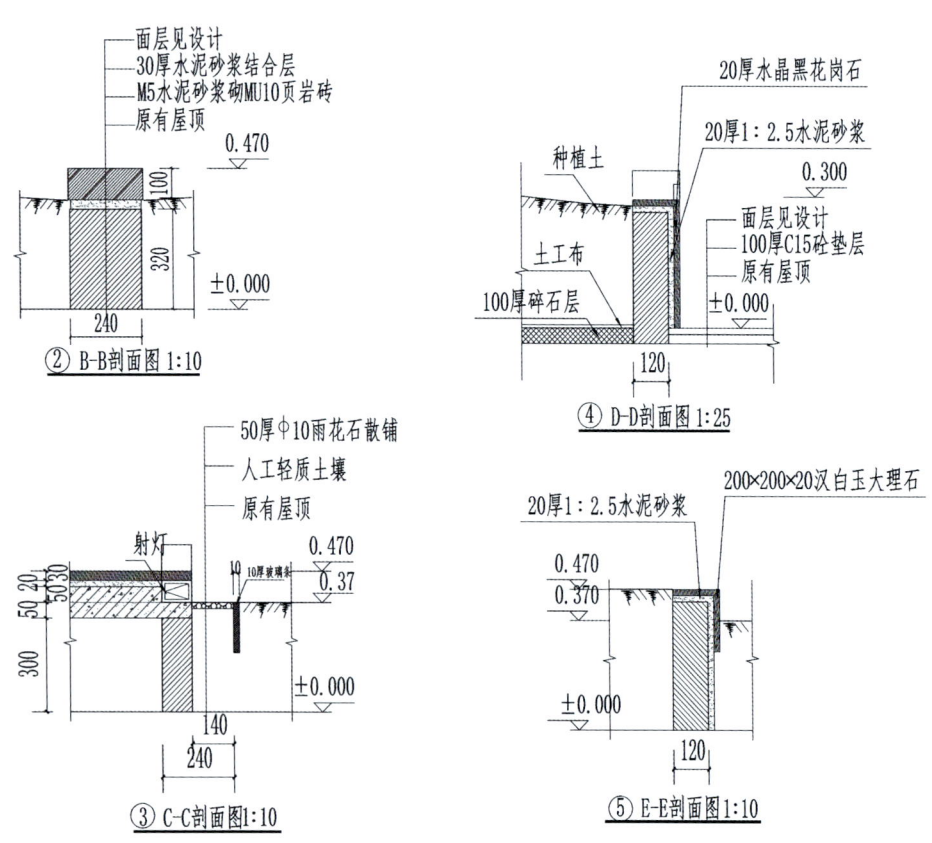

图3-32 枯山水造景组团景墙施工图

⑤景架坐凳组团包括景架与木质坐凳,如图3-33至图3-35。

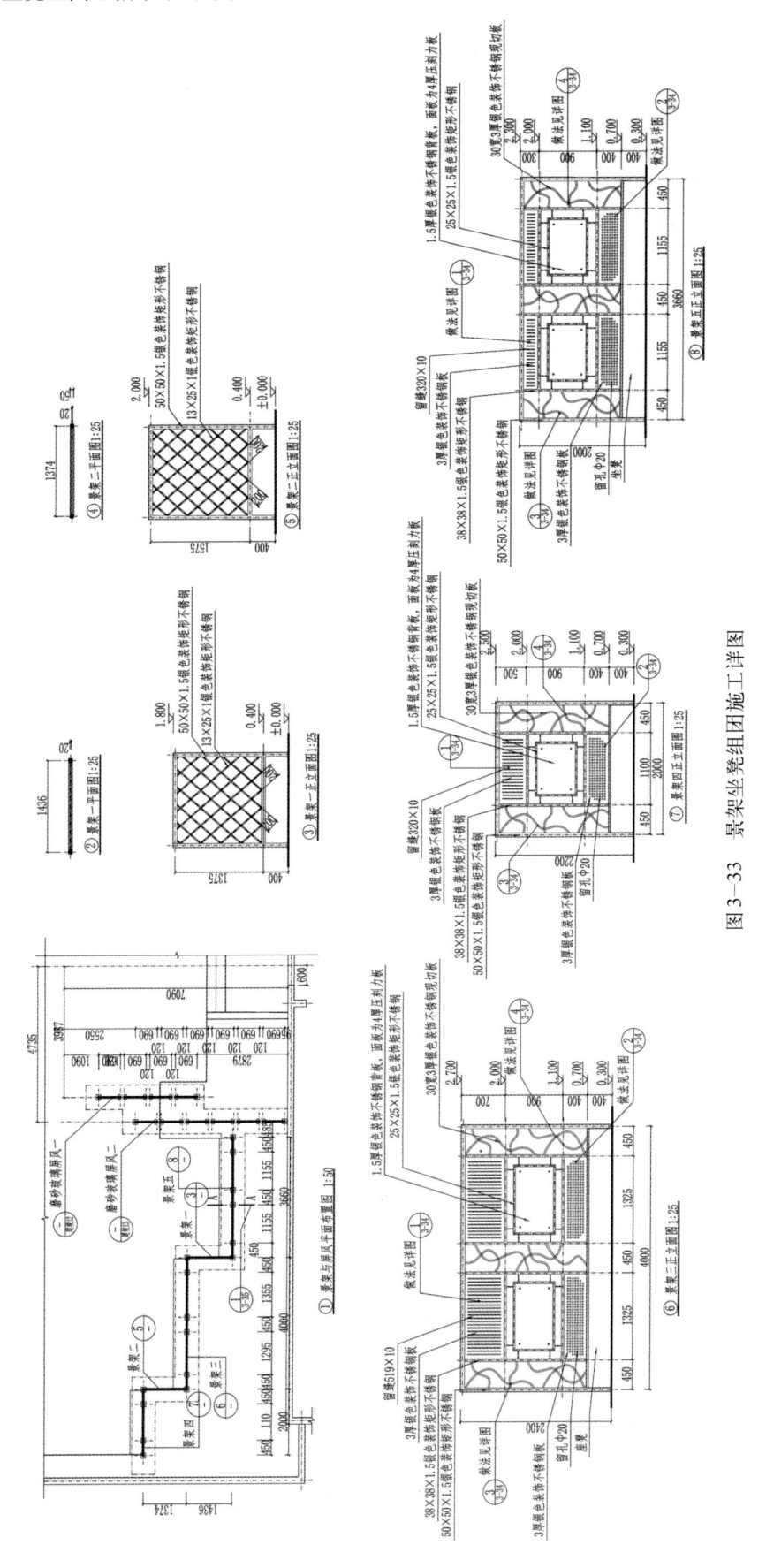

图3-33 景架坐凳组团施工详图

① 银色装饰不锈钢板立面图一

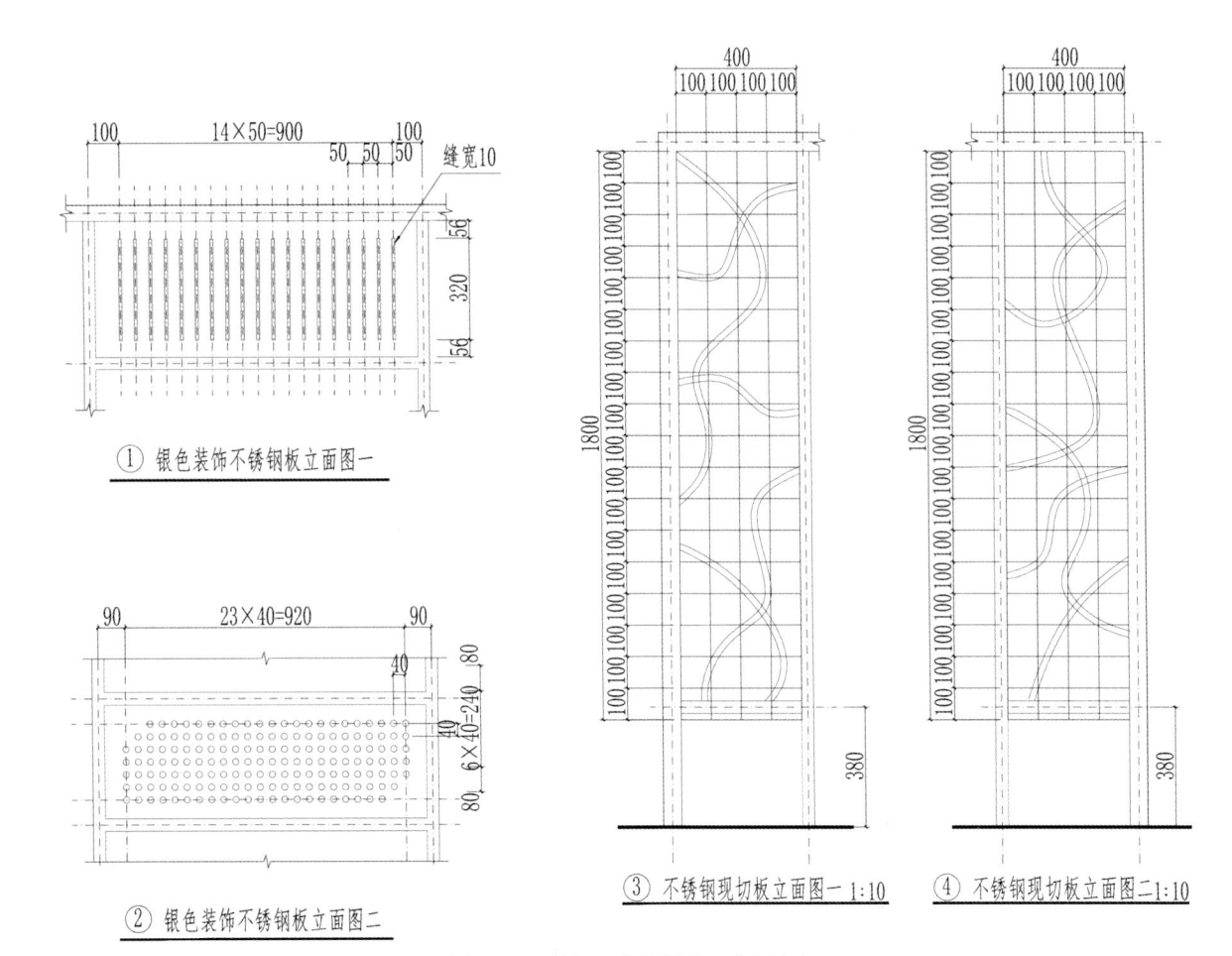

② 银色装饰不锈钢板立面图二

③ 不锈钢现切板立面图一 1:10

④ 不锈钢现切板立面图二 1:10

图3-34 景架坐凳组团施工详图(1)

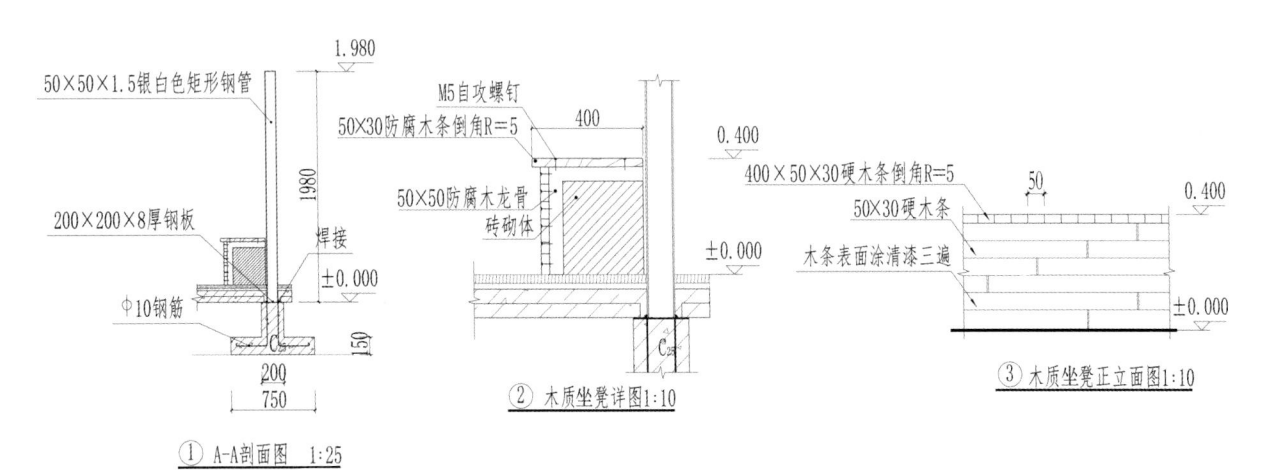

① A-A剖面图 1:25

② 木质坐凳详图 1:10

③ 木质坐凳正立面图 1:10

图3-35 景架坐凳组团施工详图(2)

⑤文化屏风　屏风以不锈钢板为主要材料,设计花纹和贴图,并展现屋顶花园的设计图纸,供参考学习,如图3-36、图3-37。

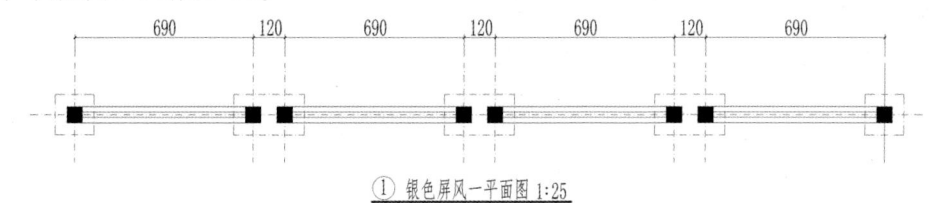

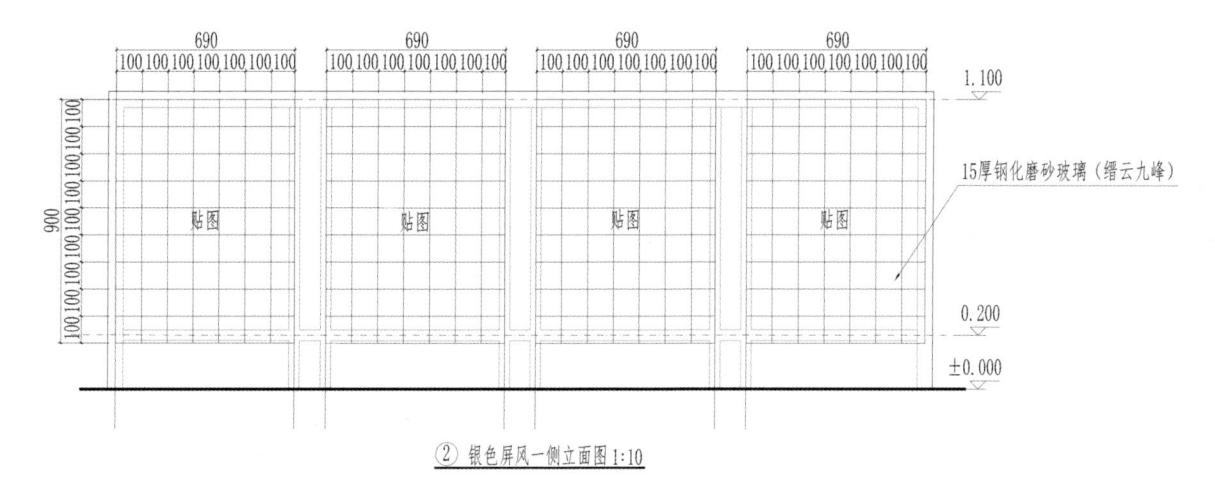

图3-36　屏风一施工详图

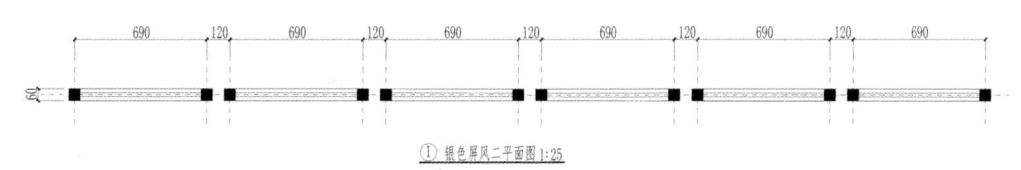

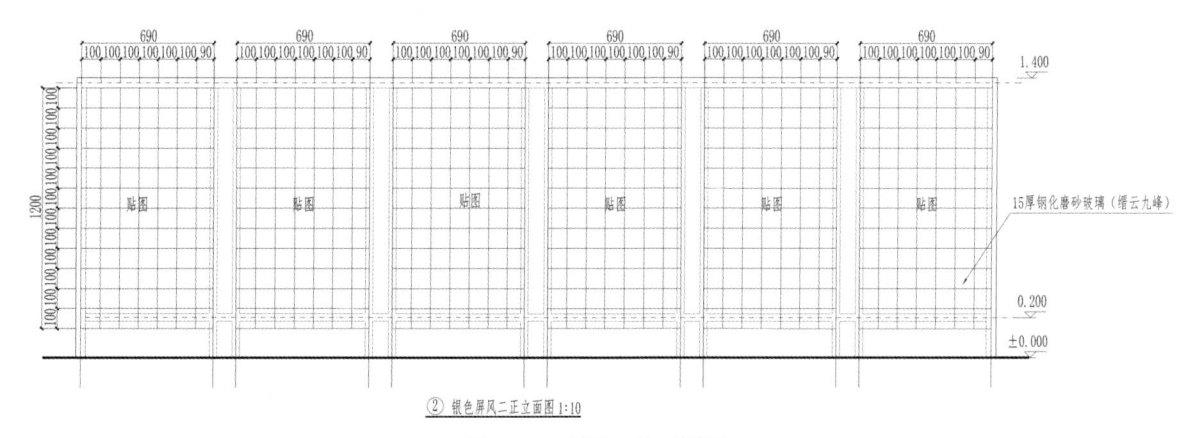

图3-37　屏风二施工详图

⑥雕塑

园内以"金、木、水、火、土"五元素为设计理念布置雕塑,红色镂空坐凳象征火元素,如图3-38,由金属打造的雕塑造型分布在木质坐凳附近,如图3-39、图3-40,呼应木、水、火、土等要素,后期在木质花坛坐凳上摆放佛光寺大殿模型,如图3-41,屋顶花园的设计使教学氛围得到进一步加强。

图3-38 雕塑实景图(1)　　图3-39 雕塑实景图(2)　　图3-40 雕塑实景图(3)　　图3-41 雕塑实景图(4)

(6) 照明设计　照明设计考虑到夜晚屋顶花园的观赏性和交通功能,在场地及水池内均设有不同规格的照明灯具。教学楼配电室提供220 V电源,屋顶花园景观电路设备设计总负荷5 kW。配电箱位于南侧704室,中心休憩场地以圆形地灯和条形地灯为主要照明设施,台阶处和种植池边缘设计地脚灯,山墙和水池下设置射灯和水下灯,沿木坐板周围一圈设置灯带,如图3-42。

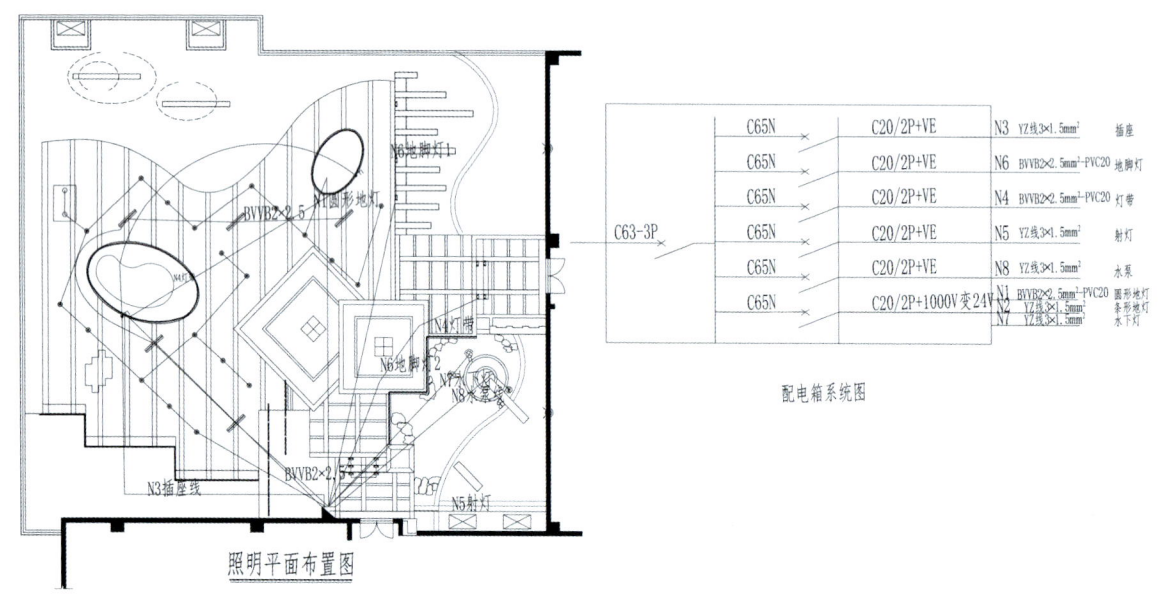

材料统计表

图示	名称	回路名称	电缆规格	配管规格	单位	数量	规格
◣	配电箱				个	1	
⊛	圆形地灯	N1	BVVB2×2.5 mm²	PVC20	个	20	LED灯 12V
▬	条形地灯	N2	BVVB2×2.5 mm²	PVC20	个	5	LED灯12V
⌐	插座	N3	YZ线3×1.5 mm²	PVC20	个	2	单向插座
—	灯带	N4	BVVB2×2.5 mm²	PVC20	米	35	
⊗	射灯	N5	YZ线3×1.5 mm²	PVC20	个	2	400W
◢	地脚灯	N5	BVVB2×2.5 mm²	PVC20	个	13	220V25W节能灯
⊗	水下灯	N7	YZ线3×1.5 mm²	PVC20	个	2	LED灯12V
Ⓜ	水泵	N8	YZ线3×1.5 mm²	PVC20	个	1	370W 220V

图3-42　忆峰苑照明平面布置图

(7) 给排水设计　给水系统:在种植池和水池设置给水管、球阀和自动喷水龙头,满足灌溉需求和水景营造,草坪、绿地均采用手动给水栓洒浇。排水系统:根据本工程的实际情况,采用暗沟来收集渗透水及地面雨水,在屋顶花园四周设置砖砌排水暗沟,铺装地面排水坡度i=1.5%。管道采用PP-R给水管、熔接、阀门和专用连接件,工作压0.35 MPa。给水主管道沿地形敷设,绿化用水管理地0.4 m,如图3-43。

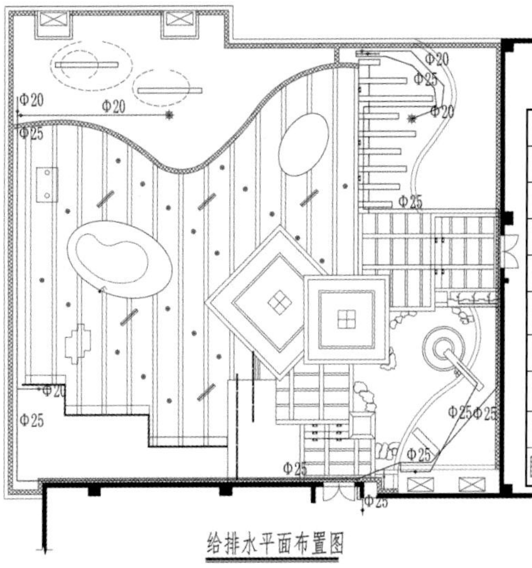

图示	材料名称	材料规格	单位	数量	备注
	PPR球阀	Φ25	个	2	
	PPR球阀	Φ20	个	5	
	PPR给水管	Φ25	米	158	
	PPR给水管	Φ20	米	28	用于PP-R管中20球阀后的给水管
	自动喷水龙头	Φ20	个	2	
	不锈钢水龙头	Φ20	个	3	
	蓝色PUC-U球阀	Φ50	个	1	
	蓝色PUC-U给水管	Φ50	米	3	
	砖砌排水暗沟		米	见图	

材料统计表

图3-43 忆峰苑给排水平面布置图

(8) 种植设计　植物种植设计遵循适地适树、因地制宜的原则,考虑屋顶的荷载与承重问题,以及光照、温度等生境条件,结合绿地的功能和艺术要求及实际情况,选用乡土树种为主,注重植物的抗逆性及粗放管理要求。

绿化区域内填种植土厚度400 mm,腐殖土层厚度50 mm,配置植物时选择体量较小的规格,采用小蜡(毛叶丁香)*Ligustrum sinense* Lour.柱、塔柏*Juniperus chinensis* (L.) Ant. 'Pyramidalis'、天竺桂、木樨(桂花)和苦竹*Pleioblastus amarus* (Keng) P. C. Keng.等;苦竹在山墙一侧削弱建筑压迫感,天竺桂、桂花点缀在种植池内。灌木为园内主要造景植物,充分考虑植物季节变化特性,以保证四季观赏效果,选择龟甲冬青*Ilex crenata* Vor. 'Convexa' Makino球、红花檵木*Loropetalum chinense* var. *rubrum* Yieh、栀子*Gardenia jasminoides* J. Ellis、红千层*Callistemon rigidus* R. Br.、山茶*Camellia japonica* L.等,成片种植白花杜鹃(春鹃)*Rhododendron mucronatum* (Blume) G. Don、鹅掌藤(鸭脚木)*Heptapleurum arboricola* Hayata、金边吊兰*Chlorophytum comosum* 'Variegatum'、万寿菊*Tagetes erecta* L.等地被植物;水池中选择风车草(水莎)*Cyperus involucratus* Rottb.、粉绿狐尾藻(羽毛草)*Myriophyllum aquaticum* (Vell.) Verdc.、黄花蔺*Limnocharis flava* (L.) Buchenau、水金英(水罂粟)*Hydrocleys nymphoides* (Humb. & Bonpl. Willd.) Buchenau、睡莲*Nymphaea tetragona* Georgi等,如图3-44至图3-48所示。

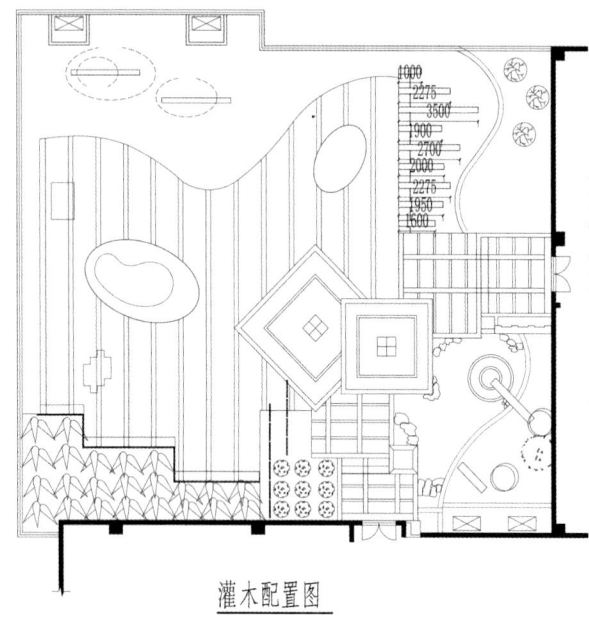

灌木配置表

序号	植物图例	植物名称	植物规格cm	单位	数量	备注
1		毛叶丁香柱	H=120 W=70	株	9	
2		塔柏	H=300	株	3	
3		天竺桂	H=400—450	株	1	
4		桂花	H=350 W=150	株	2	
5		苦竹		株	108	

图 3-44 忆峰苑灌木平面配置图

乔木配置表

序号	植物图例	植物名称	植物规格cm	单位	数量	备注
1		春鹃	H=50	株	240	
2		孔雀草		株	700	
3		沟叶结缕草		m²	90	
4		鸭脚木	H=30	株	900	
5		文殊兰		株	150	
6		银丝草		株	3500	
7		龟甲冬青球	H=40	株	126	
8		洒金柏	H=40	株	30	
9		金边吊兰		株	50	
10		万寿菊		株	50	
11		石海椒	H=400—500	株	100	
12		龟甲冬青球	H=60 W=80	株	10	
13		花叶良姜	H=50	丛	9	
14		肾蕨		株	2	
15		凤仙		株	200	
16		水莎		株	5	
17		羽毛草		株	10	
18		黄花蔺		株	6	
19		水罂粟		株	5	
20		睡莲		株	6	
21		白露		株	1	
22		黑紫薇		株	3	
23		水菖蒲		株	6	
24		滴水观音		株	2	
25		茶花	H=150	株	5	
26		红继木球	W=90	株	1	
27		幸福树	Φ=8—10	株	2	
28		大花栀子球	W=100	株	1	
29		红千层	H=160	株	1	
30		火棘		株	300	

图 3-45 忆峰苑乔木平面配置图

图 3-46　植物实景图(1)　　　　图 3-47　植物实景图(2)　　　　图 3-48　植物实景图(3)

3.7 施工与维护

(1)忆峰苑的施工与设计高度契合,还原了屋顶花园设计的理念与构思。

(2)枯山水造景组团中花岗石条带之间白色方解石部分因施工时未阻断与下层土壤的联系,造成植物入侵,加之后期维护管理人员不知创意和教学要求,将白色方解石区域改为了地被植物。

(3)花园植物日常养护存在诸多问题。植物十多年的生长,因乔灌木缺乏必要的修剪和体量的控制,破坏了花园的空间尺度关系;后期简单砍伐植物后,未能及时补栽大小适宜的植物品种,植物配置未较好地从屋顶花园特殊的环境要求选择植物品种,显得凌乱不堪。

(4)教学展示建筑模型因风景园林系无场地存放,将模型置于中心椭圆形木质花台上,占据了花台植物种植区位置,对花园主导空间造成不好的影响;同时,不利于教学展示建筑模型的长期保存。

(5)水景、地面景观照明和喷灌设施未及时修缮。

项目设计人员: 张建林、刘磊、吴鑫等。

吴帆(承担雕塑小品设计制作)

4

共青团花园设计

4 共青团花园设计

4.1 项目概况

西南大学共青团花园位于西南大学二号门(原西南农大正门)中轴线上,呈东西轴线对称布置,为法式古典园林风格,占地面积约1.9 hm²,是西南大学校园环境中极具特色与代表性的校园景观之一。在2013年,为迎接西南农业大学与西南师范大学合并组建的西南大学成立十周年,实现校园环境服务西南大学总体发展目标要求,展示学校景观新形象,学校决定对共青团花园景观环境品质进行整体提升改造。

4.2 场地条件

(1)共青团花园建设历史　西南农学院(西南农业大学前身)共青团花园规划建设工作始于1953年暑期,由重庆建筑学院的王德云老师和他带领的暑期实习学生完成花园的勘测规划设计初步工作,其后,西南农学院校园总体规划及花园规划设计由重庆市设计院编制,委托王德云老师再次对花园进行规划设计,于1956年形成花园的基本框架图,如图4-1;同年由西南农学院园艺系花卉教授马西苓做指导、花工张松林负责栽种香樟,之后陆续从静观乡购买罗汉松桩头等各种花木栽种其中[1]。1957年,西南农学院共青团组织为发扬"自力更生,劳动建校"的精神,积极配合1958年即将建成的校综合大楼工程(现为第二行政楼),而发出倡议:用自己的劳动改变校园脏、乱、差的面貌,绿化美化校园。该倡议得到了全校700多名老师和1650多名共青团员的积极响应,在1957年下半年到1958年暑假期间,全校师生利用周末和农业劳动课时间,参与花园建设,如图4-2。花园基本骨

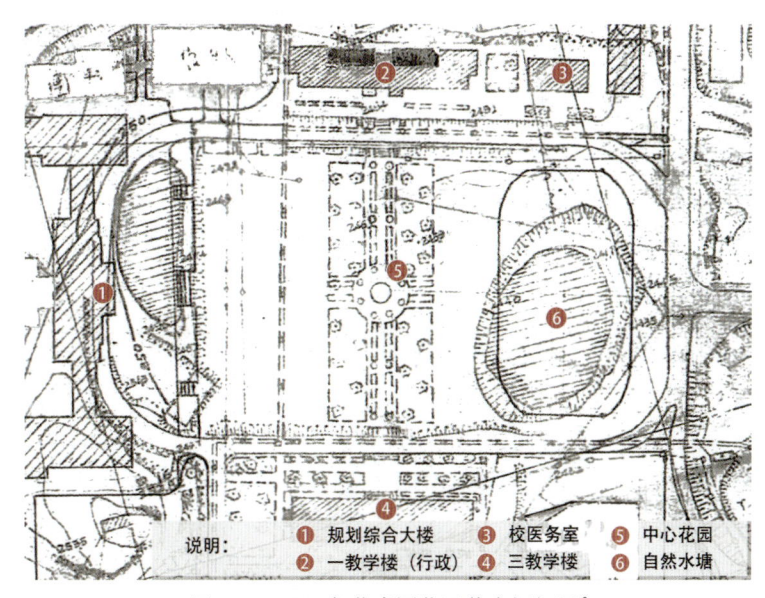

图4-1　1956年共青团花园基本框架图[2]

说明:①规划综合大楼　②一教学楼(行政)　③校医务室　④三教学楼　⑤中心花园　⑥自然水塘

---
[1]《西南大学记忆》,2010年第3期。
[2]西南大学档案馆提供。

架形态由此初步形成。1960年第一次西南农学院团员大会上,学校正式把花园命名为"共青团花园"。在1963年所做的西南农学院第二次校园总体规划设计图中,已明确共青团花园是西南农学院校园的中心景观区,如图4-3,是全校师生娱乐,举行大型活动、节日聚会的重要场所,如图4-4。1977年学校恢复招生之后,在"文化大革命"期间受到一定程度损毁的共青团花园得到恢复性建设,至1980年已形成良好的景观效果,如图4-5。在1980年至1984年期间,为了满足全校师生休闲读书和安全管理的需要,学校对共青团花园进行大规模改造和修缮,方案由西南农学院园艺系园林教研室郝世怀副教授负责设计并监督实施,该方案进一步规整了共青团花园空间形态与四周校园干道的连接关系,自然形态的荷花池改为规整的条石砌筑水池,水池驳岸顶加装钢筋混凝土栏杆,形成围合水池,如图4-6。在花园中部与荷花池一侧相邻地带左右对称地新增欧式水洗石花架长廊和由罗汉松绑扎的六角亭,新增四组柳杉树池坐凳和沿花园道路布置长条水磨石凳,花园道路进一步完善,并采用预制混凝土块干铺园路,保留花园西部球场,如图4-7。1986年,西南农业大学(原西南农学院)编制第三次校园总体规划,进一步强化共青团花园在西南农业大学校园中的中心地位(如图4-8)。在20世纪90年代初,荷花池东侧花坛改为国旗台。1996年,随着校园内运动场地的完善,花园西部球场荒废,学校决定将花园西部球场改建为花园,增加休憩坐凳,并由郝世怀老师设计并监督实施,于1997年春建成,如图4-9。在2000年,学校将四川省农业厅为祝贺西南农业大学建校五十周年而捐赠的"铜牛"雕塑安置于花园东西与南北轴线交会的中心花坛之中,如图4-10。之后的十余年间,在花园西部的法国梧桐下陆续增加桌凳、道路以满足学生户外学习之需,时至2013年7月共青团花园即将改造之际,其景观效果见本章附件一(视点1—21)。在过去60余年里,共青团花园历经多代人不断建设、调整,完善了其功能和形式,以适应学校不同发展阶段的需要,但对花园路网结构、空间关系和乔木布局未做大的调整。共青团花园的建设见证了西南大学(简称"西大")艰苦创业的发展历程,承载着无数西大人的历史记忆。

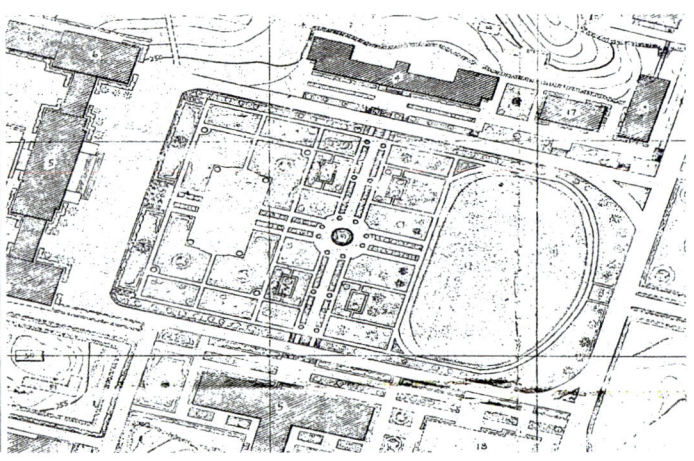

图4-2 全校师生参与花园建设[1]　　图4-3 1963年共青团花园规划平面图[2]

[1]、[2]西南大学档案馆提供。

图 4-4　1960年代共青团花园实景[1]

图 4-5　1980年共青团花园实景[2]

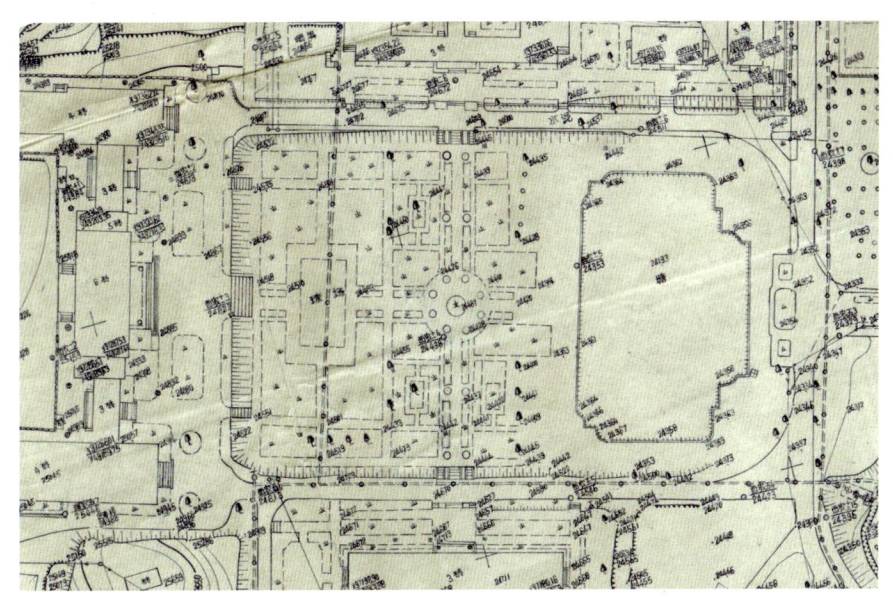

图 4-6　1982年9月共青团花园测绘平面图[3]

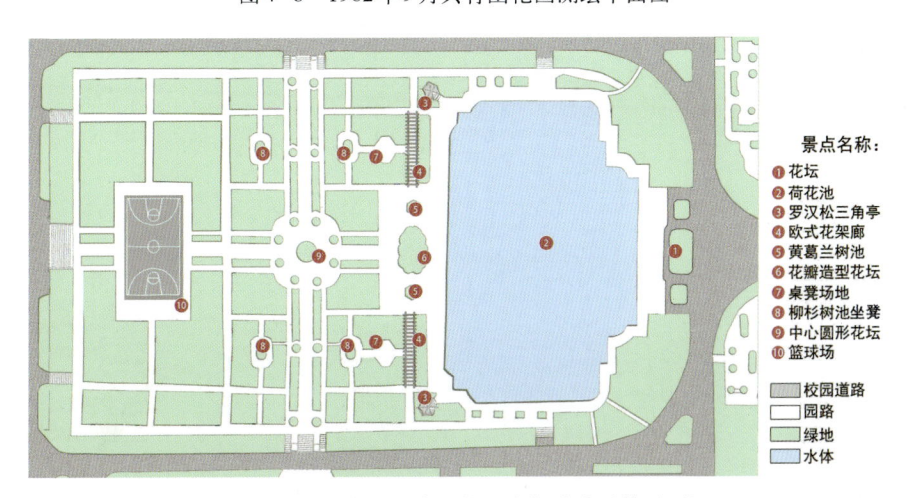

景点名称：
❶ 花坛
❷ 荷花池
❸ 罗汉松三角亭
❹ 欧式花架廊
❺ 黄葛兰树池
❻ 花瓣造型花坛
❼ 桌凳场地
❽ 柳杉树池坐凳
❾ 中心圆形花坛
❿ 篮球场

校园道路
园路
绿地
水体

图 4-7　1984年底共青团花园全部建成后的平面图

[1]、[2]、[3]西南大学档案馆提供。

图4-8 1986年共青团花园实景[1]

图4-9 1997年共青团花园实景[2]

(2)现状条件 共青团花园地处缙云山与中梁山之间的槽谷丘陵沟谷地带上,其北、西、南三面均为小山丘,冲沟呈西北—东南走向,花园处于"U"字形地形空间的中部。花园用地范围以四周校园干道为界,西侧为行政楼,东侧正对2号门,南侧紧邻三十三教学楼和崇实图书馆,北侧为三十八教学楼和蚕学宫,如图4-11。南北两侧的建筑以2号门、共青团花园和行政楼形成的东西轴线呈对称布置,三十三教学楼、共青团花园与三十八教学楼形成南北轴线,三面高大的建筑进一步强化共青团花园的空间围合度,如图4-12。从花园建筑、雕塑、道路、水景、花坛和植物形成的空间关系来看,环共青团花园校园干道的行道树与花园中部平行于南北轴线两侧列置的香樟树构成共青团花园空间的基本骨架,从东向西分三段布局,呈现"一环""两轴""多点"的空间结构。受校园总体规划布局的影响,共青团花园在为师生提供休闲游步道的同时,为师生穿行花园提供了多条路径,如图4-13。

图4-10 铜牛雕塑实景

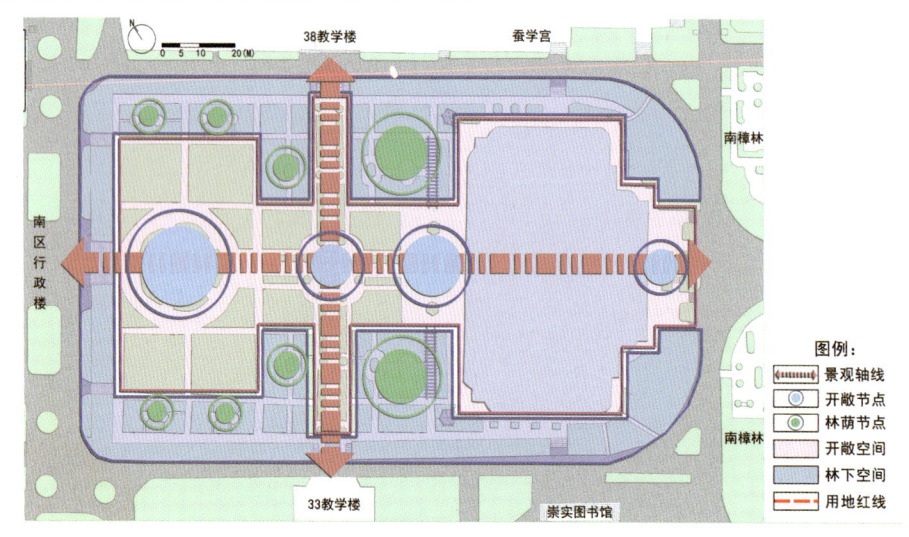

图4-11 共青团花园现状空间结构图

---

[1]西南大学档案馆提供。
[2]西南大学基建处原副处长吴帮平提供。

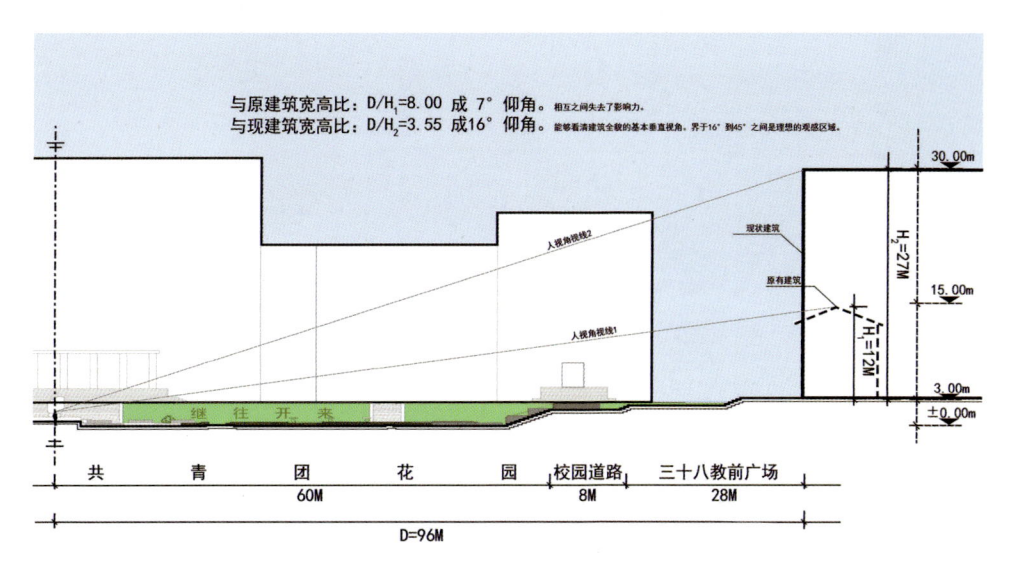

图4-12 校园建筑对共青团花园围合性分析图

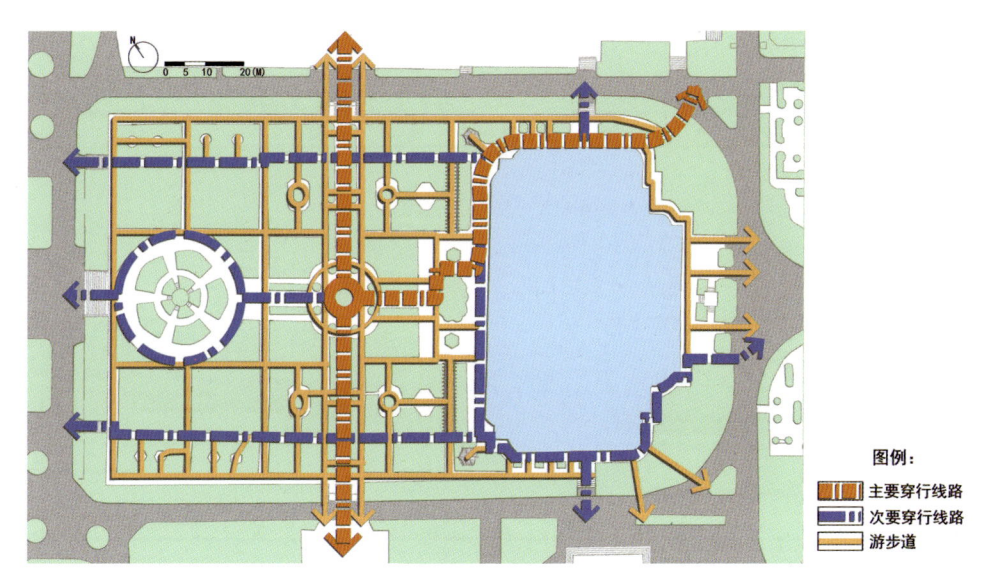

图4-13 共青团花园道路与人流现状图

在北、西、南三面校园车行道与花园之间设有挡土墙,仅东侧与道路基本相平。在花园南北轴线上,南北校园干道与花园高差均约1.7 m;在花园东西轴线上,西侧校园干道与相邻花园高差约2.95 m,东西校园道路高差约4.65 m。花园内部用地平整,整体呈西高东低,南北高程基本相近,最高处位于花园西侧的台阶下,海拔为245.30 m,最低处位于原国旗台,海拔243.50 m,相对高差约1.8 m;荷花池常水位为241.60 m,与岸顶高差约2.1 m(如图4-14、图4-15)。

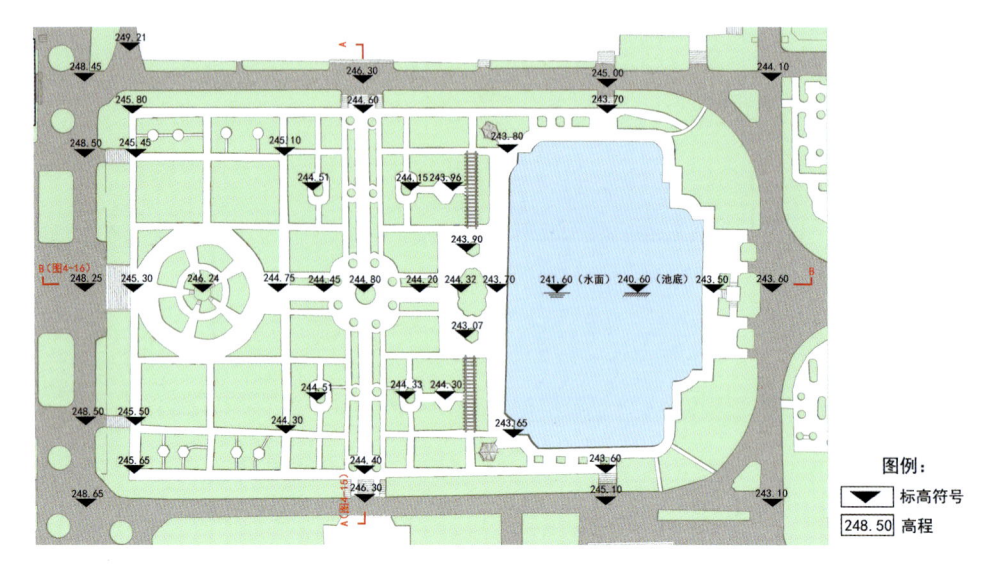

图4-14 共青团花园现状高程图

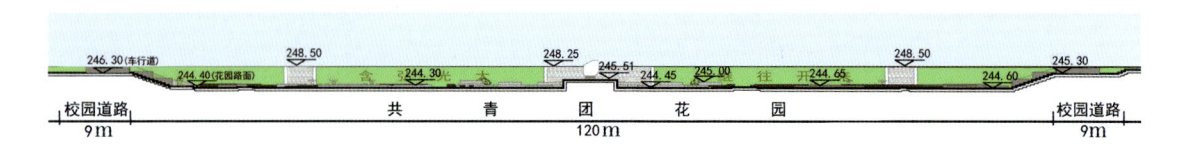

图4-15 A-A剖面图

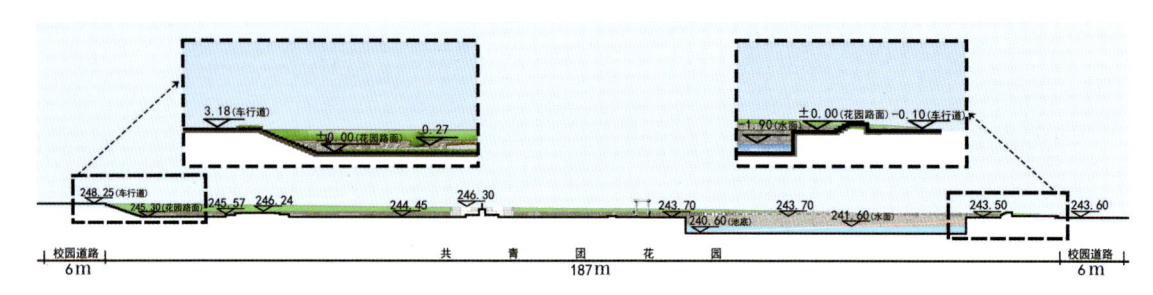

图4-16 B-B剖面图

香樟为花园的基调树，东段以垂柳（柳树）*Salix babylonica* L.为主景树，蓝花楹 *Jacaranda mimosifolia* D. Don、白兰（黄葛兰）*Michelia × alba* DC.和复羽叶栾树为点景树，中部以山茶为主景树，罗汉松 *Podocarpus macrophyllus* (Thunb.) Sweet 桩头、柳杉 *Cryptomeria japonica* var. *sinensis* Miq.、紫薇 *Lagerstroemia indica* L.为点景植物，西段以黄葛树为主景树，二球悬铃木（法国梧桐）*Platanus acerifolia* (Aiton) Willd.、苏铁 *Cycas revoluta* Thunb.、紫薇 *Lagerstroemia indica* L.为点景植物，如图4-17。

共青团花园地表雨水以地面排水为主，校园干道以内的北、西、南三面雨水向花园汇流，雨水进入花园后，西向东的堡坎边道路将负责进行雨水收集，通过雨水口进入排水沟，以盖板明沟的方式将雨水排入荷花池，如图4-18。

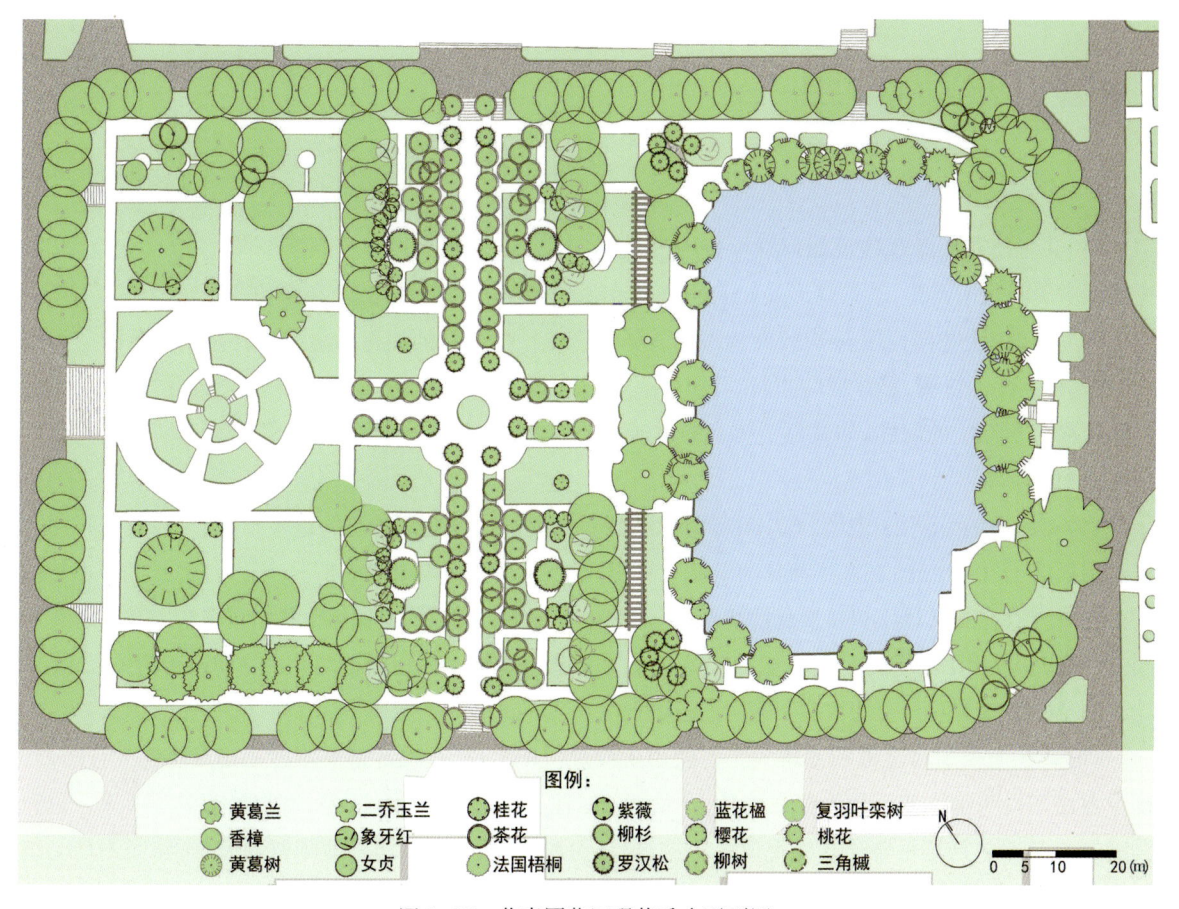

图4-17 共青团花园现状乔木平面图

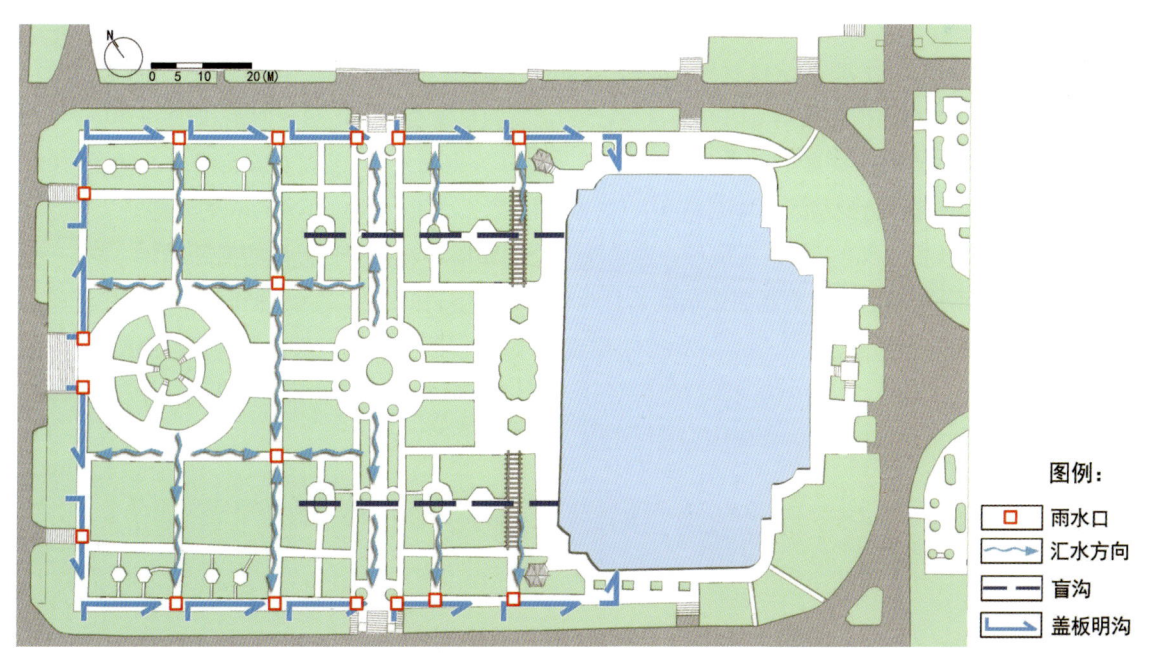

图4-18 共青团花园地表雨水径流与排水现状图

4.3 面对的问题

（1）共青团花园景观建设如何继承传统、彰显文化，以适应新时期学校办学规模、校园文化建设、全校师生审美和休闲需要，其景观形式如何适应花园南北两侧建筑高度、体量、色彩的变化？

（2）如何解决花园西段在1997年建成的立体组合花坛与西段的使用功能（集会、照相）、总体空间属性、形式和高度不协调，整体拥堵的问题；如何解决花池、花坛大小与花园内不断长大、长高的乔木之间在空间尺度上相匹配的问题，如黄葛兰树下的树池已经被其树根撑裂，对称孤植的黄葛树不断长大而显得草坪面积急促？

（3）花园内的基调植物历经60多年的自然生长，以及不同时期主景树的调整和补栽，部分空间属性和比例尺度已发生变化；在多年演化与补栽过程中，出现局部植物不对称的情况，一些植物已经严重影响到花园规则对称的景观风貌和景观视线通廊，如荷花池北侧条石驳岸上自然生长的黄葛树。并且还存在安全隐患，如因岸上的柳树遮挡了综合大楼，东西轴线通廊受阻。如何根据现有植物和道路的关系，在保持花园空间结构相对不变的情况下进行相应的改变？

（4）花园主要道路宽度和铺地大小与使用人群规模不相适应，现有道路不能满足高峰期人行需要，部分道路布局与师生使用行为存在差异，导致部分绿地中踏出了"羊肠小径"，有损局部景观效果。道路场地铺装及路牙均选用普通预制混凝土块材料，且为河沙碎石垫层，因其使用时间较长，路面不均匀沉降，大部分道路铺装破损严重，部分路牙缺失，如图4-19。

（5）如何解决因上层乔木不断长大，植物郁闭度的增大，相邻的中层小乔木受光照的影响而长势逐渐变弱的问题，如桂花、象牙红、柳杉等。如何解决部分乔木老化的问题，如荷花池周边相间配置的柳树与碧桃，碧桃早已不见踪影，柳树缺枝断枝。如何解决山茶栽种位置不当，因道路场地产生的辐射热导致茶花生长不良。花园地被植物因缺乏时时更新和管理，出现自然演替现象严重等问题，如图4-20。

（6）如何解决欧式钢筋混凝土花架长廊挂落、坐凳背靠等钢筋外露、破损及安全隐患的问题，如图4-21；六角形罗汉松植物造型亭因环境光照度太低，罗汉松死亡，六角亭面临不复存在的问题？

（7）师生休读所需桌凳的布局、造型与共青团花园局部环境景观如何相协调的问题，解决现状一些桌凳设施因布置不恰当、造型欠美观而影响整体景观效果的问题，如图4-22。大量破损的水池栏杆和盖板明沟存在严重的安全隐患，同时，影响花园景观质量和效果，如图4-23。花园内部功能性照明偏少，影响夜间使用率。

图4-19 共青团花园路面现状

图4-20 茶花现状

图4-21 欧式花架破损现状　　　　　4-22 共青团花园公共设施分布现状图

图例：
◯ 坐凳
◯ 路灯
◯ 垃圾桶

图4-23 现状公共设施实景

(8)如何解决因部分实验室的污水和地表雨水直接排入荷花池,造成水质较差,在少雨季节荷花池的水伴有恶臭的问题。如何解决荷花池的常水位离岸顶距离过大,因安全需要在荷花池四周设置栏杆,造成亲水性差和游人有凭栏观井之感的问题。另一方面,现状栏杆高度仅为 0.78 m 高,如何解决荷花池栏杆高度不符合国家规范的问题,如图4-24。

图 4-24　荷花池栏杆与驳岸现状

4.4 设计策略

(1)尊重共青团花园的空间结构和主要园路格局,适度整合和扩大部分园路;保留、更新具有历史记忆的空间、建筑和植物,植入符合新时代审美的景观形式。

(2)拆除花园西部1997年春建成的立体组合花坛,体现未建设花坛之前的开阔与空旷。拆除黄葛兰树下的树池,增大面积。整合孤植黄葛树周边零碎的花坛地块。

(3)移除影响规则对称和视线通廊的植物,新增和补植的植物应有利共青团花园的风格特点和空间属性的彰显。对荷花池北侧条石驳岸上的黄葛树进行重剪、整形,降低黄葛树的重心,排除安全隐患。

(4)依据人流走向及空间结构关系梳理道路、整合小块绿地,去除绿地中杂乱无序的硬质场地和小道,将硬质场地置换于园路旁的大乔木下,且不利于地被植物生长的地方,强化十字形轴线,凸显现代简洁的欧式花园景观。选用硬度高、耐久性强、能经受住岁月考验的铺地材料和园路结构。

(5)优化植物层次,对中层林地进行梳理,替换、移除因光照不足而长势逐渐变弱的中层小乔木,去除杂乱植株,替换老化的植物,规整花灌木及地被植物,使植物景观与花园风格相适应。尽可能增大山茶所在花池宽度,降低因辐射热对山茶树造成的伤害。

(6)对欧式钢筋混凝土花架长廊进行修缮,外观原样修复;罗汉松亭因周边高大乔木的影响,不能复建,采取现代欧式方亭置换,并向东移至荷花池边缘,使建筑与水的关系更加紧密。

(7)依据人的使用行为和设计创意,让坐凳成为景观创意的有机组成部分,实现隐形化。桌凳、垃圾桶、园灯等公共设施与环境相融。花园内的功能性照明与景观照明相结合。

(8)完善荷花池南北两侧排污管道,禁止向荷花池内排放污水。在保持荷花池水平投影形状不变的前提下,将荷花池西岸垂直条石驳岸拆至常水位高度附近,重构1980年前的斜坡绿地印象,并建亲水平台和步道;在荷花池东岸垂直条石驳岸上外挑观景平台,增加游人观赏水景的便利性,如图4-25。

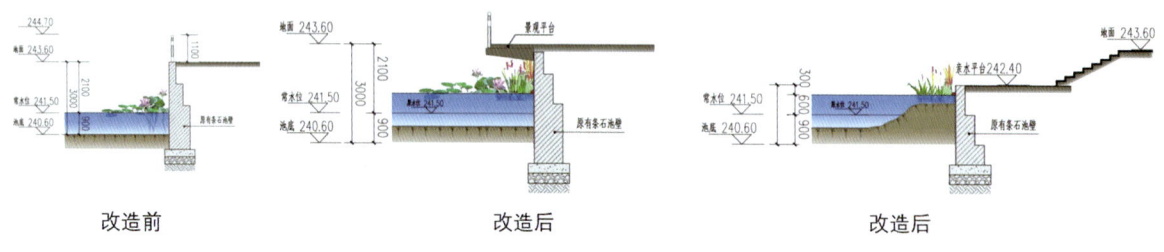

图4-25 改造前后池壁断面对比图

4.5 创意构思

从西南农学院、西南农业大学再到西南大学一路走来，共青团花园见证了西南大学办学历程，陪伴过无数西大青年学子，它随着学校日新月异的变化而不断发展和完善，它是记载学校历史文化和展现校园新风貌的载体。因此，方案设计以共青团花园具有历史记忆的空间为基础，以学校深厚的历史文化和青春朝气与创新活力为线索，在继承共青团花园空间结构的同时重塑具有时代特色的景观形式。

(1) 传统文化的现代表达　农业教育是西南大学两大办学特色之一，农耕农业文化是现代农业教育的基石，共青团花园是历代西大人的精神堡垒，是展示西南大学校园文化的重要窗口，能让师生在花园中感知中国几千年悠久的农耕文化和农大之魂；对青年学子来说，大学是只争朝夕之地，一寸光阴一寸金，西大学子在花园散步之中能够感悟一年四季的流逝和生命的轮回。二十四节气是我们的祖先在漫长的农业生产与生活过程中，观察天象物候与农事关系的高度总结，是农耕时代先民们集体智慧的结晶。于是，本次设计选取用于指导农业生产与生活的"二十四节气"作为文化元素，以古人"天圆地方"的宇宙观为平面构图的源泉，广场、花坛、坐凳平面为方，铺地图案为圆；中心组合模纹花坛的模纹由西南大学英文首字母"SWU"抽象、变形而成；环绕中心的四个时令草花花坛代表一年四季的变化；广场南北两侧边缘对称布置六组方形花岗石坐凳，并于坐凳表面阴刻描述一至十二月的传统诗词（所选诗词见本章附件三），以表达一年由十二个月组成，进一步强化广场的景观意涵；环广场中心花坛的圆形铺地上阴刻二十四节气的科学定义，表达西大人以传统文化为营养、扎根大地、只争朝夕、服务农业之精神。起到时刻提示学子不忘历史，砥砺前行的作用，故将广场命名为"忆农广场"，如图4-26。从"含弘光大，继往开来"的校训中吸取营养，将荷花池西岸南北端的欧式方亭分别取名为"含弘亭"和"致远亭"；在铺地中以地雕的方式展现荷塘文化，增加校花玉兰花。

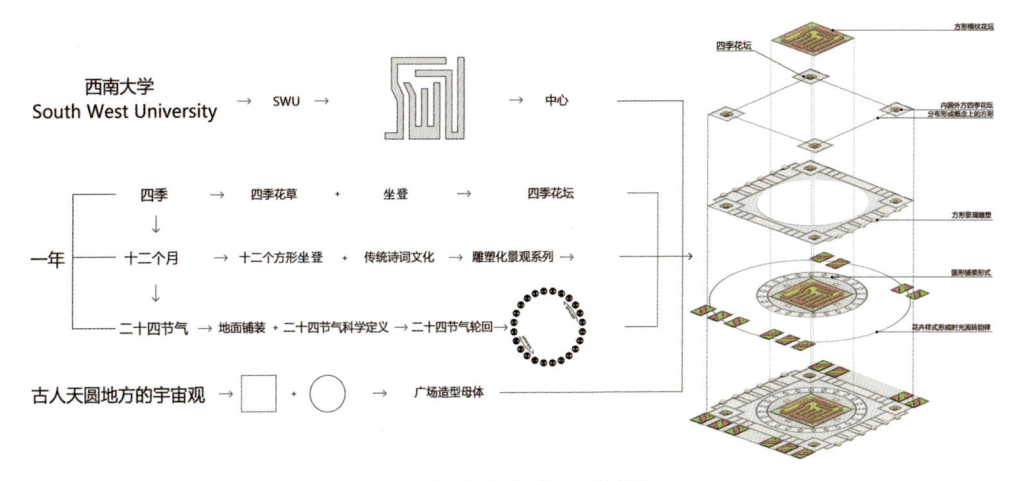

图 4-26　忆农广场设计创意演绎图

(2)青春律动与规则式园林相融　基于青年人的性格和花园命名的由来,受中国共产主义青年团团徽中以红色绶带来表达青年人的朝气蓬勃与激情的启示,以红色、灵动的植物色带和坐凳凸显共青团花园景观的新风貌,景观形式演绎如图4-27。在花园西部南北两侧树荫下呈对称布置自由活泼、宽大的红色水磨石飘带(隐形坐凳),如图4-28;树下和林地边缘的灌木曲线色带对称布置,在彰显活力的同时,又保持花园的规则与对称。

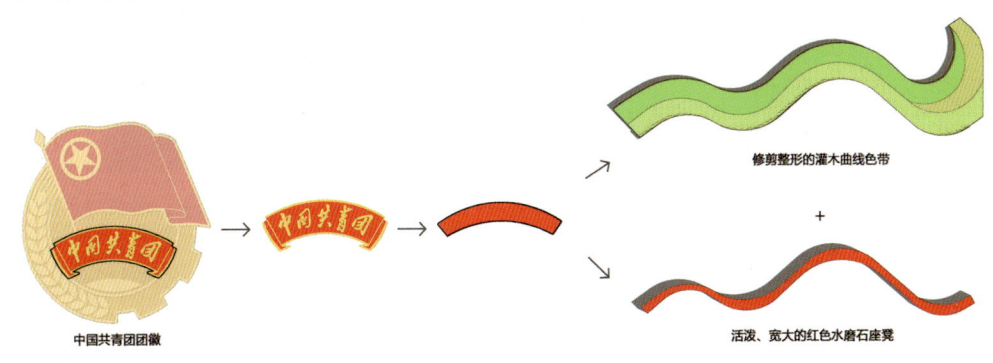

图 4-27　红飘带设计理念

图 4-28　律动时光效果图

(3) **继承古典欧式园林空间结构，多层次强化轴线对称**　东西轴线道路扩大，并由西向东直达荷花池西岸亲水平台，在轴线东端新增观景平台，在西端新建南北对称的忆农广场，"十"字交会的轴线处对称植入欧式花钵；保留南北对称布置欧式花架廊，新增红飘带树荫空间、香樟树下桌凳空间、竹林桌凳空间、欧式亭；对称设置台阶草地、色带和花木。

(4) **休读功能设施融入景观意境之表达**　将休读功能设施景观化，使其成为环境景观意境表达的有机组成部分。忆农广场上的四季花坛、代表十二个月的方形花岗石雕塑、红飘带、荷花池边的大台阶及两侧梯级垂带等均具有坐凳功能，如图4-29。

图4-29　忆农广场两侧具有休读功能的景观设施

4.6 方案与设计

(1) **方案与布局**　依据共青团花园现状空间结构、景观资源和文化创意，将共青团花园从东向西划分为"柳动荷香""松韵花影""舞林忆农"三个主题景观区，如图4-30。沿东西轴线依次布置组合花坛、莲香台、荷花池、浸芳台、汇晖台、八俊奔牛、忆农广场；在东西轴线的南北两侧依次对称布置林荫小驻、竹影芳径、欧式花架廊、丝竹间、百茶争春、樟荫憩读、律动时光；规整的花坛、自由曲线的植物飘带呈对称式布置，使花园整体上呈现规整、庄重，但又不失自由与活泼。如图4-31、图4-32。

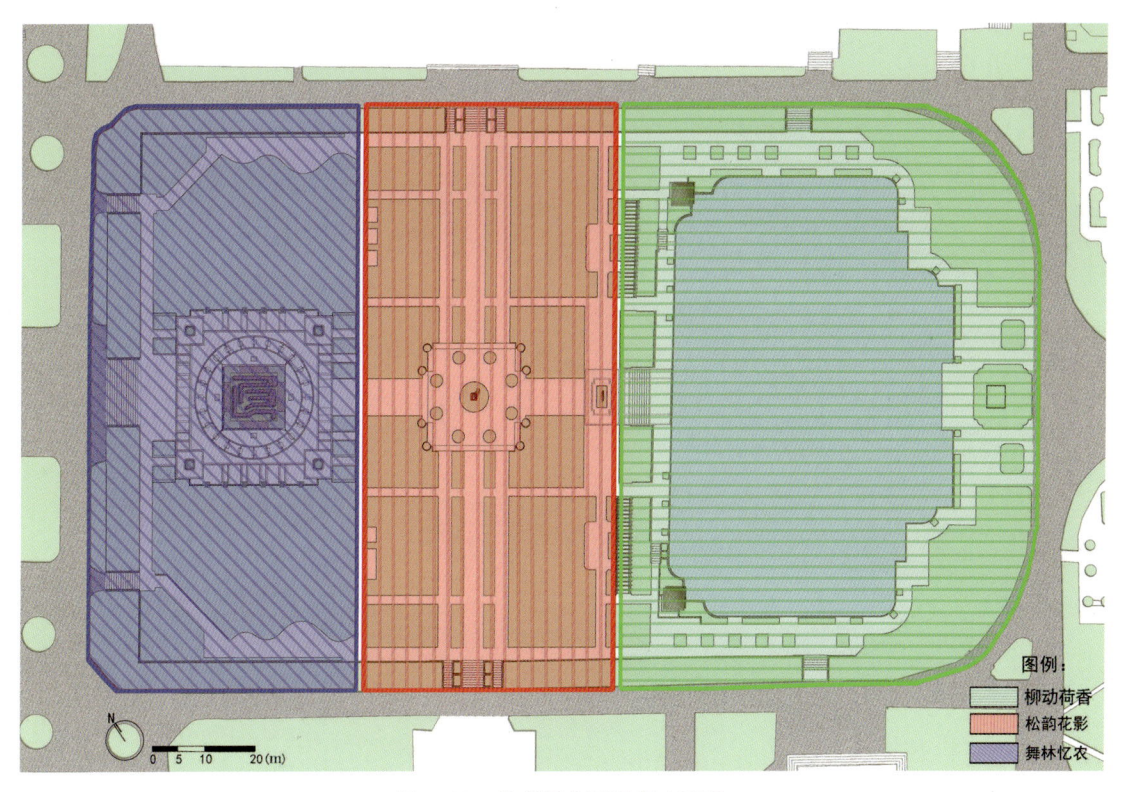

图4-30 共青团花园景观分区图

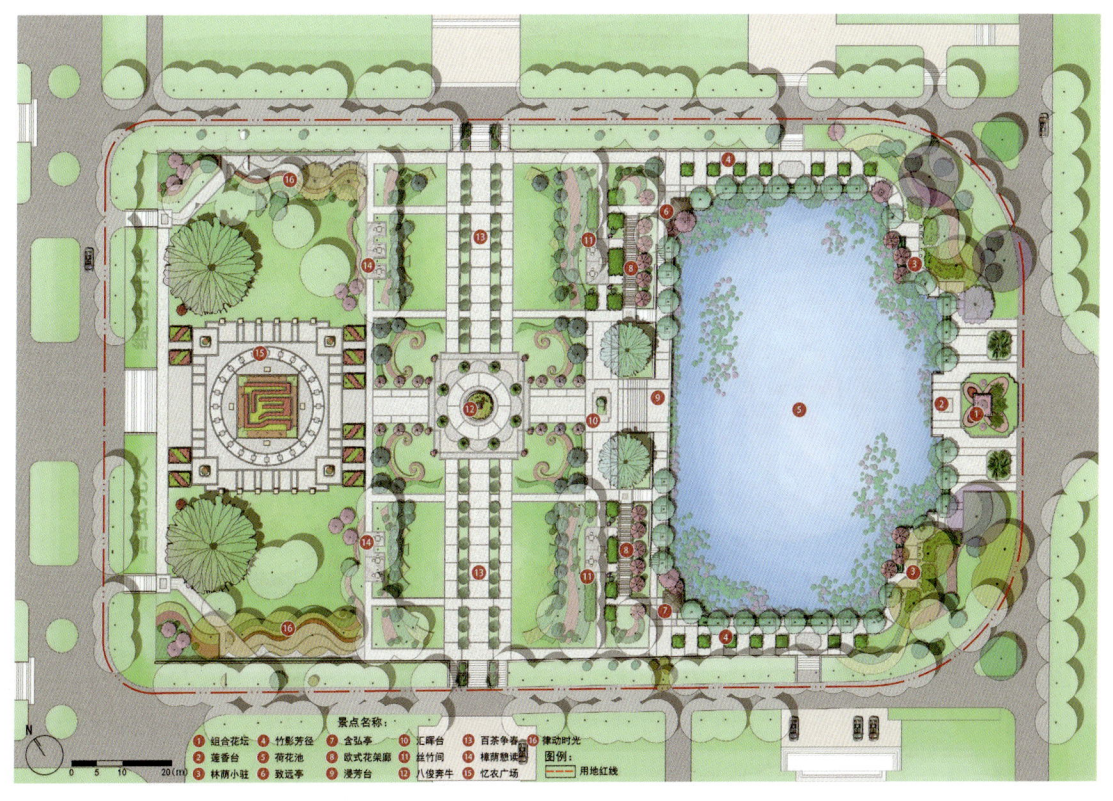

图4-31 共青团花园总平面图

图4-32 共青团花园总体鸟瞰图

柳动荷香：以荷花池为中心，水池四周的旱柳更新为黄金垂柳，点缀垂丝海棠。南北两侧原为自然花池内栽种的硬头黄丛生竹，改为规整花池内栽种斑竹，形成竹影婆娑的小径。水池东岸中部的国旗台改为组合花坛，并在荷花池内挑出平台有利观景，同时打破原荷花池驳岸呆板的印象，在东岸南北两端的树荫下布置点状方形坐凳和组合桌凳，形成休读空间。将水池西岸标高降至荷花池常水位标高附近，水池内的浅水区域种植水生花卉，岸上设置亲水步道和平台，在保留的欧式花架之间形成斜坡绿地，整合黄葛兰树池，原罗汉松六角亭置换为欧式方亭并移至水池边，强化亭与水池的组合关系，如图4-33。

图4-33 柳动荷香效果图

松韵花影：位于共青团花园中部，南北向轴线两侧香樟控制的视觉范围。整合原花园十字形道路两侧绿地，将四处柳杉树池坐凳场地改为绿地，其场地休憩功能置换于东西两侧的香樟树下，分别形成"丝竹间""樟荫憩读"等四处林荫空间。以环绕中心花坛的八株罗汉松桩头为场地构图中心，在场地边缘对称布置八组欧式花钵，罗汉松、花钵拱卫中心花坛，进一步强化圆形花坛内铜牛的中心地位，形成"八骏奔牛"的景观印象。规整、补齐南北轴线两侧花带内不同品种的茶花树，形成大气、对称的空间特点，如图4-34。

图4-34 八骏奔牛效果图

舞林忆农：位于花园西部，以体现农科教育为西南大学之基石、展示传统农耕文化与现代景观相结合的"忆农广场"为中心，整合广场南北两侧原有道路、桌凳空间和绿地，加强以黄葛树为主景的疏林草坪效果，靠南北两侧道路的林下对称布置舒展、自由形态的休憩场地、红色飘带坐凳，构成律动的学习空间氛围。中心由"SWU"演绎的红色模纹方形花坛，南北对称设计的疏林草地、灌木色带，整体营造出简洁、富有青春与活力的空间氛围，如图4-35。

图4-35 舞林忆农效果图

(2)共青团花园改造前后对比　共青团花园改造前道路场地面积为5823.2 m²，改造后道路场地面积5279.4 m²，减少硬质道路场地约543.8 m²，单块绿地面积普遍增大，如图4-36。规整了场地、设施和植物，对影响景观轴线对称的乔灌木进行必要调整,对阻挡景观视线的植物进行移除或修剪,如图4-37。经本轮设计调整,精心施工,花园实景效果如本章附件二。

现状道路场地:

小路较多,绿地空间破碎,大部分道路铺装破损严重,部分路牙缺失。

改造后道路场地:

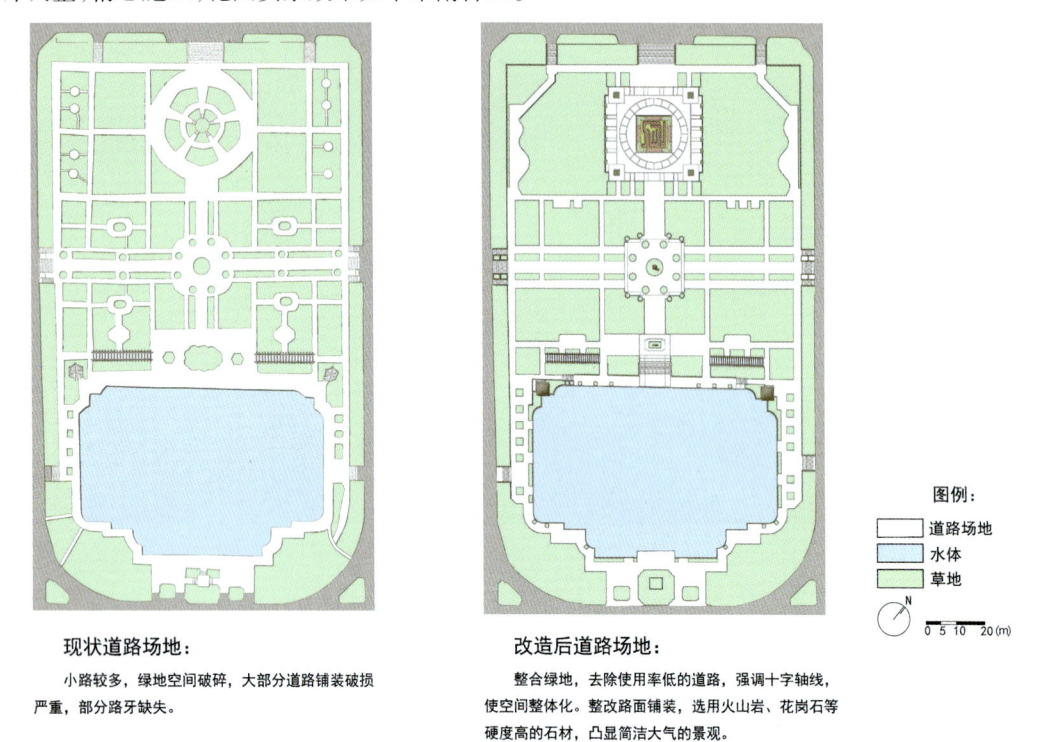

整合绿地,去除使用率低的道路,强调十字轴线,使空间整体化。整改路面铺装,选用火山岩、花岗石等硬度高的石材,凸显简洁大气的景观。

图4-36 共青团花园道路场地改造前后对比图

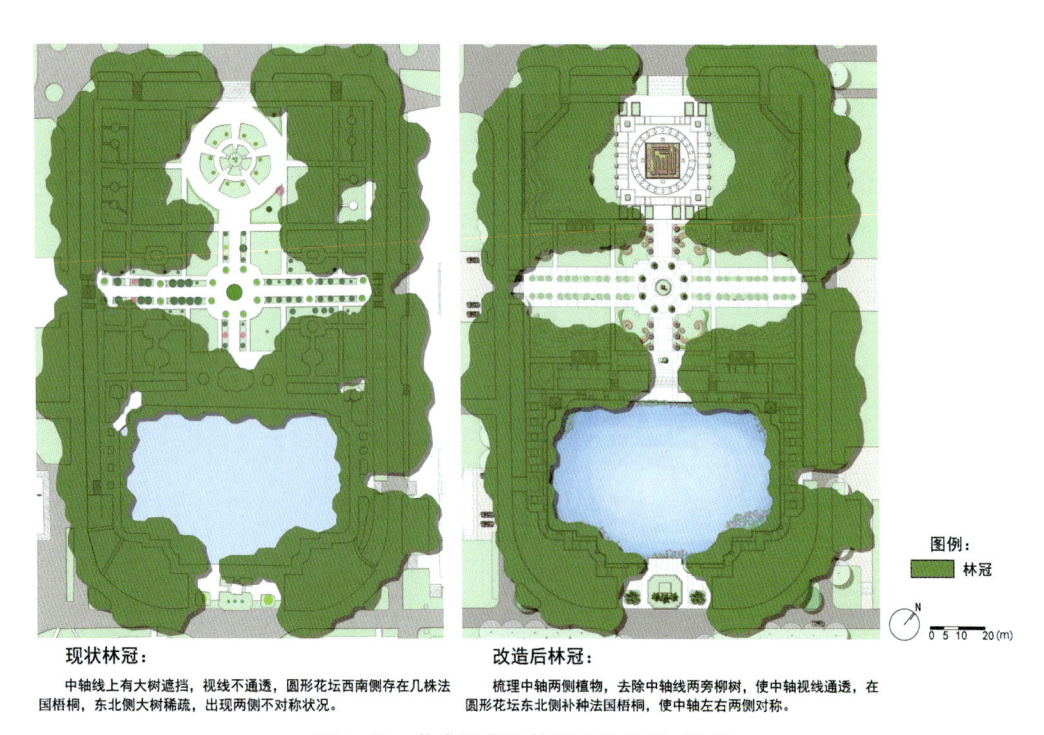

现状林冠:

中轴线上有大树遮挡,视线不通透,圆形花坛西南侧存在几株法国梧桐,东北侧大树稀疏,出现两侧不对称状况。

改造后林冠:

梳理中轴两侧植物,去除中轴线两旁柳树,使中轴视线通透,在圆形花坛东北侧补种法国梧桐,使中轴左右两侧对称。

图4-37 共青团花园林冠改造前后对比图

(3)**竖向设计** 共青团花园总体竖向设计遵从因地制宜原则,尊重原有场地标高,减少挖填方,保留原有场地整体西北高,东南低的高差;场地内雨水最终汇入荷花池,形成有机的生态花园。打破原有荷花池单一驳岸形式,控制常水位线,调整局部水深以满足湿地植物生长要求,营造亲水空间,如图4-38。

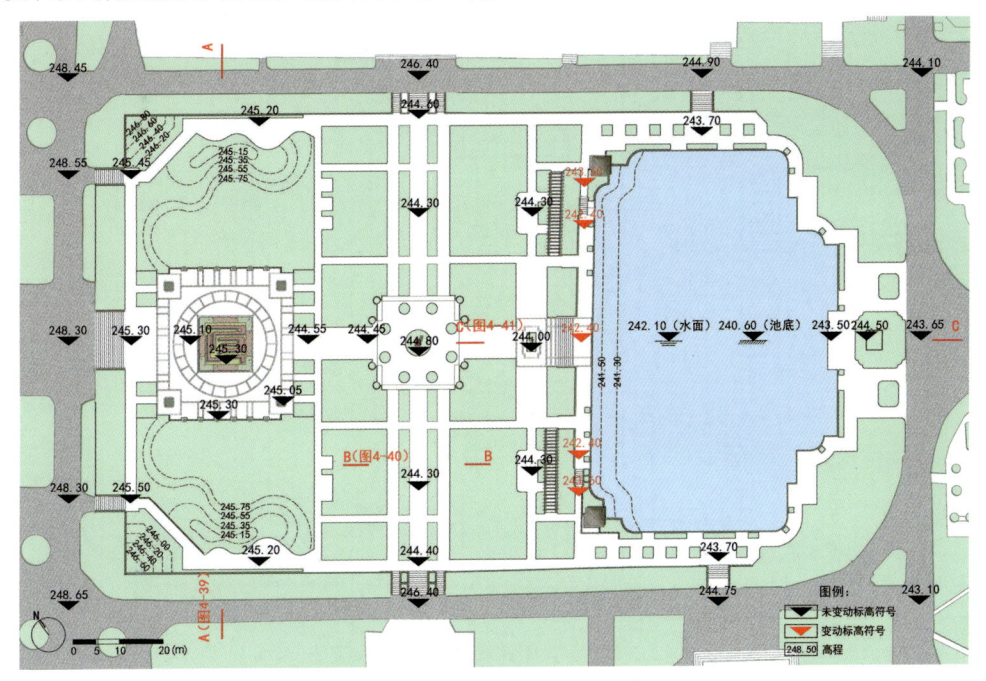

图4-38 共青团花园竖向设计图

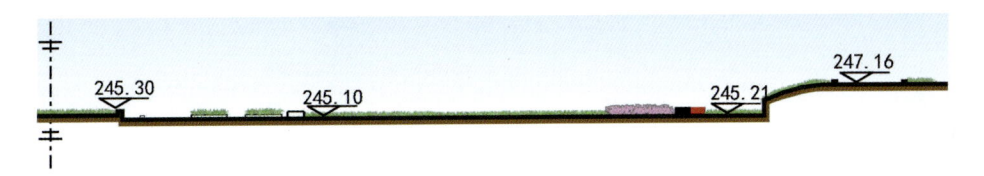

图4-39 A-A断面图

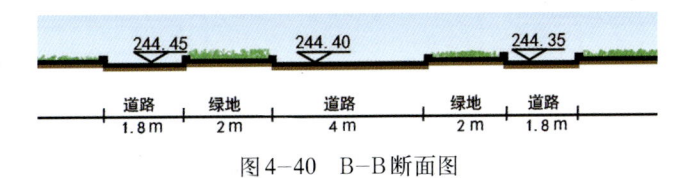

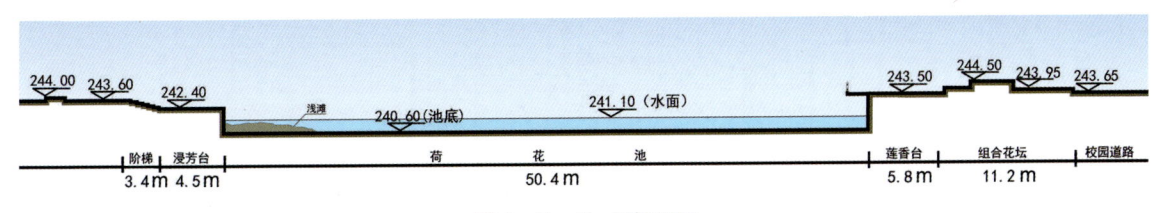

图4-40 B-B断面图

图4-41 C-C断面图

(4)道路场地铺装及建筑小品设计 花园内所有道路场地均采用混凝土做基层,以防止道路场地不均匀沉陷。选用花岗石、火山岩等硬度高、吸水率低、耐磨性强的天然石材铺装路面,以灰色的火山岩铺地为基调,辅以芝麻白火烧面花岗石和黑色花岗石、地雕等做装饰,实现文化表达与景观形式相统一,达成简洁的景观效果。以景点为单元进行设计分区,如图4-42。

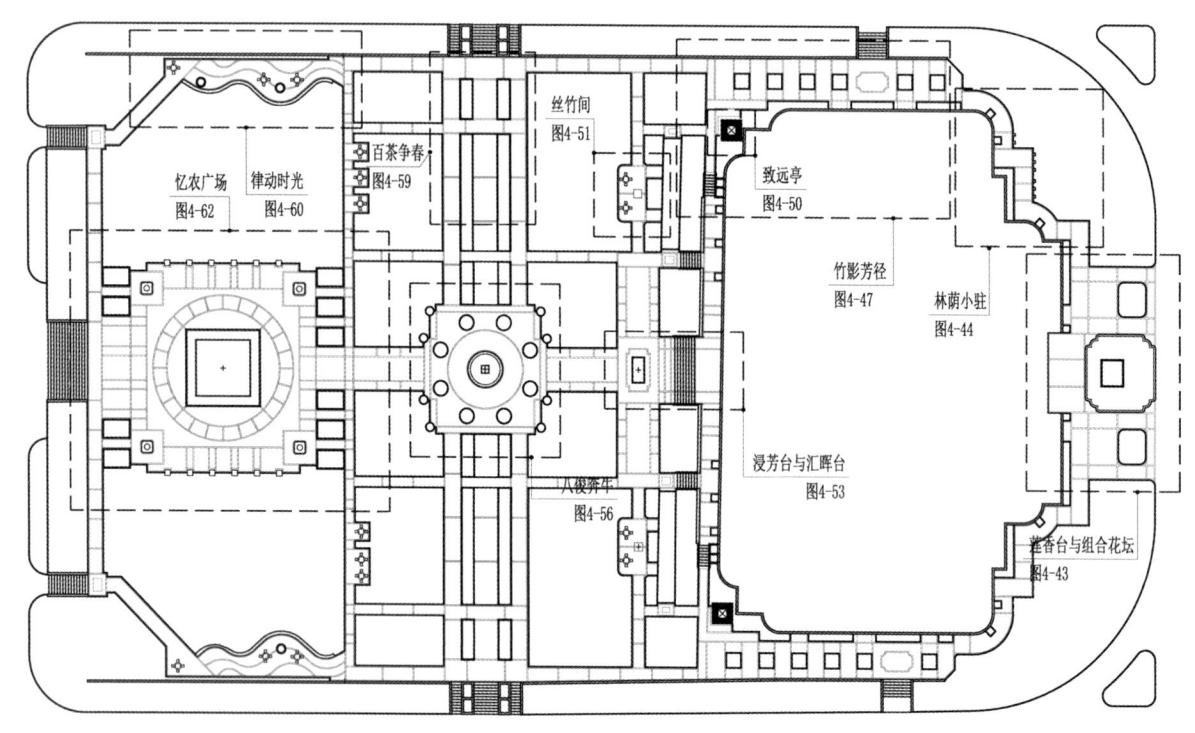

图4-42 共青团花园设计索引分区图

①莲香台与组合花坛设计,如图4-43。

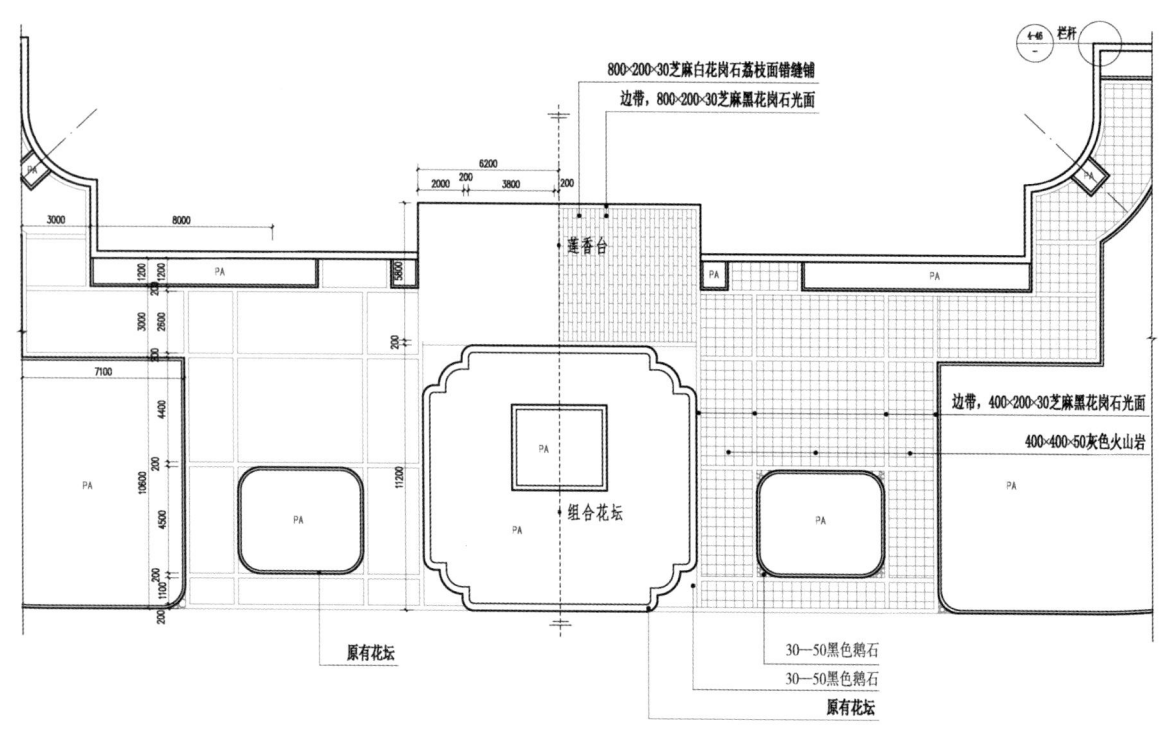

图4-43 莲香台与组合花坛平面图

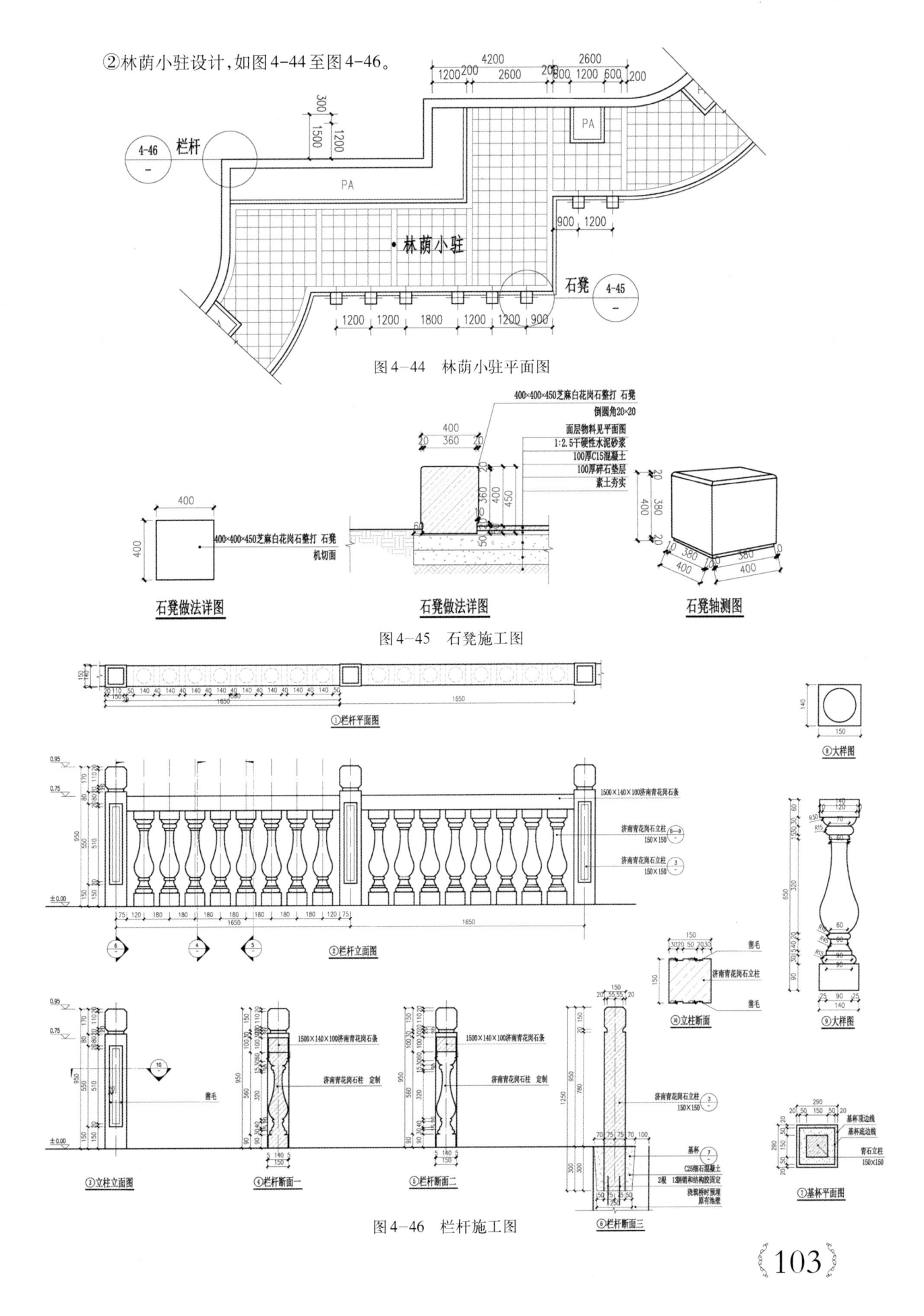

②林荫小驻设计,如图4-44至图4-46。

图4-44 林荫小驻平面图

图4-45 石凳施工图

图4-46 栏杆施工图

③竹影芳径设计，如图4-47至图4-49。

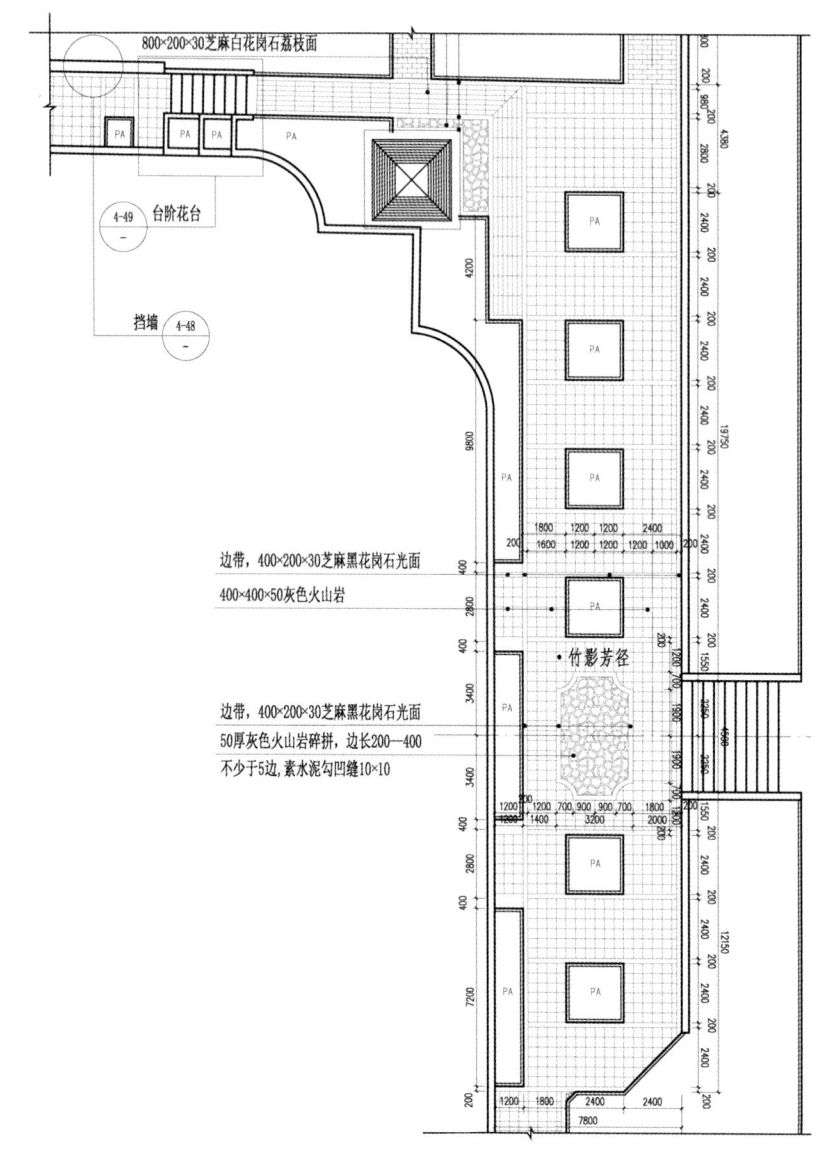

图4-47 竹影芳径平面图

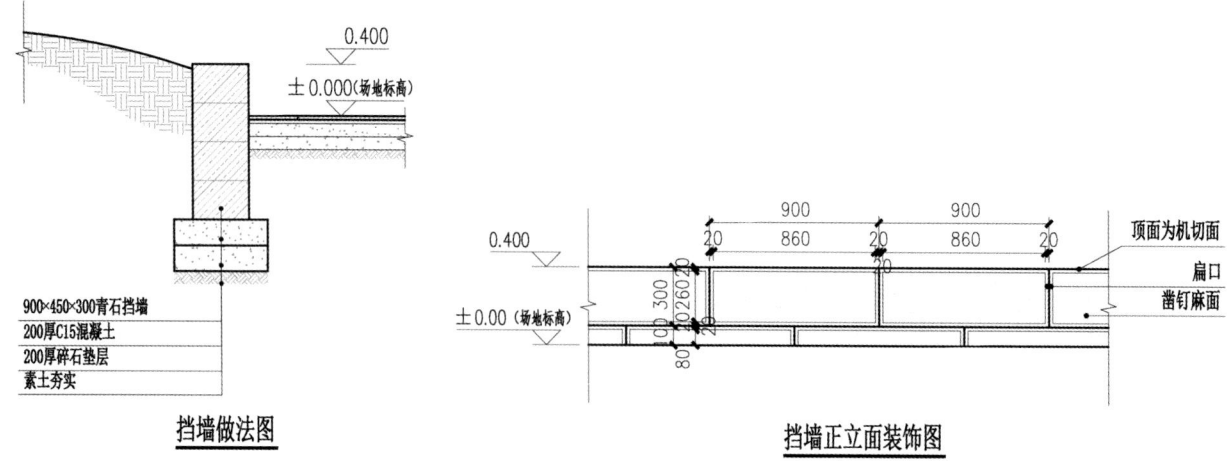

图4-48 挡墙施工图

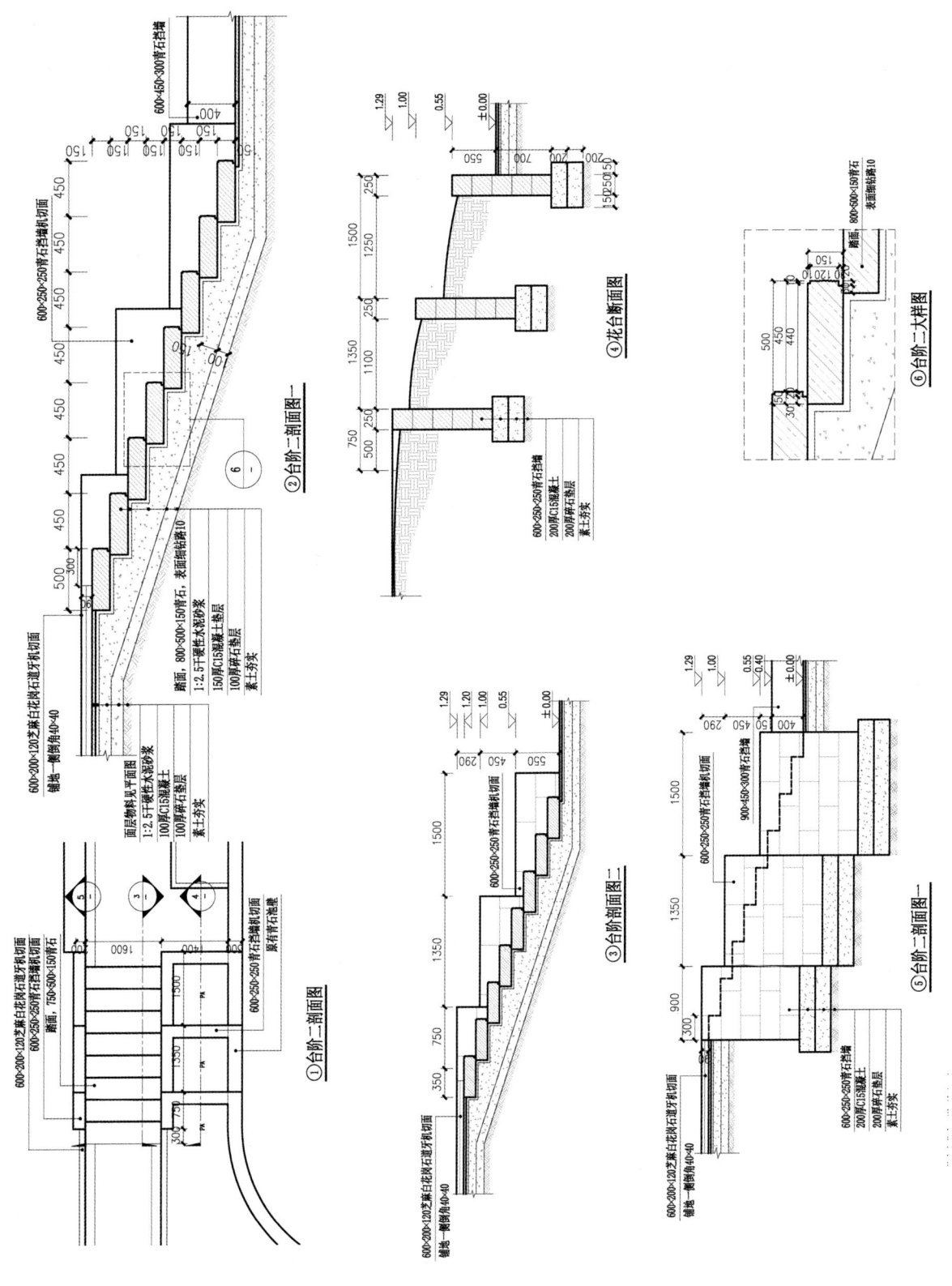

图4-49 台阶花台施工图

④致远亭设计，如图4-50。

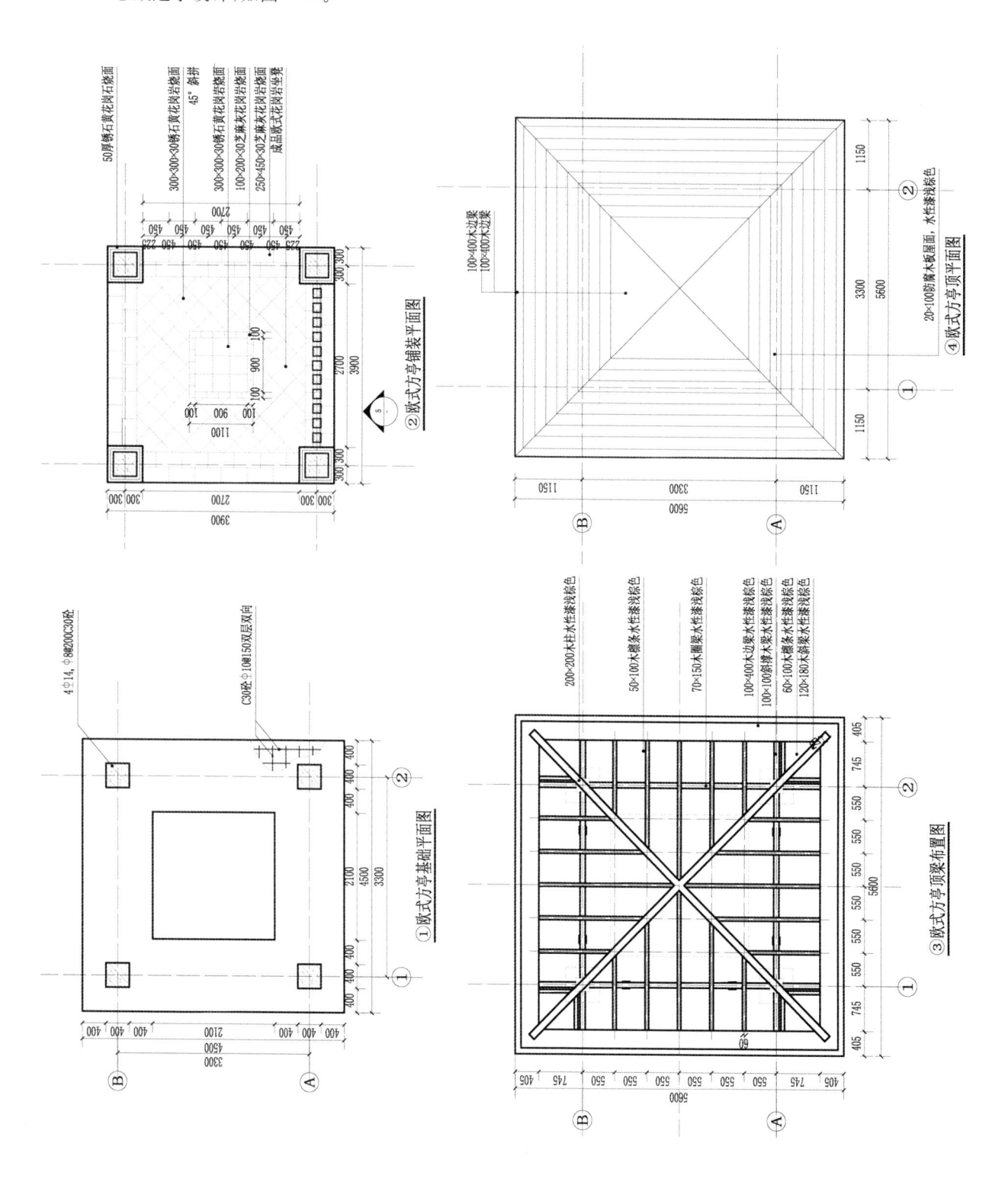

图4-50 致远亭施工图

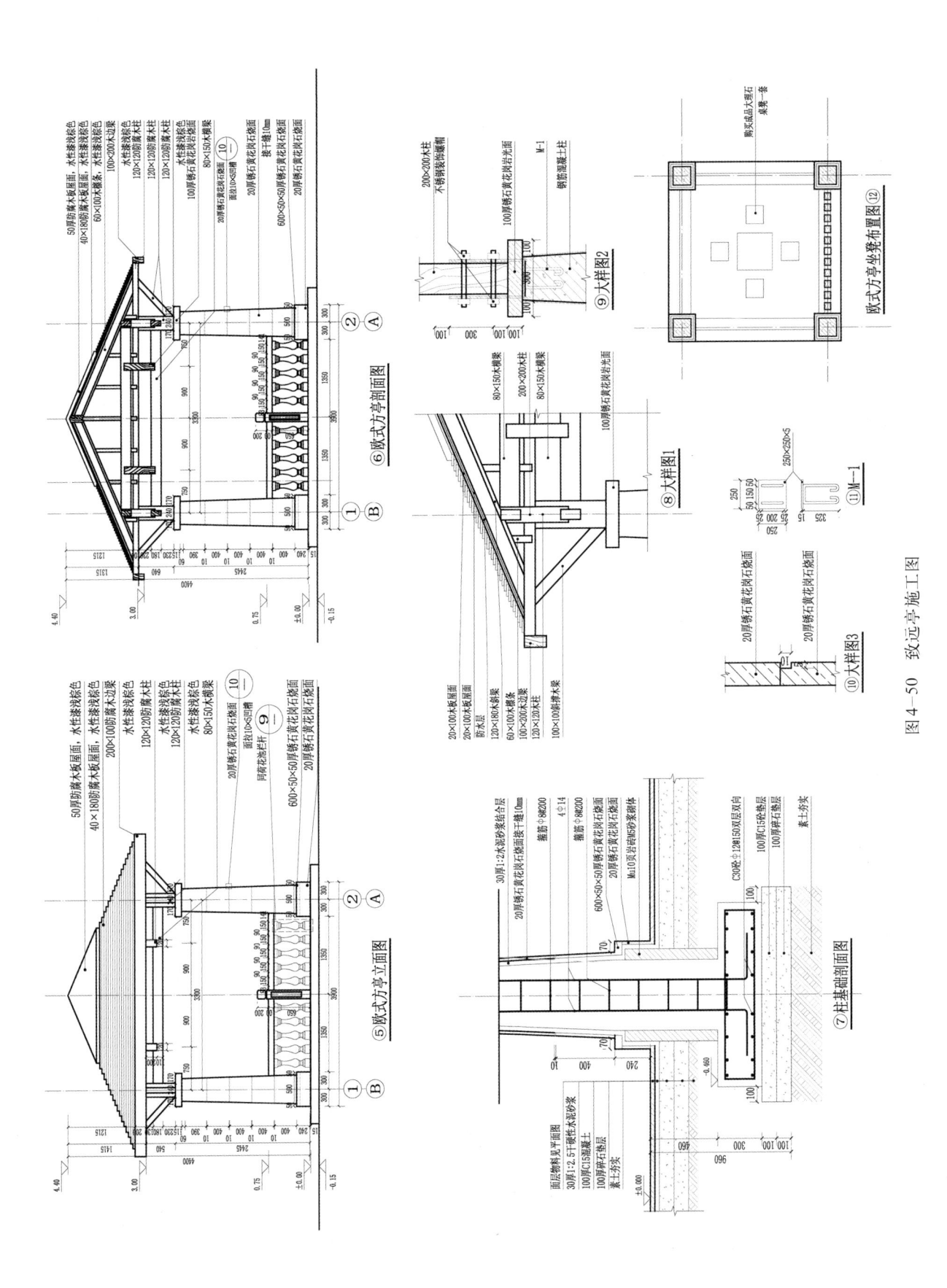

⑤丝竹间设计,如图4-51、图4-52。

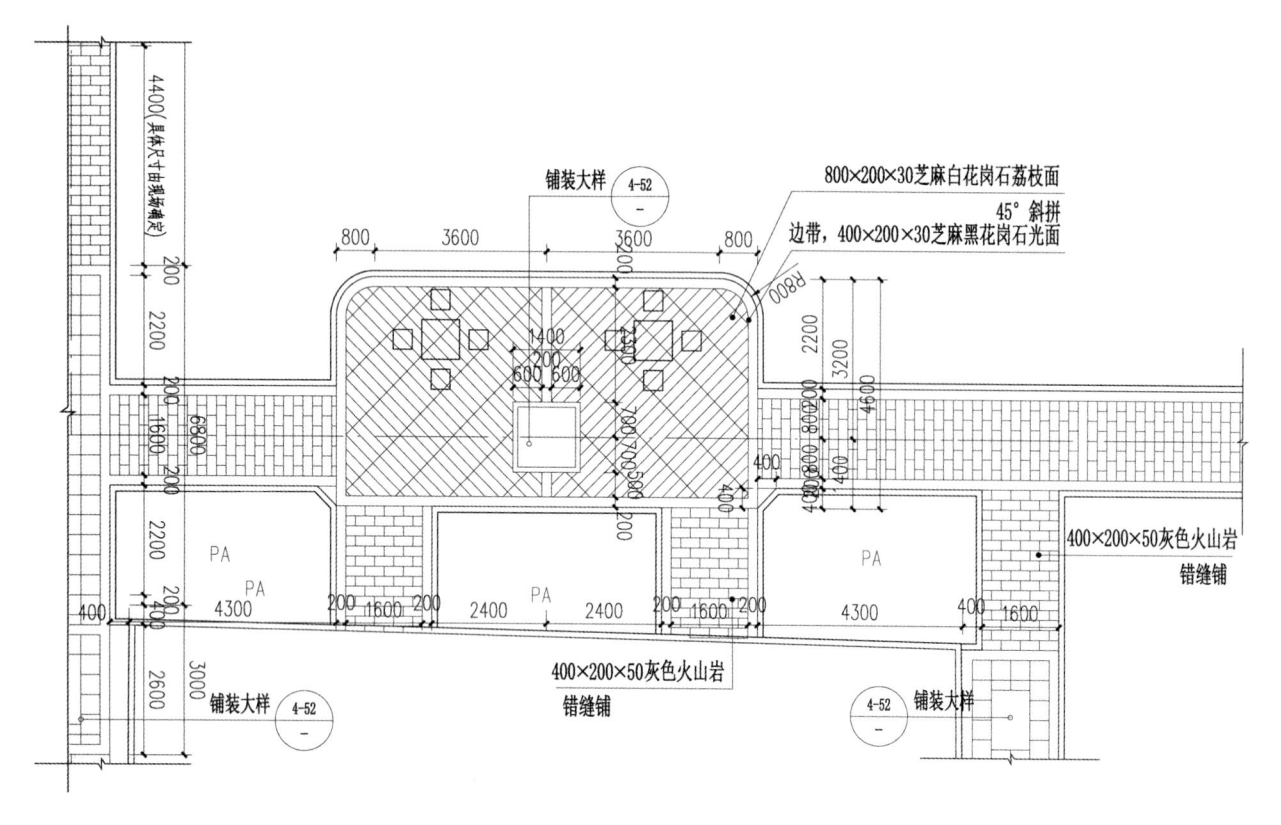

图4-51 丝竹间平面图

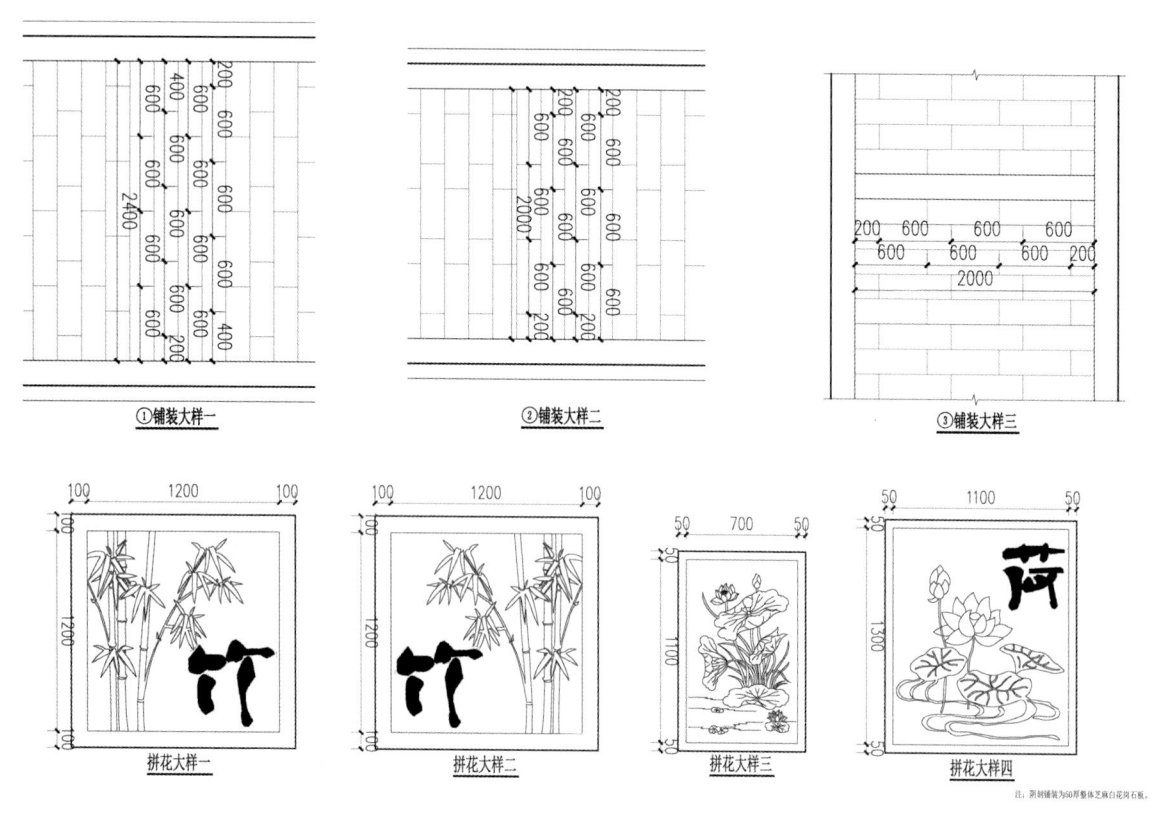

① 铺装大样一　　② 铺装大样二　　③ 铺装大样三

拼花大样一　　拼花大样二　　拼花大样三　　拼花大样四

图4-52 铺装施工图

⑥浸芳台与汇晖台设计,如图4-53至图4-55。

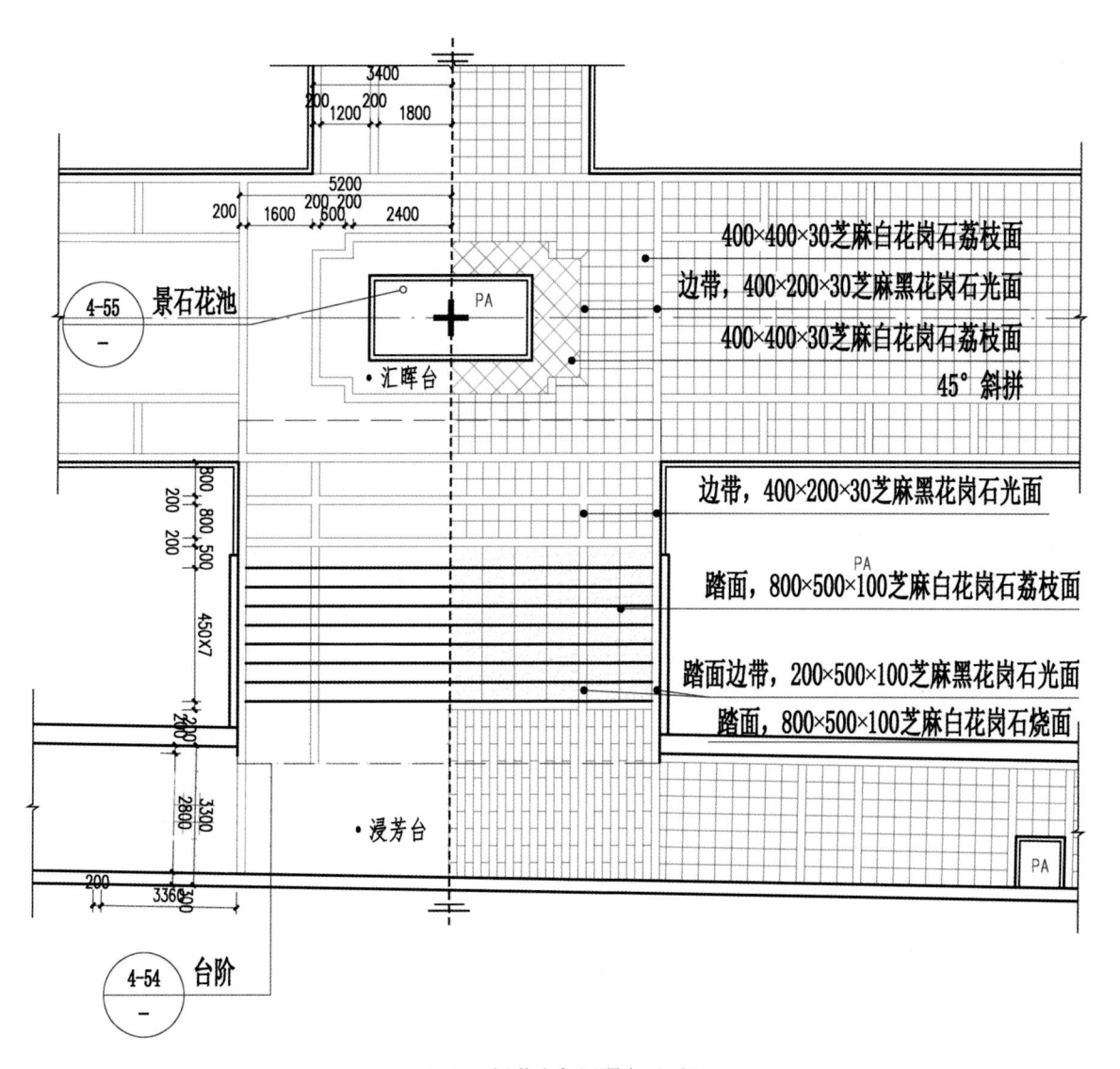

图4-53 浸芳台与汇晖台平面图

图4-54 台阶施工图

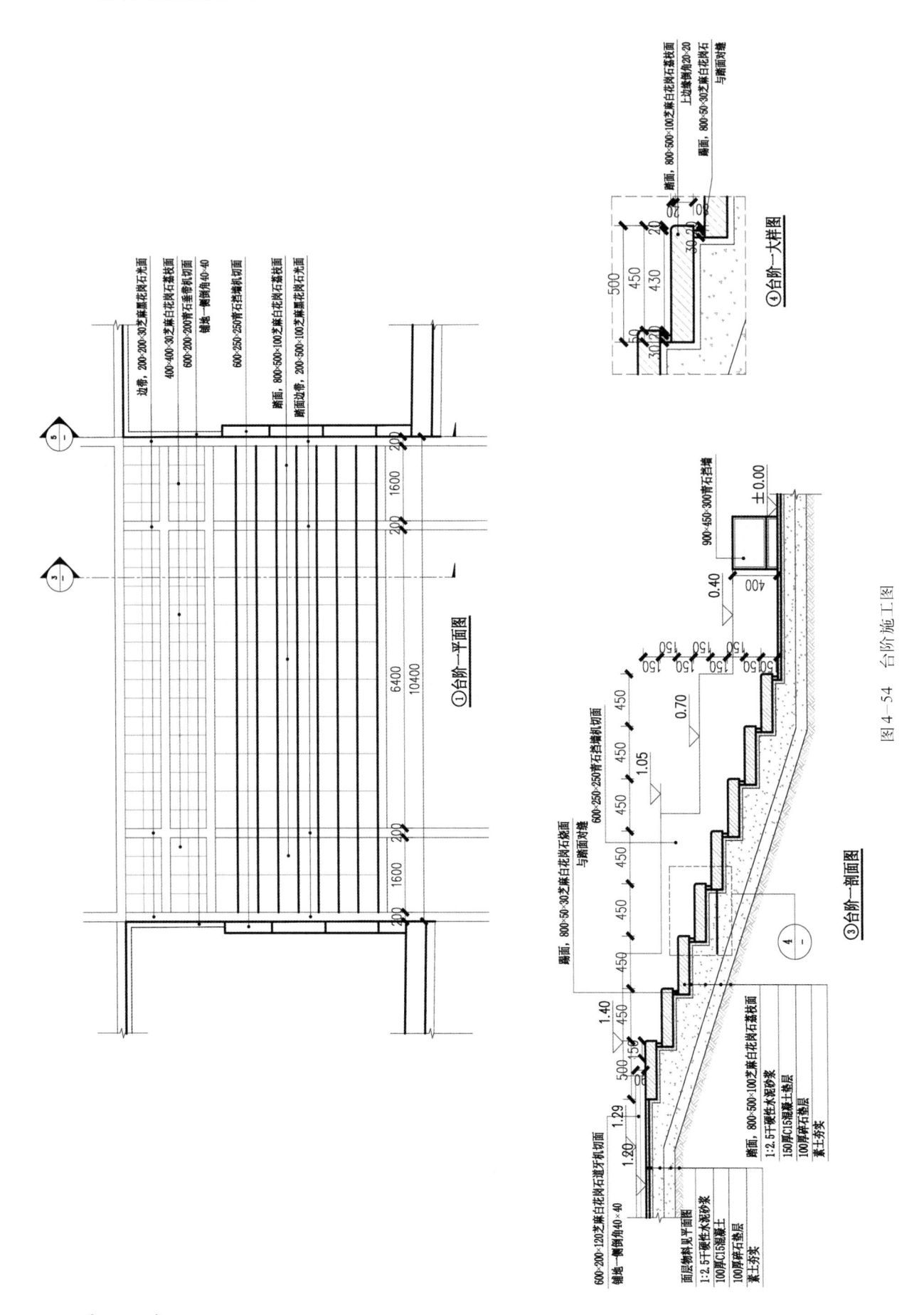

① 景石花池平面图

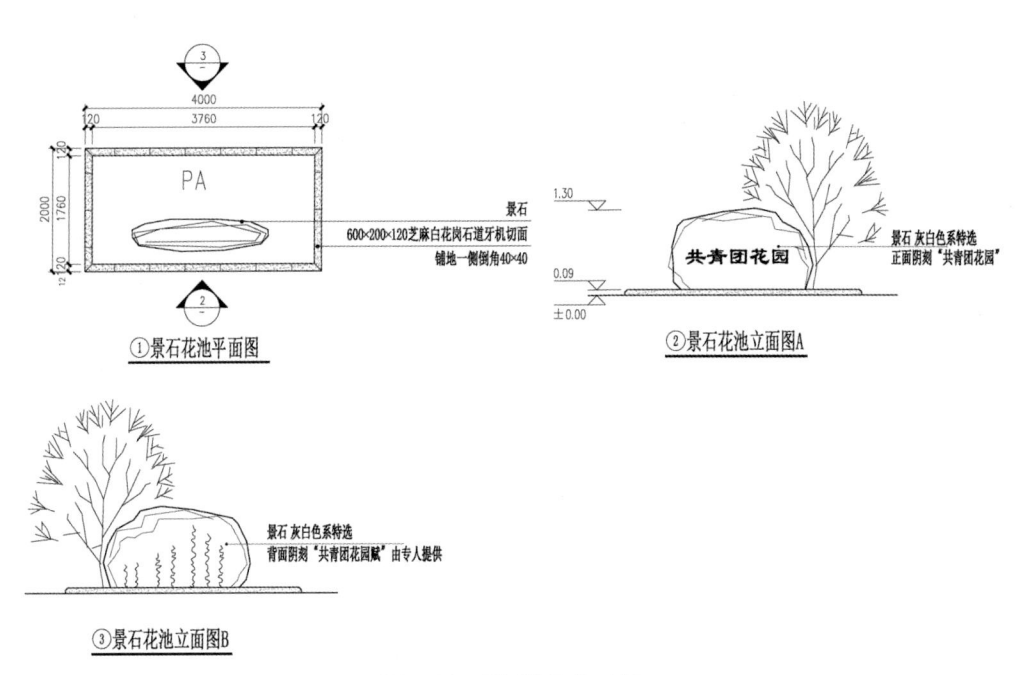

② 景石花池立面图A

③ 景石花池立面图B

图4-55 景石花池施工图

⑦八俊奔牛设计，如图4-56至图4-58。

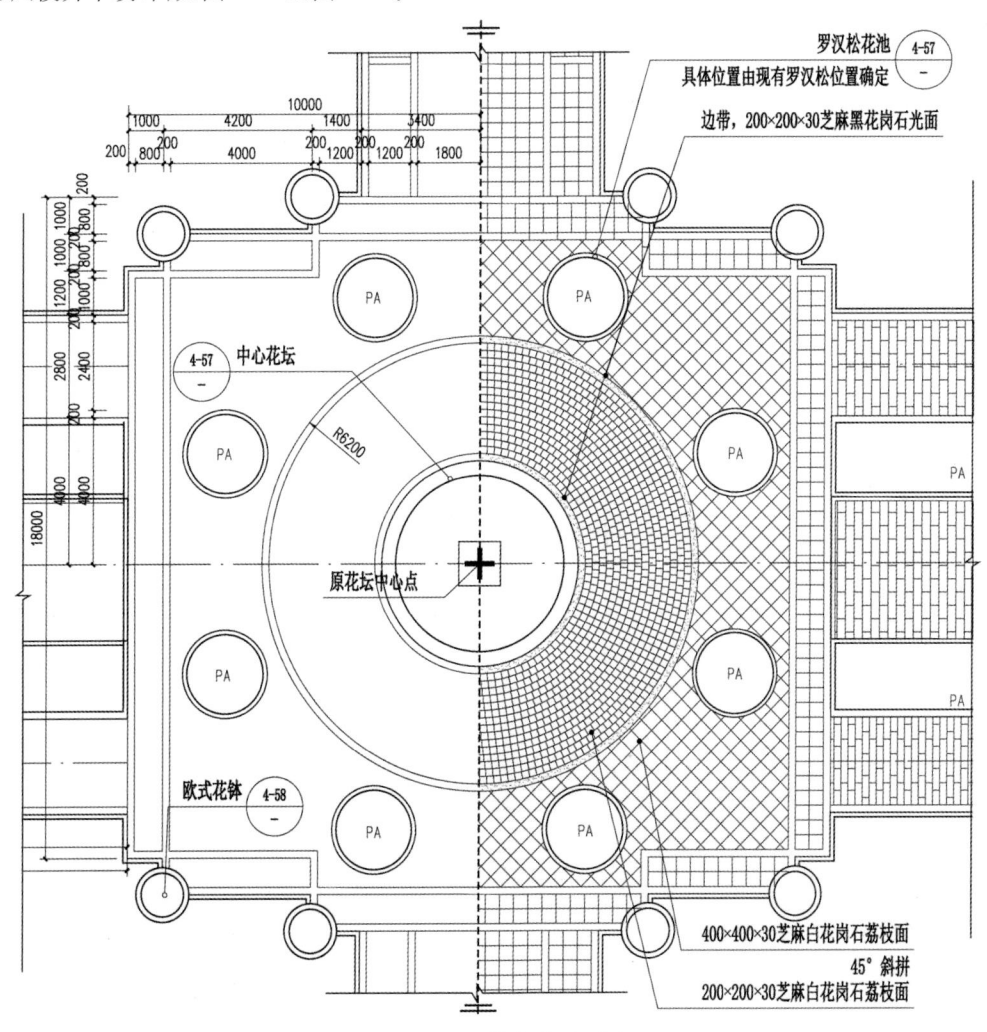

图4-56 八俊奔牛平面图

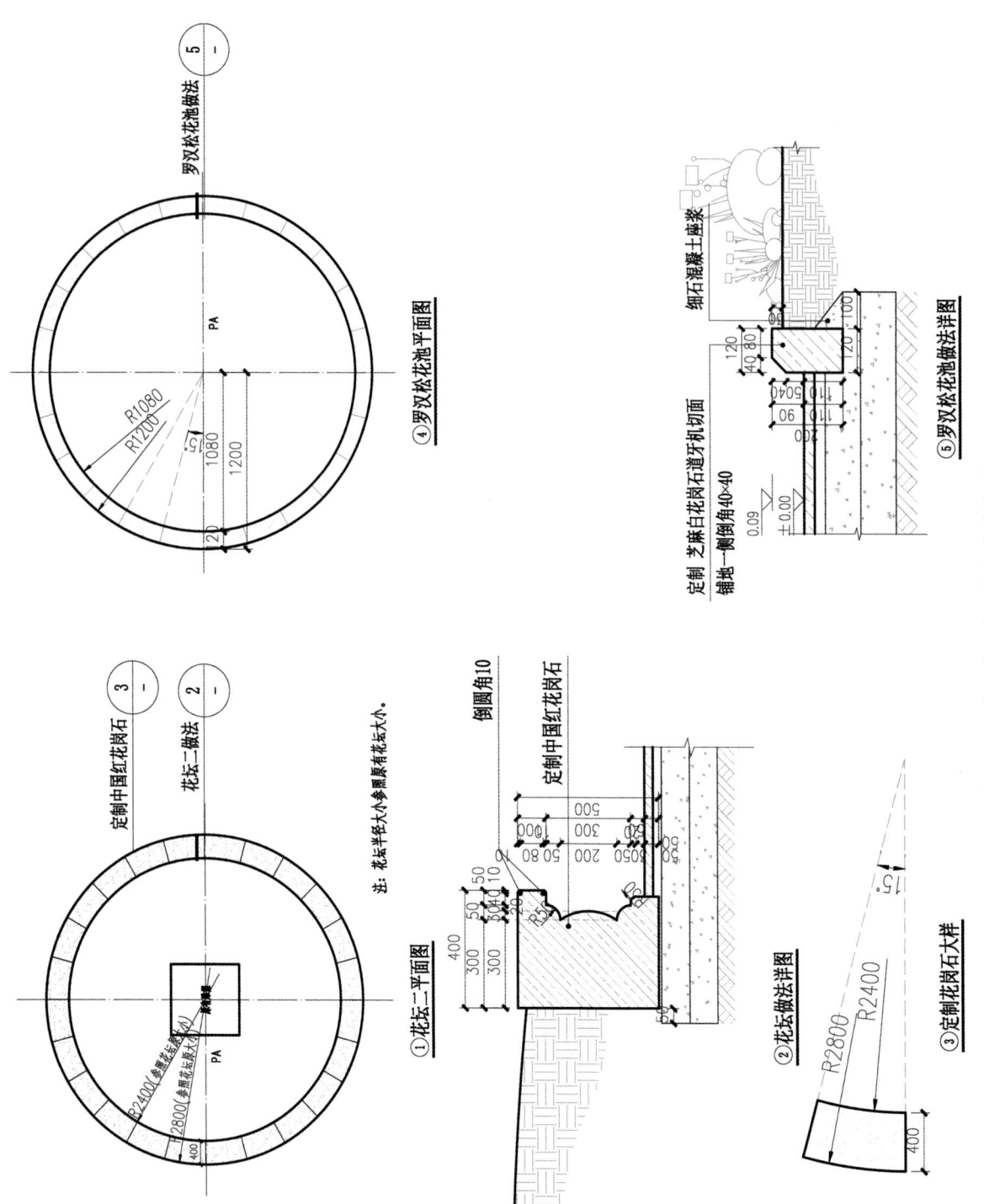

图4-57 中心花坛与罗汉松花池施工图

图 4-58 欧式花钵施工图

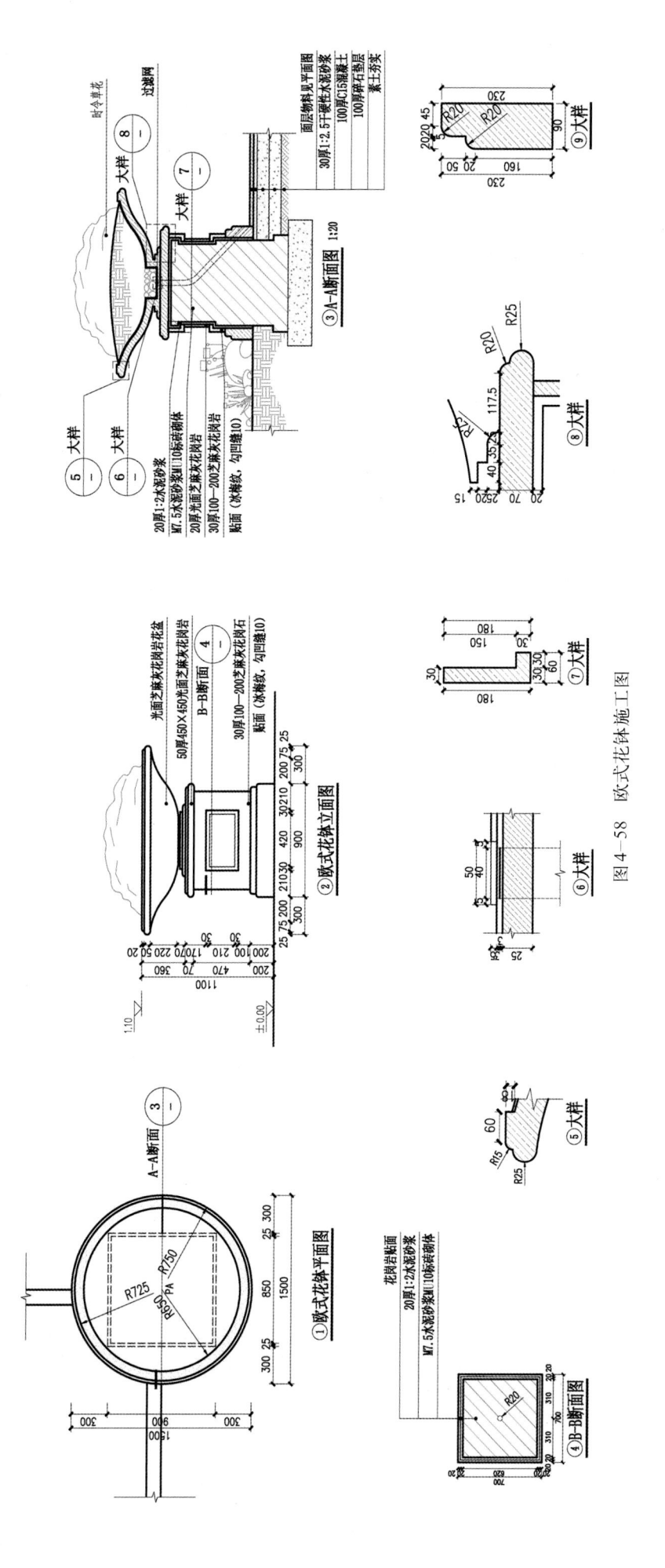

⑧百茶争春设计，如图4-59。

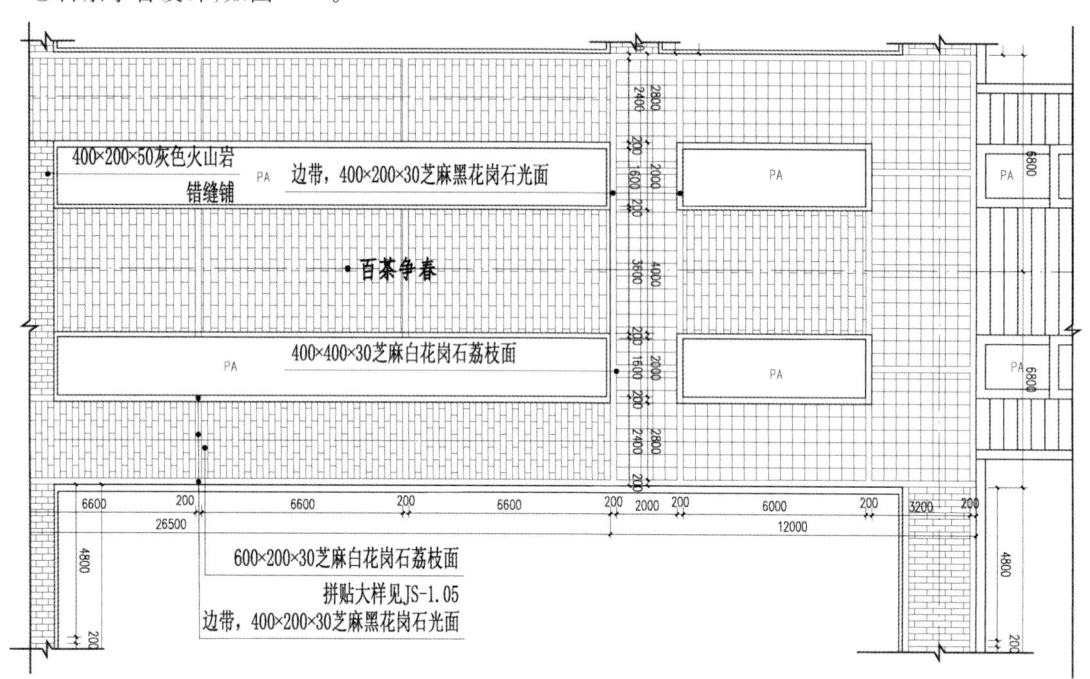

图4-59 百茶争春平面图

⑨律动时光设计，如图4-60、图4-61。

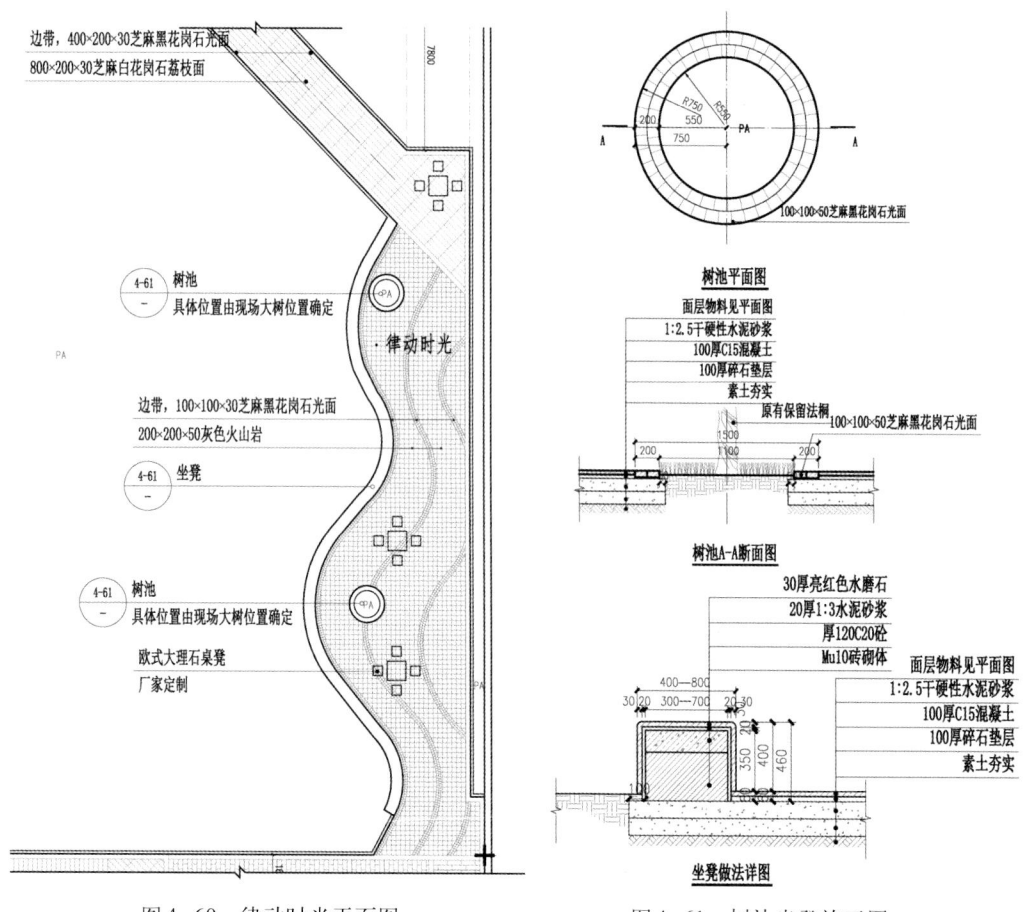

图4-60 律动时光平面图　　图4-61 树池坐凳施工图

⑩忆农广场设计，如图4-62、图4-67。

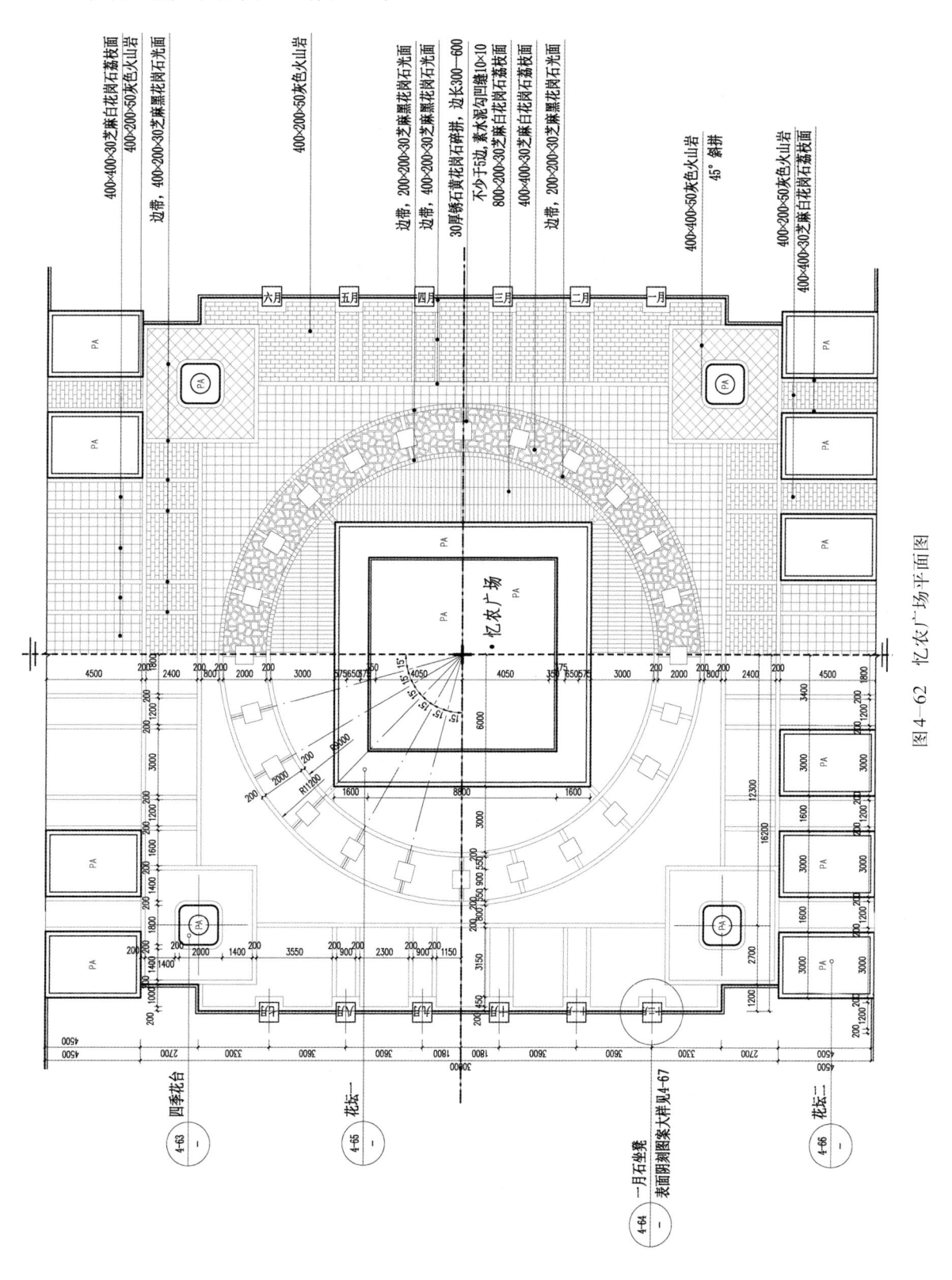

图4-62 忆农广场平面图

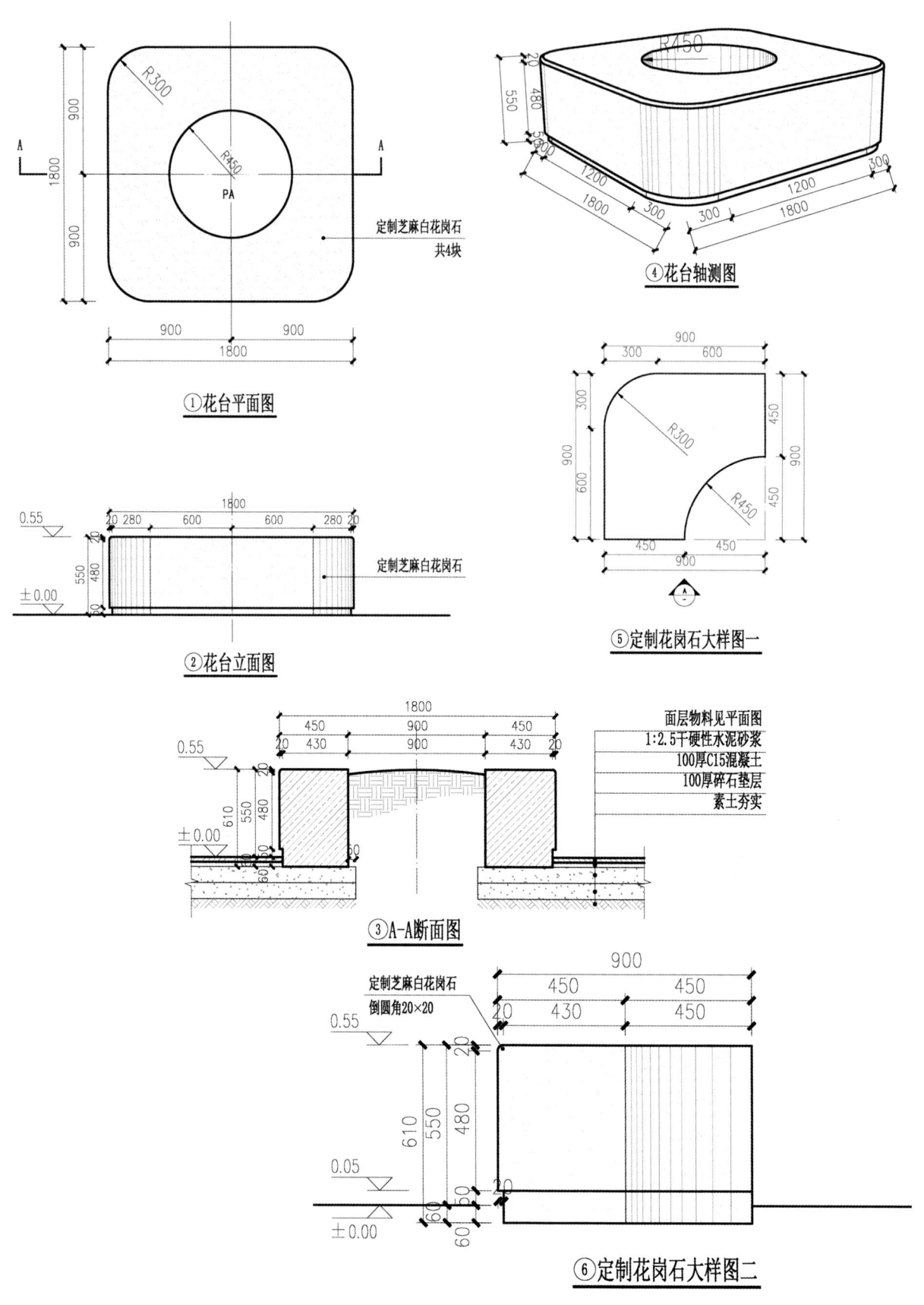

图4-63 四季花台施工图

图 4-64 石凳施工图

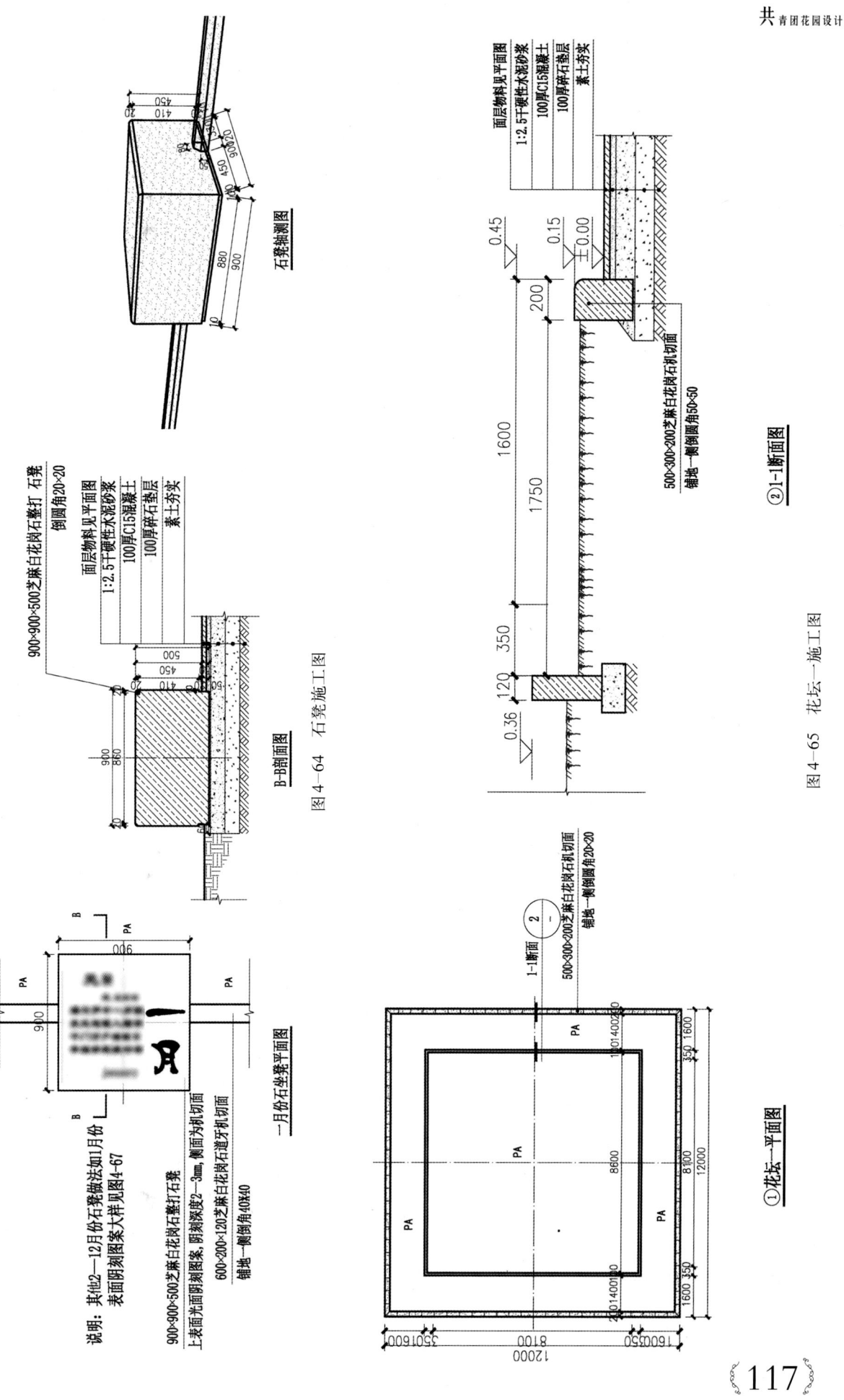

图 4-65 花坛一施工图

图 4-66 花坛二施工图

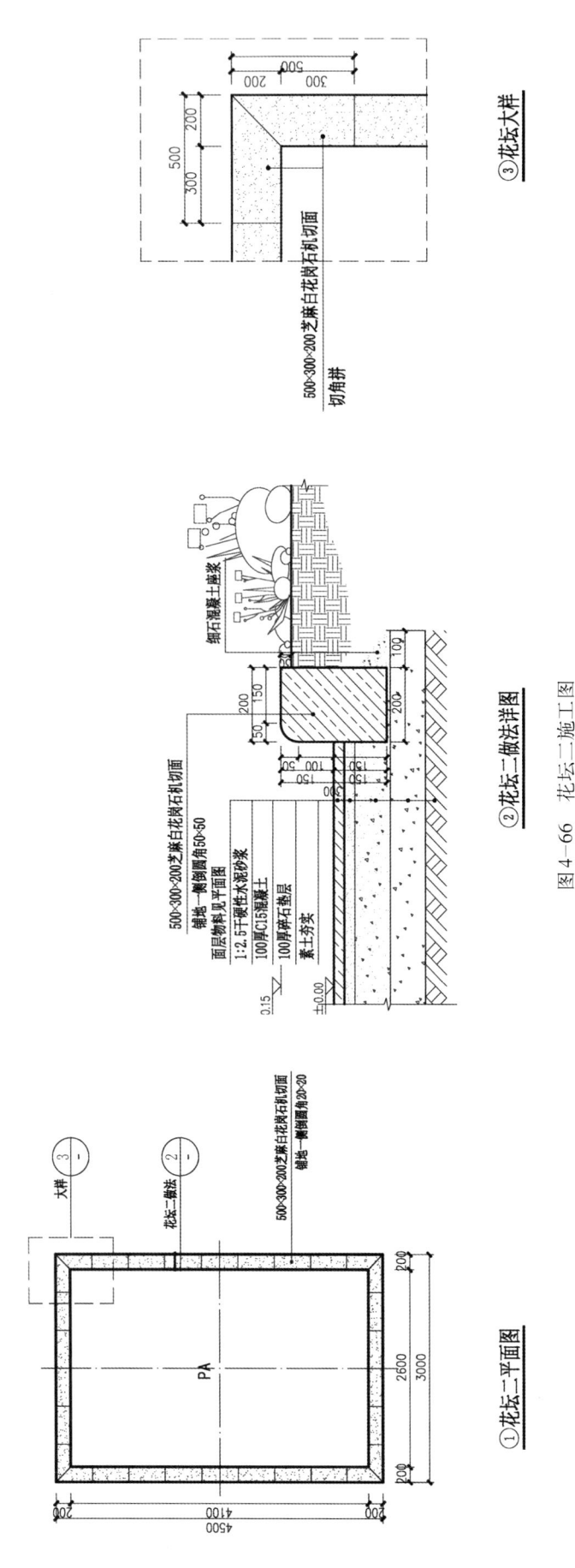

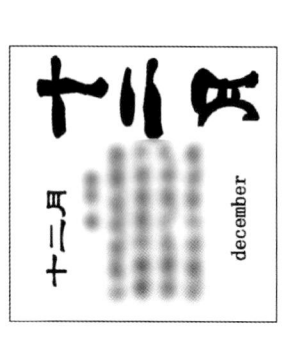

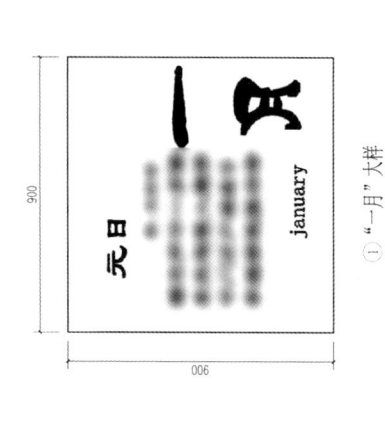

图 4-67 方形花岗石坐凳诗词装饰大样图

(5) 植物种植设计施工图 （图4-68至图4-70）

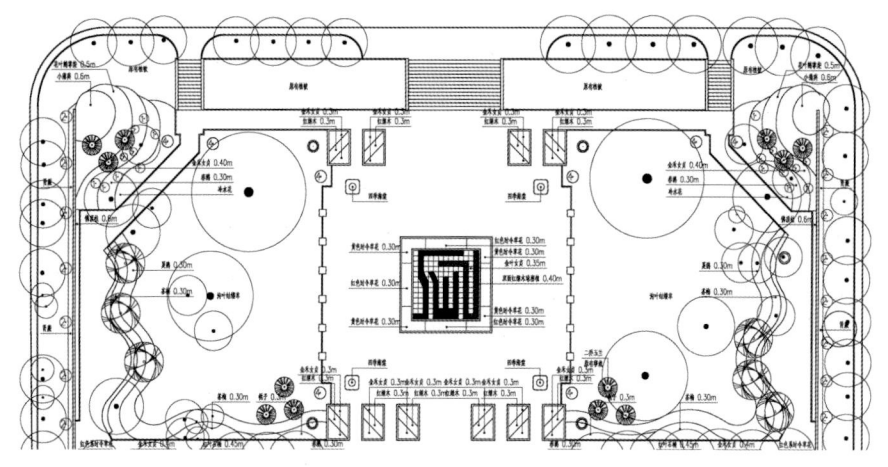

图4-68 舞林忆农区植物种植设计施工图

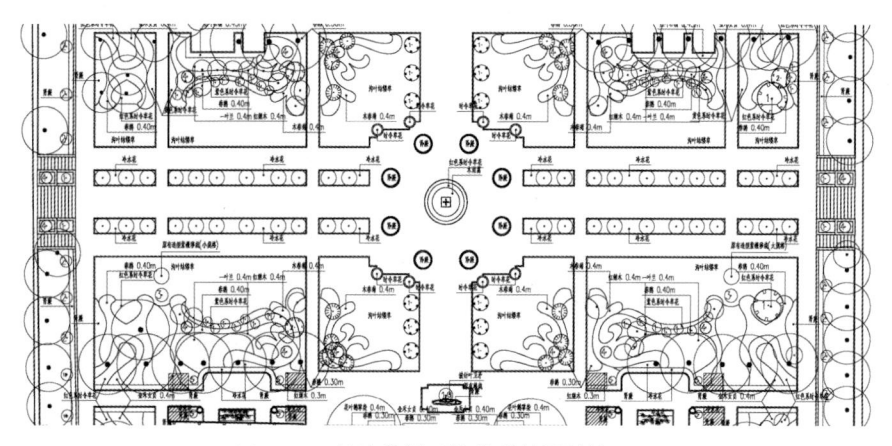

图4-69 松韵花影区植物种植设计施工图

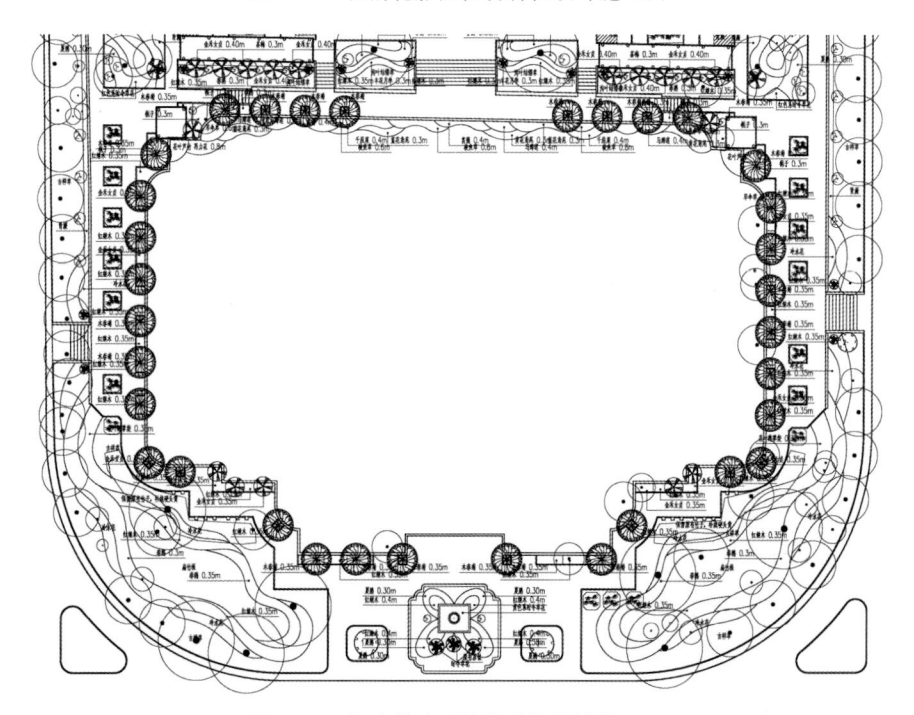

图4-70 柳动荷香区植物种植设计施工图

4.7 施工与维护

（1）项目施工较好地还原了更新设计方案。欧式花架檩条加固，外观得到全面修复，但花架两端地面标高未按原道路标高控制施工，施工完成后两端地面标高高于花架内标高，在视角上花架比原花架变矮了。

（2）项目于2015年更新建设完成，在2016年纪念西南大学组建10周年及办学110周年之后，学校为了在校园环境绿化中进一步强化校花特色，在花园内补栽了部分玉兰花。

（3）荷花池池壁上、草坪上的黄葛树未能得到修剪，其高度和体量大小未进行控制。黄葛树的快速生长造成荷花池栏杆被挤压变形。

（4）2022年夏季连续高温及干旱，造成4株柳杉死亡，如图4-71。

图4-71 柳杉

项目设计人员：张建林、石一婷、夏昕昕、刘桃康、高兆、谢波、戴梦迪等。

附件一：

共青团花园内不同视点下的照片（2013年7月）

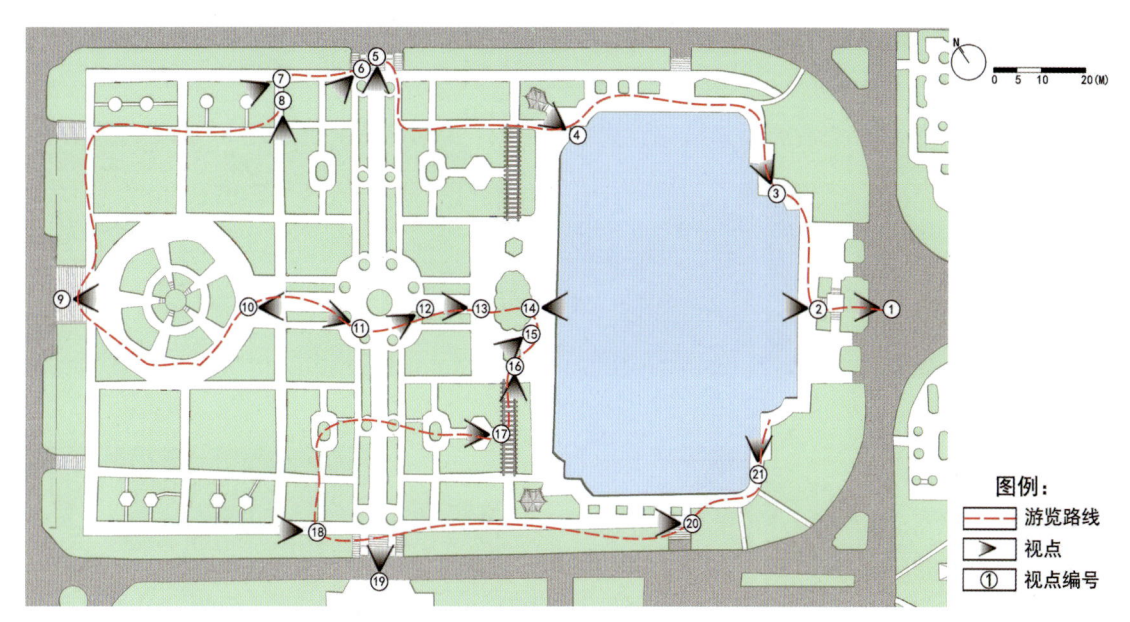

图4-72 共青团花园内不同视点照片索引图

视点①

视点②

视点③

视点④

视点⑤

视点⑥

视点⑦　　　　　　　　　　　视点⑧　　　　　　　　　　　视点⑨

视点⑩　　　　　　　　　　　视点⑪　　　　　　　　　　　视点⑫

视点⑬　　　　　　　　　　　视点⑭　　　　　　　　　　　视点⑮

视点⑯　　　　　　　　　　　视点⑰　　　　　　　　　　　视点⑱

视点⑲　　　　　　　　　　　视点⑳　　　　　　　　　　　视点㉑

附件二：

共青团花园内不同视点下实景照片（2014年后）

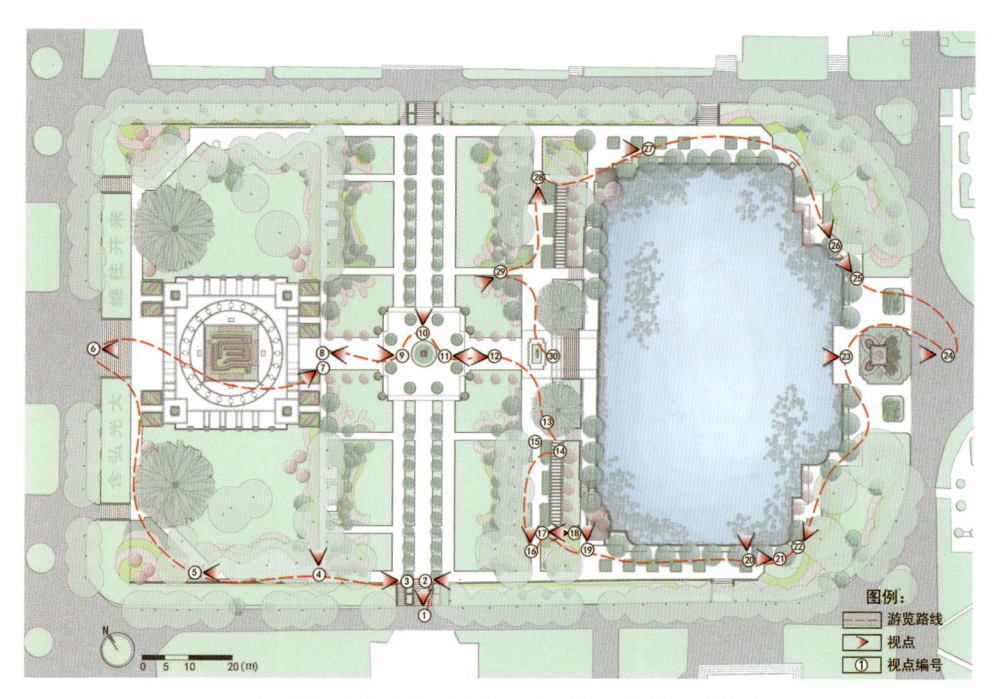

图4-73 改造后共青团花园内不同视点照片索引图

视点① 南北轴线　　　　　视点① 南北轴线　　　　　视点② 南侧园路

视点② 南侧园路　　　　　视点③ 南侧园路　　　　　视点④ 樟荫憩读

视点⑤ 律动时光	视点⑤ 律动时光	视点⑥ 忆农广场
视点⑥ 忆农广场	视点⑥ 忆农广场	视点⑥ 忆农广场
视点⑦ 花坛坐凳	视点⑧ 东西轴线	视点⑨ 东西轴线
视点⑨ 东西轴线	视点⑩ 南北轴线	视点⑪
视点⑪ 东西轴线	视点⑫ 八骏奔牛	视点⑫ 八骏奔牛

视点⑬ 欧式花架廊　　　视点⑭ 汇晖台　　　视点⑮ 丝竹间

视点⑯ 丝竹间　　　视点⑰ 地雕与地被　　　视点⑱ 含弘亭

视点⑲ 亲水平台与步道　　　视点⑳ 浸芳台与致远亭　　　视点㉑ 竹影芳径

视点㉒ 林荫小驻　　　视点㉓ 莲香台对景　　　视点㉓ 莲香台对景

视点㉓ 莲香台对景　　　视点㉓ 莲香台对景　　　视点㉓ 莲香台对景

视点㉔　组合花坛　　　　视点㉕　条石驳岸与黄葛树　　　　视点㉖　林荫小驻

视点㉖　林荫小驻　　　　视点㉗　致远亭　　　　视点㉗　致远亭

视点㉘　丝竹间　　　　视点㉙　八骏奔牛

视点㉚　浸芳台对景　　　　视点㉚　浸芳台对景

附件三：忆农广场方形坐凳装饰的十二月诗词选（请见与该书配套的数字资源。）

5 教学示范楼外环境设计

5 教学示范楼外环境设计

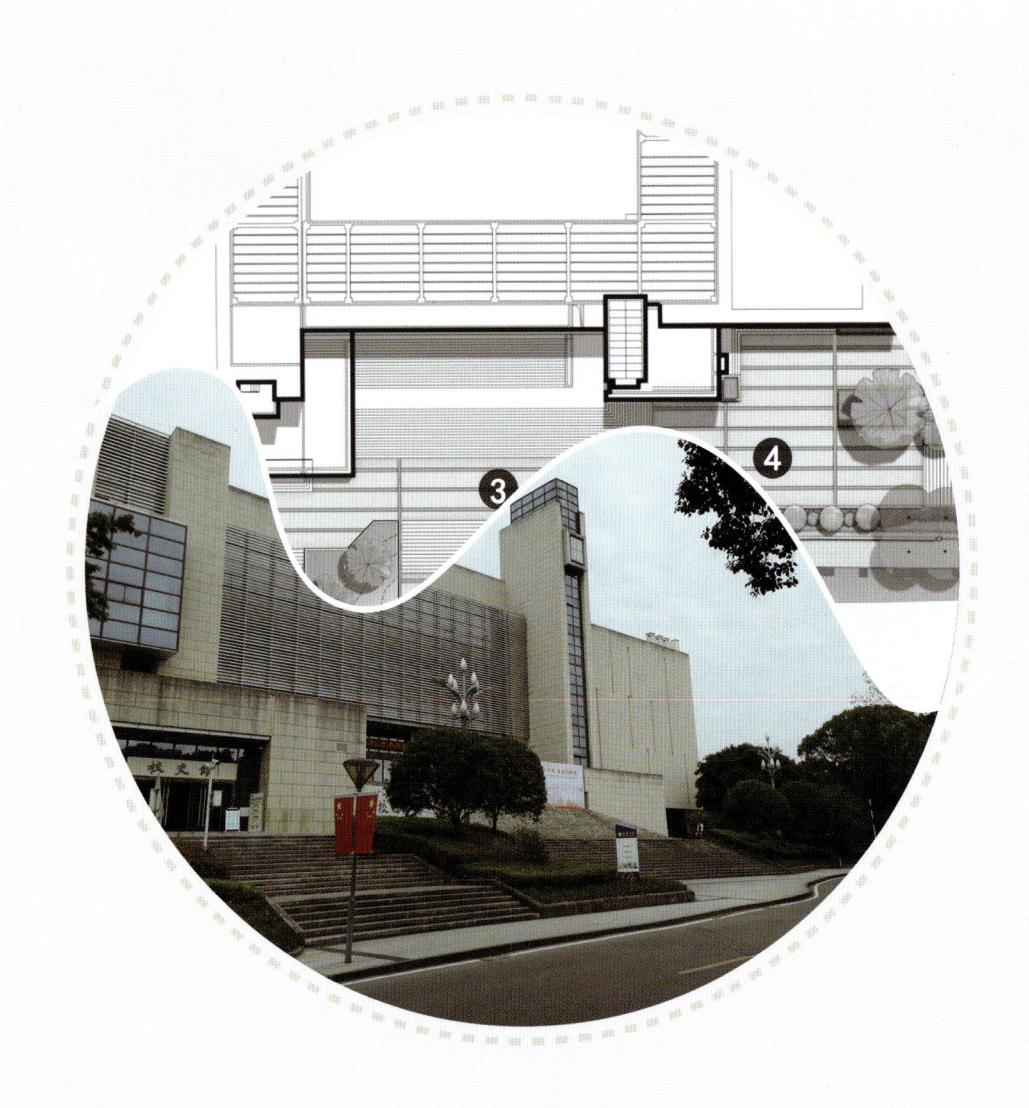

5.1 项目概况

教学示范楼位于西南大学中部区域的光大礼堂和楠园学生宿舍之间,是集校史馆、档案馆、博物馆和陈列馆为一体的大型校园公共建筑,是展示西南大学丰厚的教学、科研成果和文化底蕴的重要窗口,是人才培养的场所,也是西南大学标志性建筑之一。基于此,要求其景观在衬托建筑造型艺术的同时,融周边邻校园环境,并展示校园优良的环境和浓厚的文化氛围。教学示范楼建筑规划总用地面积约2.18 hm²,其中建筑占地面积6931.4 m²,外环境及协调区设计面积约14905.0 m²。

5.2 场地条件

(1)设计场地的东、南分别与校园现有主干道相接,且与第三、第四运动场相望,北面与光大礼堂和游泳池相邻,西面的山岗因建筑平场形成陡坎。教学示范楼四面均有车行道相连,交通便利,可达性良好,如图5-1。

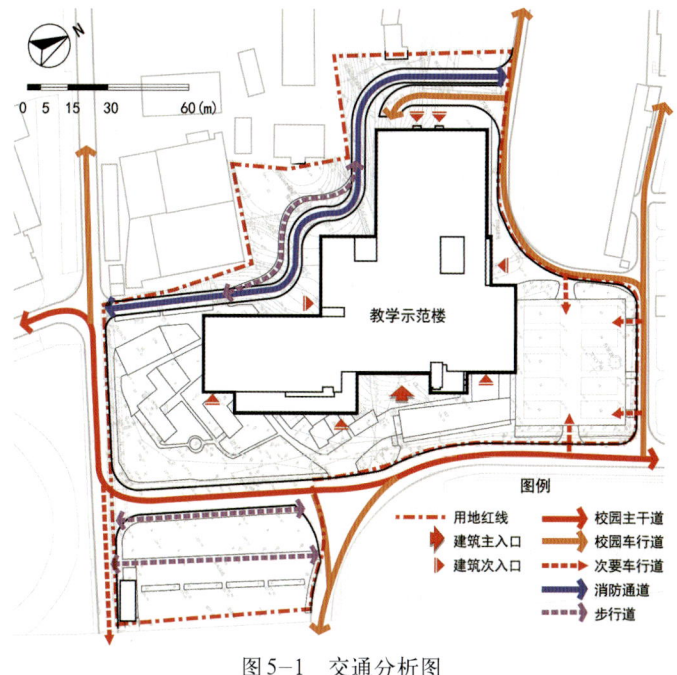

图5-1 交通分析图

(2)设计范围内,教学示范楼北面分布校国旗班升旗广场及旗台、东南侧为乒乓球和羽毛球场、西南侧为一块待建地,如图5-2。大树主要分布在教学示范楼东南侧一带,东北侧亦有少量分布,干径大多都在25 cm以上,主要乔木有香樟、黄葛树、银杏、桂花、复羽叶栾树、朴树和天竺桂等,场地西北侧为杂生林,如图5-3。

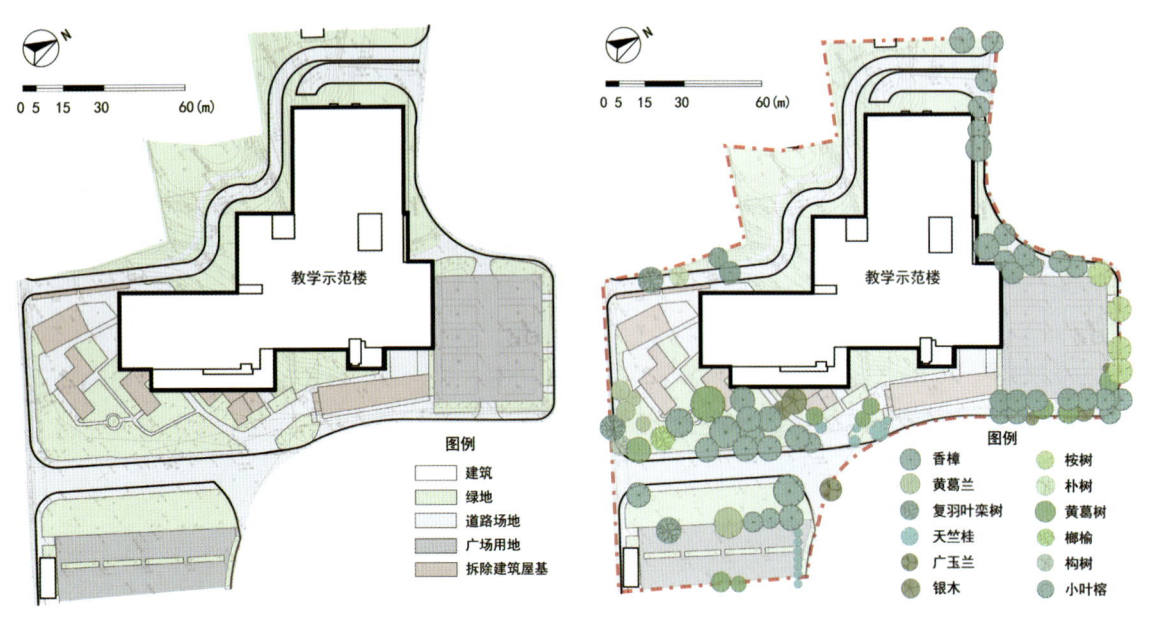

图 5-2 用地现状分析图

图 5-3 植物现状图

(3)从场地高程来看,教学示范楼所处位置高,其南、北、东三面较低,西面地形高。现状校园主干道西北侧与场地之间现有 2—3 m 的条石堡坎;教学示范楼前广场与东北侧国旗台之间有 2 m 高差,如图 5-4。

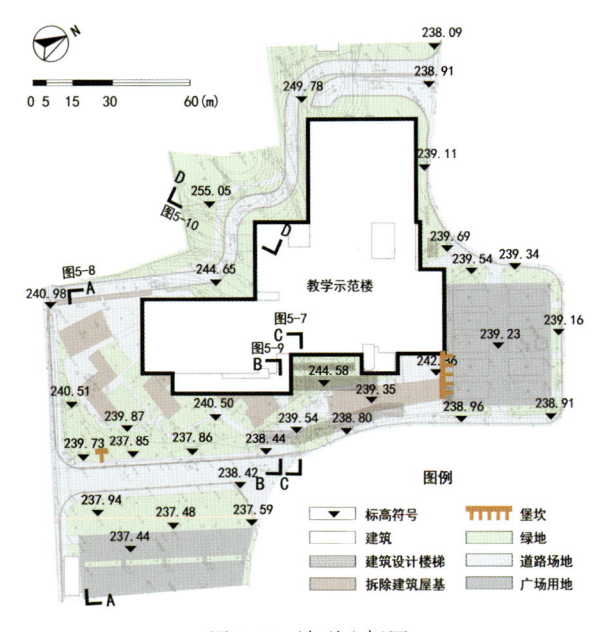

图 5-4 地形分析图

(4)设计范围内规划的南北校园干道线型更为流畅,但与现状南北校园干道线型在东南侧和南侧不一致,如图 5-5。

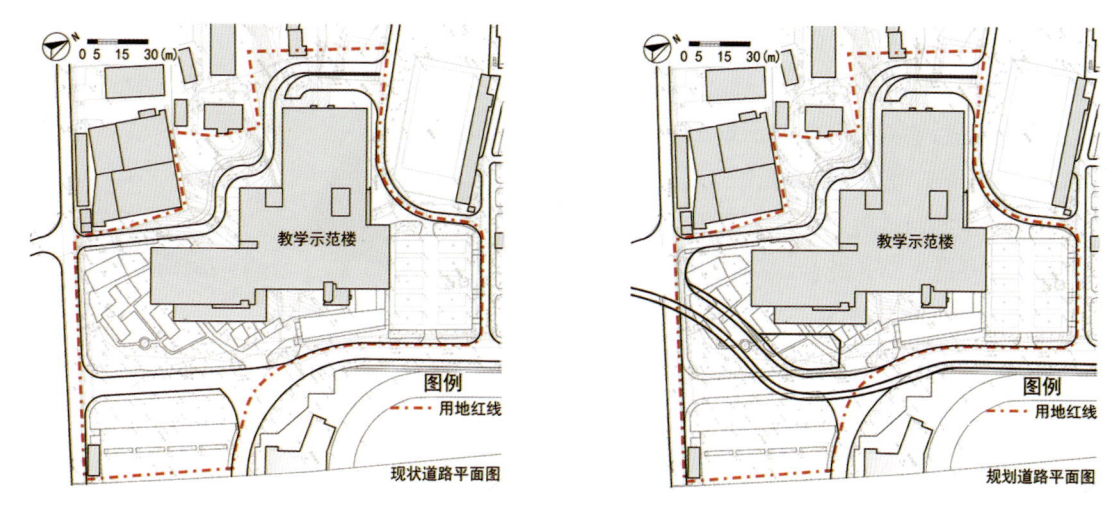

图5-5 现状道路和规划道路对比图

(5)教学示范楼的正立面及其前广场是重要的景观看面,从教学示范楼主入口向外看,与之相对的第三运动场西南角是重要的看面。因此以教学示范楼主入口大台阶两侧边界为控制线,与教学示范楼、第三运动场形成的矩形区域构成整体视觉关系。教学示范楼东南角,规划主干道与现状道路交叉形成的三角区域,是车流、人流在主干道上行进时的重要视线焦点。教学示范楼西南侧的道路三角区绿化则是南面来向车流、人流的视觉焦点,如图5-6。

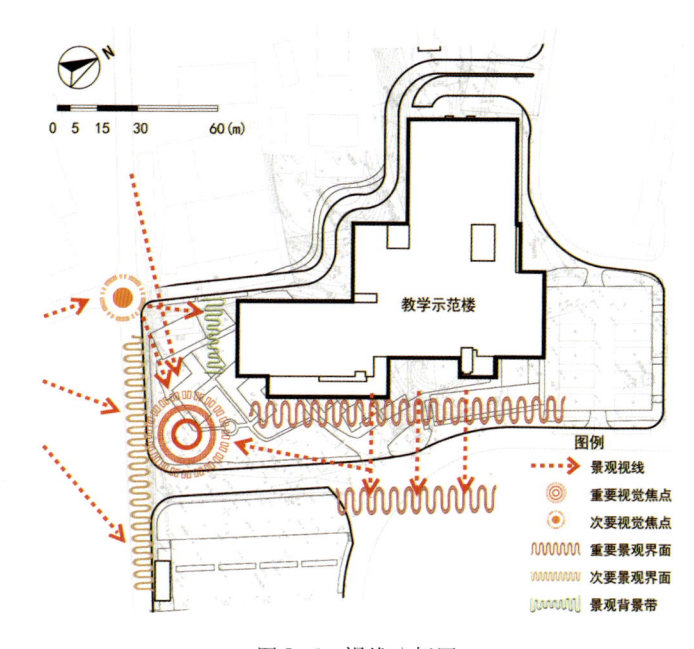

图5-6 视线分析图

5.3 面对的问题

(1)规划校园主干道线型与校园现状基础设施、运动场地要求不相符,与教学示范楼建筑线型不协调,且距离教学示范楼过近,使建筑前广场空间变得更加为狭长,略显局促。

(2)教学示范楼建筑基面、现状保留大树与周边道路和场地高差大，带来与周边环境难以协调处理的问题。如：建筑主入口宽阔的广场高程与校园干道因纵坡所形成的相对高差不同，即广场与路面标高相差最大3 m、最小2.1 m，如图5-7；场地中的大树分布在不同的高程上，大树地面高程与环境整体景观协调的问题，如图5-8、图5-9；建筑西侧因人工开挖形成的陡坎如何进行美化处理的问题，如图5-10。

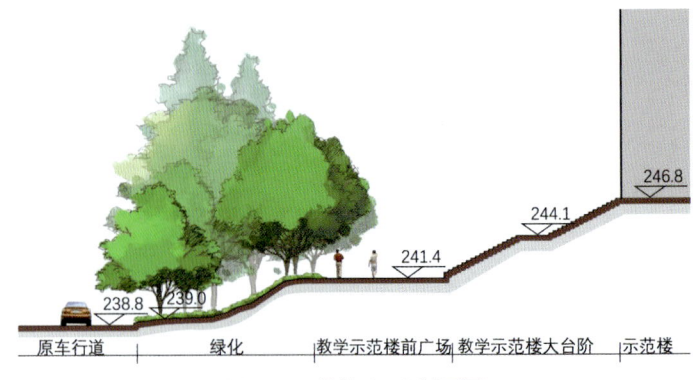

图5-7 现状C-C剖面图

图5-8 现状A-A剖面图

图5-9 现状B-B剖面图

图5-10 现状D-D剖面图

(3)教学示范楼主入口要求庄重、大气，与正对第三运动场转角场地空间视角的不稳定、植物景观杂乱之间存在矛盾。校园干道从南向北与教学示范楼侧面相对，缺少视角主景。

(4)室外环境塑造一个什么样的校园文化景观形式才能与教学示范楼内厚重的、高度集聚的文化相匹配的问题。

(5)教学示范楼西南角的现状校园干道不流畅、规划校园干道与实际道路场地不符合，需组织便捷的人行交通。

(6)国旗台的景观化、升旗广场多功能与景观化之间存在的问题。

5.4 设计策略

(1)对规划的校园南北主干道的选线重新进行审视评价,以现状道路为本、适度对局部车辆转弯半径进行优化调整。

(2)在土壤自然安息角的范围内,尽可能以斜坡绿地协调建筑基面与校园道路、升旗广场的高差,因场地内各种工程因素的限制,可适当考虑挡土墙,并通过绿化进行软化。对现状挡土墙尽可能降低,如图5-11。

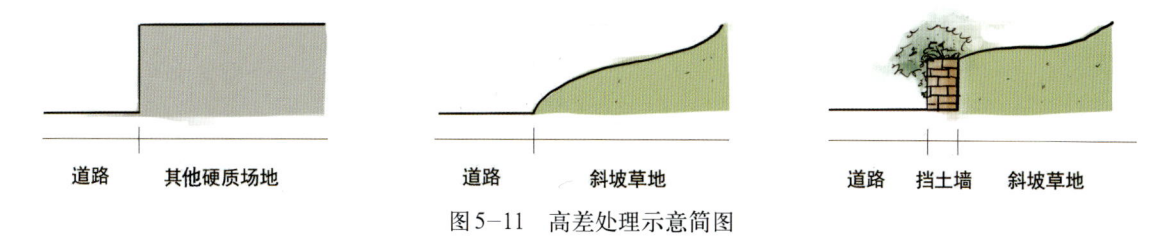

图5-11 高差处理示意简图

(3)对建筑周围现状道路线型进行微调,使之呼应建筑形态,并形成稳定的空间结构;梳理、调整相邻场地植物配置方式,形成简洁的植物景观,与教学示范楼建筑风格相适应。在保留教学示范楼西南侧植物的基础上,进一步强化植物组团式造景,在以植物软化建筑侧立面的同时,形成校园干道对景。

(4)本着以少胜多、以简胜繁的原则应对教学示范楼内厚重而多元的文化,外环境以简洁的绿化景观烘托建筑造型,保留香樟,加强校花——玉兰的配置。

(5)将西北侧的道路线型调整为与建筑正立面平行;东南侧线形调整为与建筑正立面垂直。教学示范楼正前方步行交通采用两侧进入的方式,中部主台阶采用分散进入的方式,以消解场地狭长带来的局促感。从现状人群步行流线和便捷性角度考虑,对示范楼前广场、第三运动场、第四运动场以及小运动场四者之间的步行道进行优化。

(6)对国旗台形态进行重塑,升旗广场铺地划分融入平时规范停车的功能要求。

5.5 创意构思

设计以"多情不改年年色,千古芳心持赠君"的玉兰为主题。玉兰花开,如玉无瑕,纯真朴实,"花气袭人知昼暖",花枝无语,心却有灵;玉兰是西南大学的校花,它代表着报恩。玉兰花开在都市里,于喧闹不顾,与世尘不争,骄傲地站在突兀的枝丫上,飘逸着,将阵阵清香洒满庭院。教学示范楼作为西南大学集校史馆、博物馆、档案馆和陈列馆为一体的大楼,以红花玉兰为主,展示玉兰超凡脱俗的意境及西南大学不变的玉兰情。

5.6 方案与设计

由于诸多不可控因素,最终设计实施范围与方案如图5-12,实景如图5-13。

(1)功能分区:依据建筑布局和功能要求,结合相邻校园环境景观关系,将建筑外环境分为教学示范楼形象展示区、升旗广场区和基础绿化区,如图5-14。形象展示区为教学示范楼东侧主入口区域和校史馆南侧绿地,面向校园主干道,人流集散区域,是景观打造的重要区域。位于教学示范楼东北侧的升旗广场,是西南大学女子国旗班举行升国旗仪式的场所,本着升旗功能与平时停车功能相结合的原则,保留国旗台,以广场铺地形式整合场地功能,满足停车和升旗活动所需。位于教学示范楼西侧的地形高差大、坡度陡,处于建筑的背面,仅作基础绿化设计。

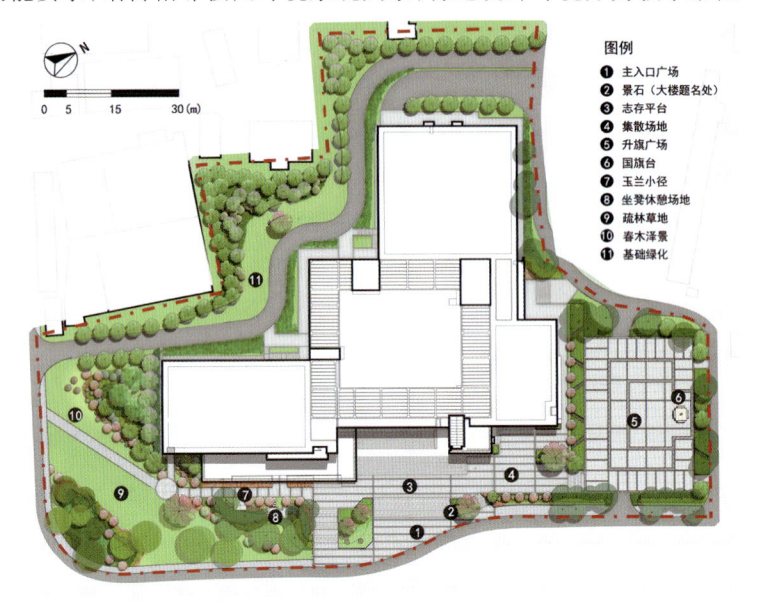

图例
① 主入口广场
② 景石(大楼题名处)
③ 志存平台
④ 集散场地
⑤ 升旗广场
⑥ 国旗台
⑦ 玉兰小径
⑧ 坐凳休憩场地
⑨ 疏林草地
⑩ 春木泽景
⑪ 基础绿化

图5-12 教学示范楼外环境总平面图

视点① 主入口全景　　视点② 主入口前斜坡植物景观　　视点③ 主入口前广场

视点④ 档案馆前集散场地　　视点⑤ 档案馆前斜坡植物景观

图5-13 教学示范楼外环境建成实景图

(2)道路设计：对规划道路线型进行微调，使之呼应建筑形态。将西北侧的道路线型调整为与建筑正立面平行；东南侧线型调整为与建筑正立面垂直。教学示范楼正前方步行交通采用两侧进入的方式，中部主台阶采用分散进入的方式，以消解高差不同、场地狭长带来的局促感，如图5-15。

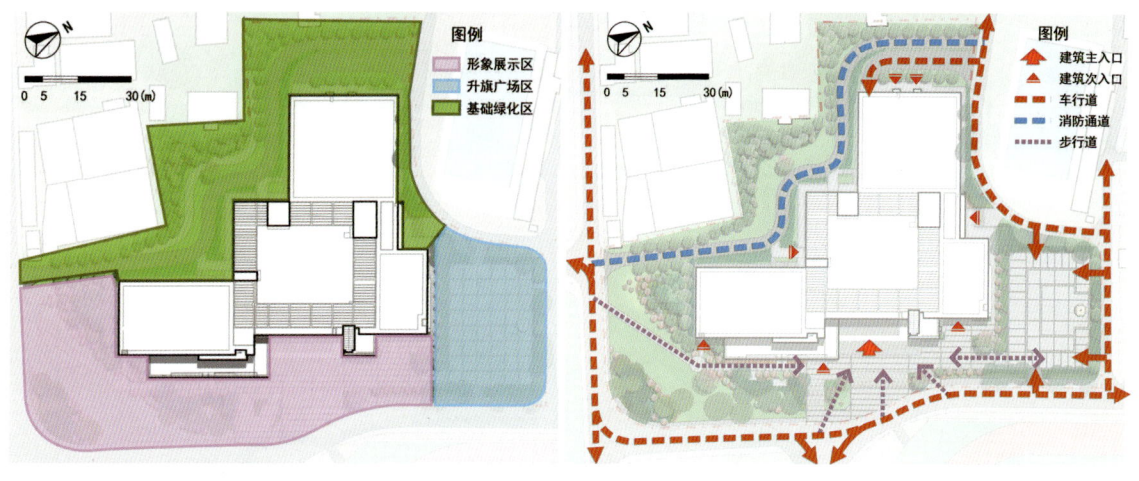

图5-14　功能分区图　　　　图5-15　交通规划图

(3)竖向设计：因地制宜解决每一区域的高差问题，如图5-16至图5-20。

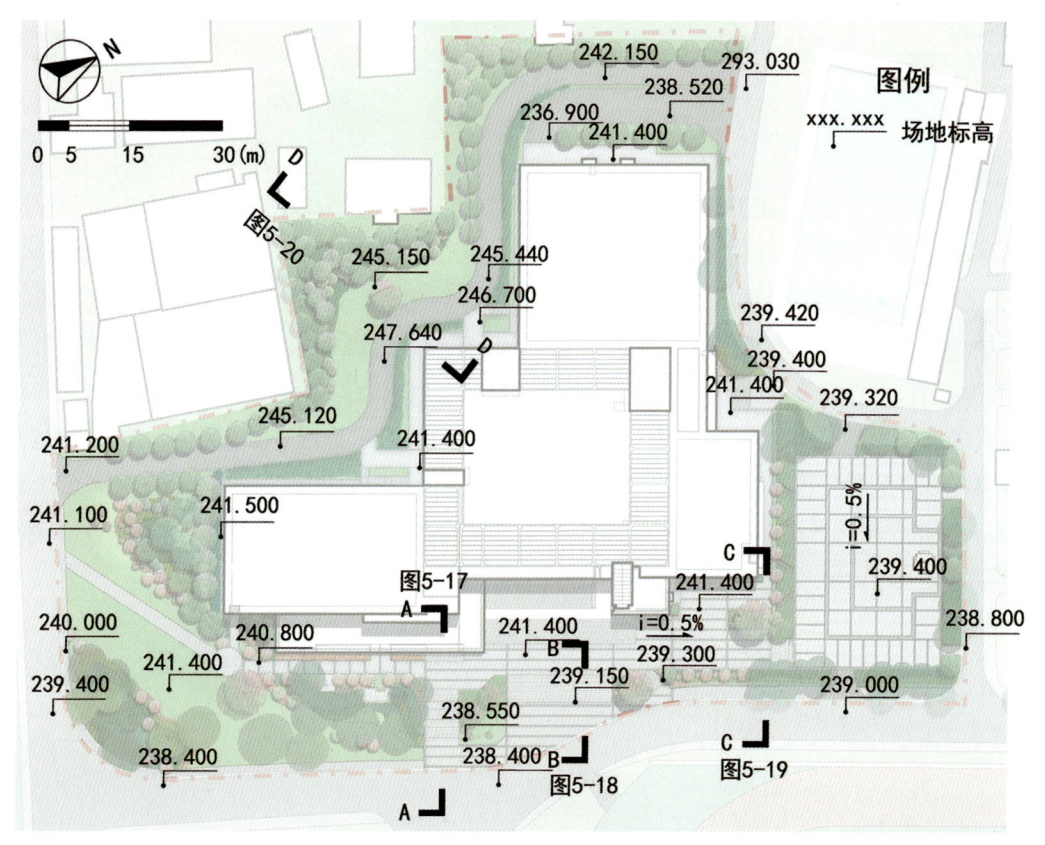

图5-16　竖向设计图

图5-17 A-A剖面图

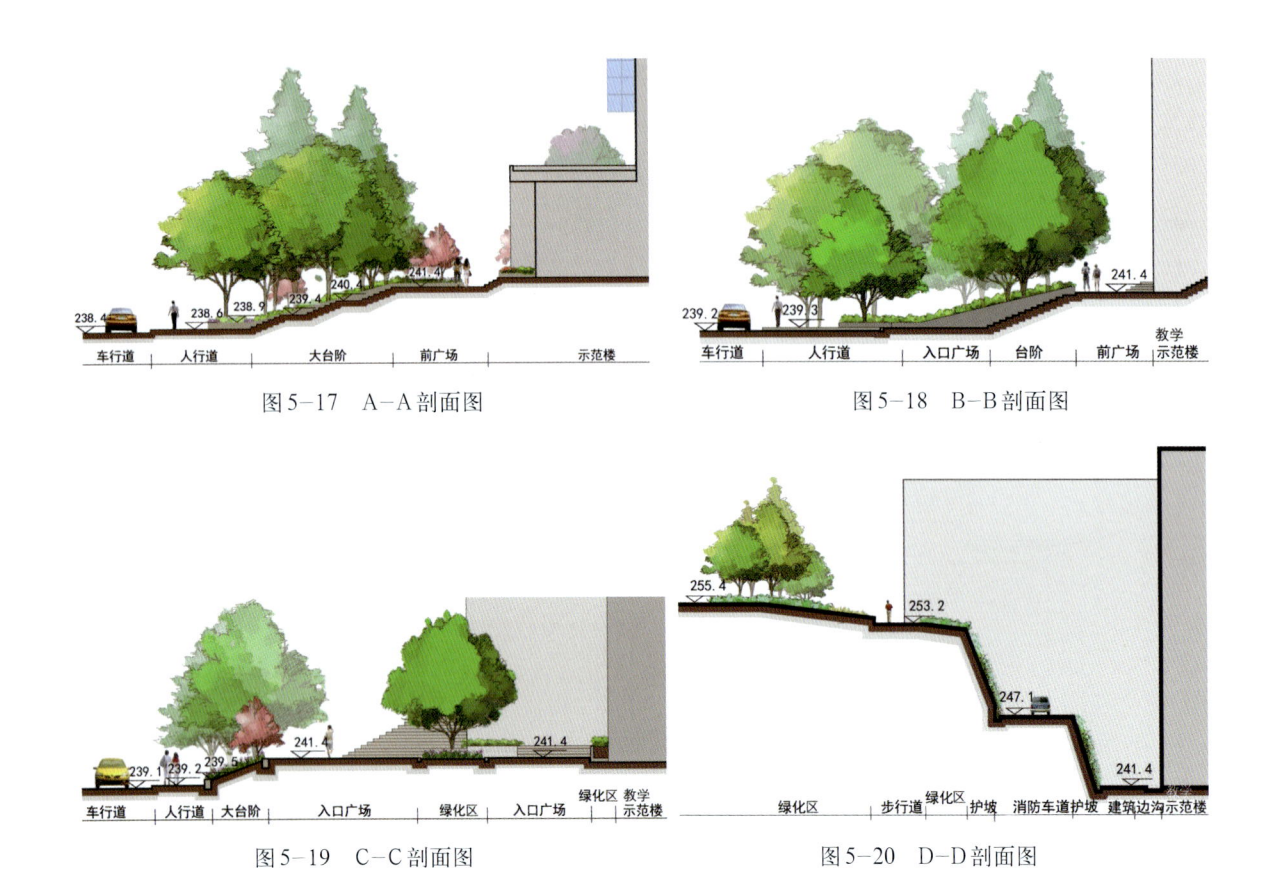

图5-18 B-B剖面图

图5-19 C-C剖面图

图5-20 D-D剖面图

(4)主入口区设计:该区属于教学示范楼形象展示区的一部分。为协调校园南北车行道与建筑室外地坪相对高差不同,采用梯步与花池相结合分段设置台阶入口的方式,各个入口的台阶梯步数不同,如图5-21。为使保留的大树存活、保障土坡安全,地形整治以现状树基标高为准,尽可能将高低不同的用地整合成缓坡绿地,少用挡土墙,或用土坡遮蔽工程安全所需的挡土墙,对影响工程安全和整体效果的大树进行必要的移栽,以形成简洁的场地关系。该区域道路、场地、台阶均采用花岗石,以火烧面芝麻白花岗石为基调,芝麻黑花岗石为装饰线条,形成庄重大气的景观底界面,如图5-22。主入口选用春花小乔木玉兰、春鹃与木春菊进行植物组团搭配,营造出"阳春布德泽,万物生光辉"的意境,隐喻教师带给学生的思想启迪。以植物强化景观面和视线焦点,在台阶两侧花坛内对称布置桂花、平台上孤植的小叶榕、坡面灌木色带,与宽大的台阶共同烘托教学示范楼外观形象,如图5-30。

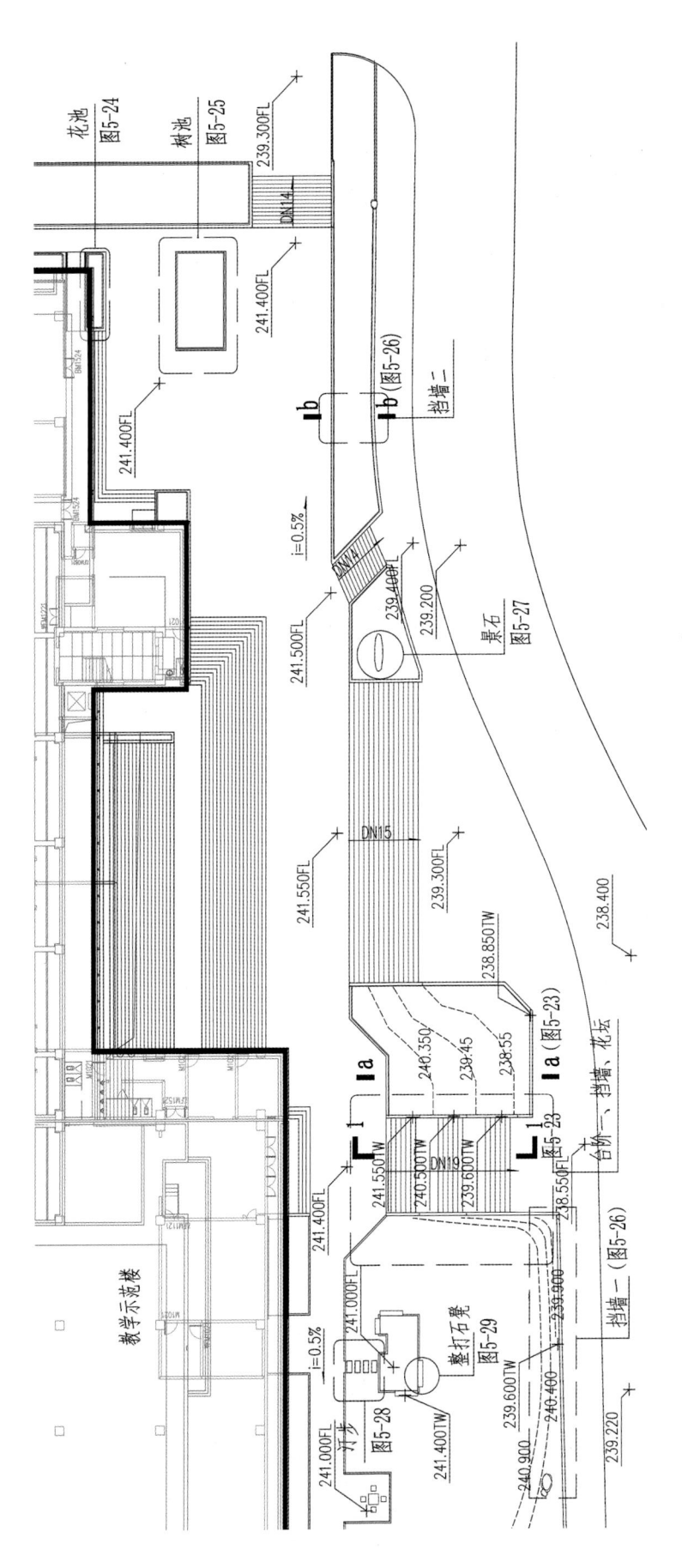

图5-21 主入口区域竖向设计与详图索引图

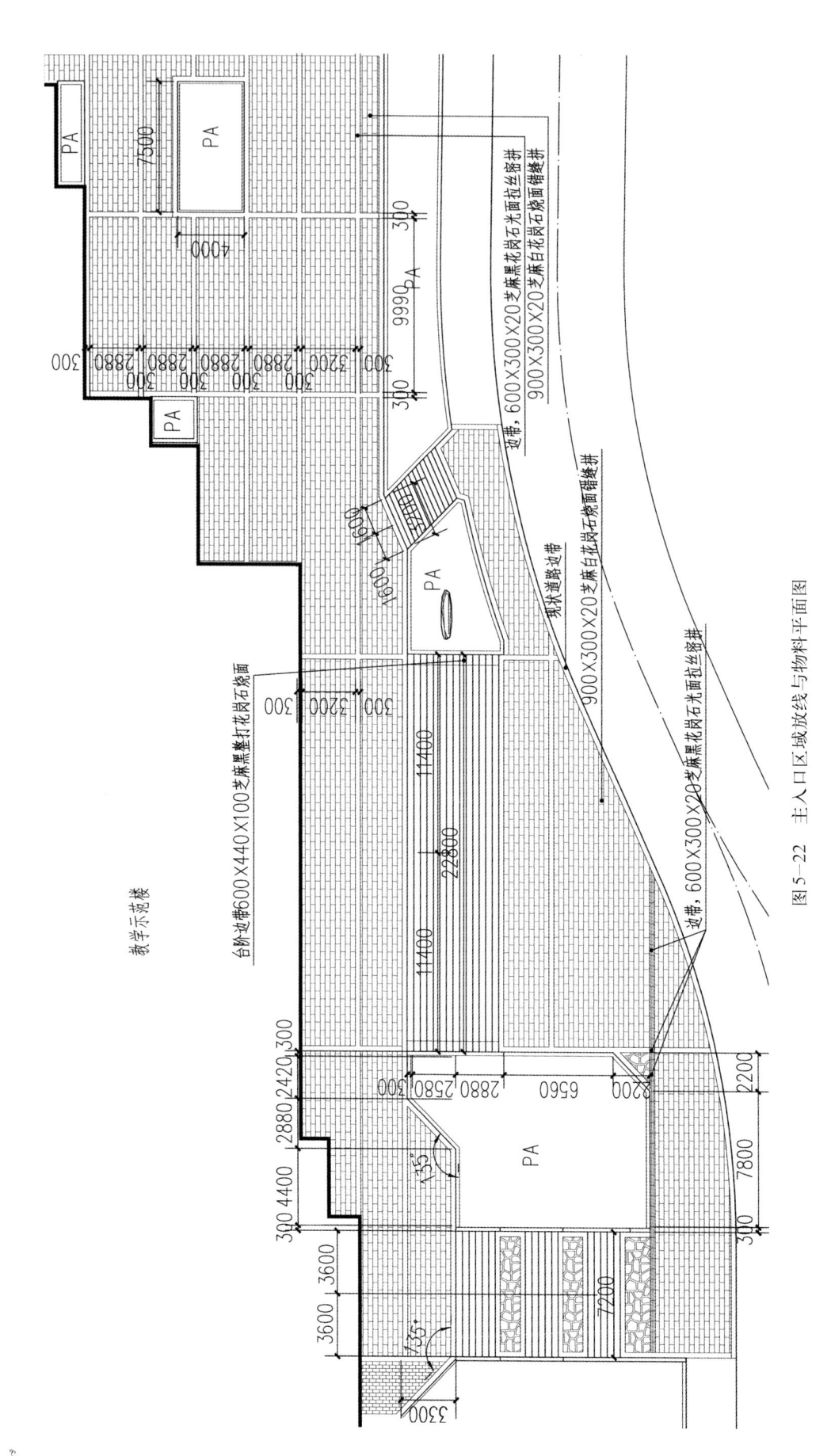

图5-22 主入口区域放线与物料平面图

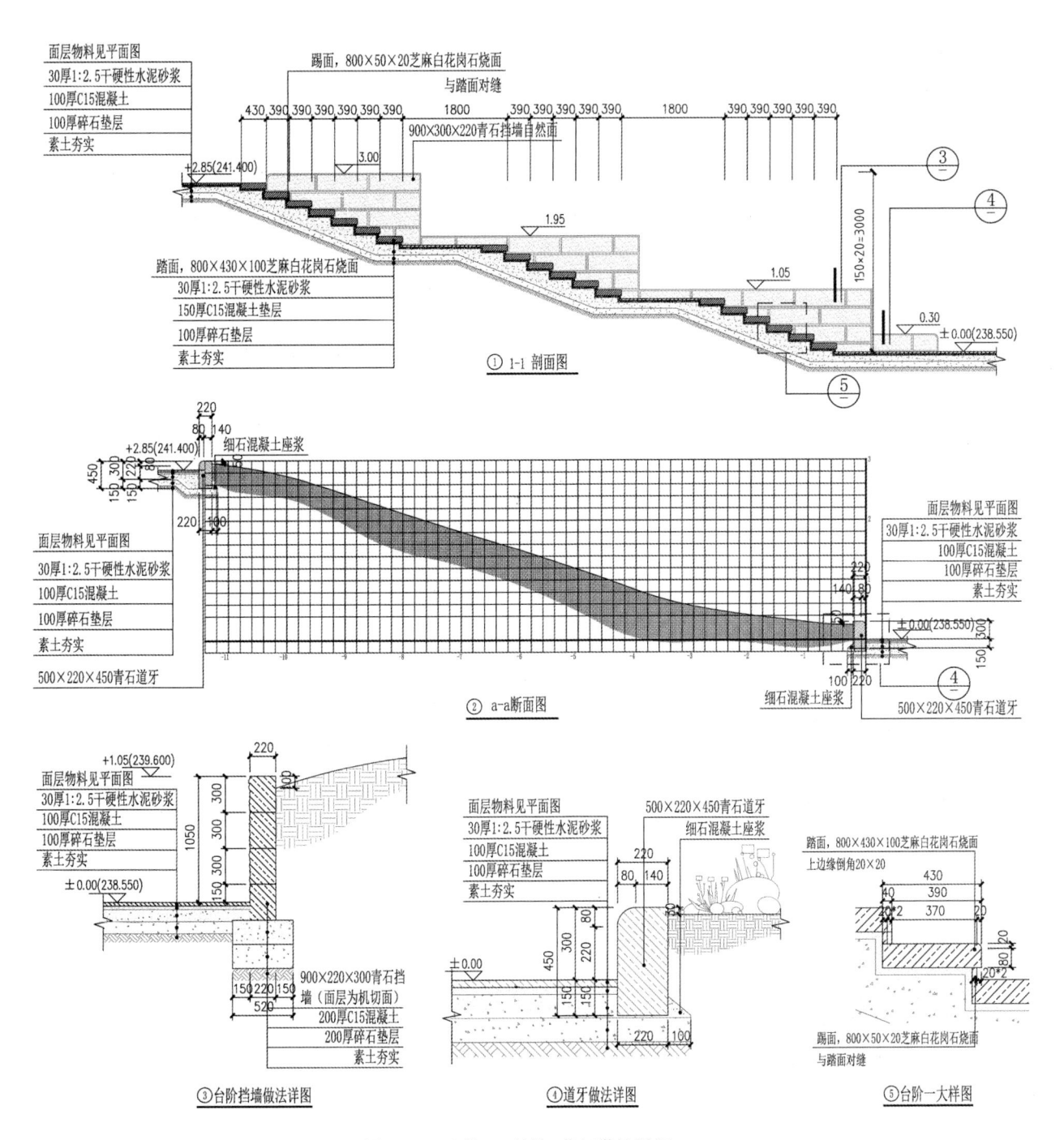

图 5-23　台阶一、挡墙、花坛做法详图

图 5-24 花池设计详图

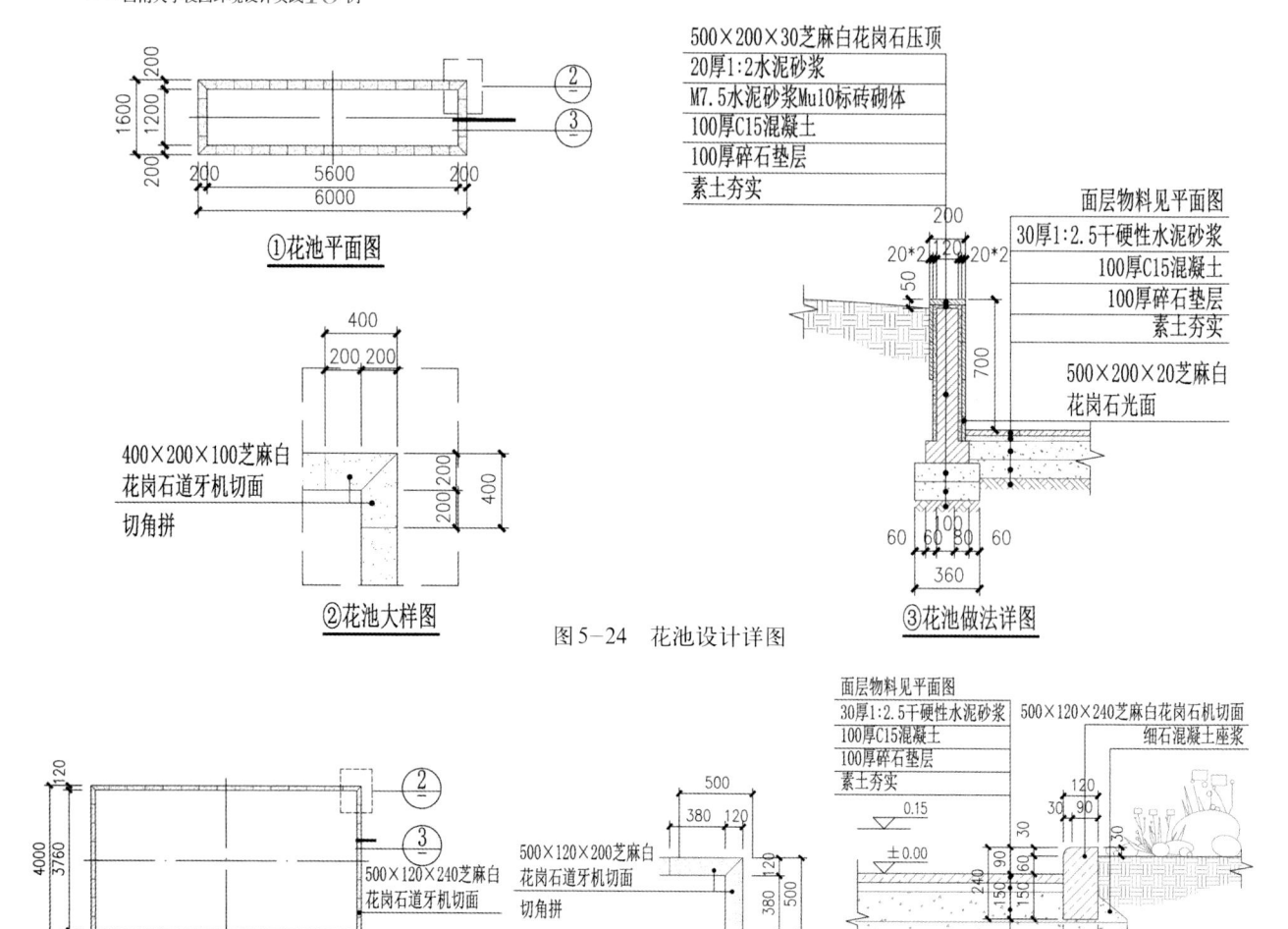

① 花池平面图
② 花池大样图
③ 花池做法详图

500×200×30芝麻白花岗石压顶
20厚1:2水泥砂浆
M7.5水泥砂浆Mu10标砖砌体
100厚C15混凝土
100厚碎石垫层
素土夯实

面层物料见平面图
30厚1:2.5干硬性水泥砂浆
100厚C15混凝土
100厚碎石垫层
素土夯实
500×200×20芝麻白花岗石光面

400×200×100芝麻白花岗石道牙机切面切角拼

图 5-25 树池设计详图

① 树池平面图
② 树池大样图
③ 树池道牙做法详图

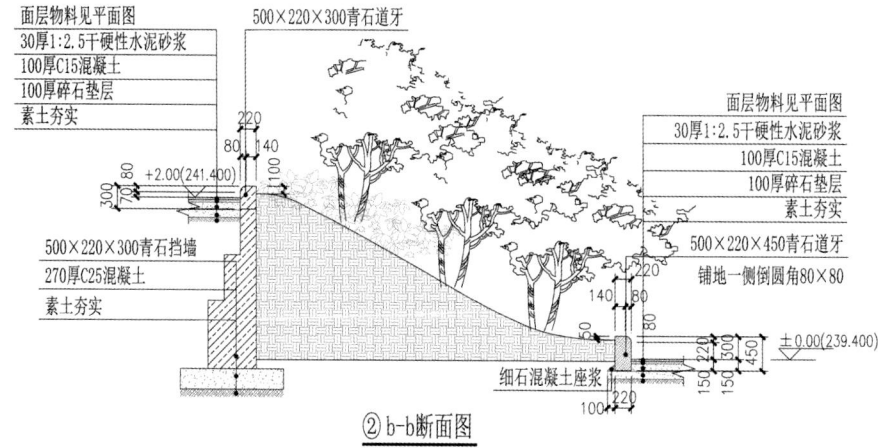

500×120×240芝麻白花岗石道牙机切面切角拼

面层物料见平面图
30厚1:2.5干硬性水泥砂浆
100厚C15混凝土
100厚碎石垫层
素土夯实
500×120×240芝麻白花岗石机切面
细石混凝土座浆

图 5-26 挡墙做法详图

① 挡墙一立面图

景石长约600,高约350
景石长约1200,高约650
人行道地基
900×220×300青石挡墙

② b-b断面图

面层物料见平面图
30厚1:2.5干硬性水泥砂浆
100厚C15混凝土
100厚碎石垫层
素土夯实
500×220×300青石道牙
500×220×300青石挡墙
270厚C25混凝土
素土夯实

面层物料见平面图
30厚1:2.5干硬性水泥砂浆
100厚C15混凝土
100厚碎石垫层
素土夯实
500×220×450青石道牙
铺地一侧倒圆角80×80
细石混凝土座浆

图 5-27　景石做法样图

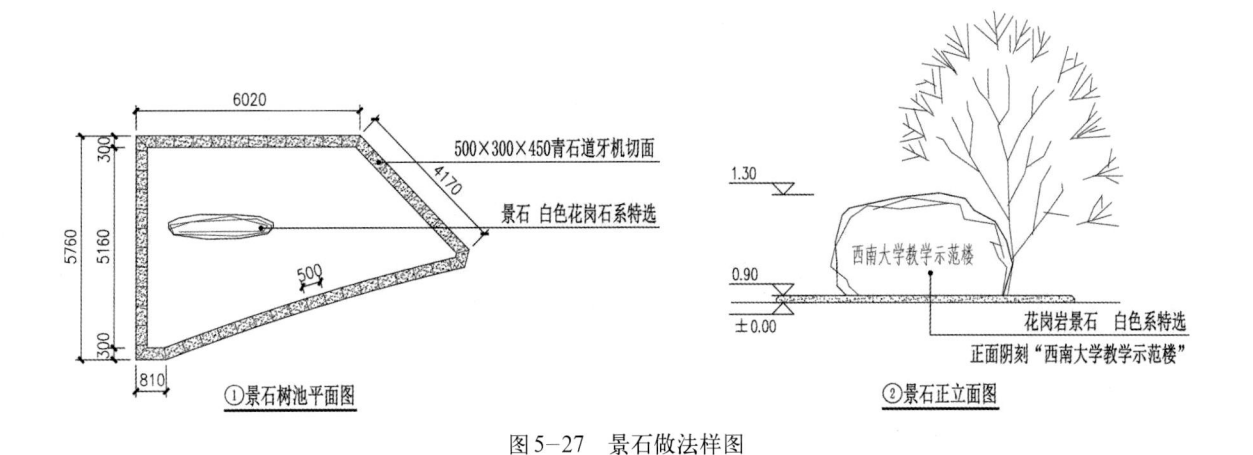

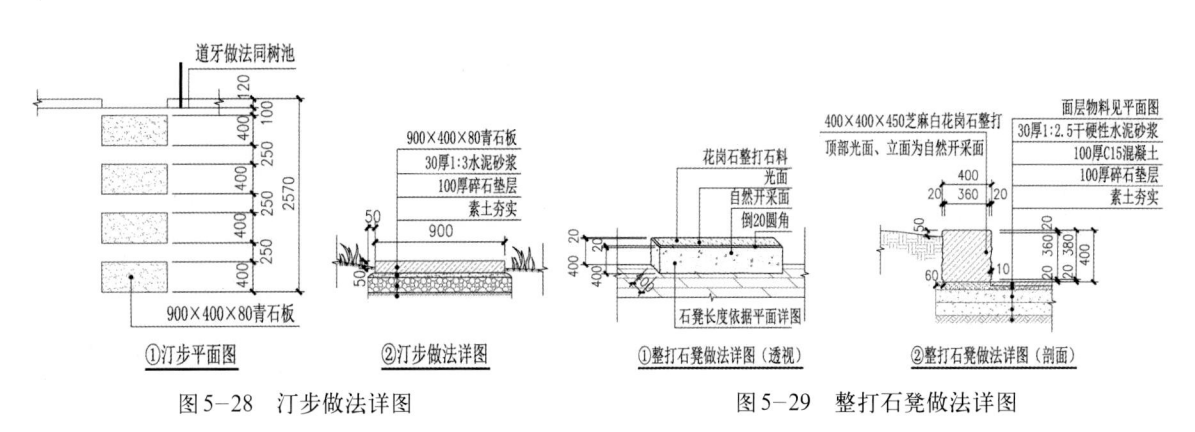

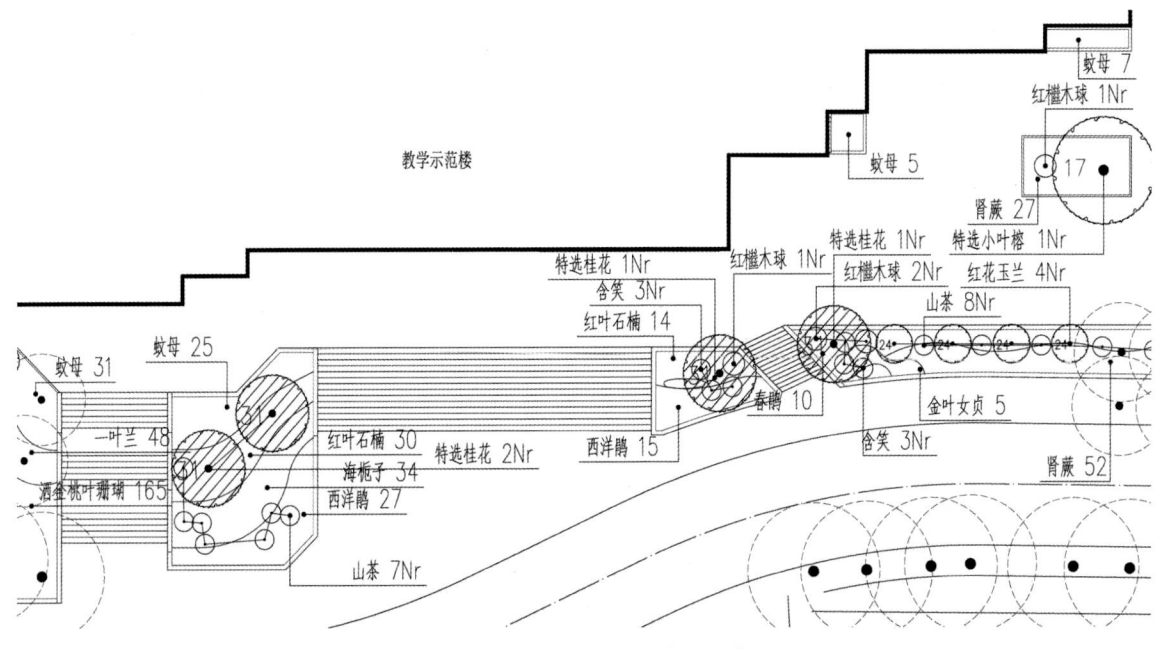

图 5-28　汀步做法详图　　图 5-29　整打石凳做法详图

图 5-30　主入口区域植物种植设计图

(5)升旗广场设计:遵循升旗与停车功能相结合的原则进行铺地设计,保持原国旗台红色花岗石装饰基调,立面上加入芝麻白光面花岗石线条贴面,从色彩与形式上与广场铺地相呼应,如图5-31、图5-

32。在原有植物基础上补植乔木,种植规整有序的灌木,营造国旗台严肃的氛围,如图5-33。

(6)示范楼南侧形象展示区域和基础绿化区域设计图略。

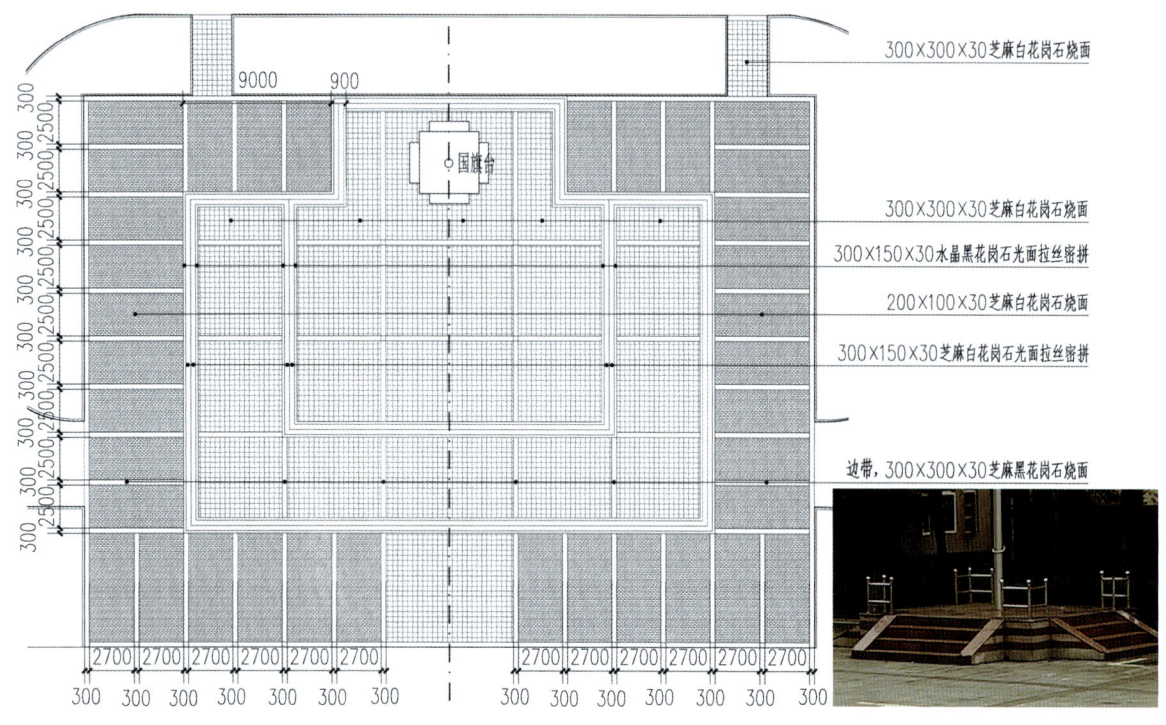

图5-31 升旗广场铺地设计图　　图5-32 国旗台实景

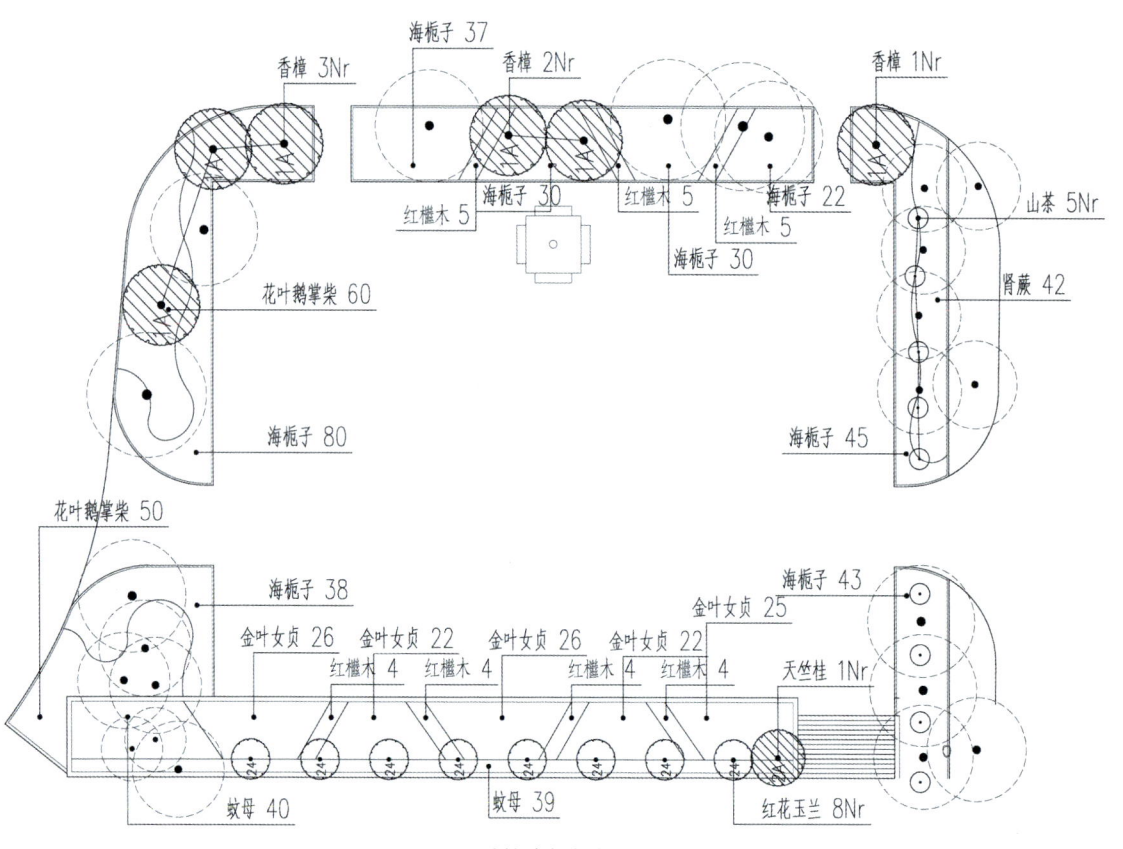

图5-33 升旗广场植物种植设计图

5.7 施工与维护

（1）教学示范楼是举行西南大学组建10周年暨办学110周年校庆的重要场所之一，因施工时间问题和资金的原因，教学示范楼东南角的运动场地未能按原设计实施。

（2）遵照学校分管领导的指示，2018年教学示范楼西南侧丛植的植物景观改为疏林草坪，大量植物被去除，校史馆前隐藏于树丛中的休闲场地和坐凳被拆除。

（3）教学示范楼主入口一侧、升旗广场是完全按设计实施的。2019年，广场北侧绿化带被取消，改为人行道，人行道与广场之间以台阶连接，广场空间的围合性被大大削弱，并存在安全隐患。

项目设计人员：张建林、罗丹、周子义等。

6

中心体育馆外环境设计

6 中心体育馆外环境设计

6.1 项目概况

中心体育馆位于西南大学三号门、第三运动场和天生路之间,西北侧紧邻校园主干道,是校园标志性建筑之一。中心体育馆在承担日常体育教学、体育比赛活动的同时,也是西南大学举行重大集会活动的场所,其外部环境具有展示校园风貌的作用,是校园中心景观的重要组成部分。项目总占地面积约为 2.98 hm²,其中建筑占地面积约 15240 m²,室外环境面积约 14610 m²。

6.2 场地条件

体育馆用地东南面至学校天生路围墙、东北面至三号门主干道、西南面至五一所留守营房围墙、西北面至第三运动场旁的车行道,由运动场馆建筑和行政教学楼建筑构成,行政教学楼建筑位于场地的西南侧。体育馆消防车车行出入口位于北侧和西南角,并与校园干道相连,人行专用出入口位于第三运动场一侧的运动场馆建筑和行政教学楼建筑之间,如图6-1。

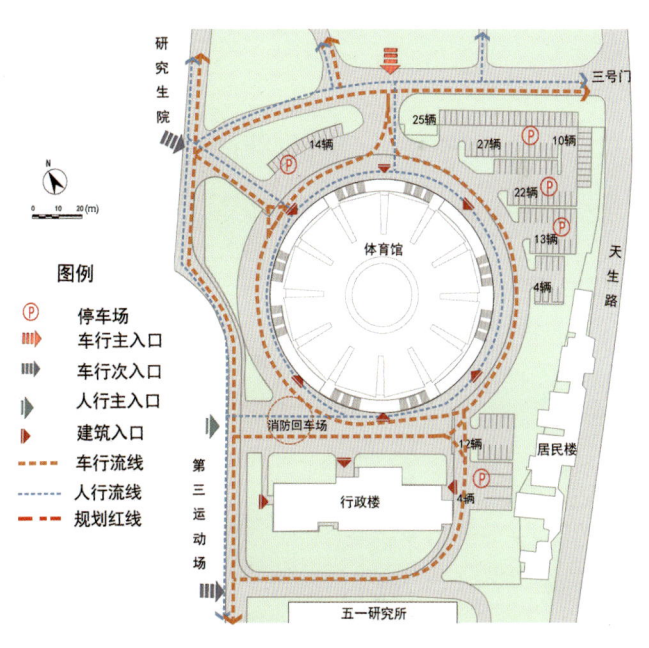

图6-1 中心体育馆建筑设计总平面图

用地范围原为一片旧建筑基址，经体育馆建筑平场施工，在体育馆北侧和西北车行道与体育馆之间用地范围内现保存了成片的香樟林，如图6-2。

场地北侧与校园道路高程基本一致，东北侧与校园主干道存在高差，高差范围为0—5 m，最大高差在场地东北角的三号校门处，约为5 m；东南面临天生路围墙一侧均为坡地，高差为4—5 m，与西北侧车行道的高差约2 m，如图6-3。

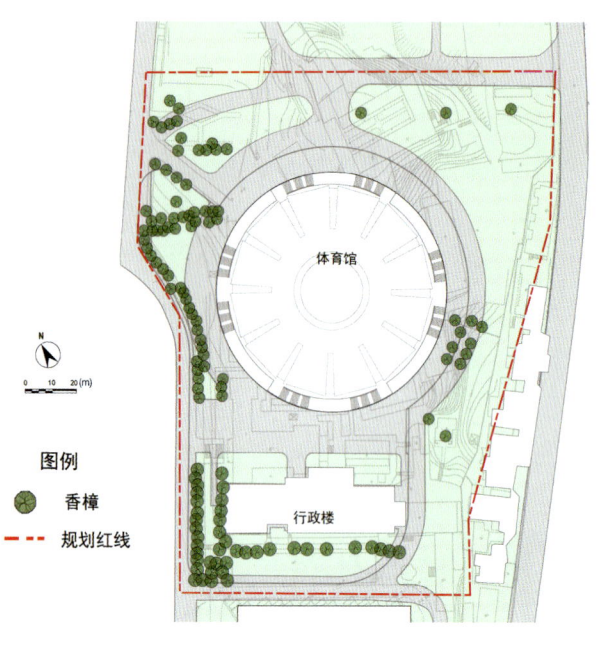

图6-2 中心体育馆环境植物现状图

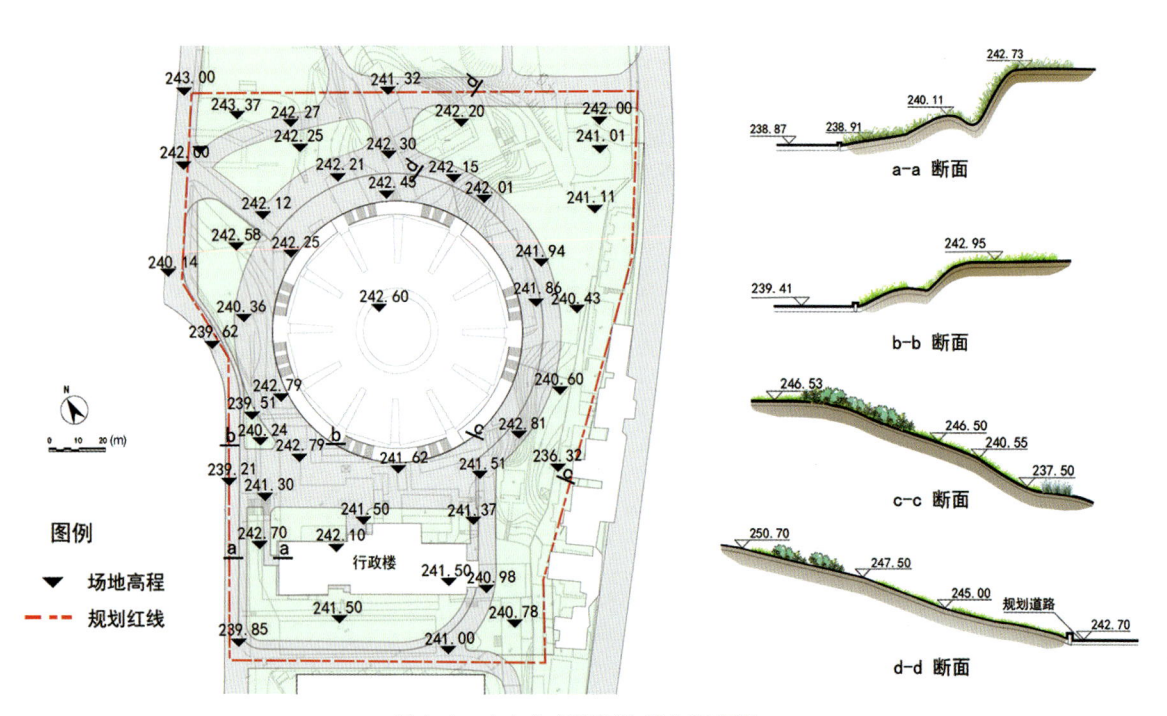

图6-3 中心体育馆环境竖向现状图

6.3 面临的问题

(1)建筑规划采用挡土墙方式解决场地周边高差,对相邻校园道路景观视角缺乏整体性考量。如何因地制宜,在保障工程安全的前提下,采用更为合理的景观工程设计方式来解决用地高差?

(2)原规划车位总计145个,以尽端布置为主,出入口较多。其布置形式使体育馆外围环形车道产生支离破碎之感。如何构建合理的交通与停车体系?

(3)如何保护利用场地内现有的植物资源、具有历史感的条石挡土墙,使其成为中心体育馆环境景观设计的有机组成部分,与新建景观融为一体?现场部分植物如图6-4。

(3)如何彰显具有西南大学特色的体育馆环境?以什么样的景观形式表达体育文化?

图6-4 现场植物照片

6.4 设计策略

(1)在邻校园道路一侧出现高差时,在用地条件允许、对保护的植物不造成影响的前提下,原则上采取自然放坡的处理方式衔接场地与道路。靠近三号门处的道路与场地之间采取放坡的处理方式,营造开阔、自然的植物景观;在场地西北道路一侧保护香樟生长环境条件,采取保留原有挡土墙、局部新增挡土墙的方式;靠近居民区一侧的高差以堡坎加斜坡的形式处理,构建层次丰富的景观。

(2)从环境景观形式与体育馆建筑风格相协调出发,基于用地节约、方便停车、停车位数量尽可能多的考量,减少车辆出入口,停车位呈环形布置或沿消防车道布置,维持环形车道的整体性和景观的统一性,顺应场地形态又暗含着奥运五环的寓意。

(3)遵循生态优先、尊重历史的设计理念,将北侧成片的香樟设计为兼具停车功能和引导车行交通的绿地,利用西北侧保留的香樟来软化体育馆高大建筑对行人所造成的压迫感。

(4)利用保留香樟、挡土墙,结合体育学院的标志强化体育馆人行出入口形象。

(5)适度植入体育文化,通过人行入口两侧文化景墙、铺地中阴刻运动主题地雕,以简洁、整体构图的方式彰显体育馆环境文化。

6.5 创意构思

发掘与提炼西南大学校园博大精深的文化,将西南大学精神与体育精神相融合,从景观的角度展现"特立西南,学行天下"的卓越风采和"更快、更高、更强"的体育精神。以平面构图、植物配置、地面雕刻、挡土墙为表现形式,展现特色文化底蕴,贯彻功能、美观、经济、生态的设计原则。平面构图以奥运五环为灵感,代表体育运动中不断进取、开拓向前的精神,出入口的文化景墙、铺地中阴刻运动主题地雕,烘托出朝气蓬勃、积极向上的体育文化。植物景观设计中合理利用乡土植物,采用香樟与玉兰作为基调植物,象征西南大学精神,隐喻品性正直、纯洁高尚、求真求实、踏实肯干等美好品质。将体育馆周边环境打造为便捷、实用、节约、耐看,且富有文化内涵的校园景观环境。

6.6 方案与设计

(1)总体布局:体育馆环境遵循功能优先,在保护与利用现状植物的前提下,充分发挥地形优势进行规划布局与设计。将步行主入口设在第三运动场一侧,利用校园车行道与体育馆外地坪约2 m的高差,设计宽大台阶,满足体育场馆举行重大活动或赛事时的人流通行需求,以及平时学生上课的需要。宽大的花岗石台阶与两侧保留的挡土墙、香樟营造了庄重大气的中心体育馆标志性入口形象。车行主入口设在北侧校园干道一旁,方便从三号门进入的车辆快速进出体育馆东、北两侧规划的停车场,较好地实现人车分流,可极大降低机动车对校园行人的影响。将行政楼与体育馆之间设计成集散广场,广场的东侧设计运动主题的景观雕塑,地面铺装上阴刻的与体育运动项目有关的图案,展示体育之精神,如图6-5。

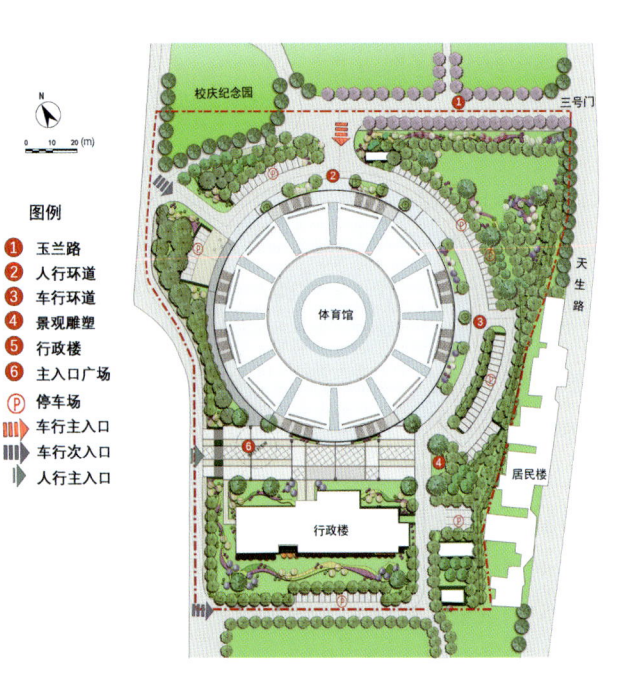

图6-5 中心体育馆环境设计平面图

(2)竖向设计:体育馆环境竖向设计遵循场地四面低、中部高的用地特点,对体育馆环形道路与校园车行道之间形成的高差尽可能采用自然斜坡绿地过渡与连接,在靠第三运动场一侧保留现状挡土墙,在挡土墙与人行道之间设置斜坡绿地,局部区域因坡度超过土壤的安息角而采用条石挡土墙。在临天生路居民楼一侧原为斜坡地,为保护停车场、道路基础稳定,设置两级毛石挡土墙,同时,挡土墙还具有分隔居民楼的作用。场地内部较平坦,道路坡度控制在0.3%—0.54%,便于组织排水,如图6-6。

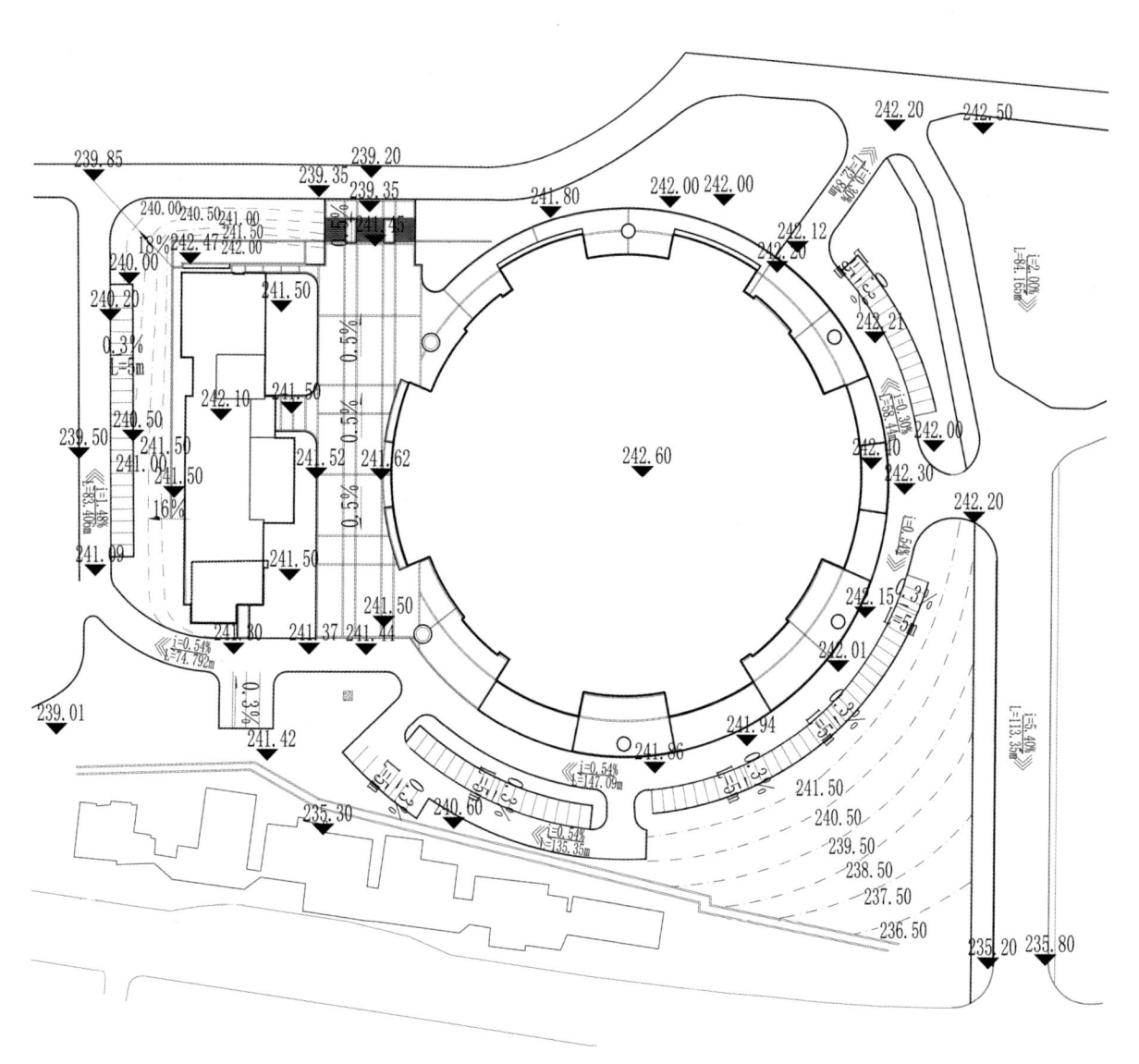

图6-6 体育馆竖向设计图

(3)硬质设计

①主入口广场铺装。入口广场以火烧面芝麻白花岗石为基调,车行道采用黑色沥青,主入口人行道路面以花岗岩为主要材料,包括锈石黄火烧面花岗石、芝麻白火烧面花岗石和芝麻灰火烧面花岗石等,辅以灰色陶土砖和青石,如图6-7。

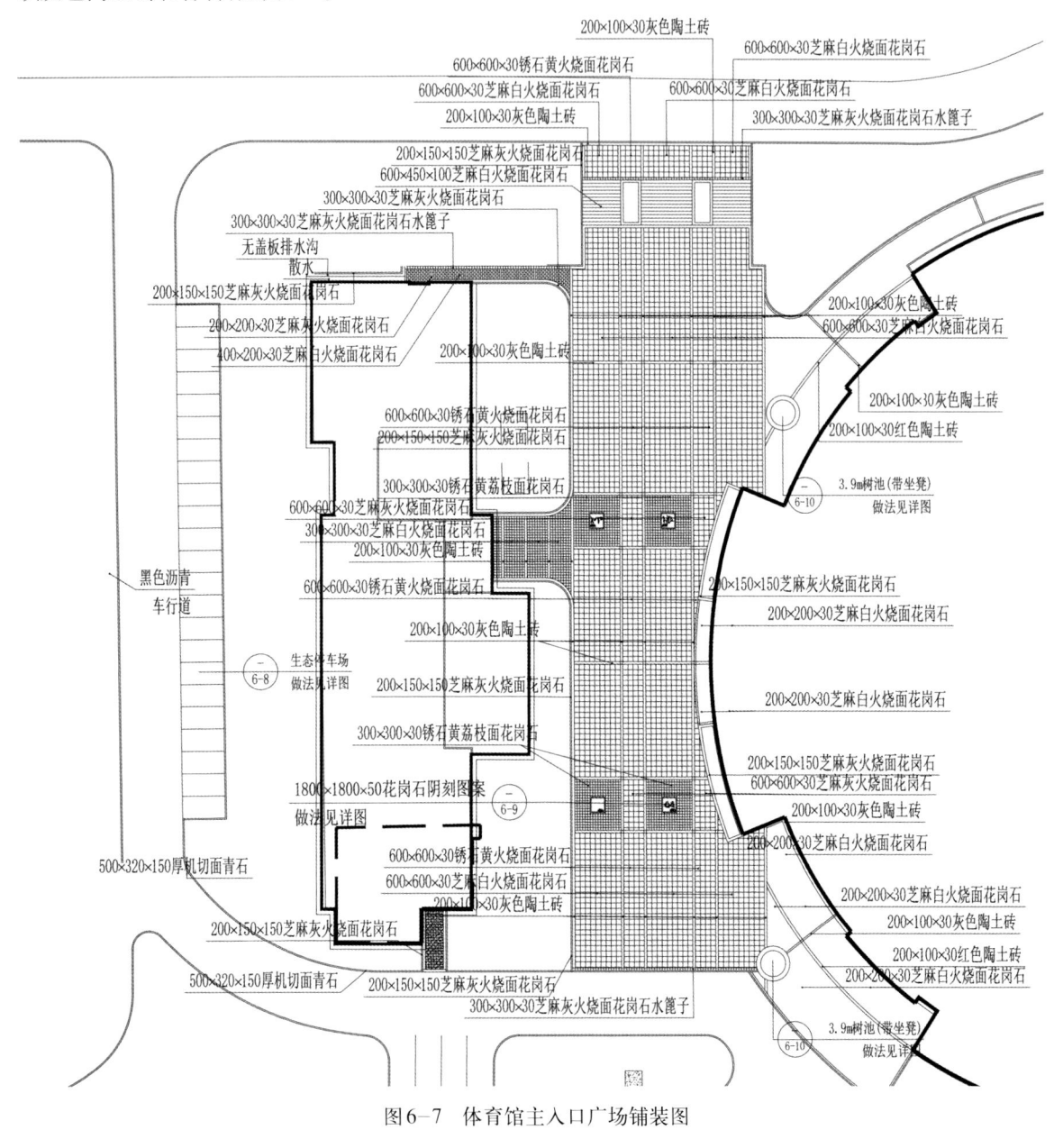

图6-7 体育馆主入口广场铺装图

②生态停车位。场地内的停车场具备重要的滞水功能,遵循生态原则,运用透水砖、植草格、青石车挡等设计停车位,如图6-8。

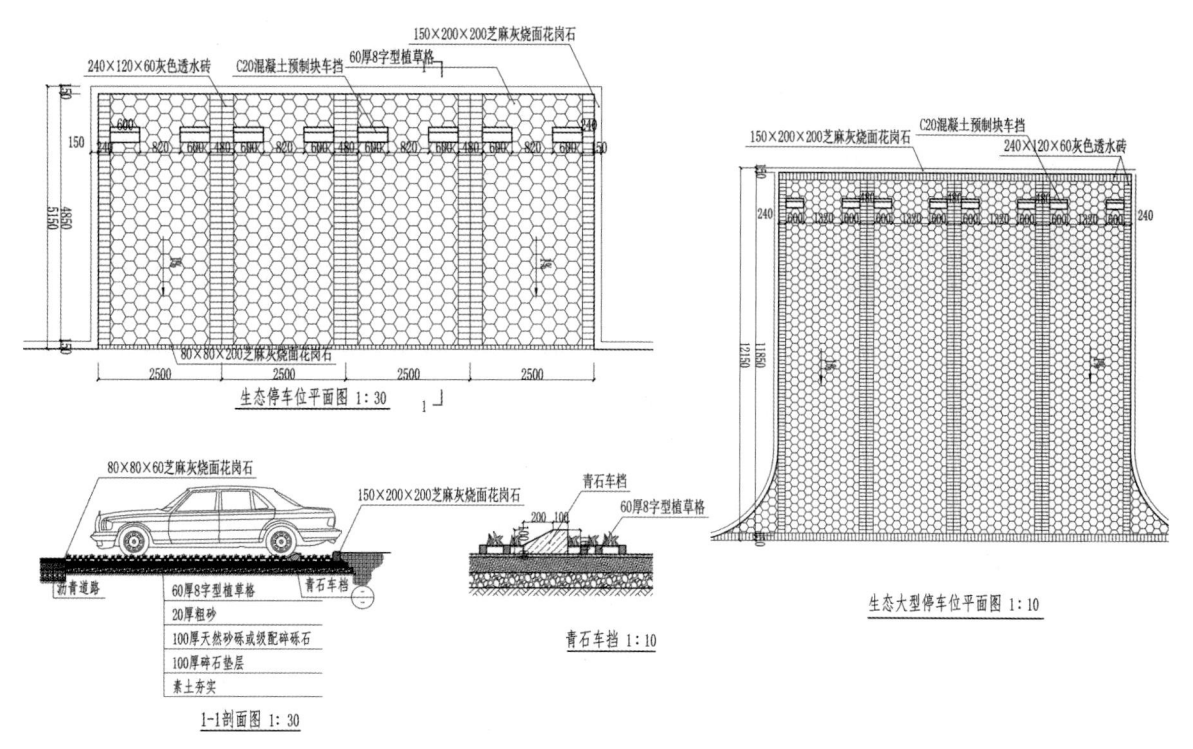

图6-8 生态停车位设计详图

③地面装饰图案。在花岗石广场地面上有规律地布置四块与运动主题有关的地雕,其图案内容传达出"更高、更快、更强"的体育精神,提升广场的文化内涵,如图6-9。

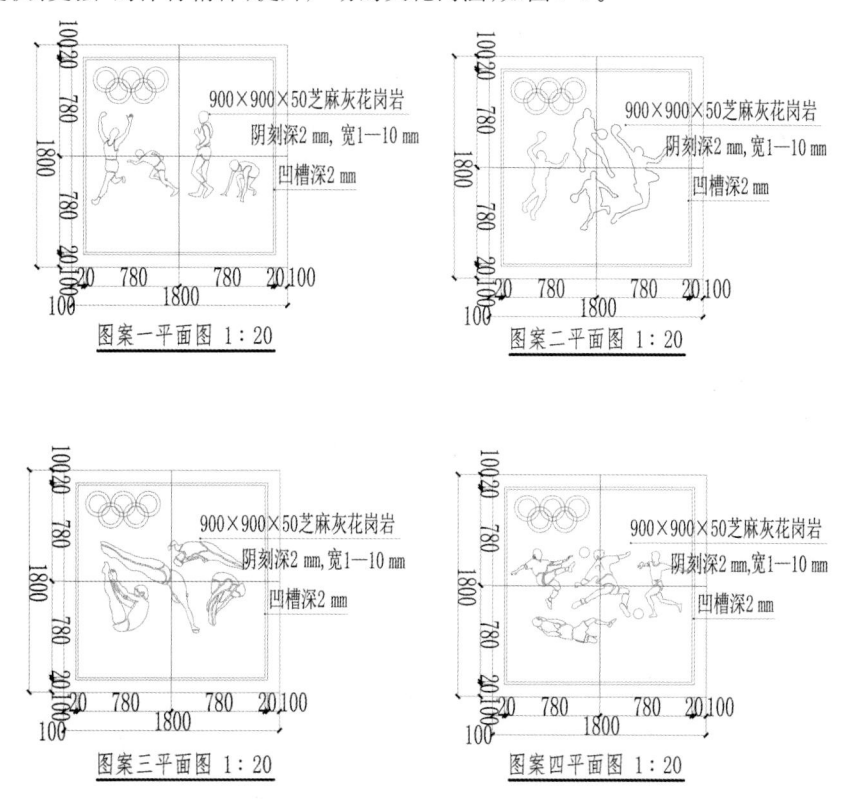

图6-9 地面装饰图案设计图

④圆形树池，如图6-10。

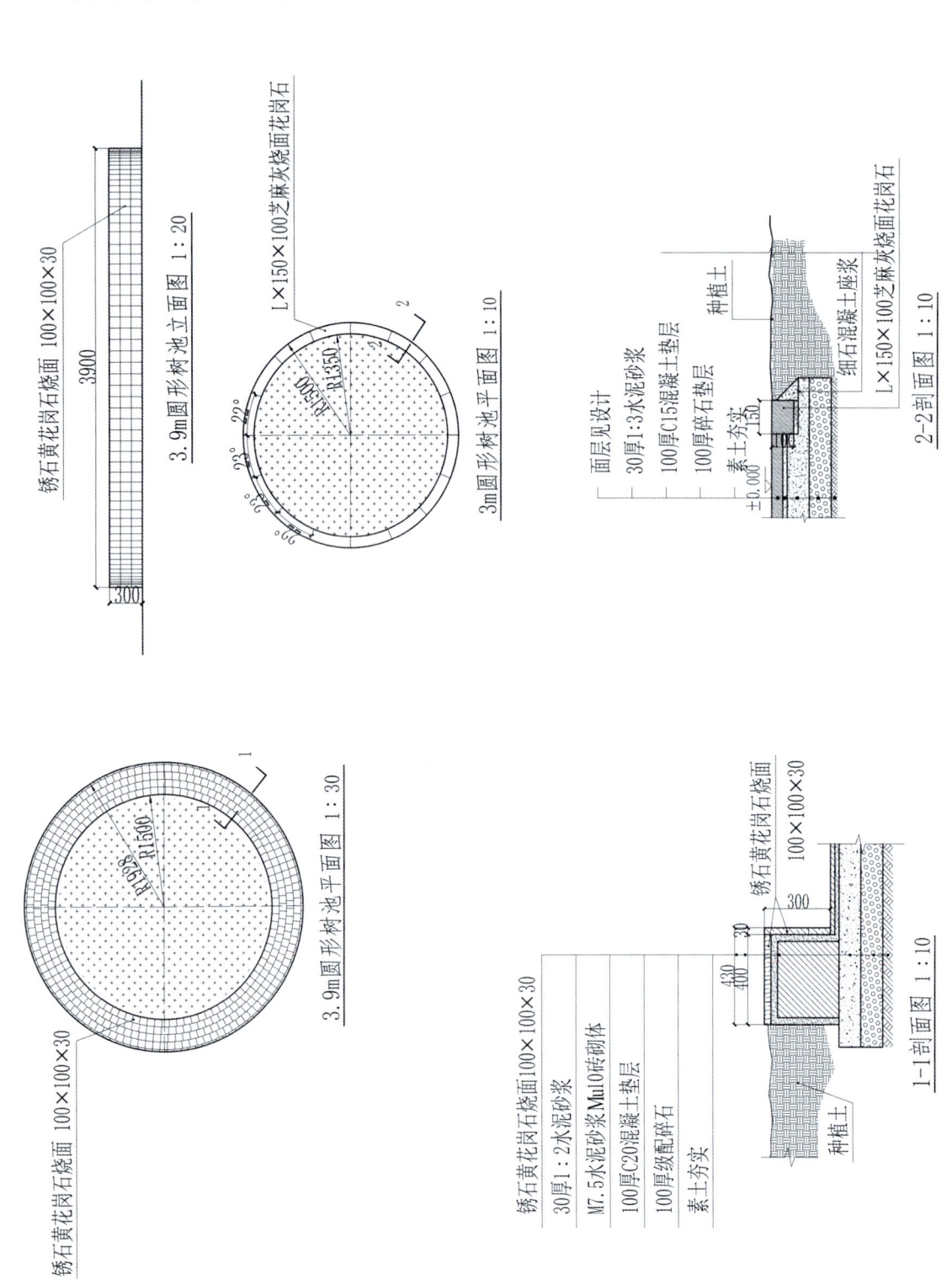

图6-10 圆形树池施工详图

⑤挡土墙。以挡土墙的方式连接体育馆建筑周边环境场地与相邻道路、环境相对高差较大之处,本项目主要采用两种挡土墙断面结构形式,如图6-11。

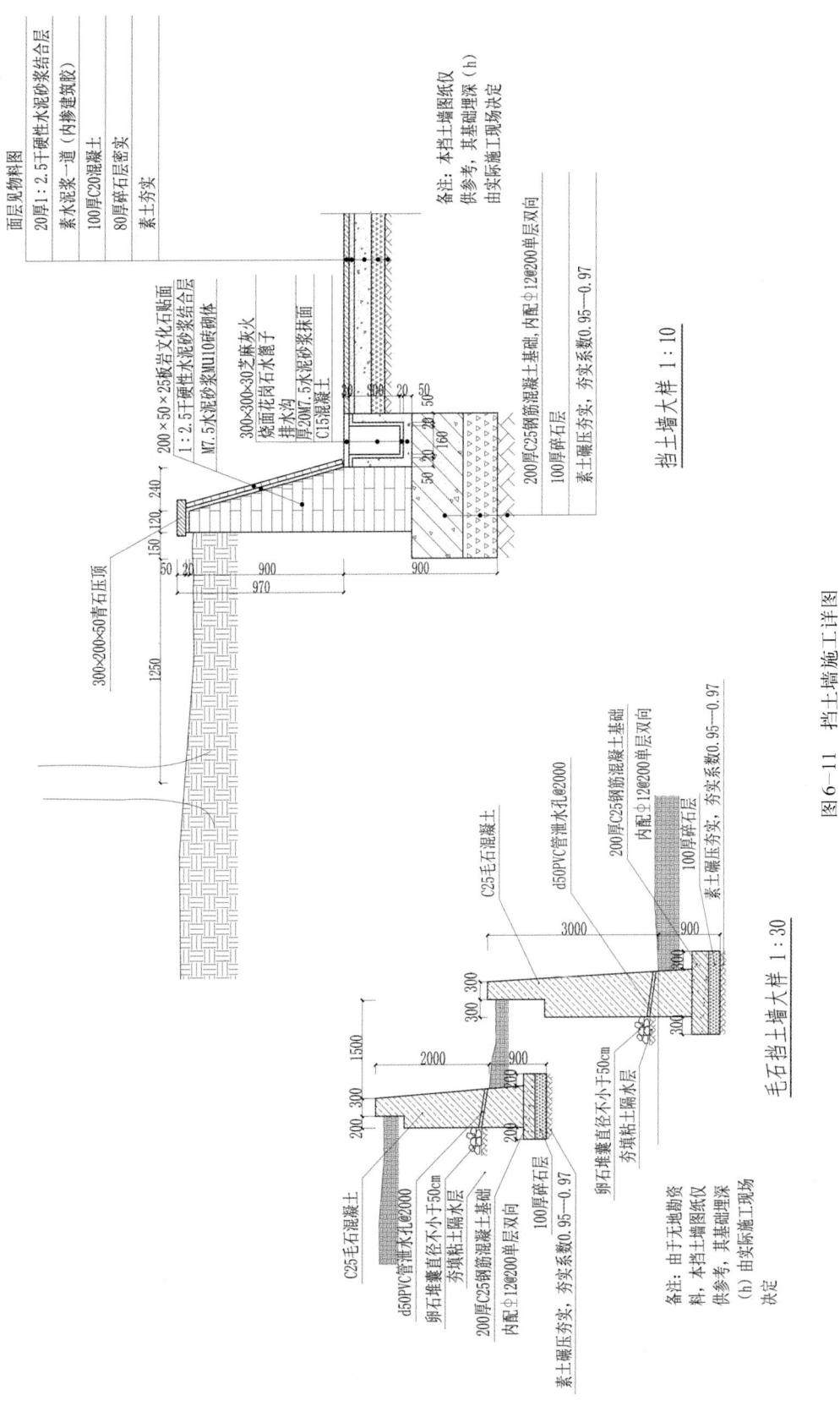

图6-11 挡土墙施工详图

(4)水电设计

①电气设计。沿道路设置覆盖半径为6 m的庭院灯,间距为25 m,点缀地埋射灯,确保停车位与交通流线的照明。电源接口从体育馆配电室引出,接点、引入电箱、景观配电箱隐蔽在种植池内。采用TN-S接地系统,配电箱处设置专用接地装置,配电箱、设备、灯具、角钢、钢管等均需做可靠接地连接,低压电源引入至景观配电箱,配电箱后级采用放射式配电至各回路的灯具,如图6-12。

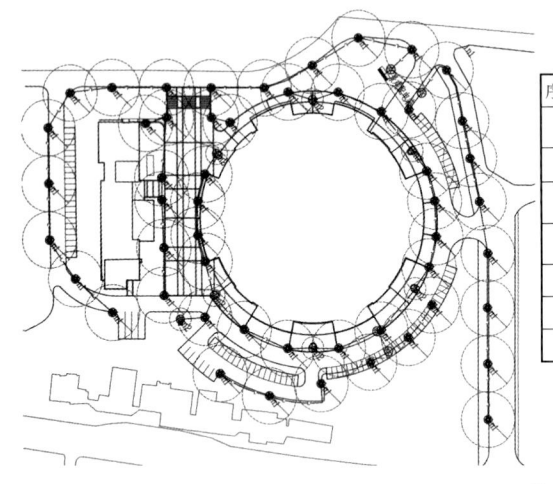

电气图例及材料表

序号	图例	名称	规格	单位	数量	备注
1	(sk)	电气手孔井	非标	台	0	可视现场情况增减
2		动力照明配电箱	非标	台	0	隐蔽于植物丛中
3	✪	地埋射灯	75W/LED灯,暖白	盏	0	灯高H=0.5m,IP65
4	●	6m庭院灯	93W/LED灯,暖白	盏	0	灯高H=6m,IP65
5		VV-0.6/1kV电力电缆	VV-3×6.0	米	按需	照明回路
6		VV-0.6/1kV电力电缆	VV-5×16.0	米	按需	配电箱进线
7		硬聚氯乙烯电线管	PVC63	米	按需	配电箱出线

图6-12 体育馆电气平面布置图

②给排水设计。场地内雨水采用雨水口引入就近雨水井,各雨水口均采用De200双壁波纹管,管道坡度不小于1%。水源接各自片区主干道附近景观用给水管网,给水管材采用PPR管,管道按枝状布置,各取水阀布置间距约为每40 m一个点,如图6-13。

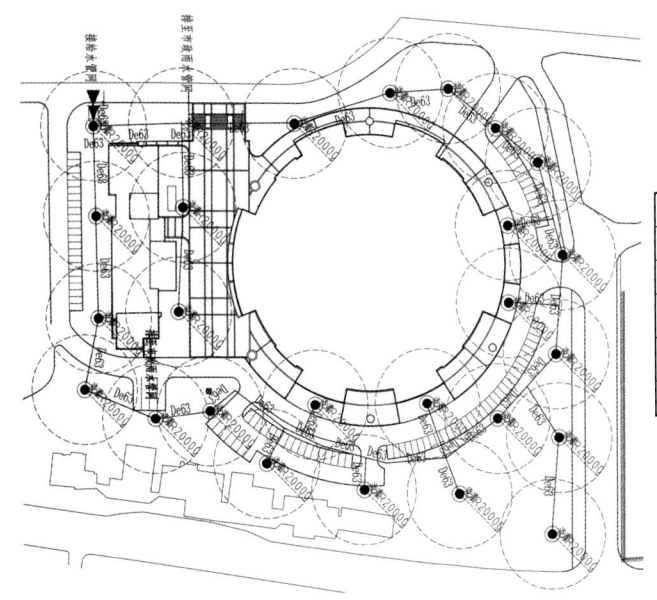

给排水图例及材料表

序号	图例	名称	规格	单位
1	------	PVC-U排水管	De110	米
2	------	PPR给水管	De63	米
3	◀	防回流污染止回阀	De63	个
4	●	快速取水阀	DN20	个
5	▶	水表	De63	个

图6-13 体育馆给排水平面布置图

(5) 植物设计　植物种植设计遵循因地制宜、适地适树的原则,乔灌草合理搭配,层次分明,四季有景可观。乔木采用香樟、黄葛树、二乔玉兰 *Yulania* × *soulangeana* (Soul.–Bod.) D. L. Fu、紫花二乔玉兰 *Yulania LiLi Hlora*(De Sr.)D L. Fu.（紫玉兰）*Y.* × *soulangeana* ′Zihua′、玉兰（白玉兰）*Yulania denudata* (Desr.) D. L. Fu 等,灌木采用山茶、蜡梅 *Chimonanthus praecox* (L.) Link、海桐 *Pittosporum tobira* (Thunb.) W. T. Aiton 球、红花檵木、雀舌栀子（海栀子）*Gardenia jasminoides* ′Radicans′ 等,观赏草及地被采用肾蕨 *Nephrolepis cordifolia* (L.) C. Presl、花叶冷水花 *Pilea cadierei* Gagnep. et Guill.、四季秋海棠 *Begonia cucullata* Willd. 等,如图6-14。

图6-14　植物实景

6.7 施工与维护

（1）大部分景观按照设计施工建成,东侧环形停车场靠近校门的一段只建成了单排停车位,距离三号门的场地以缓坡绿地的形式建成。

（2）规划的景观雕塑未实施。行政楼南侧的建筑未拆除,部分车道和绿化景观未实施。

（3）后期植物养护水平较差,主入口两侧地被灌木缺失严重,车辆对绿化破坏严重。

项目设计人员：张建林、张昊旻、夏昕昕、戴梦迪、刘英、邹云蔚 等

附图：中心体育馆外环境实景图

附图　中心体育馆主入口及广场实景

7 中心图书馆外环境设计

7 中心图书馆外环境设计

7.1 项目概况

西南大学中心图书馆(简称"中心图书馆")位于校园中部的崇德湖东侧山坡上,是为迎接西南大学组建十周年校庆的献礼工程,也是西南大学新的地标性建筑。中心图书馆外环境不仅满足建筑四周复杂的校园人流动线、人群疏散聚集、人车分流等基本功能需要,是烘托中心图书馆作为神圣知识殿堂的媒介,是提供良好读书休闲氛围的载体,更是展示西南大学办学形象、对外宣传的重要窗口,也是西南大学标志性校园景观节点之一。中心图书馆规划控制用地面积2.73 hm²,其中一期建筑占地面积0.57 hm²,外环境面积约1.47 hm²。

7.2 场地条件

(1)中心图书馆东北侧与李园学生宿舍相邻,东南侧为西南大学期刊社和八一路,西南为八一礼堂、地理学院实验室和研究生院,西北侧为崇德湖,周围被众多教学楼与宿舍楼环绕,地理条件优越,交通便利,如图7-1、图7-4。

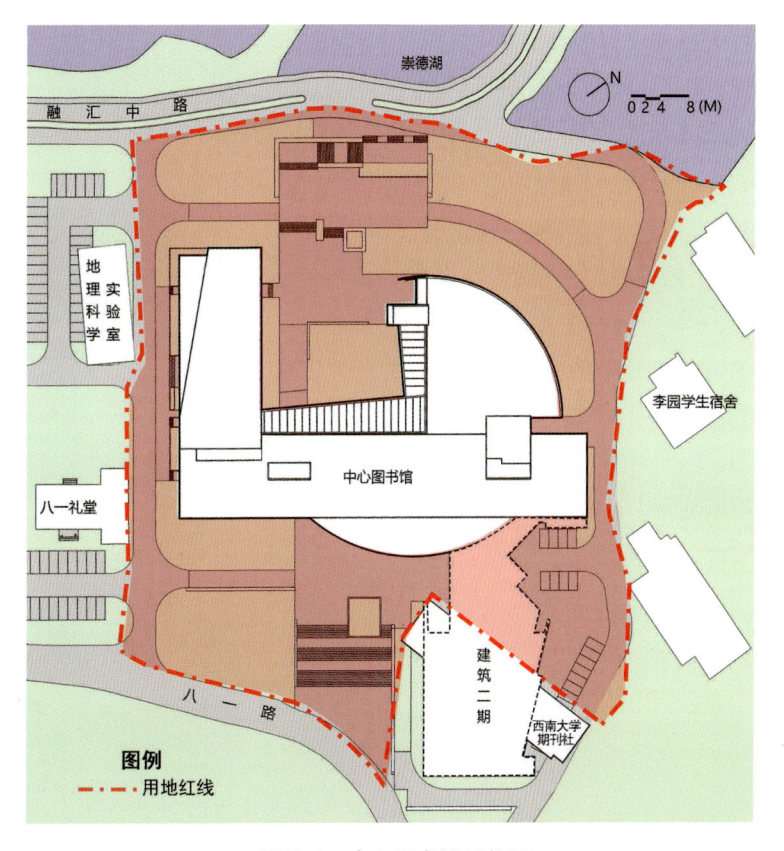

图7-1 中心图书馆区位图

（2）建筑选址于原五一研究所的营房建筑区所在的山岗上，建筑施工平场后，中心图书馆的地基依然处于较高处，东、南、西三面低，北面地形高。东北侧建筑平场后与李园学生宿舍一侧形成高10 m左右的堡坎，建筑墙面距离堡坎最近处仅7 m左右；西侧图书馆中庭到校园主干道的高程差约5.2 m，校园干道与崇德湖的高程差约3 m；西南侧建筑负一层低于外部环境约1.4 m、建筑一层高于外部环境约3 m；东南侧建筑屋基与校园干道高程差约3.6 m。在用地范围内，总体上为东高西低，南高北低，如图7-2。

（3）中心图书馆建筑一期平面形态为"凹"字形，外部环境环抱建筑周围，西北侧由三面建筑形成半开敞式的中庭；建筑风格为现代简约式，色彩淡雅，以灰色系为主；建筑主要的出入口有四个，即图书馆东南侧的前出入口，西北侧的后出入口，西南侧办公入口以及东北侧的书籍入口。

（4）场地内植物茂密，现状乔木有香樟、银杏、黄葛树、黄葛兰、蓝花楹、梧桐、银桦、栾树、柏树、桂花、枇杷、桉树等。以香樟为主，干径大多都在30 cm以上；干径为137 cm的黄葛树位于图书馆东北侧前方。图书馆的东南侧、西北侧因建筑地坪标高设计的控制，需保护的六棵大树的树基标高高于场地控制地坪1.3—2.0 m。树下灌木及地被疏于管理，比较杂乱，如图7-3。

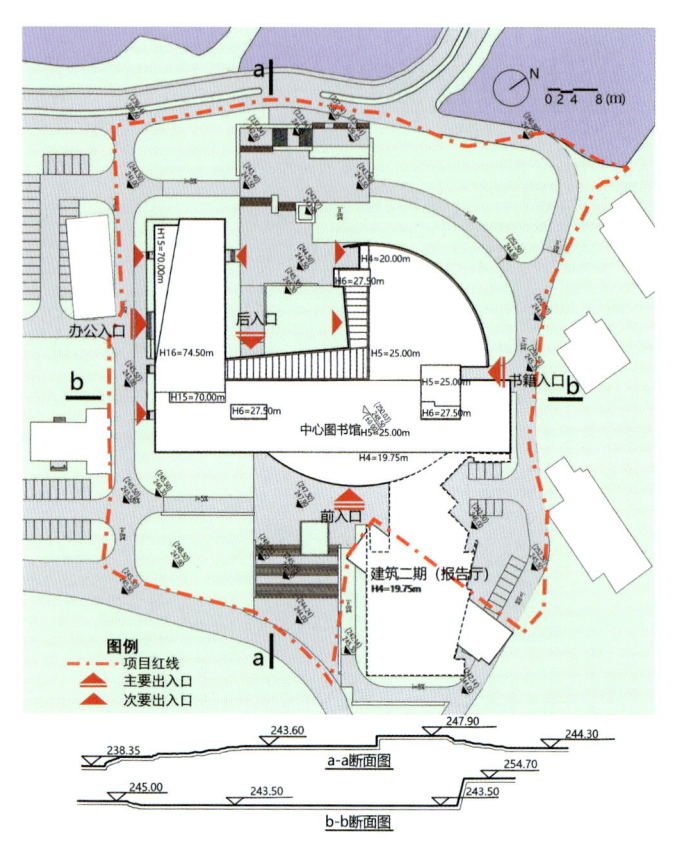

图7-2 中心图书馆用地及环境规划高程图

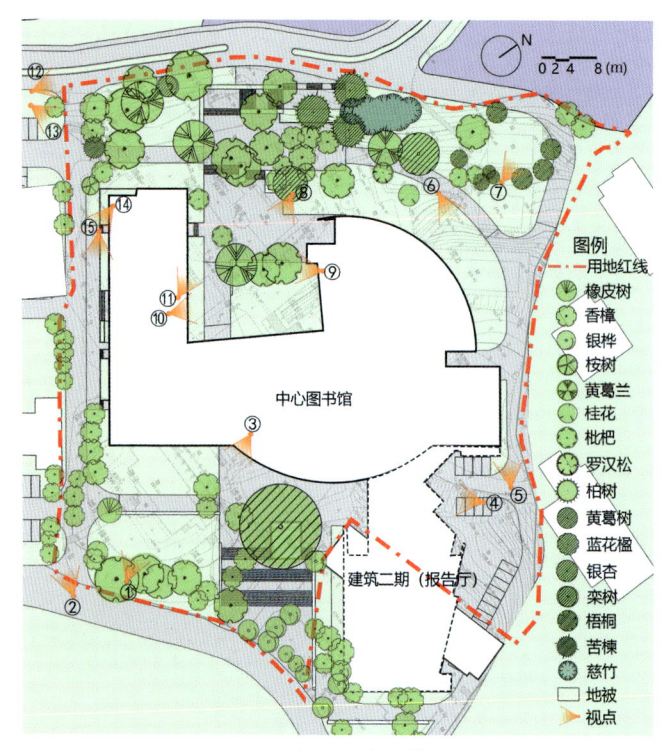

图7-3 中心图书馆环境现状植物平面图

视点① 视点② 视点③

视点④ 视点⑤ 视点⑥

视点⑦ 视点⑧ 视点⑨ 视点⑩

视点⑪ 视点⑫ 视点⑬ 视点⑭ 视点⑮

图7-4 中心图书馆环境照片

7.3 面对的问题

(1)提取什么样的文化与景观形式来契合西南大学中心图书馆环境文化氛围的营造?

(2)受中心图书馆出入口与校园干道之间高差的限制,如何组织校园道路交通流线与进出图书馆学习、工作交通流线,使其成为图书馆外环境景观有机的空间结构关系?

(3)环境景观空间布局如何与图书馆的建筑功能布局、交通和校园休读功能相适应。

(4)设计范围内需保护的乔木无规律地分布在不同高程上,土建施工为保护部分乔木,在场地内形成大小不同、形态各异的土台,进一步加剧场地的支离破碎感,如图7-2(现状断面)。以什么样的环境景观设计形式与现代、简洁的图书馆建筑造型及其环境文化塑造相适应。

(5)如何利用图书馆西北侧环境用地与崇德湖相邻的优势,打造一个具有亲水性的景观环境?

(6)如何协调图书馆建筑与周边校园道路的高差,场地内各种堡坎、护坡的景观化处理的问题?

7.4 设计策略

(1)从中国传统文化中关于珍惜光阴、勉励学子勤奋读书的诗词歌赋中吸取灵感,以不同的书简形式组景,传递环境育人的文化氛围。

(2)基于中心图书馆人流来向和建筑主体布局的分析,及场地内高程、保留大树等制约因素,以及建筑功能需求,对建筑规划设计方案中车行道的走向和连接口数量与位置进行优化,仅在图书馆南侧和北侧设置车辆出入口,南与八一路连接,北与融汇中路连接;在合理避开保留大树的前提下,利用中心图书馆周边场地和西南侧保留的道路形成环线消防车道。从行人的方便快捷、交通顺畅、建筑出入口的位置和图书馆形象展示出发,分别在图书馆前后设置人行入口,图书馆前人行主入口与建筑垂直,辅以斜向人行道路,并与主要师生来向和八一路形成良好的对应关系,形象展示与人行需求得以满足;融汇中路边的人行入口为方便南北区师生进入,采取两侧斜向进入,如图7-5。

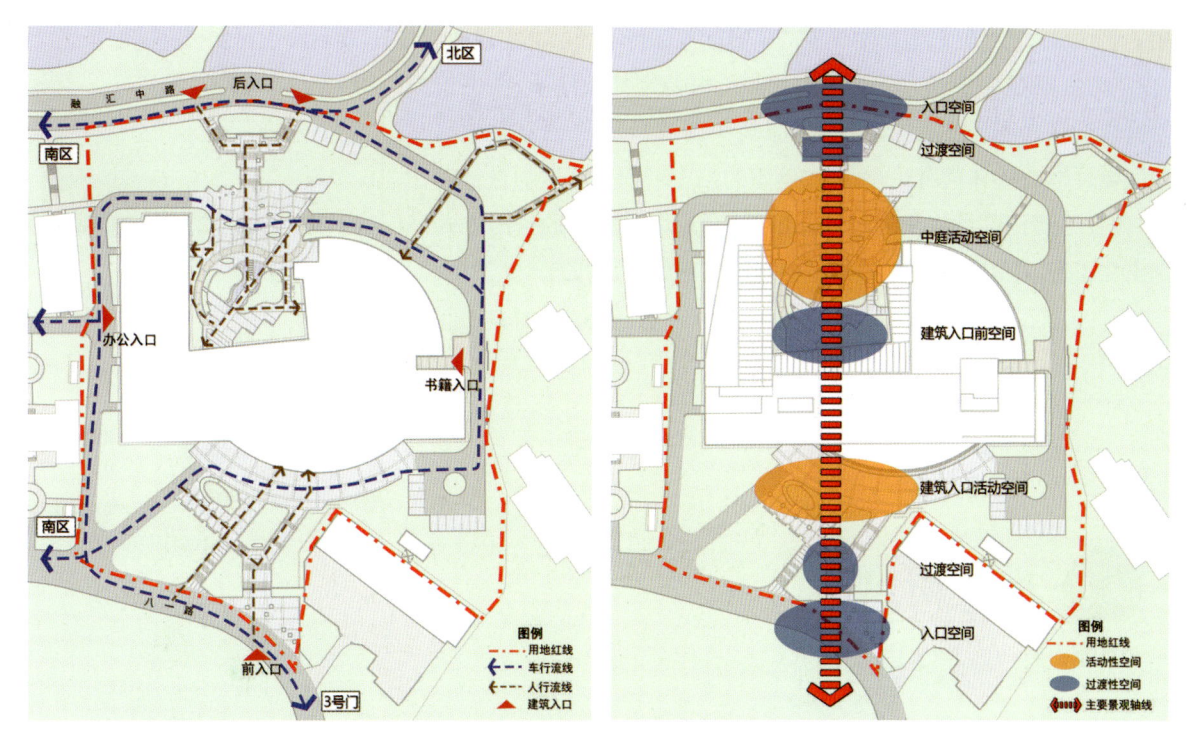

图7-5 中心图书馆外部交通组织分析图

图7-6 中心图书馆环境空间序列示意图

(3)连接中心图书馆室内空间与校园环境空间的是图书馆外部环境空间,充分发挥图书馆外部环境空间的过渡、联通和转换的功能。依据建筑空间布局、场地高差和交通功能的关系,将图书馆主入口景观区、中庭观赏区、次入口景观区以空间序列的方式布局,形成贯穿场地的控制主轴线,如图7-6。连接八一路的入口空间开敞、大气,宽大的台阶正对保留在黄葛树下的图书馆题名石,是进入图书馆的第一印象空间;图书馆题名石前设转换停留空间,道路于此左右分流而上,汇合于图书馆建筑入口前集散空间,左侧经树阵休闲读书空间后到达,右侧道路直接到达图书馆建筑入口前。连接融汇中路的人行入口空间以镌刻图书馆字样的条石堡坎、左右斜向上升的台阶和花池形成庄重、质朴的图书馆入口空间形象;左右台阶汇合处形成转换休憩平台空间,沿轴线台阶道路向上进入中庭活动空间,穿过中庭内的"书山""墨池"到达休闲读书空间和图书馆建筑次入口。通过图书馆前后环境空间序列的组织,引导使用者身心快速融入图书馆这一特殊的环境之中。

(4)基于中心图书馆外部环境的交通运输、消防、人流集散等功能要求和原有乔木基处高程的实际情况,场地和道路布置应有利于空间的整合,同时,应尽量避开保护树木,无法避开保护树木时,可将保护乔木所用树池、树台与环境景观空间创意、构图和使用功能相结合,使其成为图书馆外部环境景观的有机组成部分。如建筑前入口因保留三棵香樟形成的1.4 m高的树台,设计成错落有致的椭圆形组合树池花台,在保护植物的同时,也起到了分割空间、提供隐形坐凳的作用。中庭内因保护黄葛兰、香樟形成2 m高的土台,中庭因树得名,土台一分为二,以书简做装饰形成书山,暗含中庭文化创意,增添了空间文化韵味。

(5)通过文化创意、道路场地铺装从文化心理和视觉构图两个层面加强崇德湖与图书馆之间的联系。首先,将书山之路、学海泛舟的文化创意在崇德湖与图书馆之间的庭院内体现,水波纹的庭院铺地、仿船造型的树池,湖与舟之间产生联系;其次,从中庭斜向延伸出的道路将中庭边缘平台、湖边观景平台联系在一起;最后,在中庭靠崇德湖一侧的植物配置保持中低层次的通透性,透过现状高大树木可见湖面景色。

(6)在满足保护高大乔木的生长和土壤稳定的条件下,图书馆与校园道路之间尽可能以坡地植物景观协调地形高差,对坡地较小的区域可形成疏林草坡。在保留、新建的挡土墙前栽种植物进行遮挡;如在李园侧高堡坎前通过高低错落的"景墙+竹丛"的搭配方式来虚化堡坎,在堡坎顶部种植垂吊植物对墙体遮挡,如图7-7。

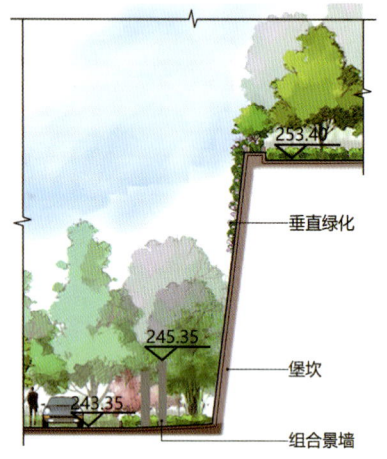

图7-7 李园一侧堡坎处理示意图

7.5 创意构思

(1)文化的提取与景观形式 自古以来,"励志""求知""惜时"是我国传统教育的重要组成部分之一。"励志"是培养学生能与强者比肩,并拥有实力相当的生命力和创造力;"求知"是培养学生不断探索知识的兴趣和态度;"惜时"是培养学生养成爱惜时间、只争朝夕的学习习惯。提取"书籍""书简""砚台"等与图书馆主题相关的传统文化元素,转化为景墙、景观构架、景观小品等形式,并在景墙、景观构架上镌刻"励志""求知""惜时"方面的诗词、警句,并融于图书馆环境空间节点之中,实现环境育人的目的,如图7-8。

图7-8 中心图书馆环境景观元素提取与演绎示意图

从场地资源特征和西南大学办学特点来凝练图书馆环境特色景观文化。中庭区域保留的两棵香樟树、一棵黄葛兰处于土台上,两种植物的芳香与图书馆内在的书香、墨香契合,暗寓西南大学由各具特色的西南农业大学与西南师范大学组建而成,师范教育与农业教育是西南大学两大办学特色,中庭故名为"双香庭",如图7-9。

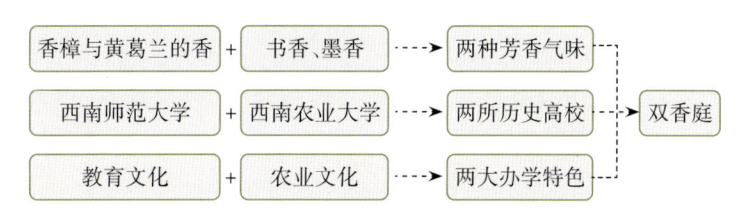

图7-9 双香庭的创意构思图

(2)环境空间组织与文化 基于图书馆独特的外部环境和功能要求,在外部空间环境中融入传统文化教育。主入口前区是师生进入图书馆内的过渡空间,行进过程的本身就是对环境空间的求知与探索,为适应求知行为需要结合环境空间形态而设置读书空间,图书馆建筑入口前布置书简式名言警句景墙,景墙是建筑入口的对景,同时还能分隔空间,以此形成求知氛围。

双香庭既是内向空间,又是交通空间,将保护树木形成的土台以书简围合的方式抽象成两座书山,书简以师范教育和农业科学为文化主题(见附图),两山之间布置墨池、汀步,书山与图书馆建筑之间布置休闲场地和坐凳,中庭广场由波浪抽象而成的折线形铺装,船型树池自由分布其上,人行其间可感知"书山有路勤为径,学海无涯苦作舟"的环境氛围,"励志"的主题得以彰显,如图7-10。图书馆西北角面向崇德湖一侧的斜坡林地,是观看崇德湖和休读的理想场所,林中规划由玻璃景墙围合而成的景观平台,景墙上镌刻关于惜时的警句,让游者感知"三春花事好,为学须及早"的真理,面对美景,珍惜学习时光,如图7-11。

图7-10 双香庭设计SU模型图

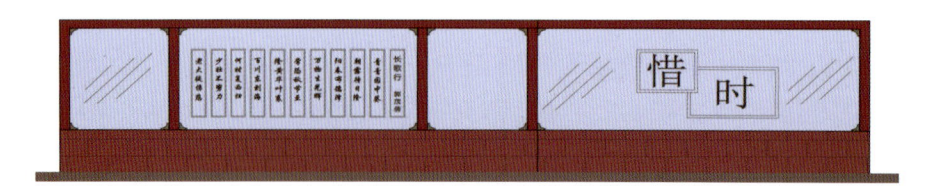

图7-11 惜时园玻璃景墙

(3)环境景观与图书馆建筑 从主体建筑的形态、风格、色彩、分期建设和环境限制条件等方面思考图书馆外环境景观形态。首先,图书馆外环境景观的平面构图以建筑为中心,建筑主入口前广场形态是由弧形建筑部分的圆弧向外偏移而来,广场形态与建筑形态高度契合;后人行入口轴线垂直建筑,并形成空间序列;由建筑弧形部分的圆心向西北方向放射出道路连接惜时园,环境中布置的道路与该条道路平行或拟平行,使图书馆环境景观的整体性得以加强,构图具有逻辑性,如图7-12。其次,从构图、设计元素、设计手法等方面以现代简约的方式与现代风格的图书馆建筑相适应,以求与建筑和谐相融。再次,图书馆建筑外部色彩为灰色系,环境景观铺地主要采用灰色系花岗石与之相匹配。最后,综合考虑图书馆一、二期建设的相互关系,保障图书馆一期建成后景观形象展示和使用功能的需要,又能在二期建设时对已建成的一期环境景观的影响降到最低,同时形成整体的景观效果,如图7-13。

图7-12 平面构图与休读空间分布示意图

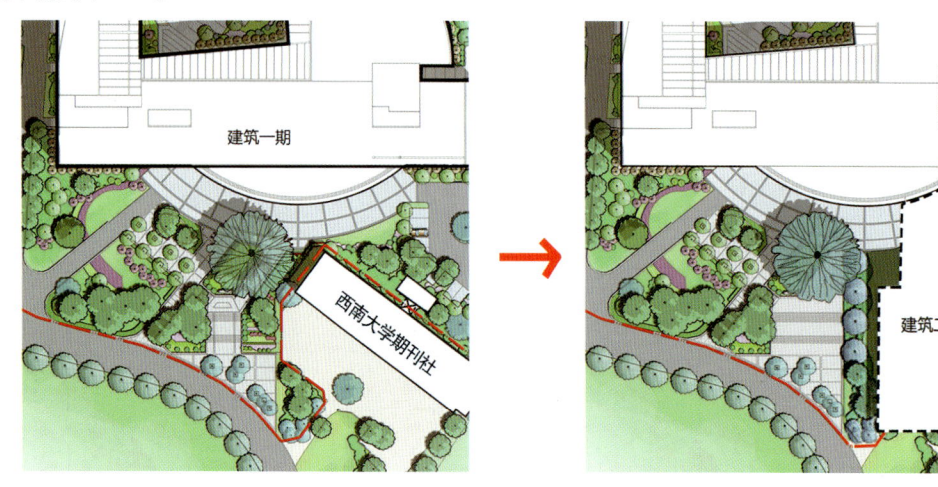

图7-13 中心图书馆建筑环境景观一期与二期关系示意图

7.6 方案与设计

（1）平面布局　基于中心图书馆周边环境、道路交通条件和功能需求，将外部环境分为六个片区，其中主入口片区、双香庭和后入口片区为主要景观营造区，书籍入口片区、办公入口片区和生态停车场区为一般性绿化区，图7-14。设计从师生的行为心理出发，协调场地、建筑、环境之间的关系，突出图书馆这一特定的环境使用功能，注重空间尺度、场地色彩与建筑基调相适应，同时在场地设计中强调文化的融入与表达，最终形成了集游憩、休息、读书、交流于一体的多元化空间环境，如图7-15，建成实景如图7-16。

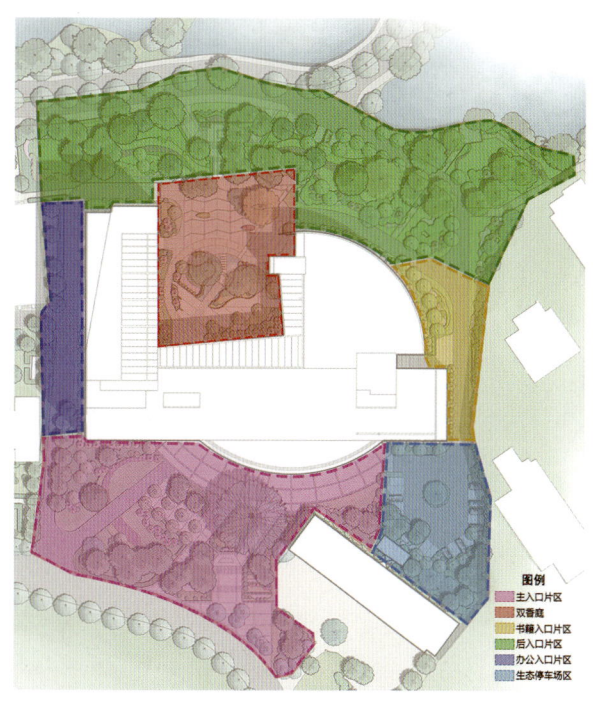

图7-14　中心图书馆外环境景观分区示意图

图7-15　中心图书馆外环境设计总平面图

视点索引图

视点① 主入口　　视点② 树阵空间
视点③ 组合树池坐凳　　视点④ 保护黄葛树
视点⑤ 主入口前广场　　视点⑥ 主入口前广场　　视点⑦ 书简景墙　　视点⑧ 学海广场
视点⑨ 双香庭——静思台　　视点⑩ 静思台　　视点⑪ 双香庭——书山之径　　视点⑫ 双香庭——书山之径
视点⑬ 后入口平台　　视点⑭ 后入口题名挡墙　　视点⑮ 后入口　　视点⑯ 入口

图7-16 中心图书馆外环境建成实景图

(2)**总体放线与竖向设计** 依据已建成的图书馆建筑墙体和周边校园车行道道牙进行定位放线。竖向设计以建筑室内标高、相接校园道路标高和环境保留乔木树干基部标高为基准,综合考量道路场地坡度大小、台阶数量和树池、挡土墙相对高度,如图7-17。

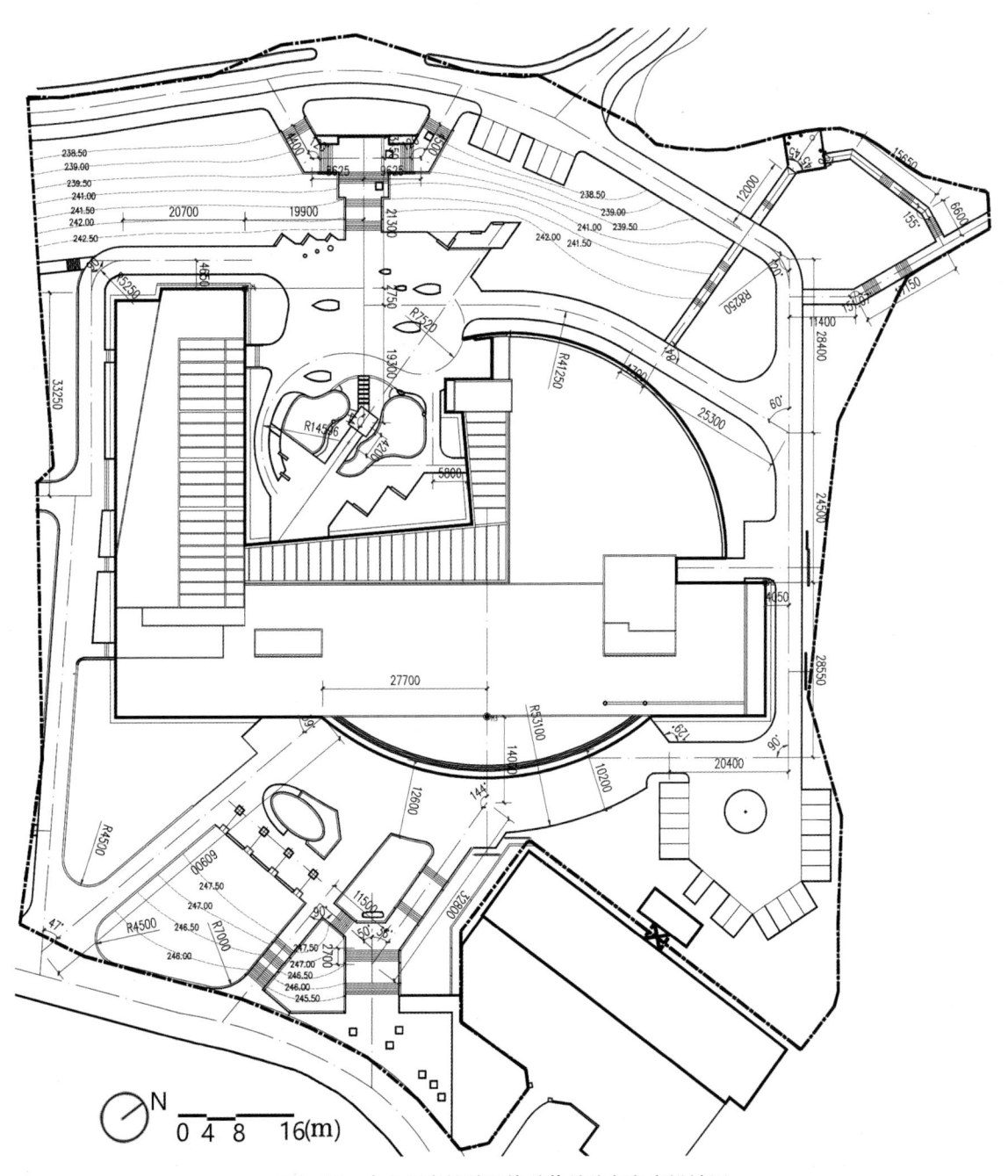

图7-17 中心图书馆外环境总体放线与竖向设计图

(3) 分区设计　依据图书馆环境景观布局和重要景观营造，分区设计主要介绍重点设计区域，如图7-18。

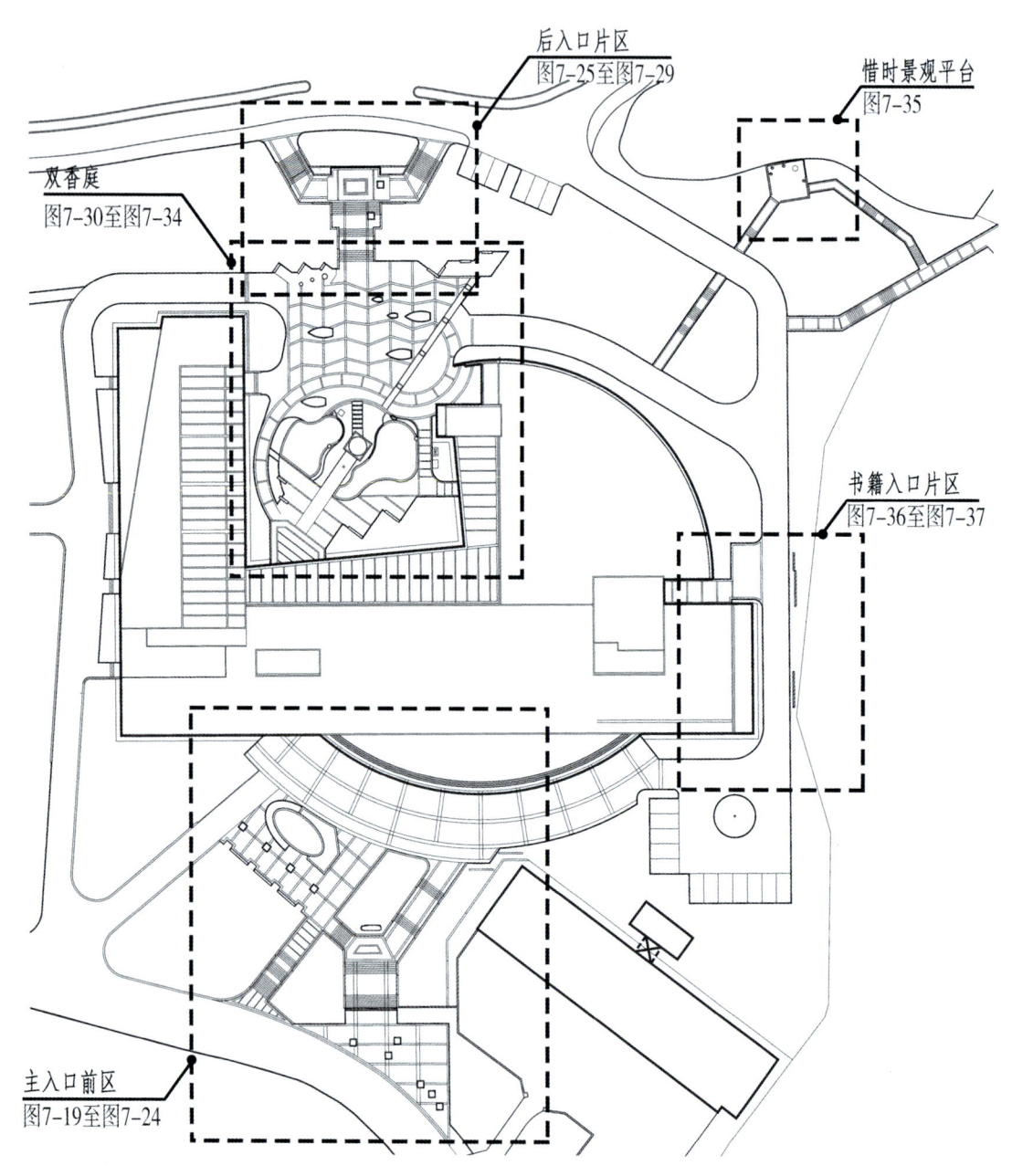

图 7-18　中心图书馆外环境主要分区设计索引图

①主入口片区设计，如图7-19至图7-24。

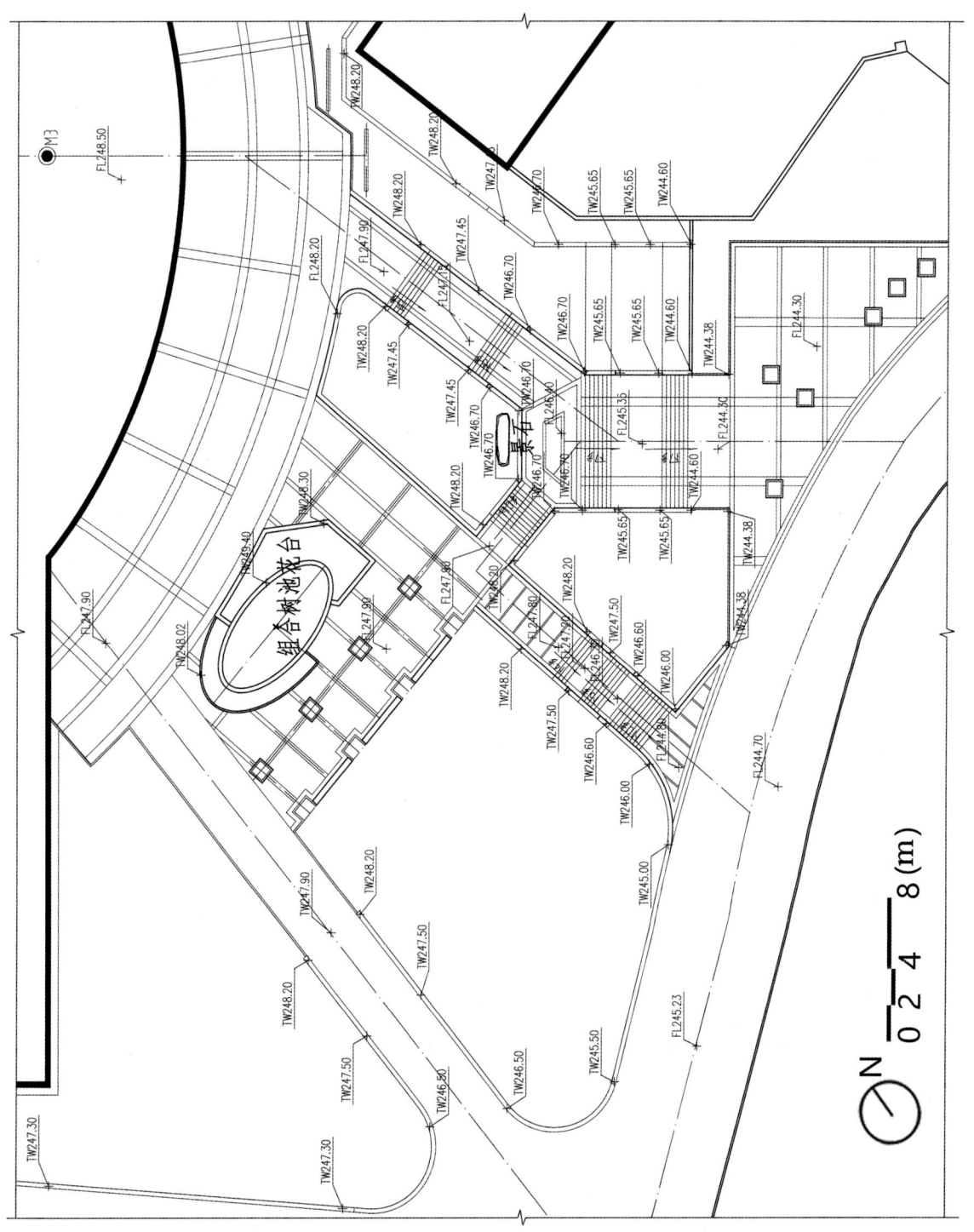

图7-19 主入口片区竖向设计图

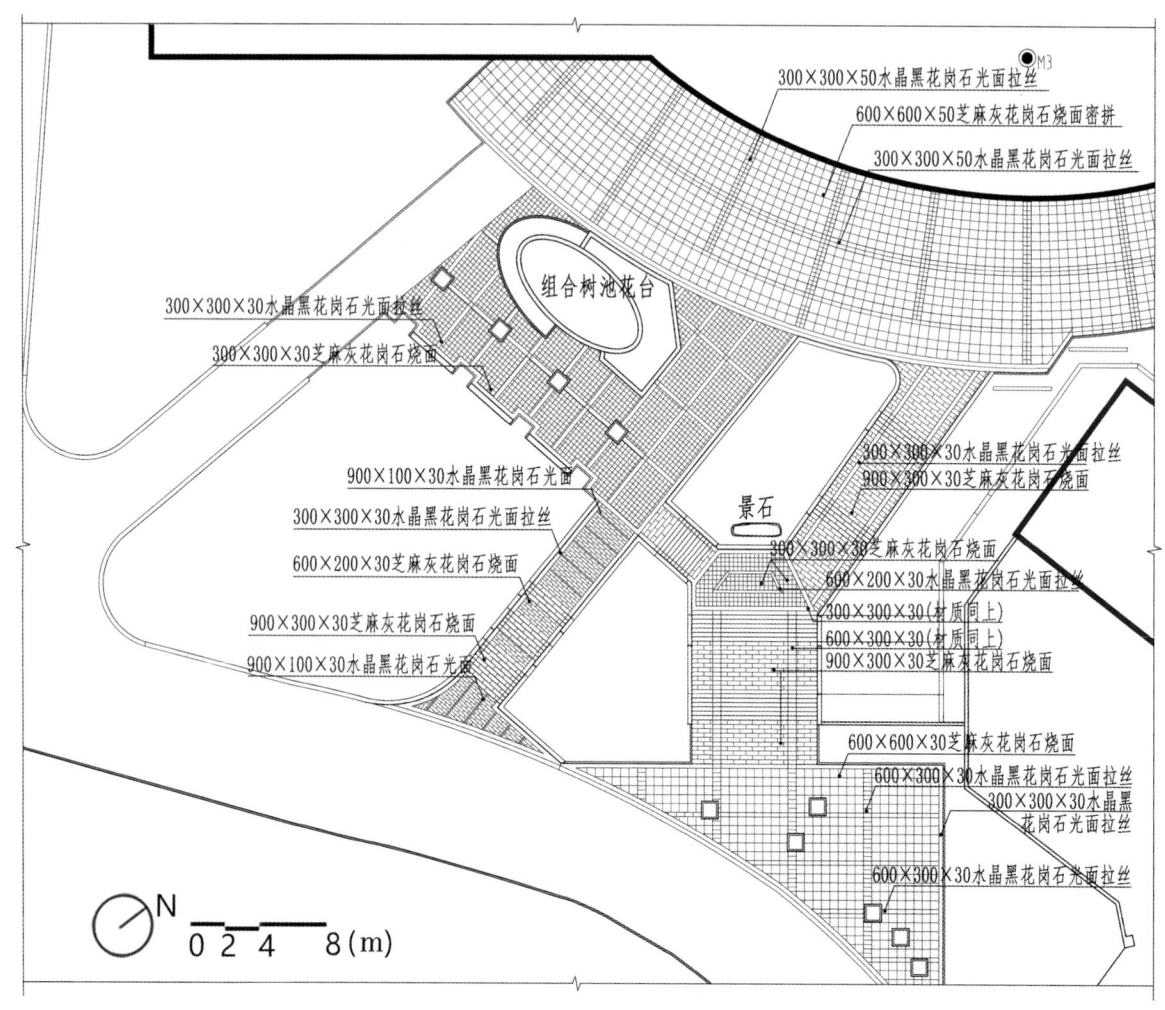

图7-20 主入口片区铺装物料图

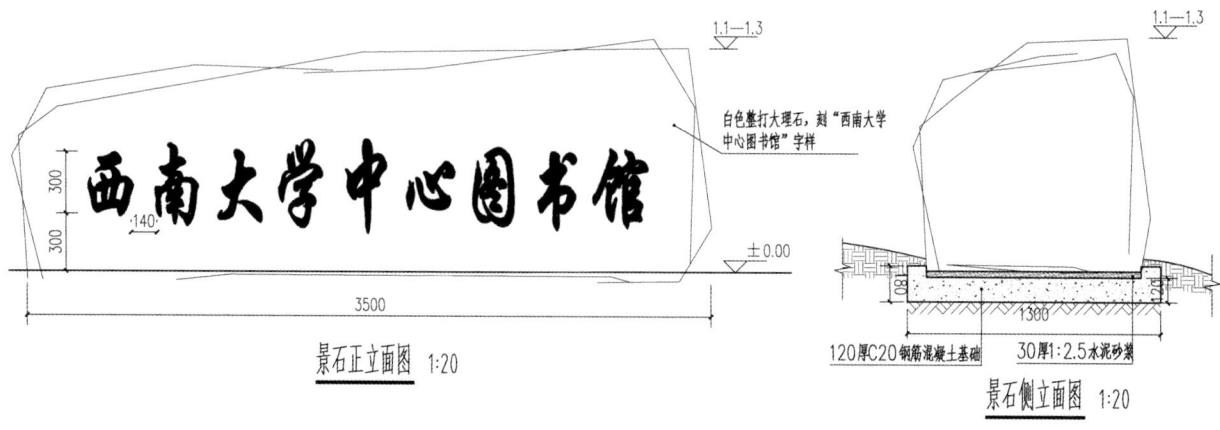

图7-21 景石设计图

图 7-22 组合树池花台设计

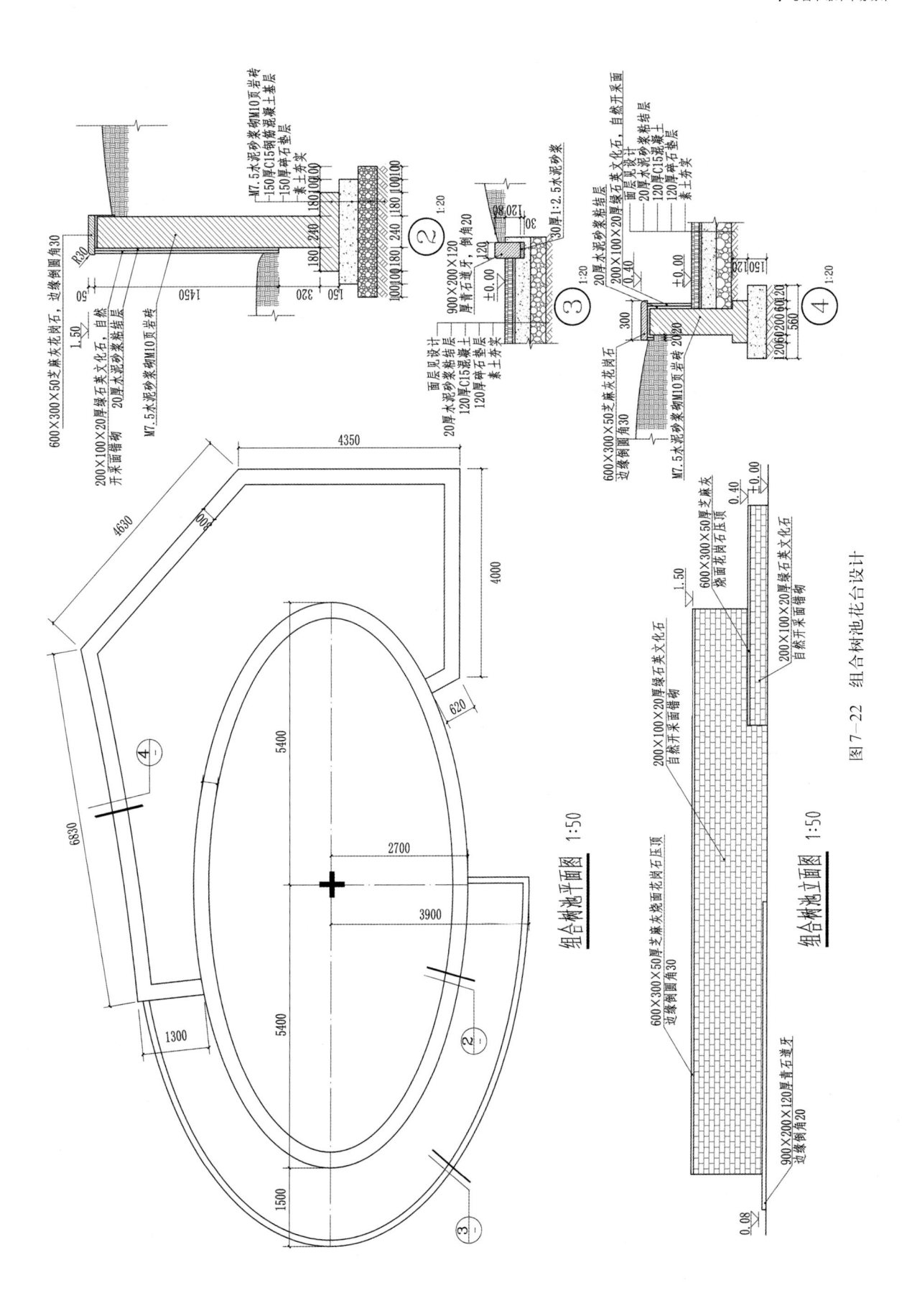

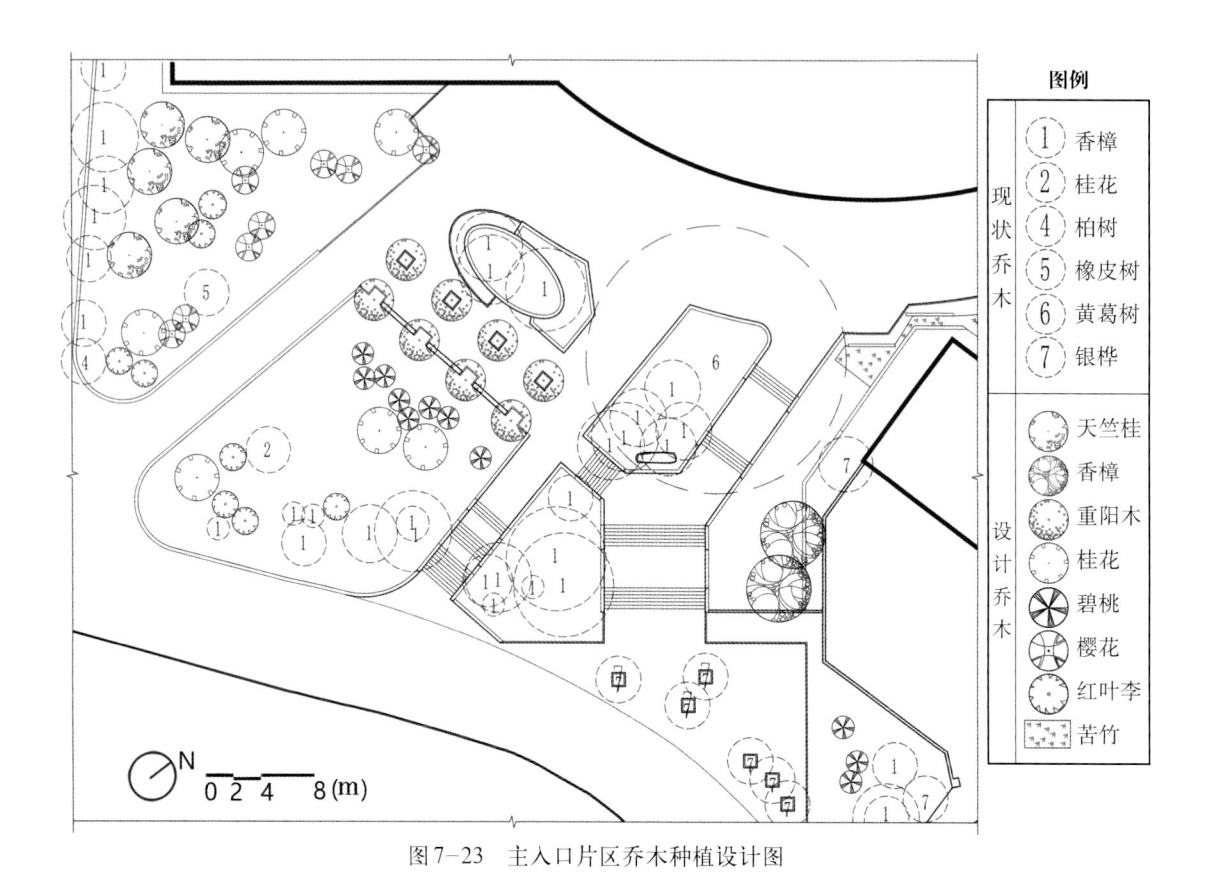

图7-23 主入口片区乔木种植设计图

图7-24 主入口区灌木植被种植设计图

②后入口片区设计,如图7-25至图7-29。

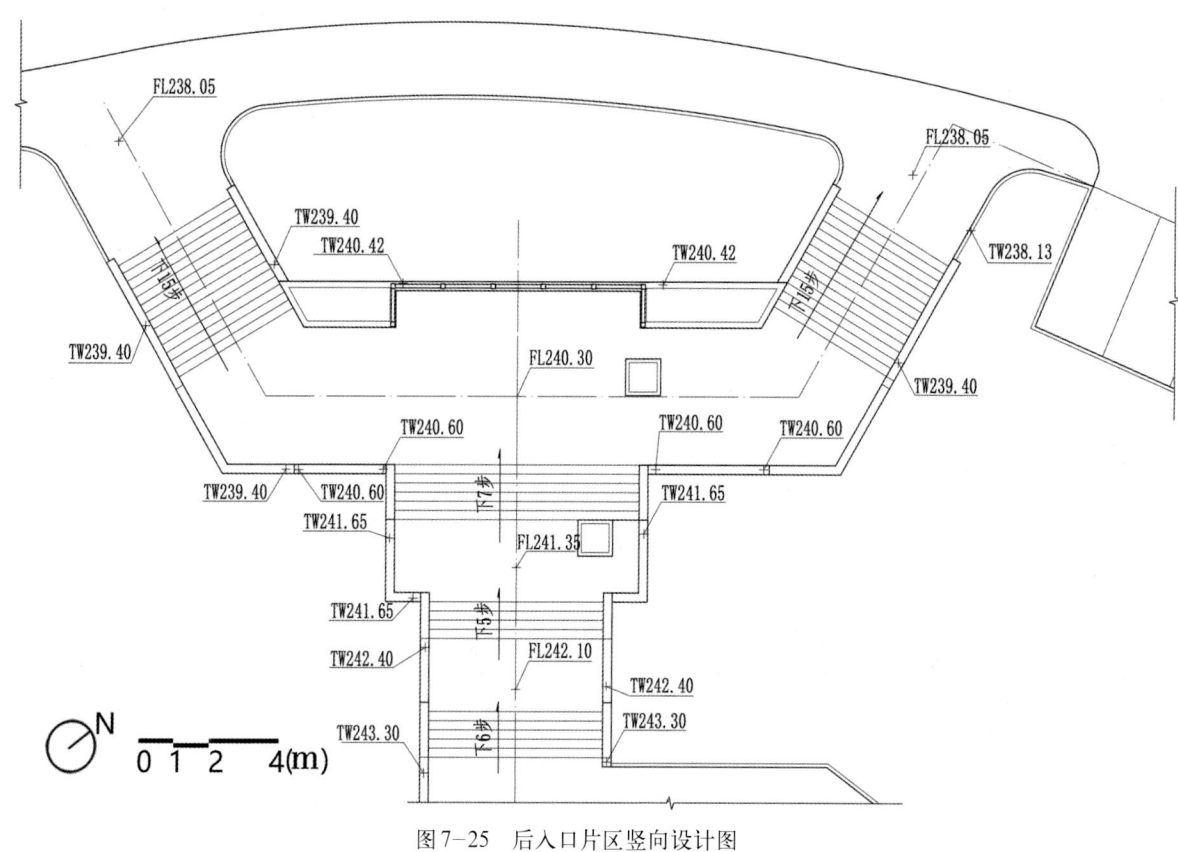

图7-25 后入口片区竖向设计图

图7-26 后入口片区铺装物料图

图 7-27 后入口设计详图

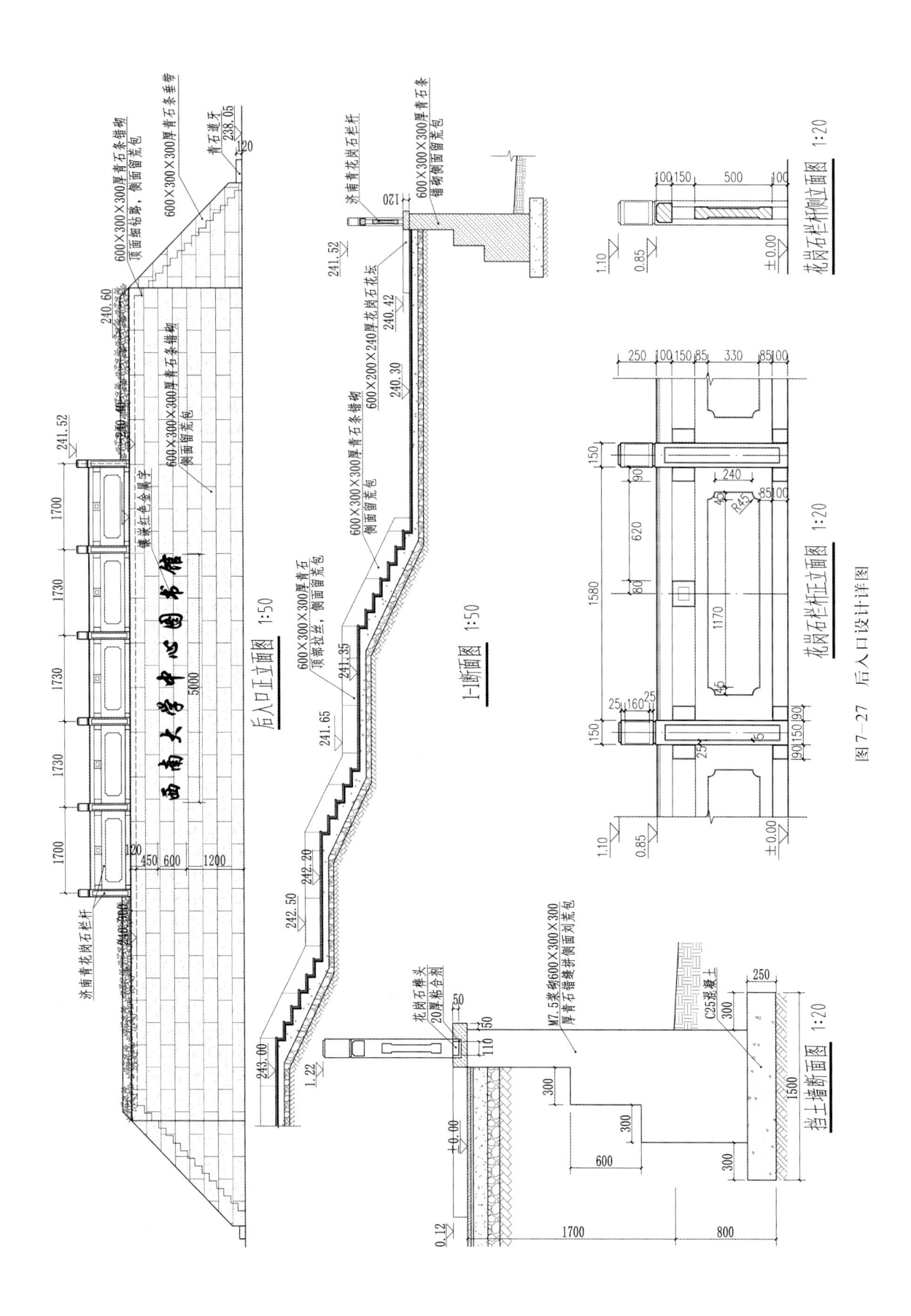

图 7-28　后入口乔木种植设计图

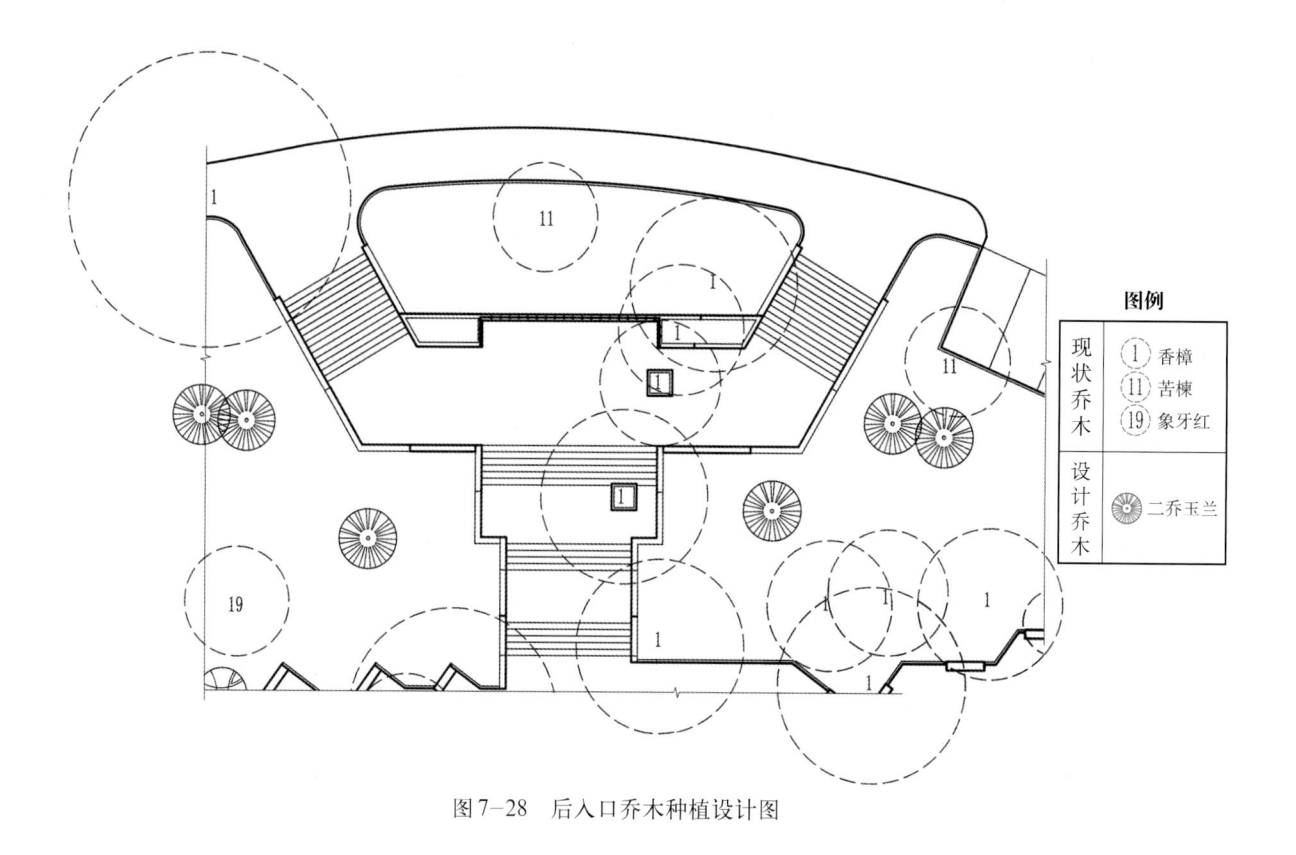

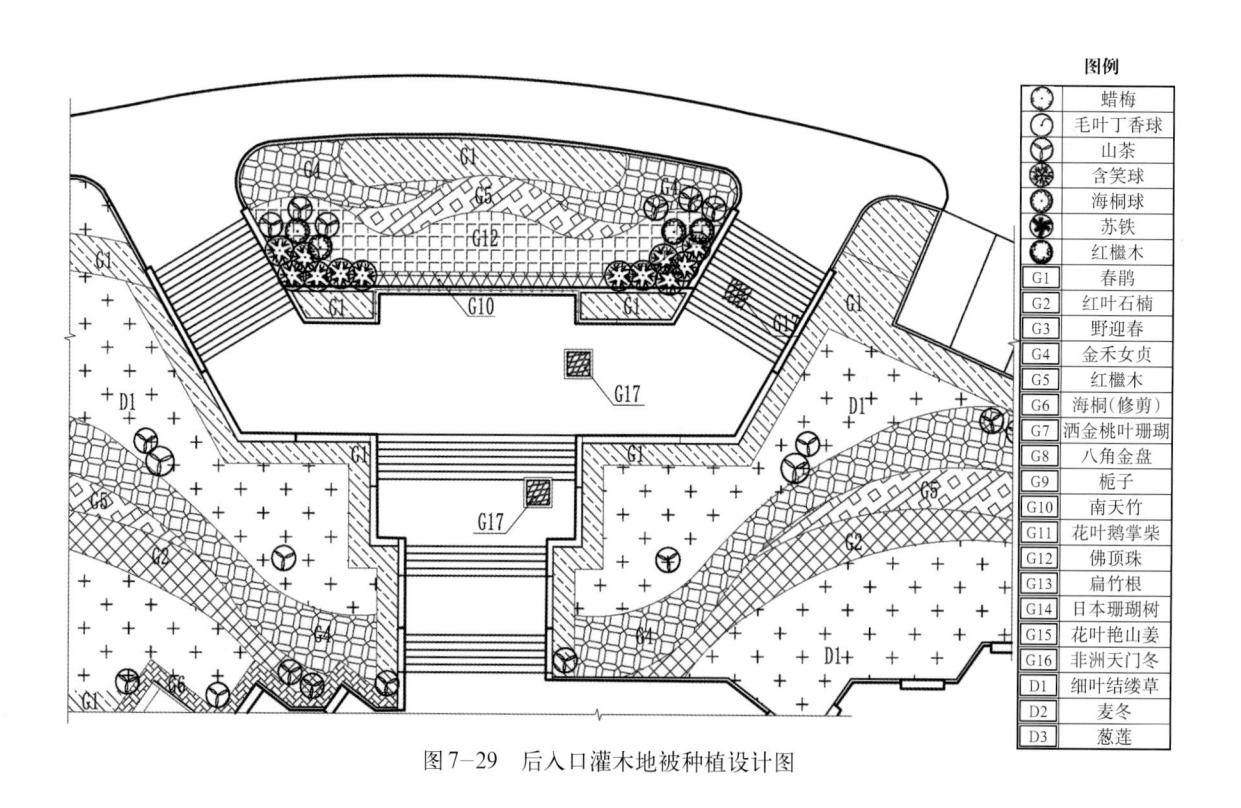

图 7-29　后入口灌木地被种植设计图

③双香庭设计,如图7-30至图7-34。

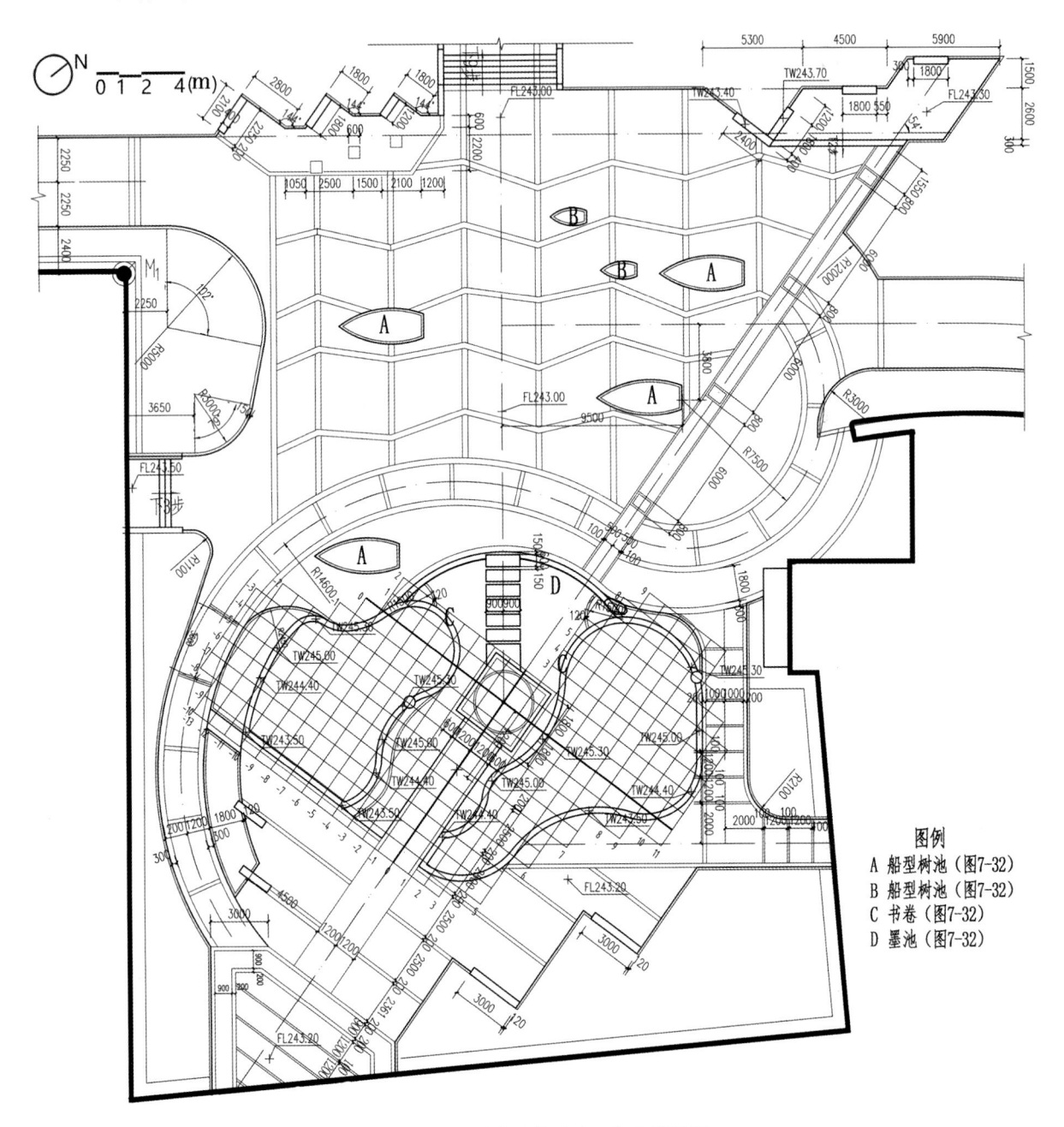

图例
A 船型树池（图7-32）
B 船型树池（图7-32）
C 书卷（图7-32）
D 墨池（图7-32）

图7-30 双香庭总体放线及竖向设计图

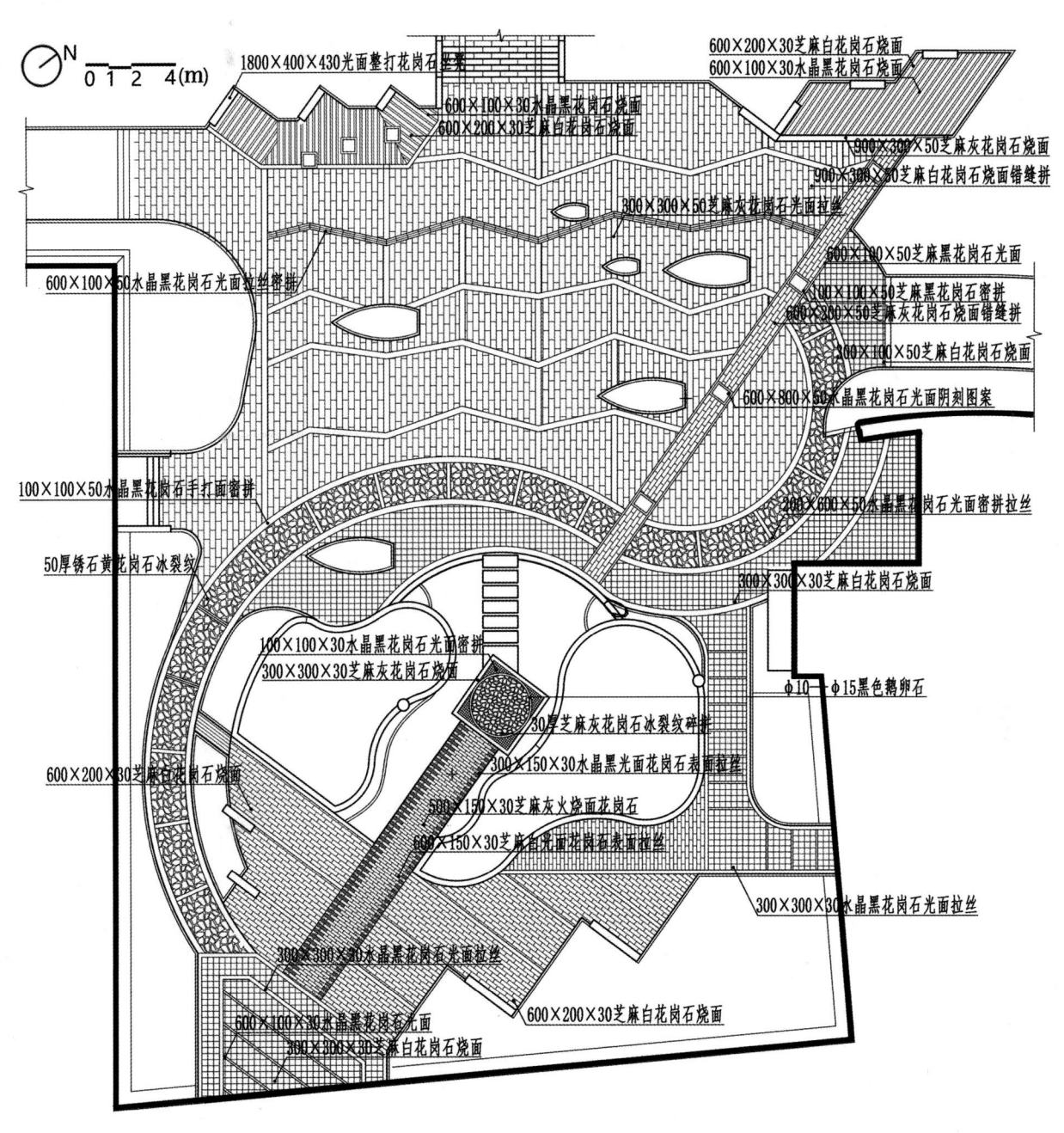

图7-31 双香庭铺装物料图

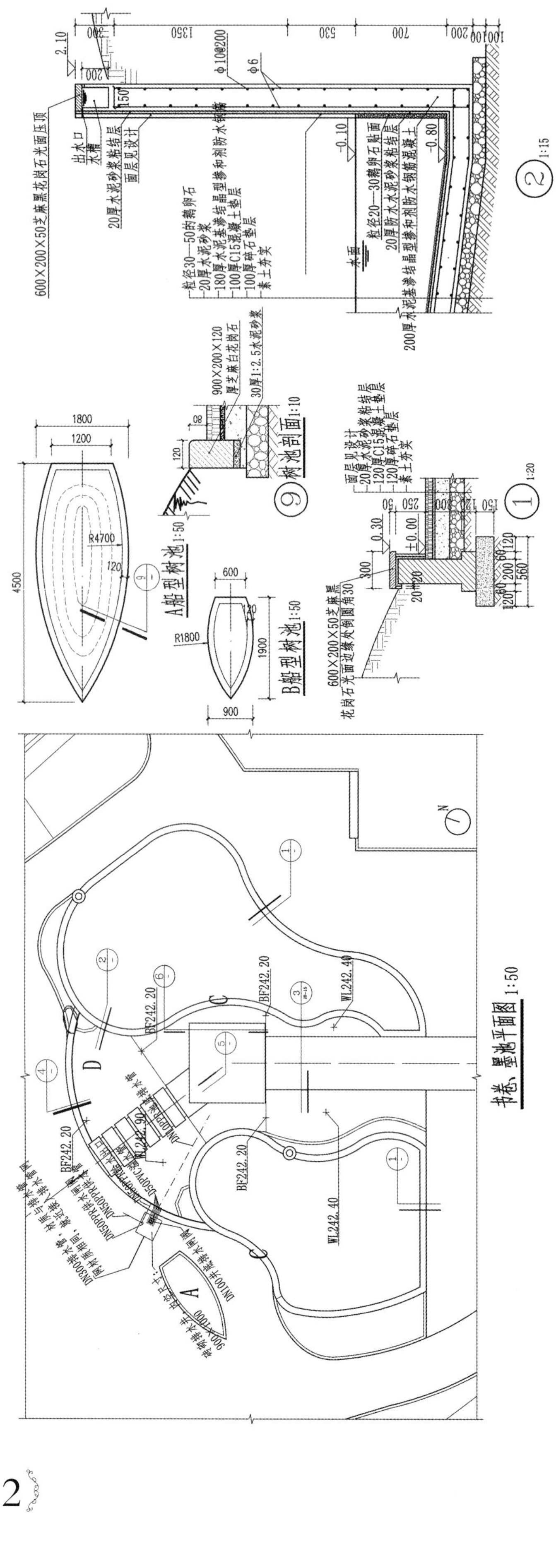
A船型树池 1:50
B船型树池 1:50
树池剖面 1:10
书卷、墨池平面图 1:50

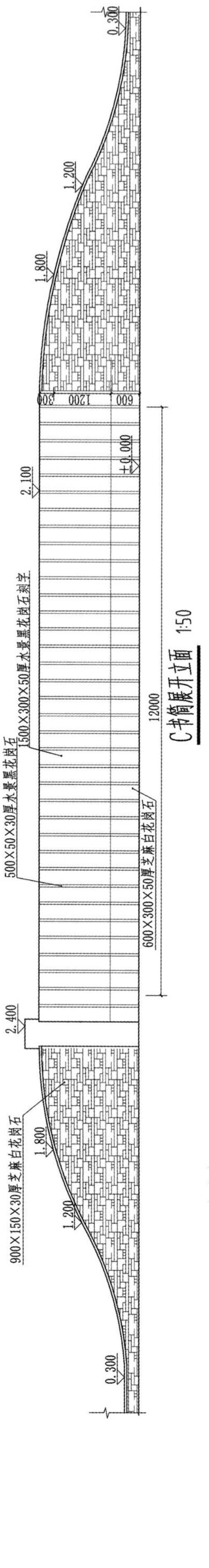
C书简展开立面 1:50

图7-32 双香庭书卷墨池详图

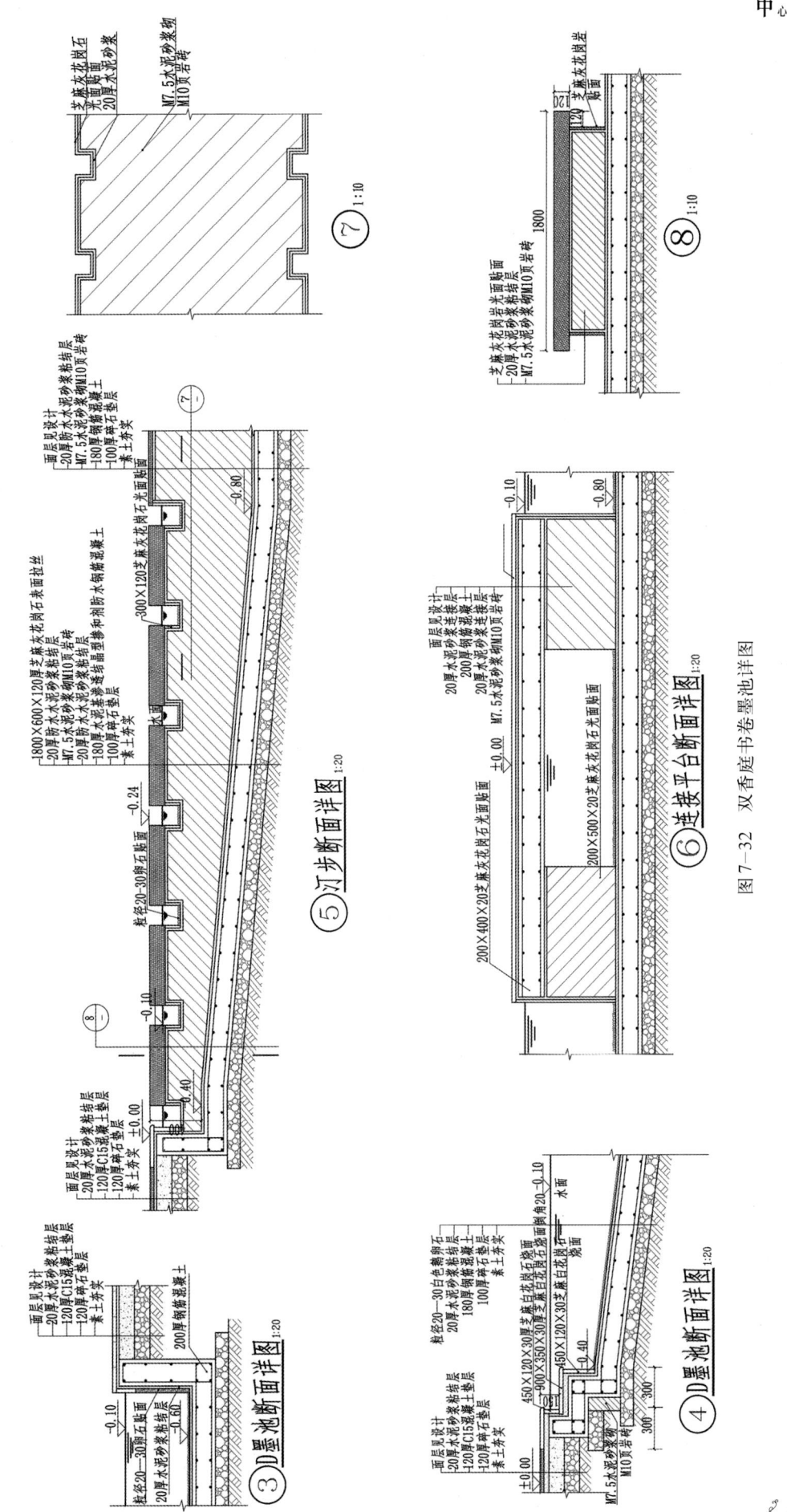

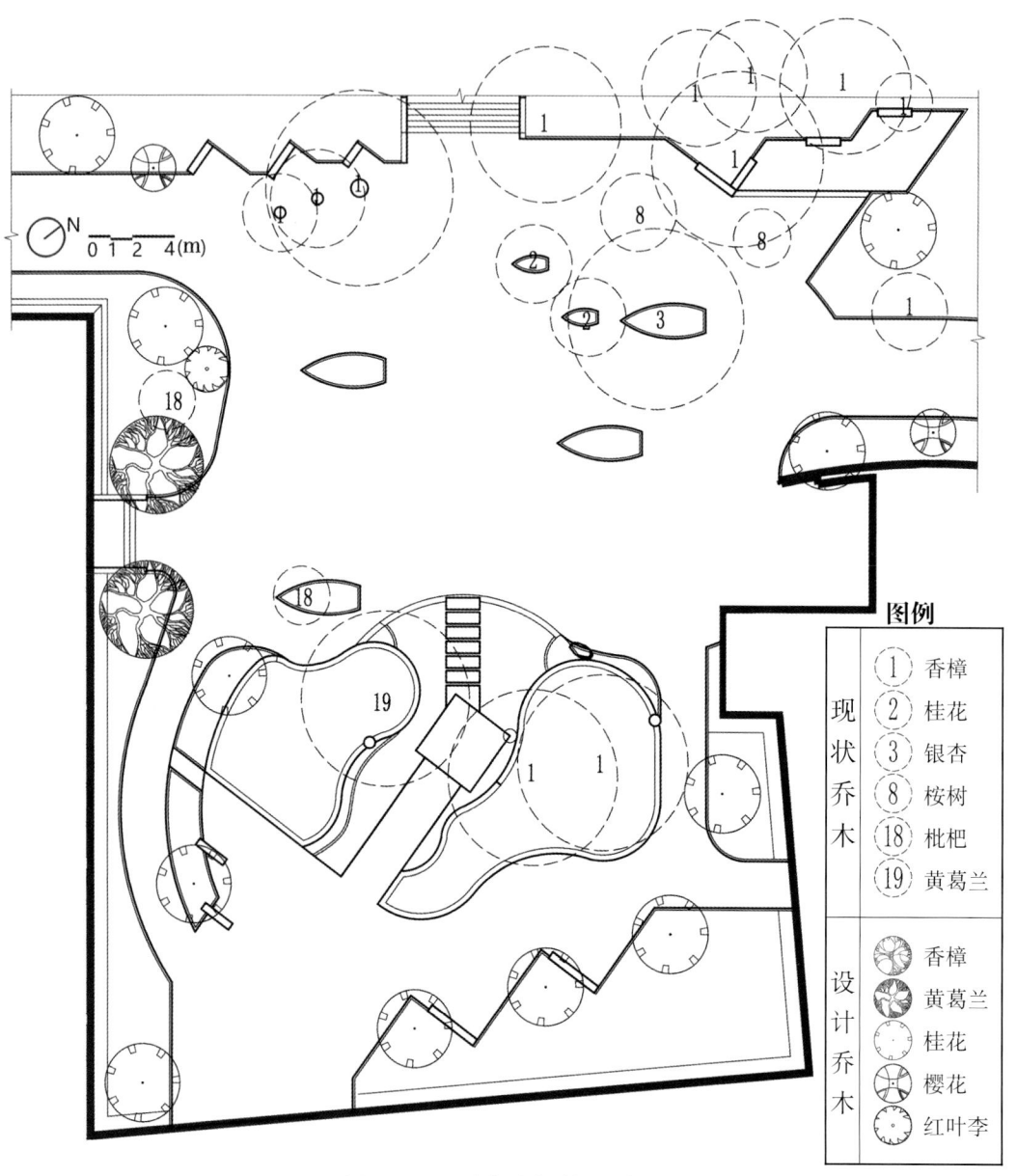

图7-33 双香庭乔木种植设计图

图例	
◎	蜡梅
◎	毛叶丁香球
⊗	山茶
✵	含笑球
◉	海桐球
✹	苏铁
◯	红檵木
G1	春鹃
G2	红叶石楠
G3	野迎春
G4	金禾女贞
G5	红檵木
G6	海桐(修剪)
G7	洒金桃叶珊瑚
G8	八角金盘
G9	栀子
G10	南天竹
G11	花叶鹅掌柴
G12	佛顶珠
G13	扁竹根
G14	日本珊瑚树
G15	花叶艳山姜
G16	非洲天门冬
D1	细叶结缕草
D2	麦冬
D3	葱莲

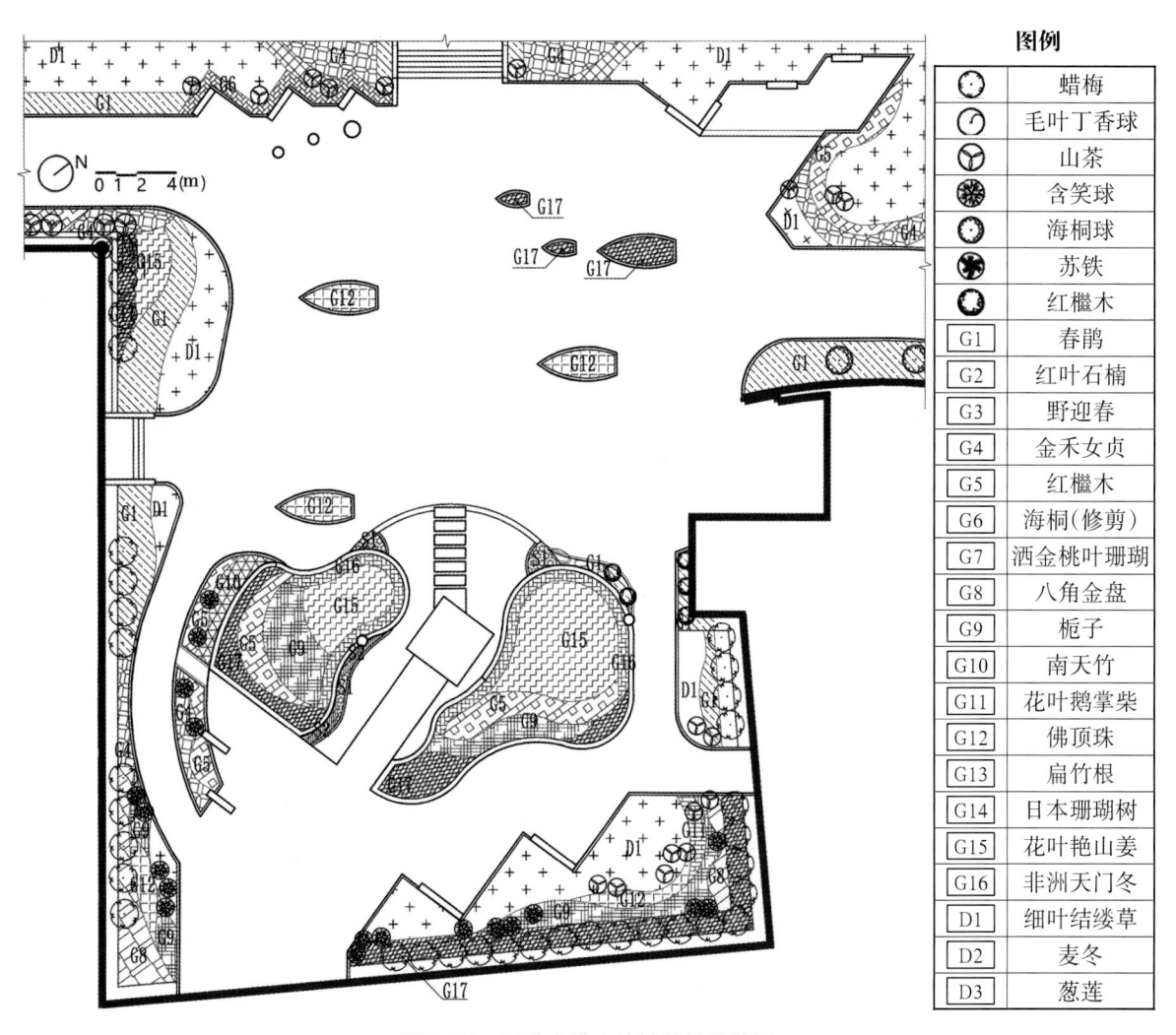

图7-34 双香庭灌木地被种植设计图

④惜时景观平台设计，如图7-35。

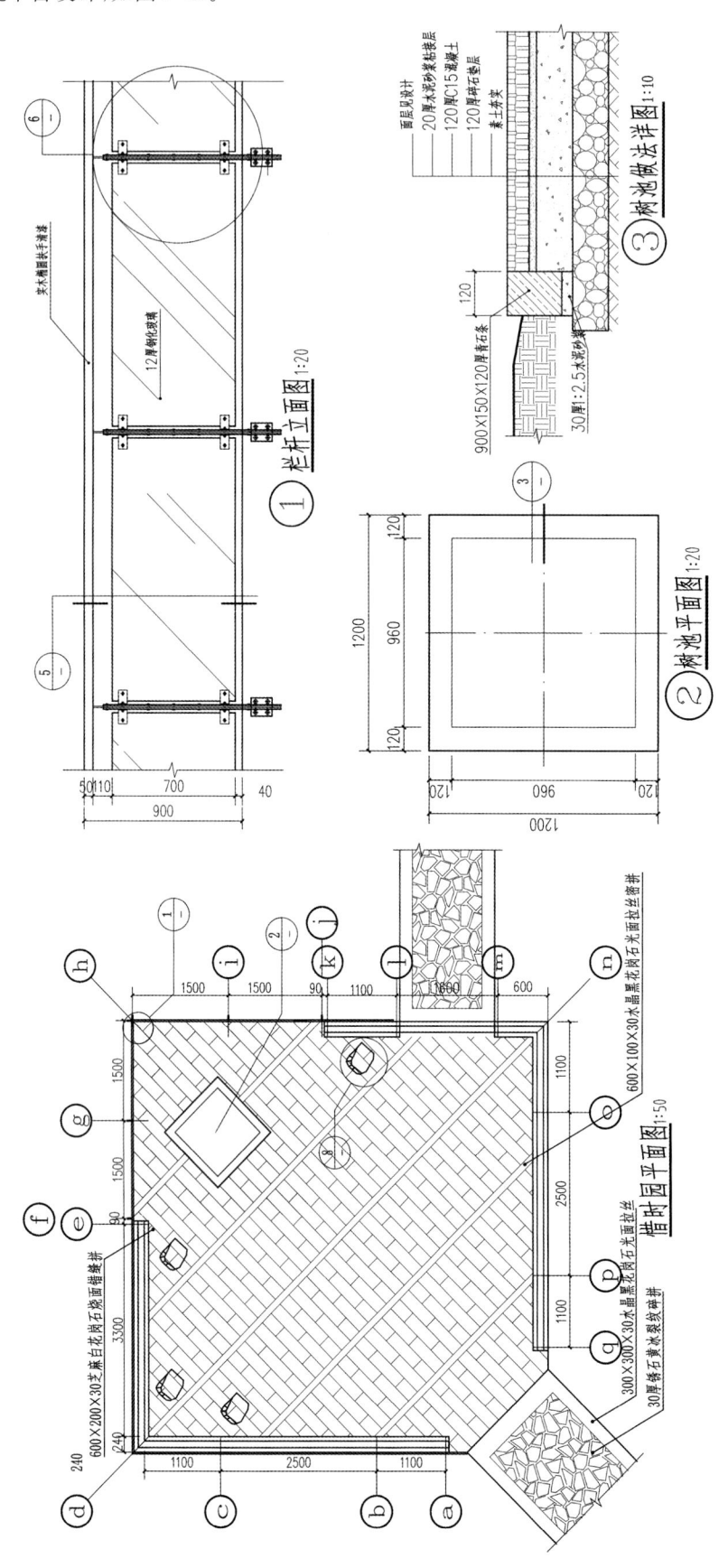

图 7-35 借时景观平台设计详图

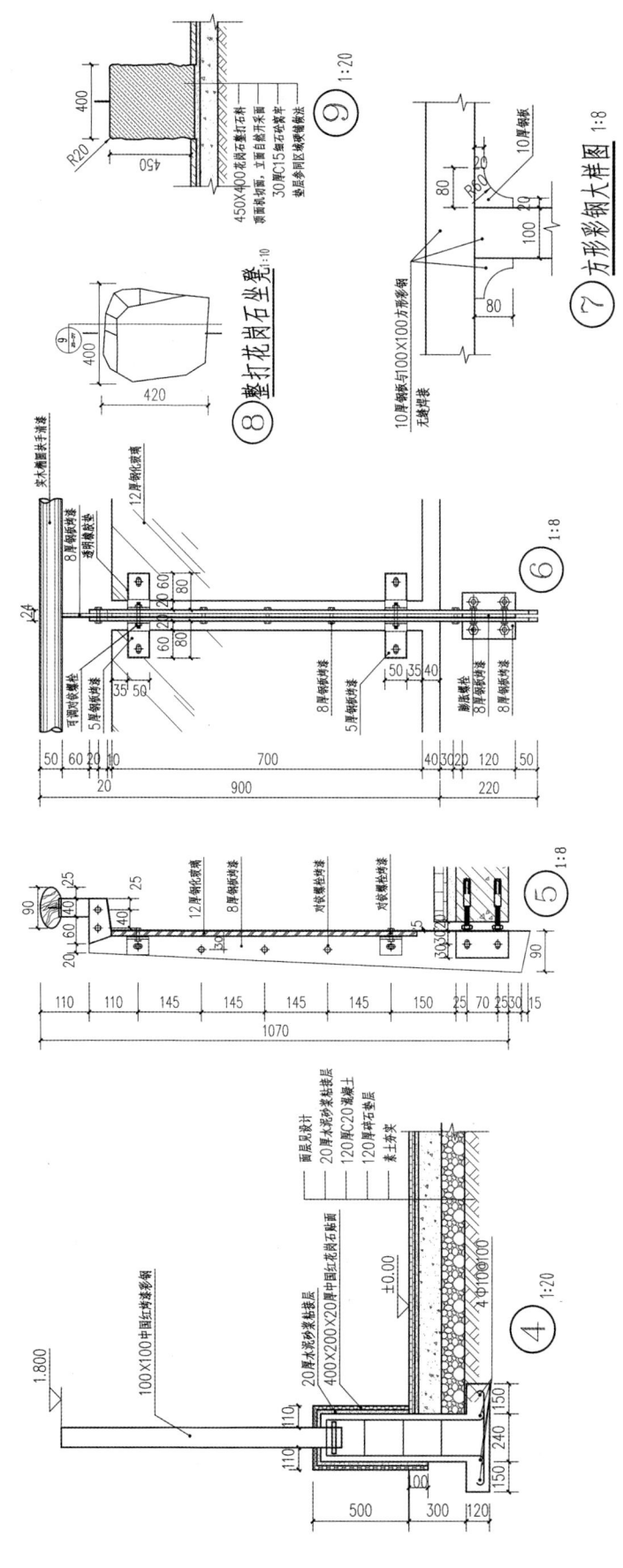

⑤书籍入口设计,如图7-36、图7-37。

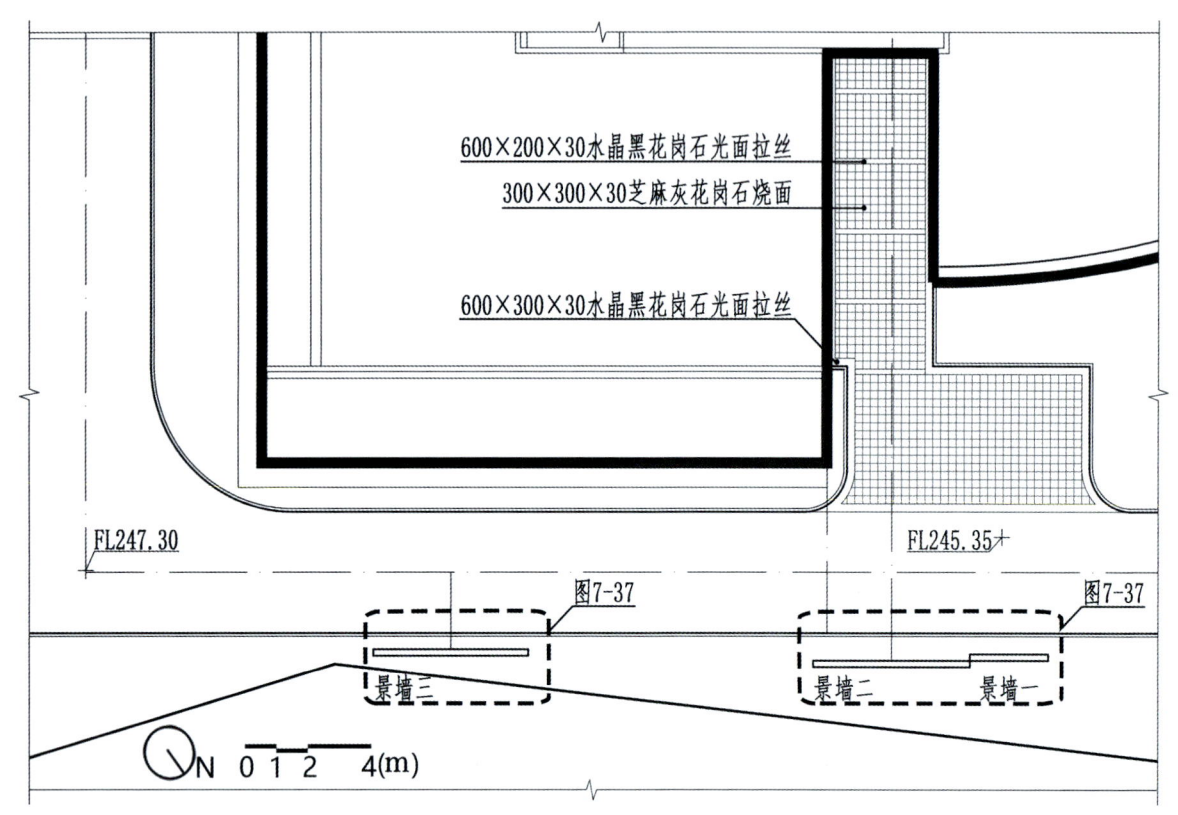

图7-36 书籍入口片区竖向及铺装设计图

图7-37 组合景墙详图

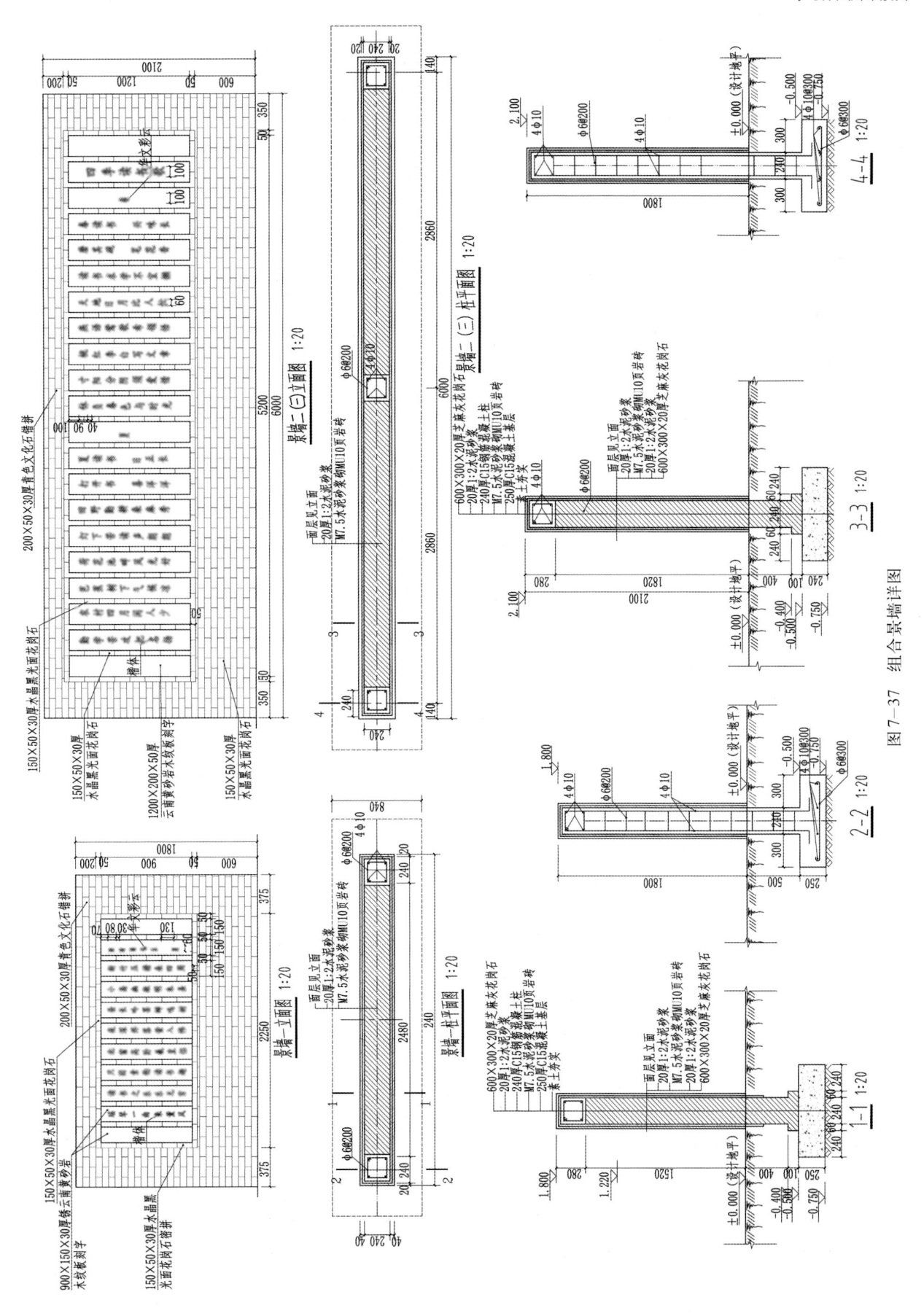

(4)给排水及景观照明设计　如图7-38至图7-40。

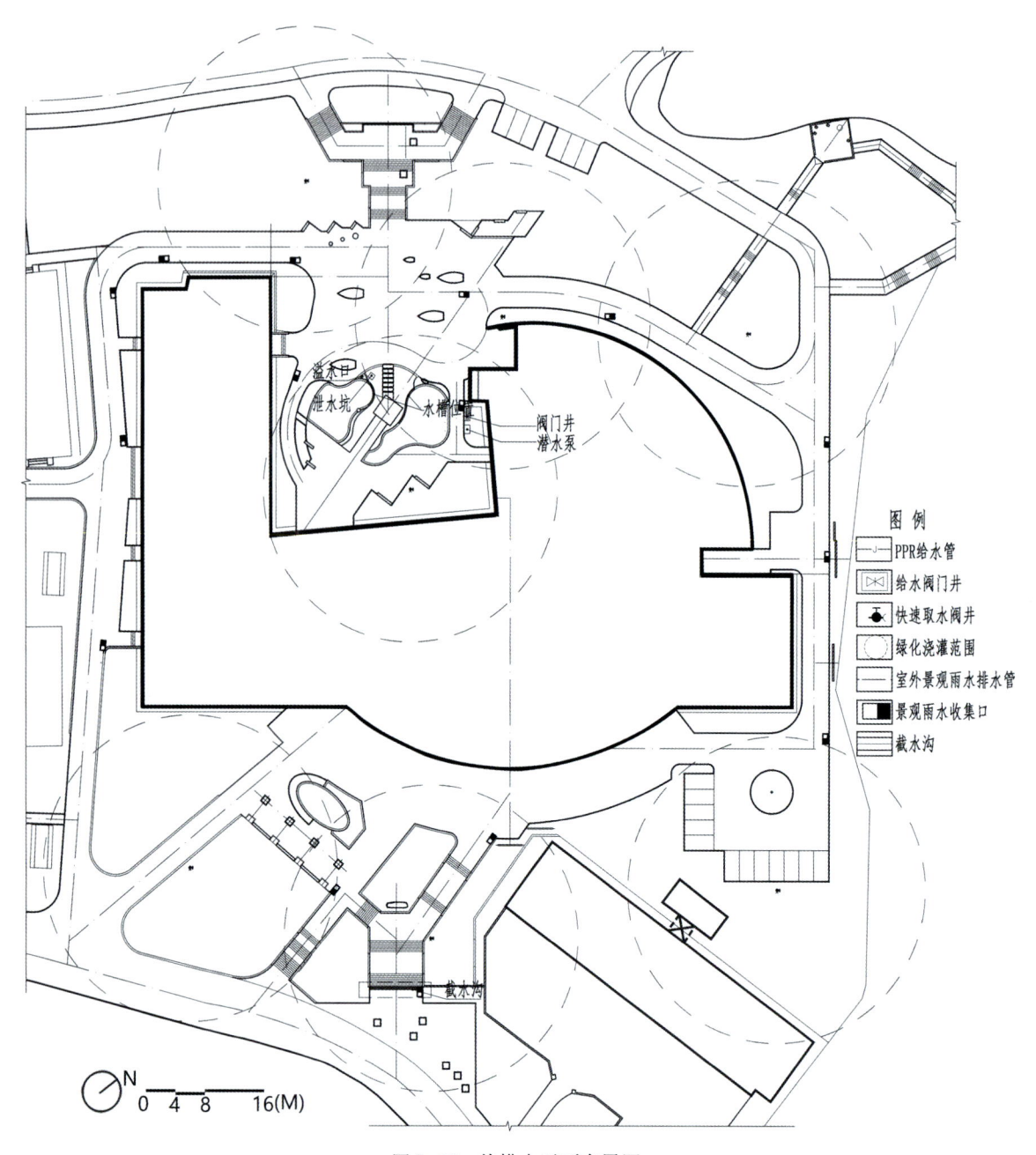

图7-38　给排水平面布置图

图 7-39 给排水设施详图

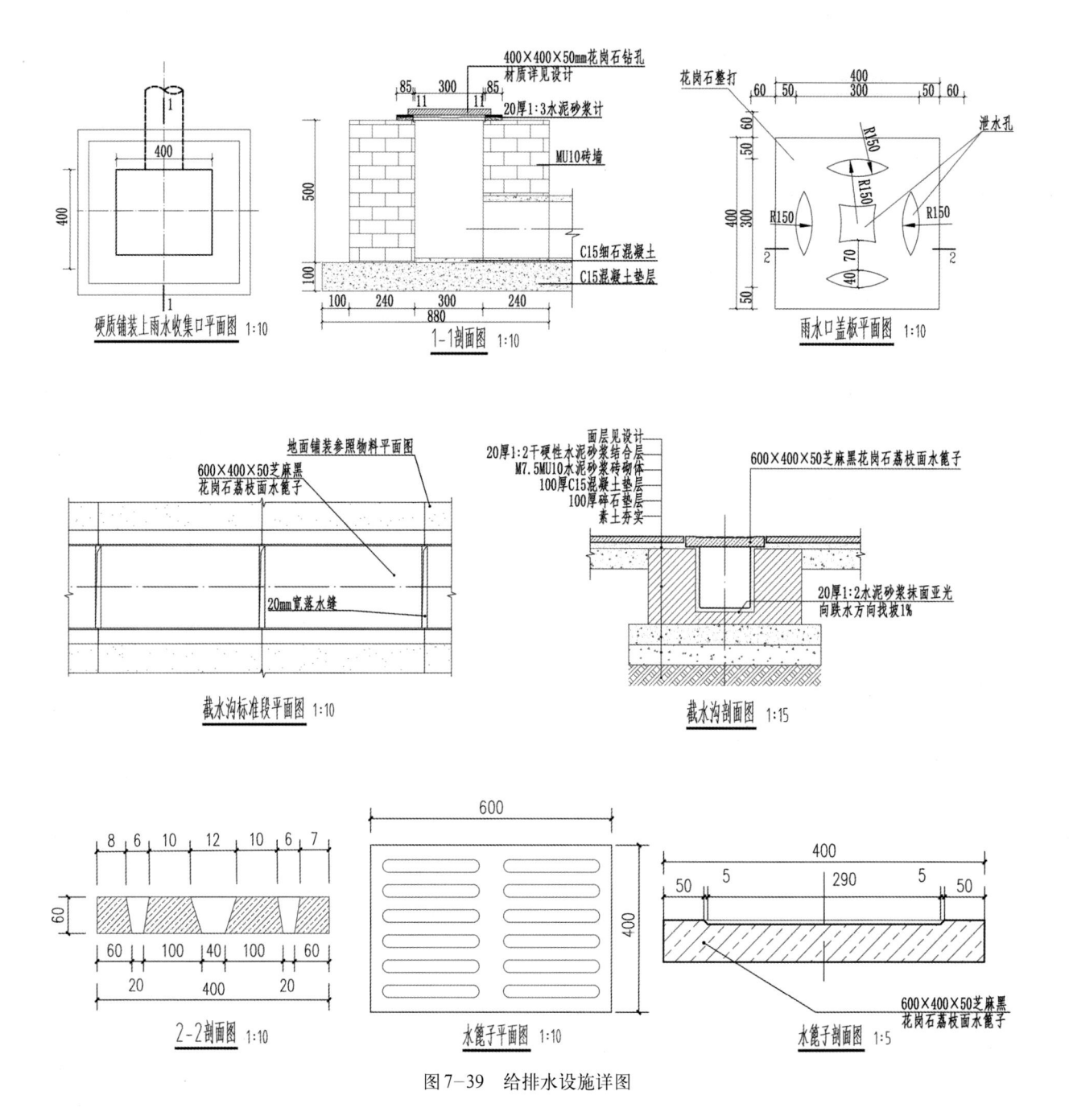

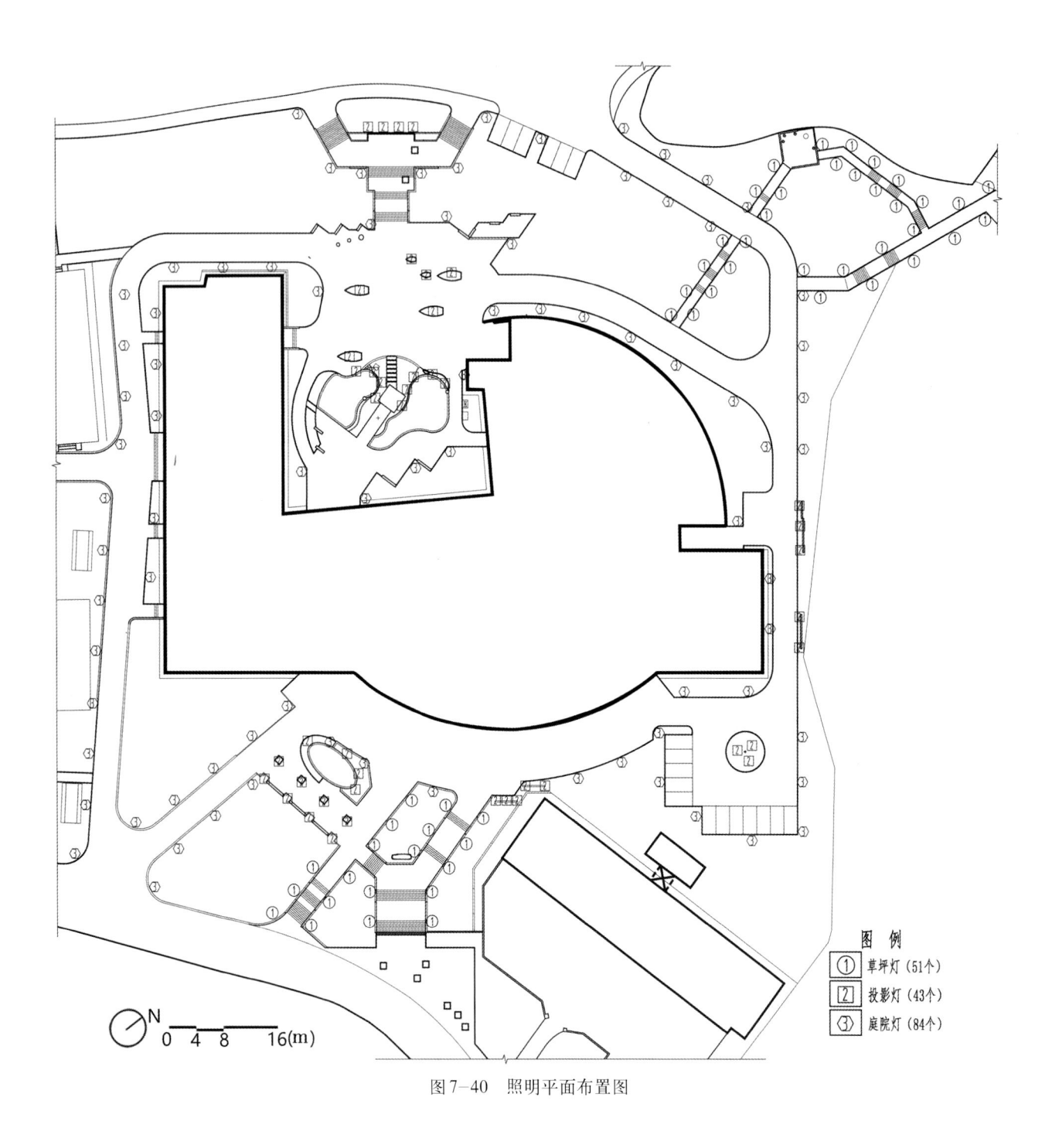

图例
① 草坪灯（51个）
② 投影灯（43个）
③ 庭院灯（84个）

图7-40 照明平面布置图

7.7 施工与维护管理

(1)基本按设计图纸施工。双香庭中反映"农业"和"师范"教育的书简景墙因迎接校庆时间紧以及其他各种原因,导致到目前为止未能实施,书简设计图见附图。

(2)"惜时园"疏于维护和管理,设计的玻璃景墙上的诗句已经模糊不清,观景平台周边植物生长过于茂盛,缺乏修剪,垃圾无人清扫,场地破败较为严重。

图7-41 惜时园现状图

(3)"书简"景架高度设计明显偏低,与人的阅读视线高度不相符。

项目设计人员:张建林、刘静、郑瑶 等
　　　　　　　周华科(双香庭书卷设计公司)

附图：

附图7-1 书卷景墙效果图

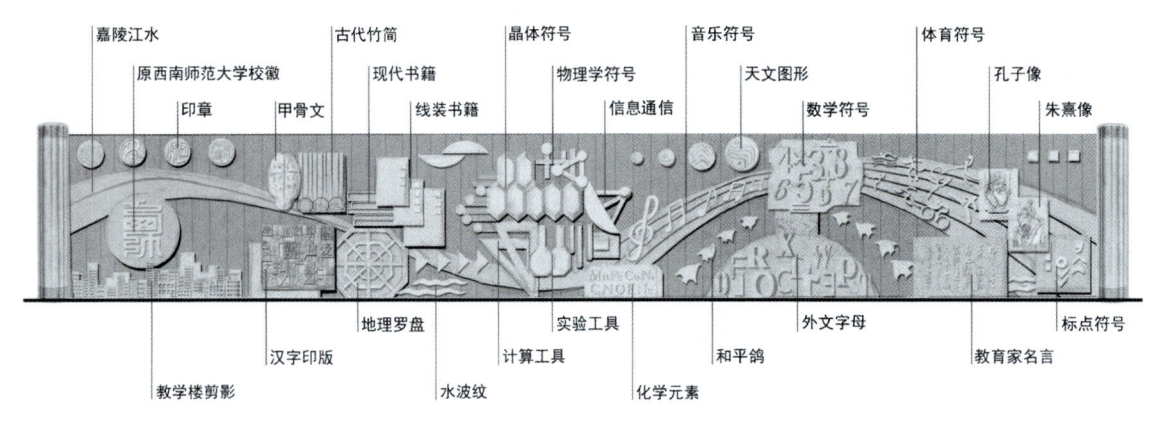

附图7-2 书卷景墙师范教育板块方案

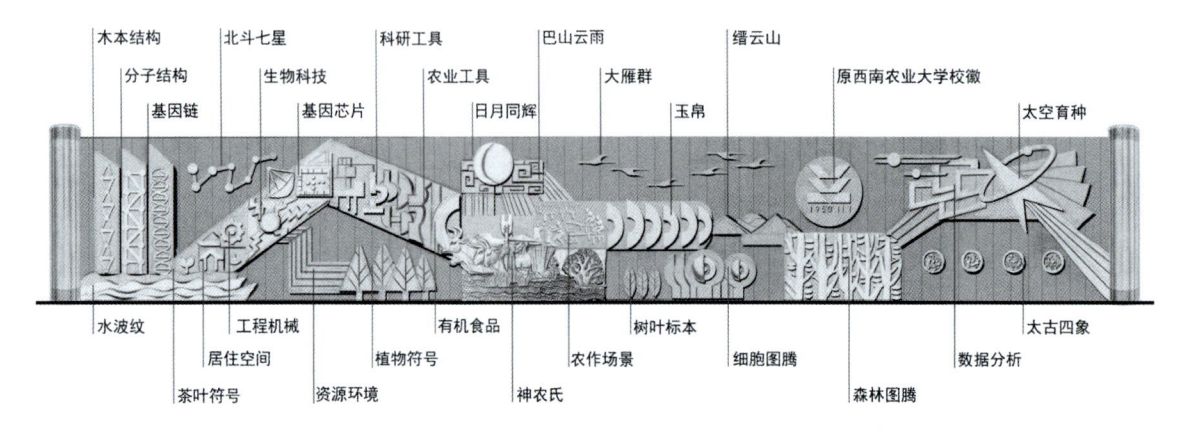

附图7-3 书卷景墙农业教育板块方案

8

崇德湖景观设计

8 崇德湖景观设计

4号池塘

8.1 项目概况

崇德湖位于西南大学中心图书馆、李园与第二十五教学楼、物理学院和心理学部之间,是由五个梯级鱼塘串联而成。2004年命名为崇德湖,2005年对上端的1号、2号池塘进行了景观化设计建设。2013年初,学校为了充分利用校园中心区难得的水资源条件,发挥五个池塘的景观文化展示、休闲娱乐功能的作用,塑造西南大学师生心中中心湖景形象,决定对五个池塘进行综合治理,并对其周边环境进行整体性景观设计,如图8-1。项目规划设计面积约2.9 hm²,其中水体面积约1.8 hm²。

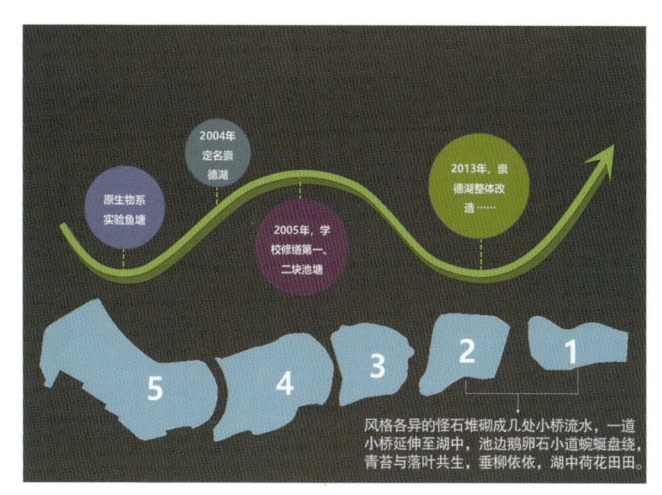

图8-1 崇德湖历史沿革图

8.2 场地条件

(1)道路 崇德湖周边车行道和人行道较为完善。其中北侧与融汇中路、文渊路相接,东南侧3号、4号池塘紧邻融汇中路,融汇中路从2号、3号池塘之间穿过。在1号和2号池塘之间、4号和5号池塘之间有连接南北两侧交通的步行道,在1号和2号池塘边建有游步道,如图8-2。车道两侧高大乔木已经形成环湖林荫空间。

图8-2 崇德湖交通分析图

(2)**地形** 崇德湖处于东北向西南转向西的冲沟内,冲沟狭窄,两侧自然山坡面较陡。设计范围内东北高、西侧低,南北两侧高中间低。设计范围内最高处海拔247.5 m,最低处为229.0 m,相对高差约18.5 m,如图8-3。五个池塘自东北向西层层跌落,塘与塘之间由堤相隔,相邻水塘之间高差各不相同,最大高差在1号与2号池塘之间,高差达2.4 m。沿湖周围道路与水岸之间绿地宽窄不一,与池塘水体高差一般在3—6 m,池塘边的岸坡陡缓不同,有垂直人工驳岸,也有斜坡自然式驳岸,车行道与水面高差使得湖景具有较强的纵深感。

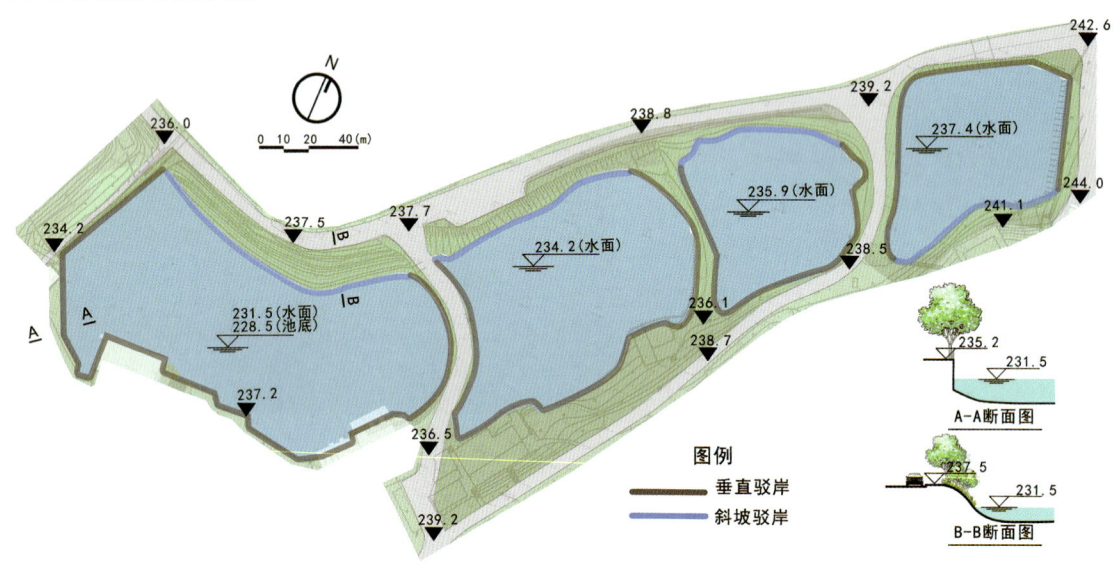

图8-3 崇德湖高程分析图

(3)**植物** 植物主要分布在崇德湖周边的坡地和塘堤上,以香樟为主,柳树次之,另有少量刺桐 *Erythrina variegata* L.、构树 *Broussonetia papyrifera* (L.) L'Hér. ex Vent. 等,崇德湖南北两岸坡地上分布的高大乔木进一步加剧湖面空间的狭长和幽深感,临水乔木与水面相生相依。湖边灌木和地被自然生长,因缺乏管理,显得比较杂乱,如图8-4。

图8-4 崇德湖植物现状图

(4) 水体　崇德湖的水源主要来自于东、南、北三面的校园地表雨水和少量的自来水补充。1号与2号池塘驳岸为人工整理的自然山石驳岸,其余池塘驳岸仍然保持原生状态。

(5) 建筑　在设计范围内虽无建筑,但在崇德湖南北两侧山坡上分布着大量高大建筑,北侧坡地上从东向西依次排列物理大楼、明德楼、生化楼、地理科学楼、心理学部楼,南侧坡地上从东向西依次排列李园学生宿舍楼、中心图书馆、水产研究楼、网络教育楼。高大的建筑进一步强化了崇德湖的幽静,建筑倒影呈现于湖中,形成了良好的湖景关系,如图8-5。

图8-5　崇德湖湖面

8.3 面对的问题

(1) 湖水受面源污染,水质富营养化,水体常变黑发臭,又无天然水源补充。

(2) 五个池塘之间高差大,整体性差,水景观较为零碎。崇德湖周围建筑过于密集,略显压抑,如何融合好建筑、植物、湖水之间的景观关系,使其形成整体的、相互协调的景观效果。

(3) 环湖道路与湖面高差大,且绿地狭窄,坡度大,如何协调车行道、人行道与湖面的关系,构建安全的环湖步行系统,增强车行、人行的亲水性;防止湖水对自然湖岸土壤的侵蚀造成沿岸植物的倾覆。

(4) 如何将西南大学校园主流文化与崇德湖区域自然景观相结合,营造具有个性特征的校园中心水景观,为师生提供一个休闲的空间。

(5) 如何软化融汇中路路面向湖面一侧的高堡坎。

(6) 如何梳理湖边坡地内杂乱的、阻挡视线的、影响湖面景观的植物,如何选择合适的植物配置,构建具有特色的环湖植物景观。

8.4 设计策略

（1）排查崇德湖周边污染源，防止各种污水直接排入湖内，对破损的污水管道进行修复；在各池塘之间设计循环水管道，实现池塘间水体的流动。将最低处5号池塘的水通过管道输送到1号池塘，水从东向西顺势跌落、流动，形成跌水景观的同时，对水体起到物理净化和曝氧作用，从而提高水体的自净能力。

（2）利用植物、建筑、山石弱化各水塘之间的高差关系，上下水体之间形成统一景观视角。如将3号池塘与4号池塘之间的堤坝断开设置小型拱桥，在桥的下方隐藏滚水堤坝，联通上下水池，从视角和心理方面形成3号池塘与4号池塘的整体感，如图8-6。拆除4号池塘与5号池塘之间堤坝上砖砌花坛和茂密的柳树和灌木，适度降低堤坝高度，设置景观休闲廊和亲水平台，堤的边缘布置垂吊植物，利用廊形成上下水塘共同邻水建筑，在视线上联通4号、5号池塘，如图8-7、图8-8。局部增加并保留湖南北两岸的高大乔木，用于遮挡高大建筑，缓解因高大建筑造成湖面空间的压迫感。如网络教育学院两栋建筑之间堡坎前种植水杉或池杉等植物，如图8-9。

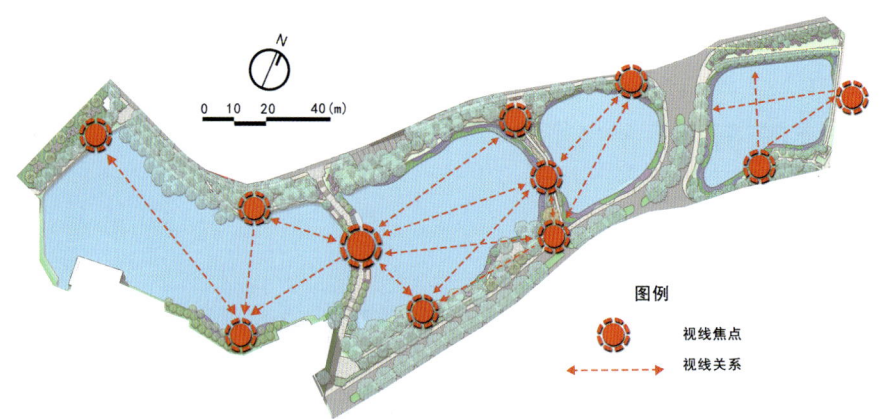

图8-6 崇德湖视线分析图

图8-7 崇德湖缕月雅林断面图

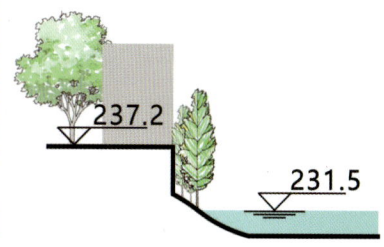

图 8-8　崇德湖缕月雅林效果图　　　　　　　图 8-9　网络教育学院断面图

（3）梳理植物与崇德湖周边环境景观空间关系，环湖可利用的场地与理想的景观控制点、观景点和休闲点，强化进入崇德湖步行道入口形象，在不影响崇德湖景观生态环境，保障安全，工程造价合理的条件下局部增加亲水步道，如图 8-10。

图 8-10　崇德湖入口广场

（4）在景观控制点和休闲场地植入山水文化，利用校园干道建设在湖旁形成的挡土墙造成的空间隔离关系，运用植物软化挡土墙，在挡土墙与湖岸之间布置休闲空间。

（5）保留并利用已建成的 1 号、2 号池塘景观。

（6）从校园整体功能、人群流向、步行系统的便捷性角度思考设置崇德湖的步行道的，加强南北两侧人行道的连接。

8.5 创意构思

崇德湖有"崇德向善"之意,承载着大学的精神,反映西南大学的办学宗旨,大学之道,在明明德,崇德于思,习德于行,以史为鉴告诫师生,立德为上乃人之根本。因此,围绕湖水,以自然之美、自然之趣来营造景观,以因地制宜、环境相融的理念布置景观建筑和休读空间,丰富崇德湖的景观文化内容和体验感,对游憩于此的师生具有文化熏陶的作用。

8.6 方案与设计

(1)规划布局　依据创意、崇德湖景观资源和建设现状,从东向西的池塘间依次由张拉膜广场、融汇中路、拱桥和平台与廊的堤坝分隔,形成"一轴、五堤、五塘"的内聚型线型空间,各堤坝的设计形式以及功能各不同,形成"一湖、四组团、八景点"的景观空间结构,如图8-11。八景点分别为:坐玉凭栏、樟荫折秀、缕月雅林、杉林汇月、芳木交柯、涵智融芳、静思笃行、柳岸铭德,如图8-12。

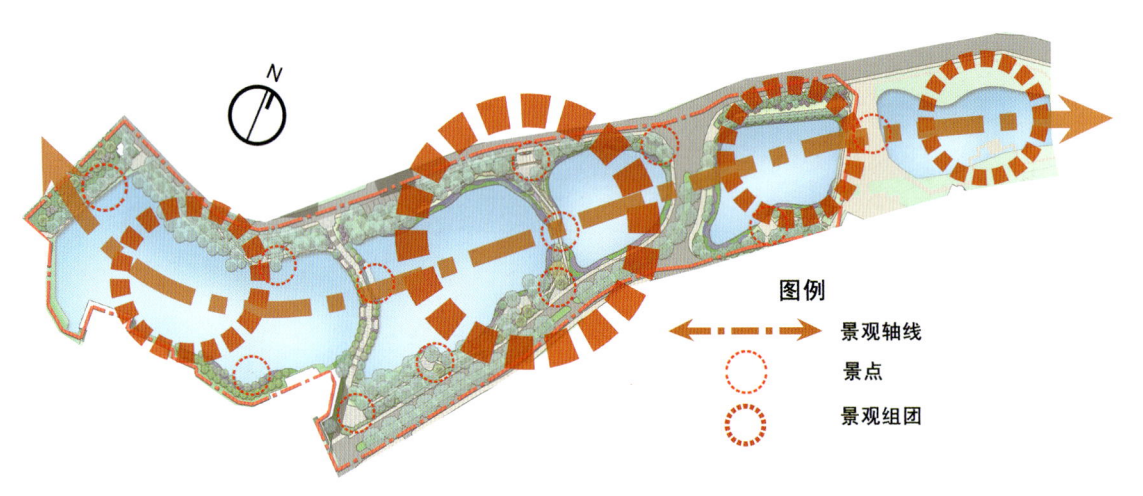

图8-11　崇德湖景观节点与空间结构示意图

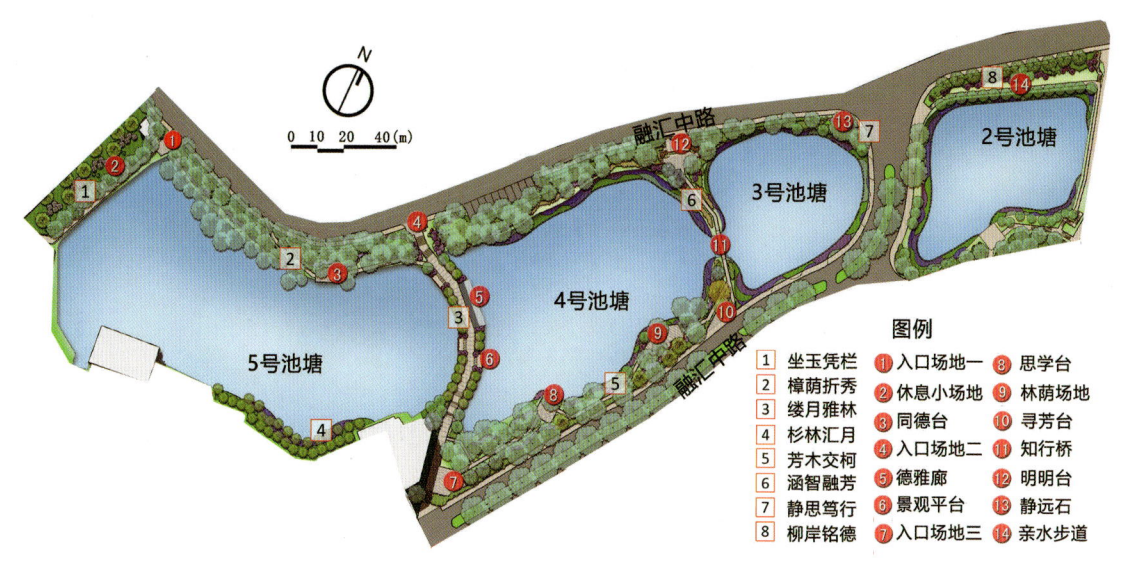

图 8-12 崇德湖设计总平图

(2)道路及其竖向设计 依托贯穿崇德湖的融汇中路和车行道,重点解决融汇中路与崇德湖之间形成的 6 m 左右高差和南北之间步行交通的联系。在塘与塘之间的堤上和用地条件允许的情况下布置亲水步道,宽度分别为 3 m、2.4 m、1.2 m 和 0.9 m。通过多处入口平台与台阶的转换,实现校园车行交通与崇德湖步行道之间在竖向上的有效连接,满足师生可达性与便捷性的需求,如图 8-13、图 8-14。

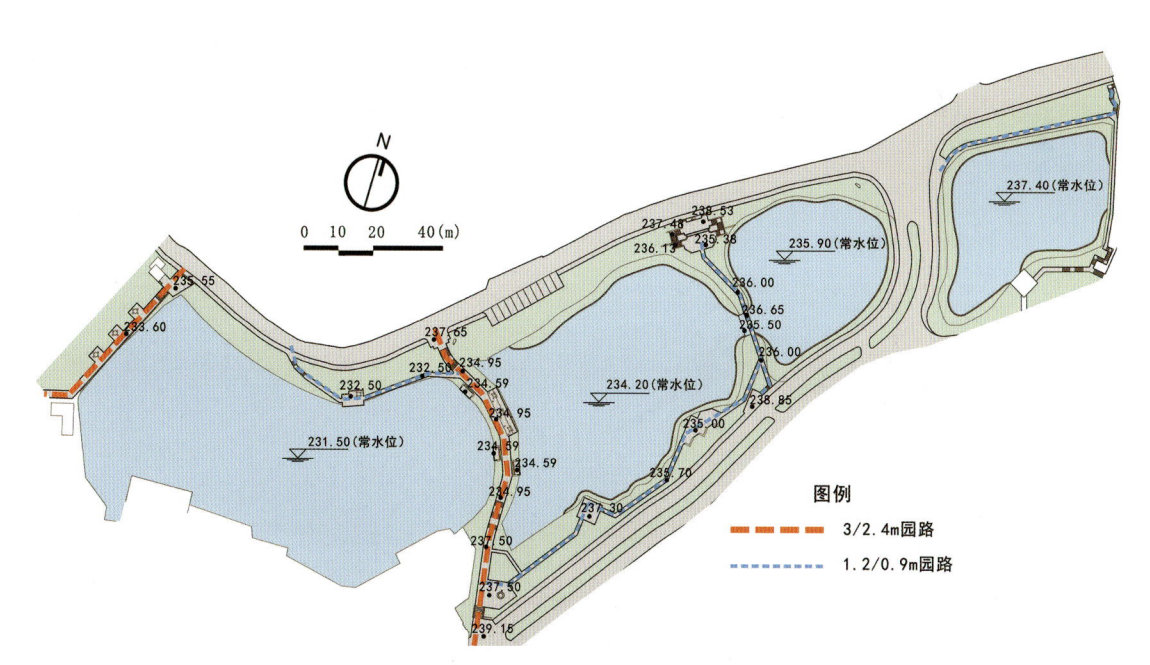

图 8-13 崇德湖道路及其竖向设计

① 3/2.4m园路平面图

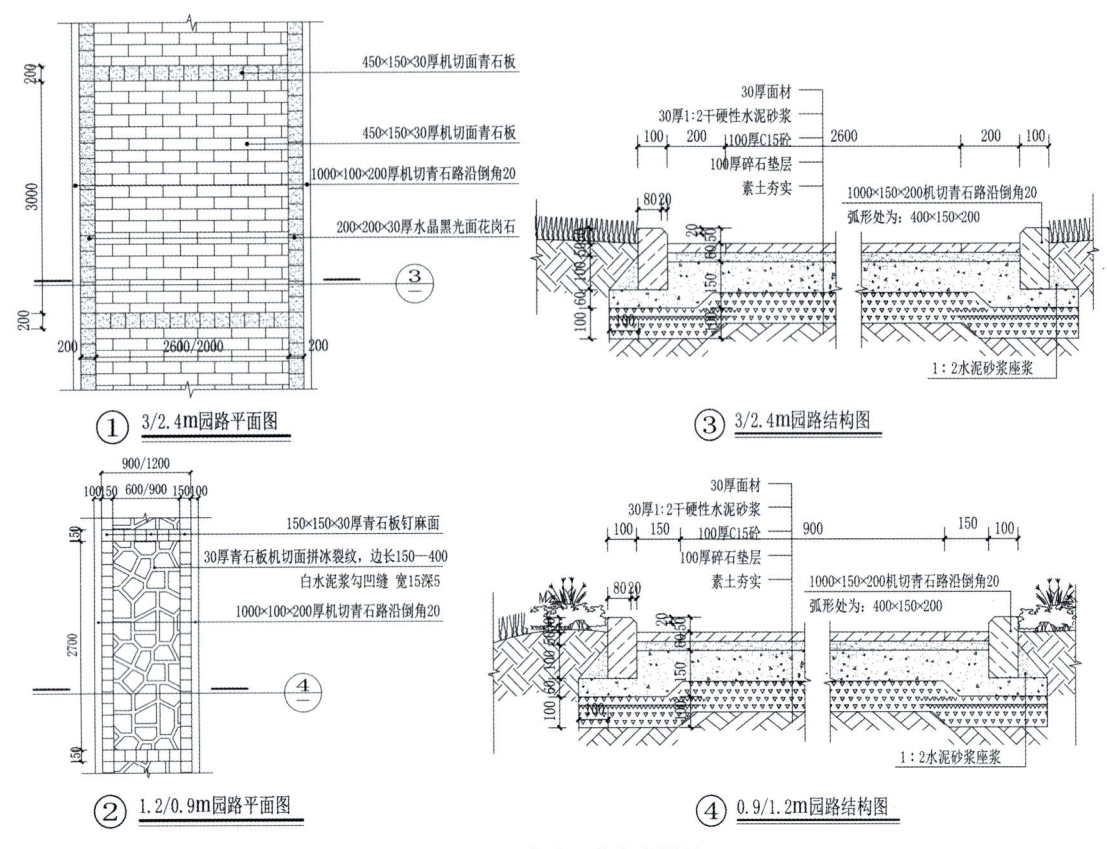

③ 3/2.4m园路结构图

② 1.2/0.9m园路平面图

④ 0.9/1.2m园路结构图

图8-14 道路及其竖向设计

(3)驳岸设计 充分尊重崇德湖自然驳岸现状特征,在保障岸线形态不变和池塘水际高大乔木生长安全的前提下,结合各池塘的功能与景观要求,对崇德湖驳岸采取保留和改造两种设计策略,如图8-15。2、3、4号池塘为人工自然山石驳岸,局部湖边区域运用毛石砌筑水下种植带(池),配置湿地植物,山石、植物、湖水相映成趣,形成丰富多样的水岸景观,如图8-16。

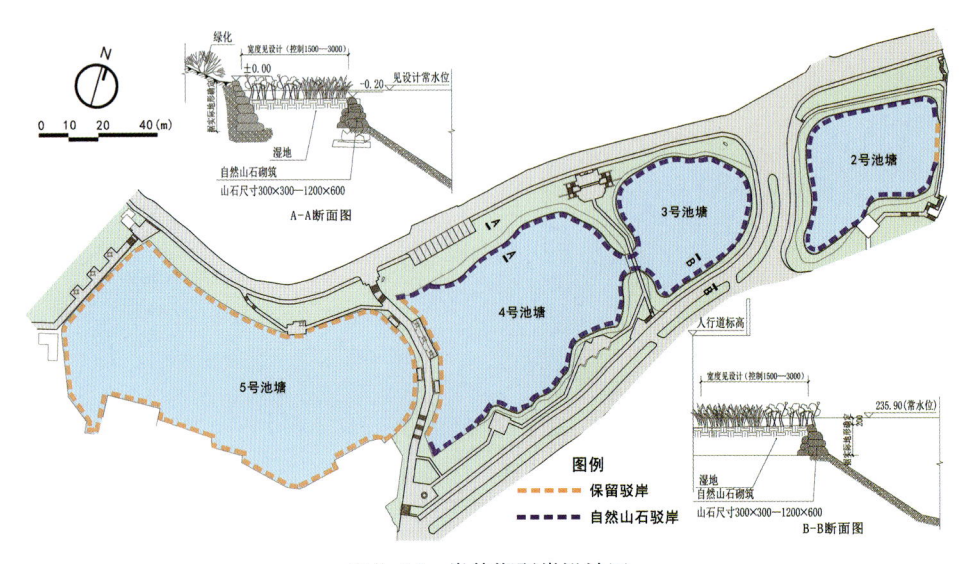

图8-15 崇德湖驳岸设计图

图8-16 崇德湖驳岸

(4)节点设计

①坐玉凭栏:取君子比德于玉焉之意。利用步行道一侧已形成的香樟林植物空间设置方形场地,布置白色大理石桌凳,对坡面及栏杆处的植物进行整理,可静思、论学,亦可透过栏杆观景,如图8-17至图8-19。

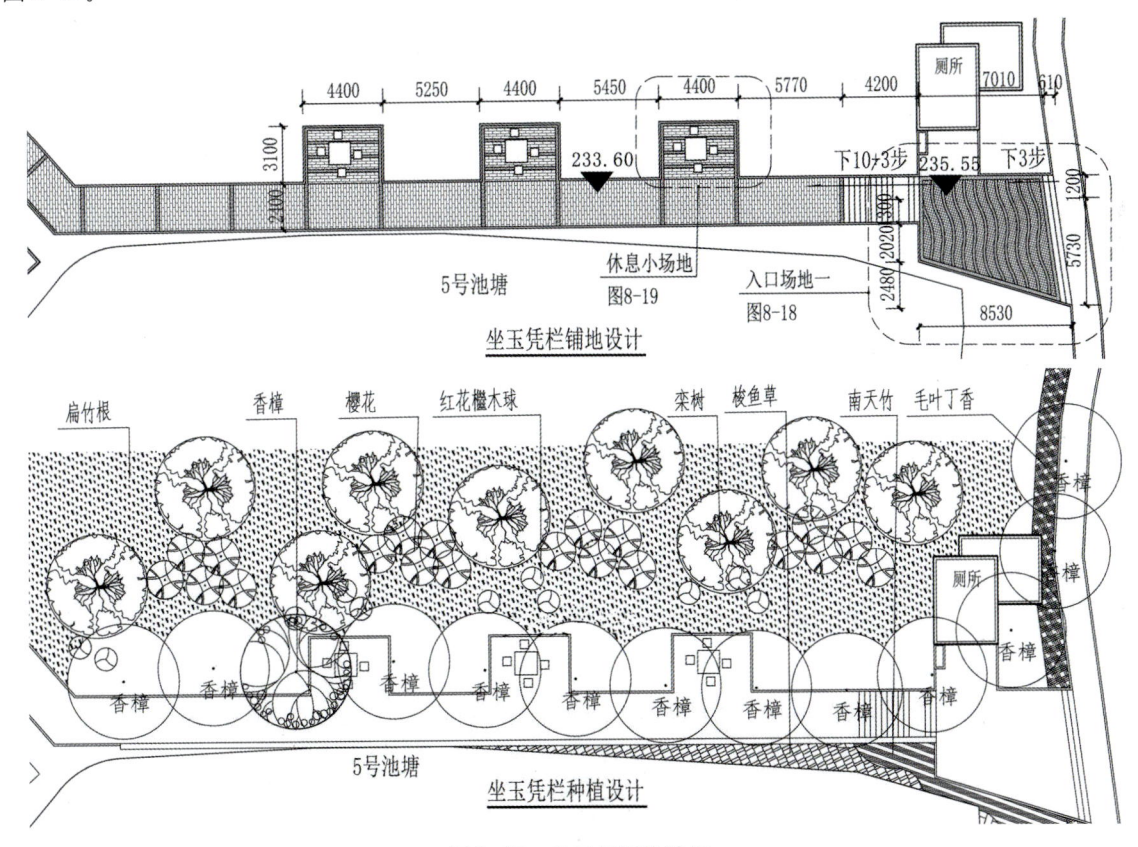

图8-17 坐玉凭栏设计图

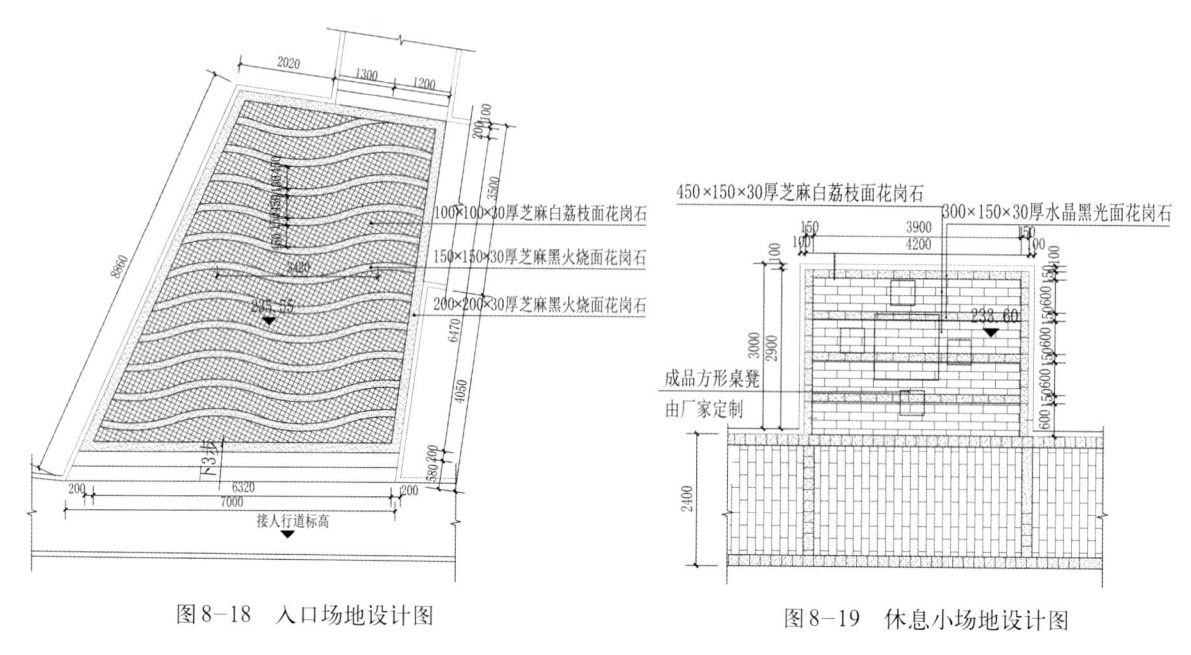

图8-18 入口场地设计图　　　　　图8-19 休息小场地设计图

②樟荫折秀：取消道路边的植物种植池，在不影响香樟等高大乔木生长的前提下，依据地形关系整理斜坡面，梳理林下杂灌木，重新设置地被植物以隔离水体，在保障水体安全的同时，营造出自然山林之趣，美化坡面。在临水一侧布置亲水步道，较宽处设置同德台，如图8-20。同德台为临水而建的亲水平台，以5滴水滴落在台上慢慢散开的水波纹铺地形式为装饰，台上布置石桌凳供师生读书休憩，如图8-21。

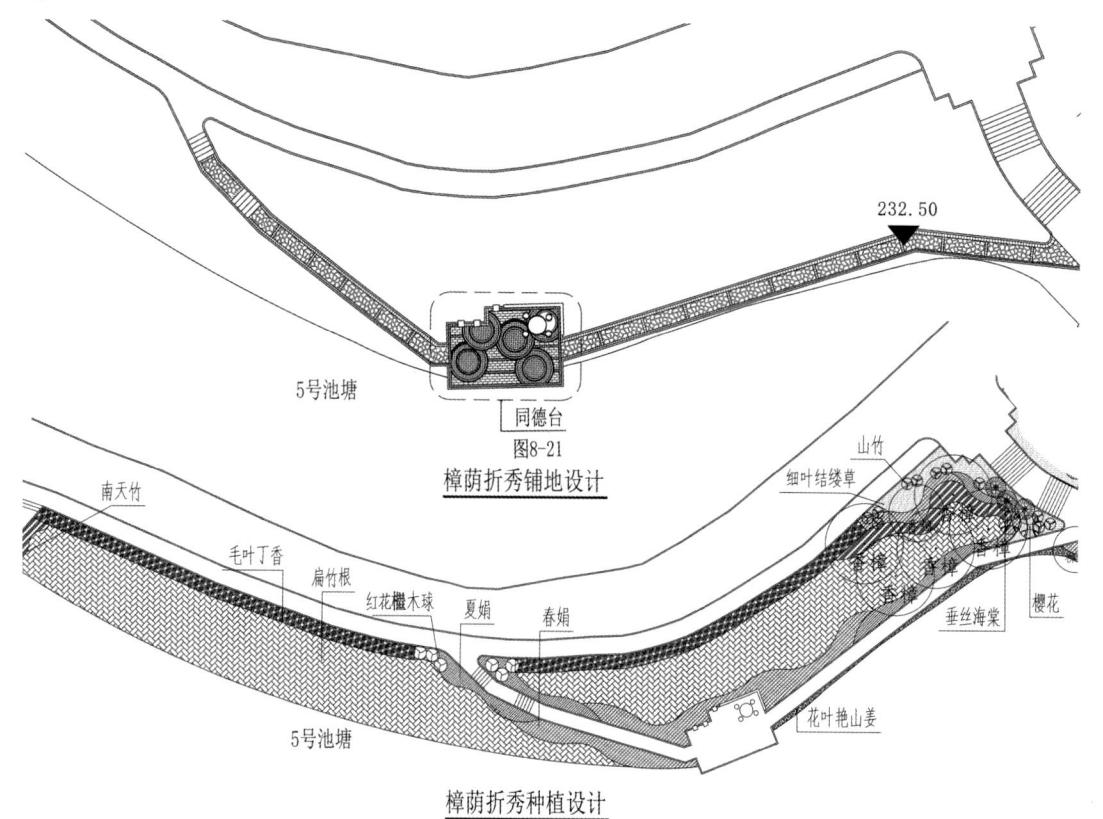

图8-20 樟荫折秀设计图

图 8-21　同德台设计图

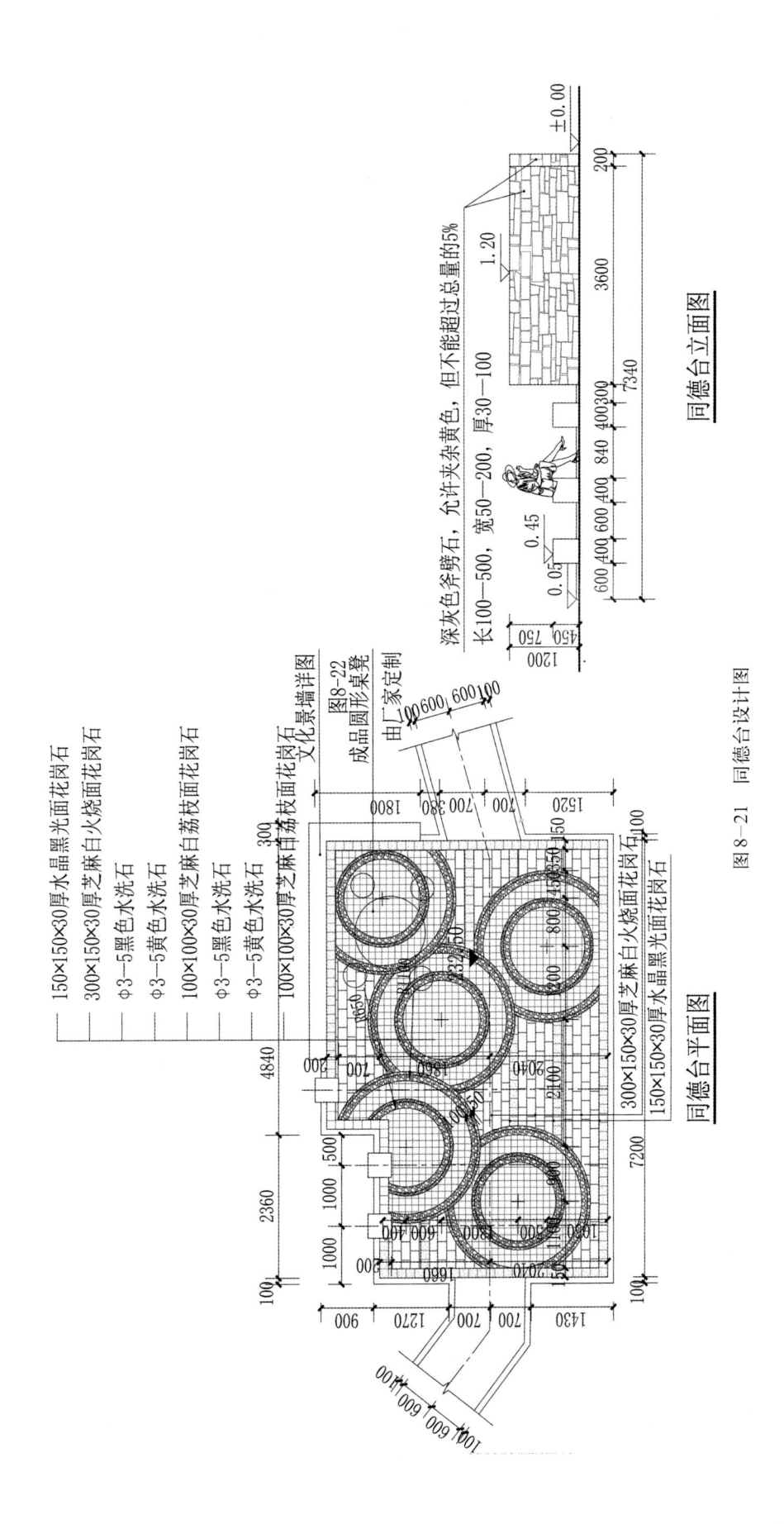

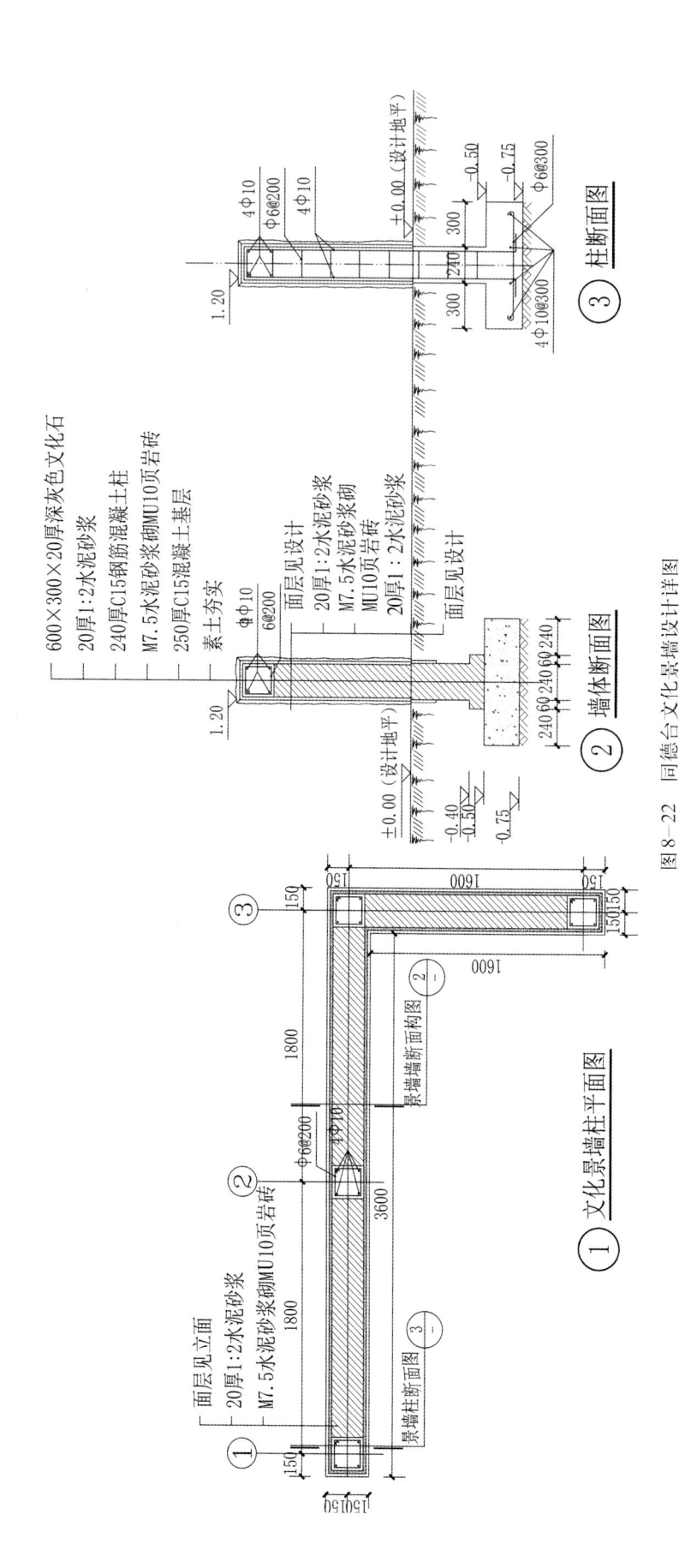

图8-22 同德台文化景墙设计详图

③缕月雅林:规划于4号池塘与5号池塘之间的堤坝区域,取消坝上道路两侧的种植池,降低坝体视角高度,增加亲水性,在坝的东西两侧设置观景平台,坝的两端入口处设置入口小场地,堤坝的中部东侧布置德雅廊,移除坝上原有的柳树等杂乱植物,整齐栽种水杉 *Metasequoia glyptostroboides* Hu & W. C. Cheng行道树,堤坝两端点缀枫杨 *Pterocarya stenoptera* C. DC.,岸顶边种植垂吊植物,点缀皱皮木瓜(贴梗海棠)*Chaenomeles speciosa* (Sweet) Nakai等花灌木,丰富堤坝道路景观空间;为行人提供驻足观景、休闲读书的空间场所,如图8-23。

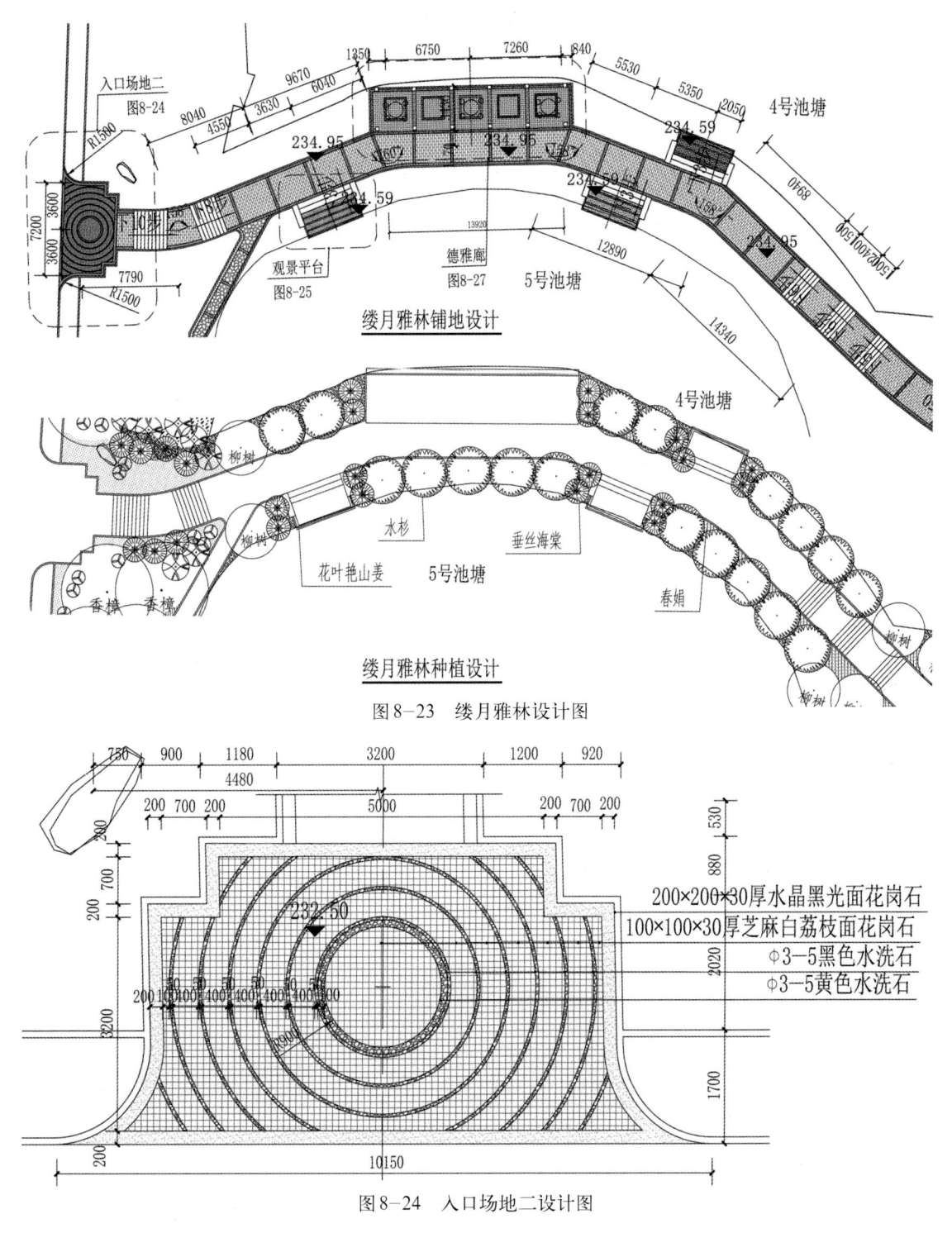

缕月雅林铺地设计

缕月雅林种植设计

图8-23 缕月雅林设计图

图8-24 入口场地二设计图

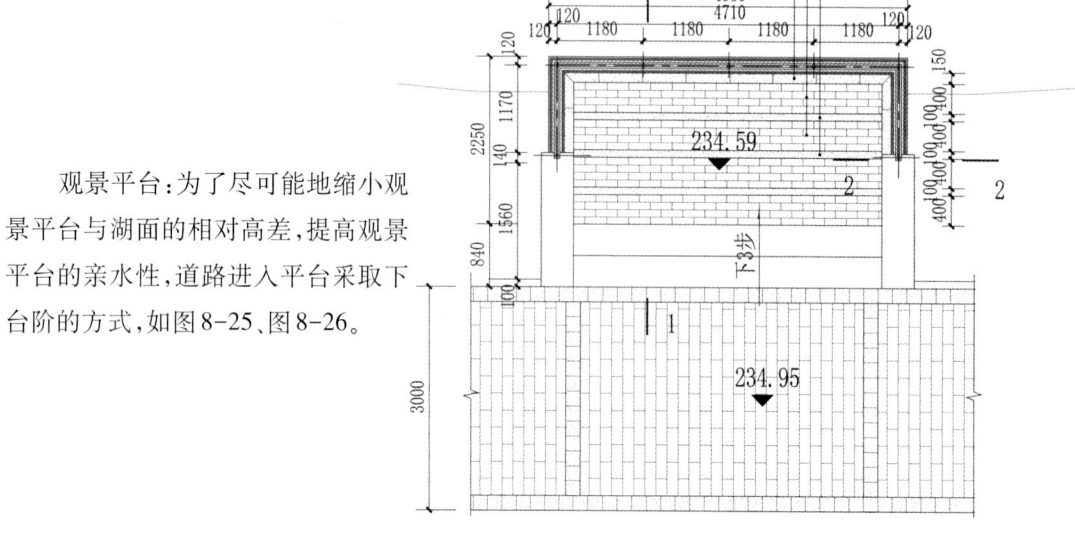

观景平台：为了尽可能地缩小观景平台与湖面的相对高差，提高观景平台的亲水性，道路进入平台采取下台阶的方式，如图8-25、图8-26。

图8-25 观景平台设计图

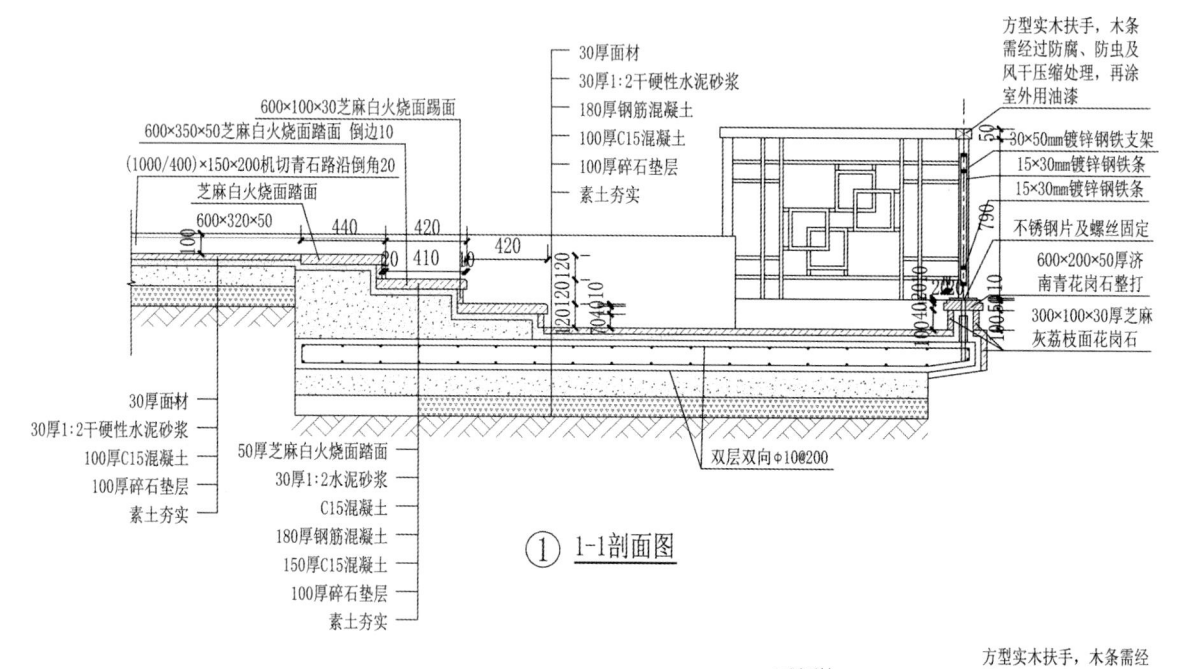

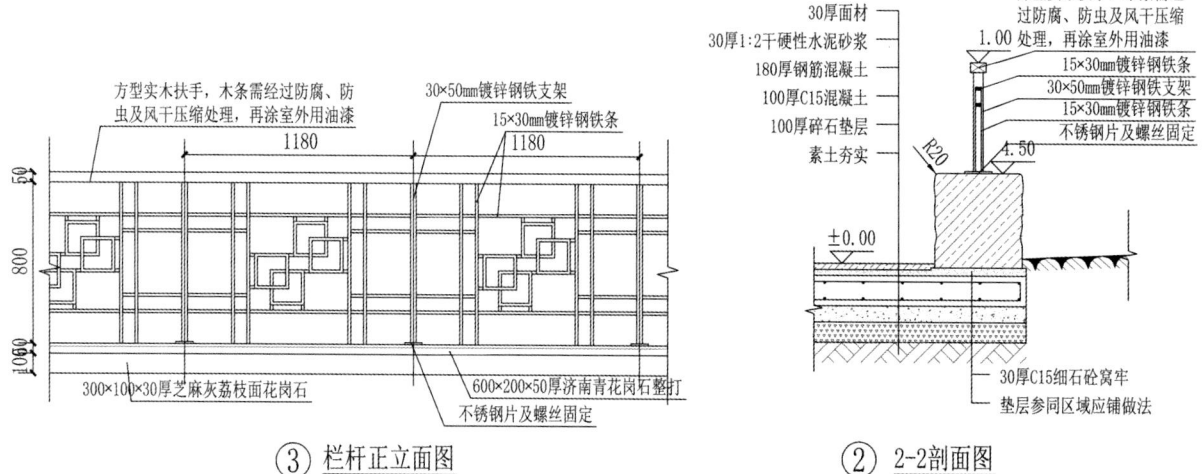

① 1-1剖面图

③ 栏杆正立面图　　② 2-2剖面图

图8-26 观景平台设计详图

德雅廊: 位于山水之间、湖堤之上的德雅廊,源于取日月之精华,养雅德之脾性,修心养性,厚积薄发之意。该廊为传统园林建筑,是联系4号、5号湖塘景观的纽带,自成一景,也是观赏水面景观的极佳之处,如图8-27至图8-29。

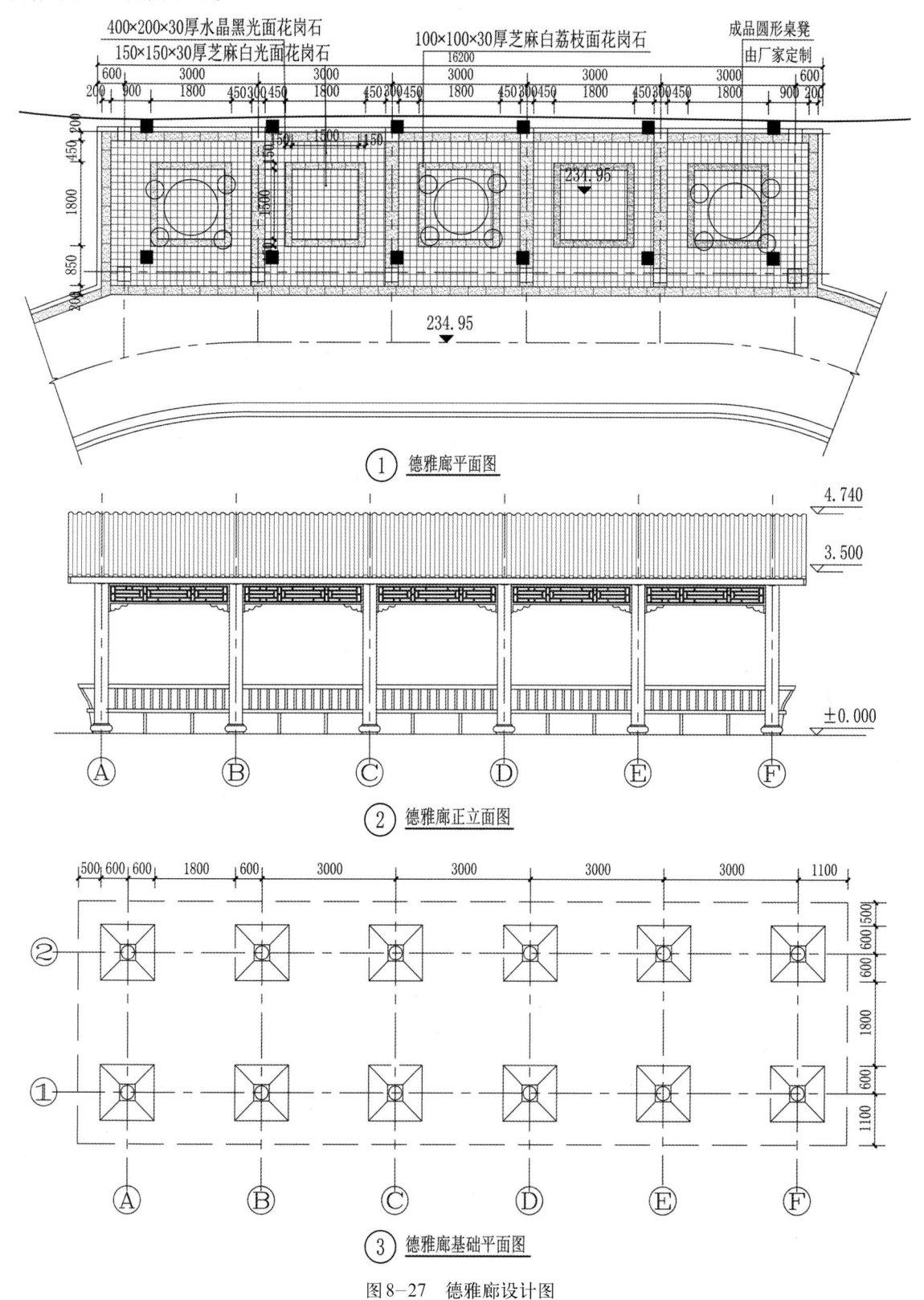

图8-27 德雅廊设计图

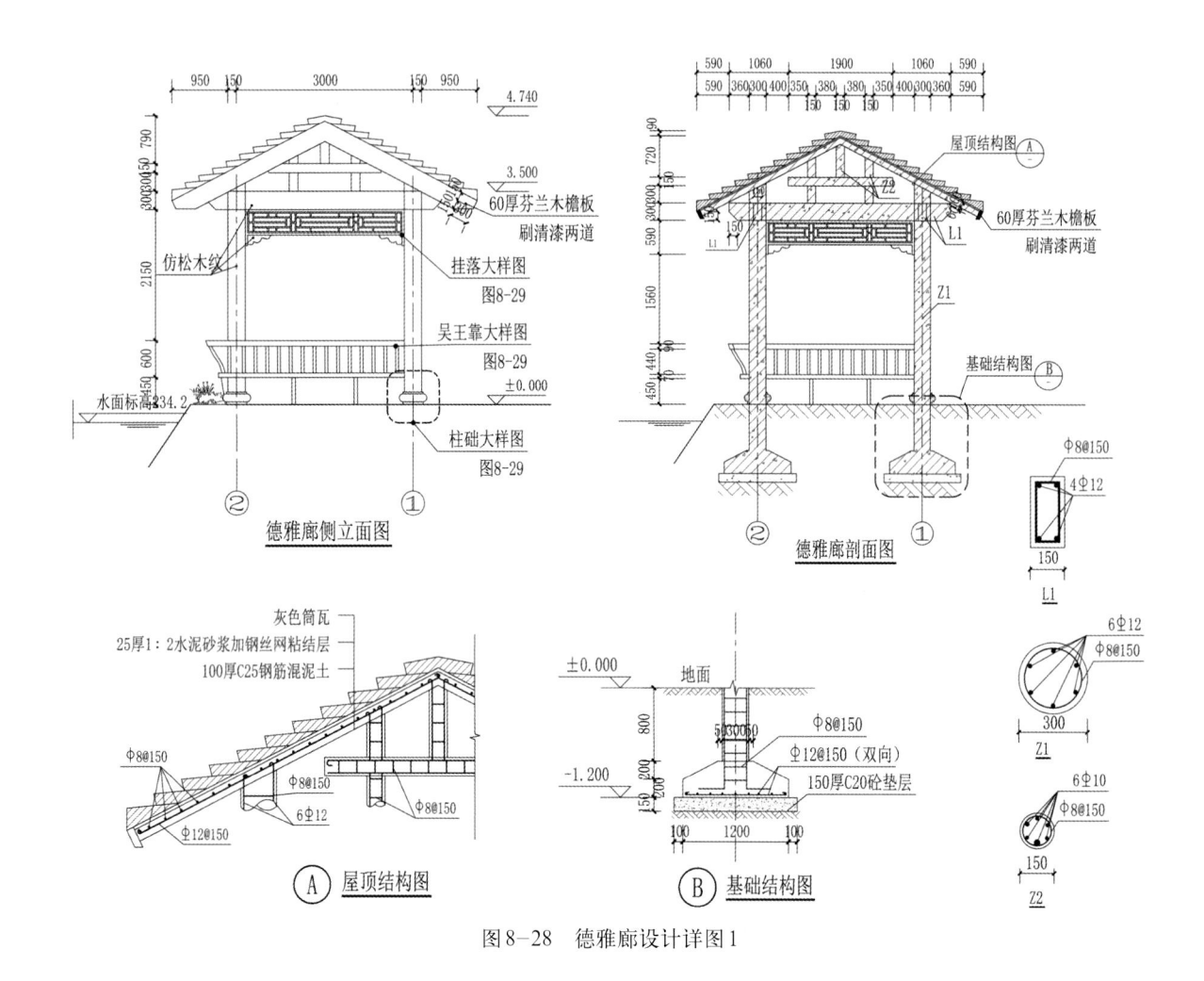

图 8-28 德雅廊设计详图 1

图 8-29 德雅廊设计详图 2

④杉林汇月：位于5号池塘南侧岸边，因网络教育学院建筑地坪与湖面之间设有5.7 m高的挡墙，利用挡墙下方缓坡地种植水杉来遮挡高大的挡土墙，浅水区营造湿地植物景观，以此软化湖岸的景观界面，如图8-30。

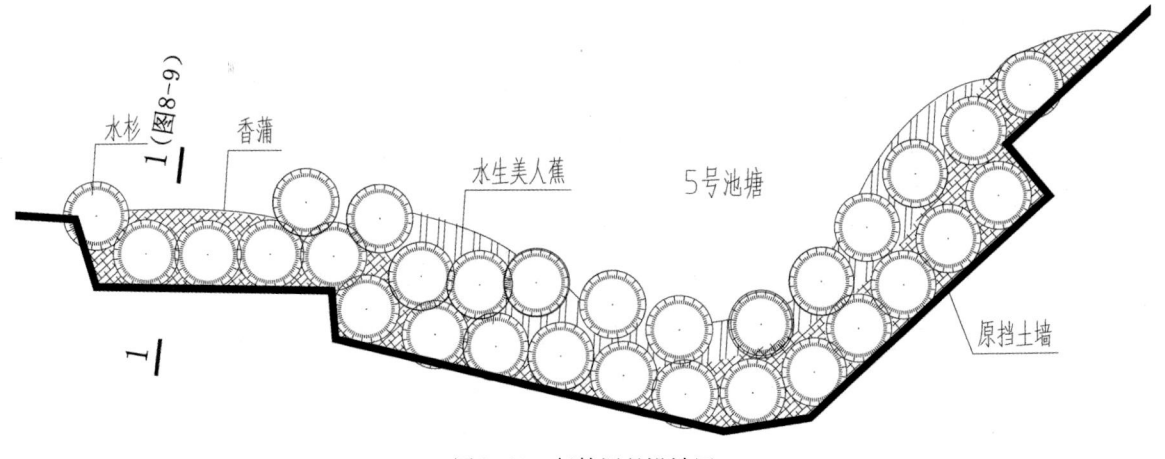

图8-30 杉林汇月设计图

⑤芳木交柯：位于4号池塘南岸与融汇路架空人行道之间，充分利用架空人行道临湖一侧香樟树林和台地，从东向西依次布置寻芳台、林荫场地、思学台、入口休憩场地和亲水道路，运用台阶与融汇路人行道形成竖向连接。在保留树木的前提下，整理地形，缓坡入水，并与对岸景观相呼应地梳理、补种乔木，增设素雅的地被植物，树木与道路场地相生相融，如古人所云"君子比德于玉焉，温润而泽仁也"，如图8-31。

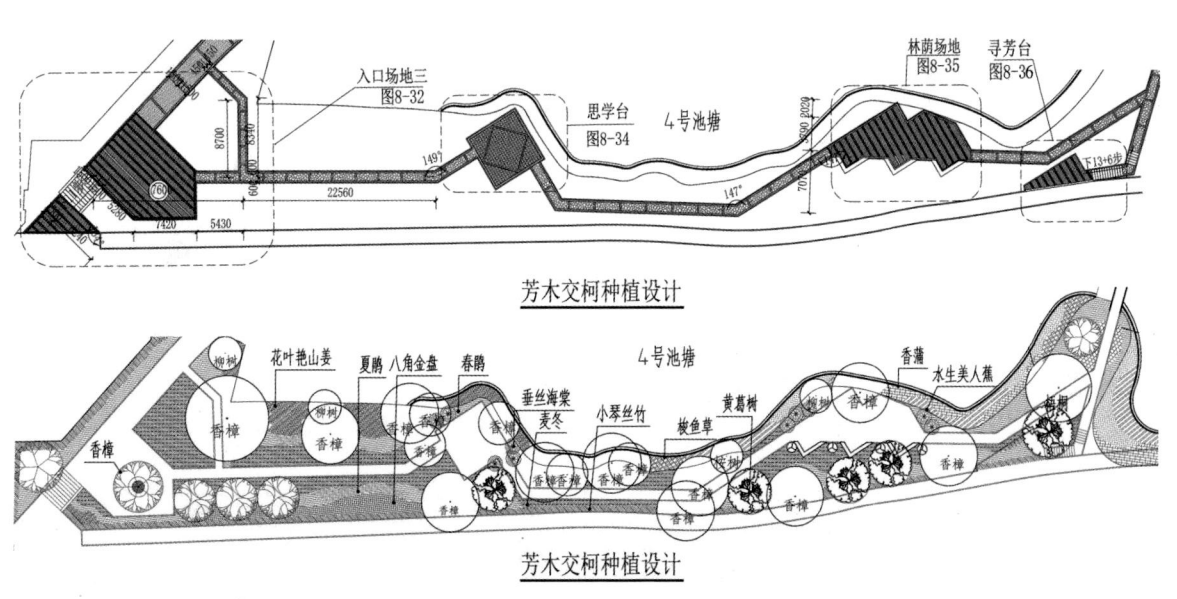

图8-31 芳木交柯设计图

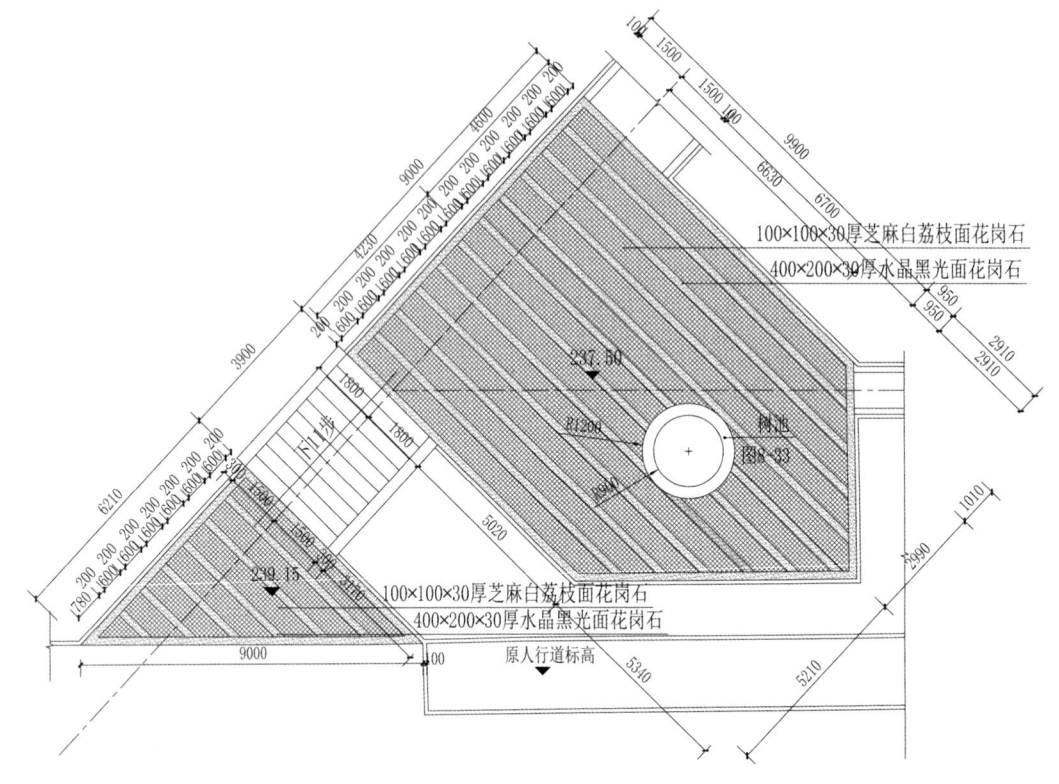

图8-32 入口场地三设计图

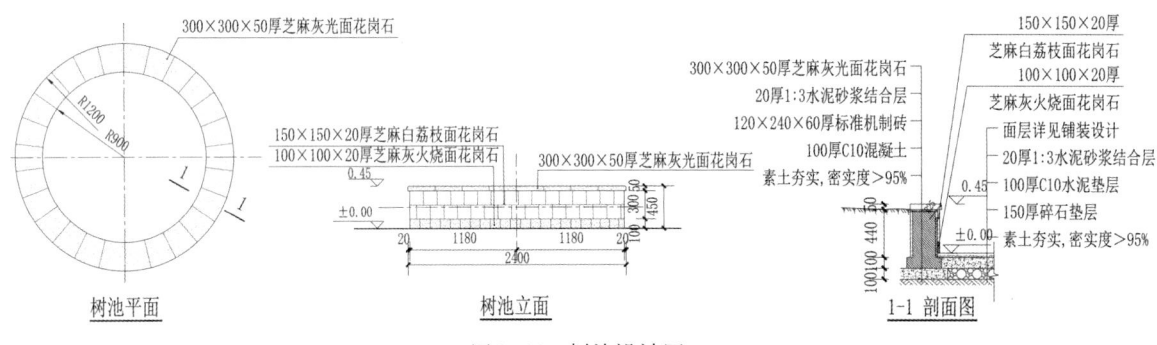

图8-33 树池设计图

思学台选址于现状高大的香樟之间，突出湖岸线，与中心图书馆延伸到崇德湖2号池塘的惜时台东西呼应，两个景观平台高度不同，但均靠中心图书馆一侧临水而建，以此勉励学子勤学善思，如图8-34。

林荫场地利用道路拓宽、栽植高大乔木，并提供坐凳，可供人在此休息交谈，如图8-35。

寻芳台是利用人行道向外架空挑出的平台，它与连接中心图书馆的道路相对，可俯视崇德湖3号、4号池塘、知行桥，遥望明明台，是进入崇德湖的重要节点，如图8-36。

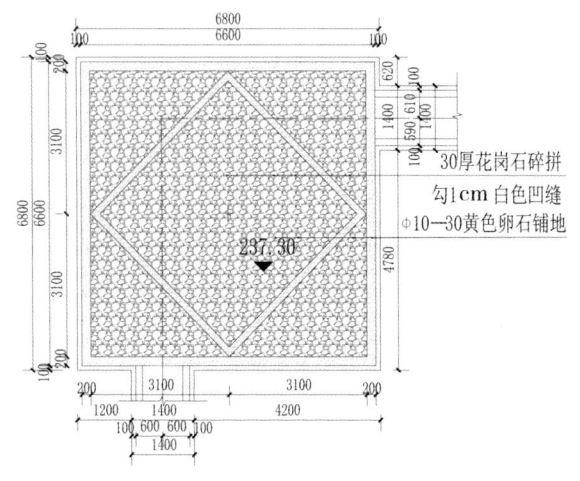

图8-34 思学台设计图

图 8-35　林荫场地设计图

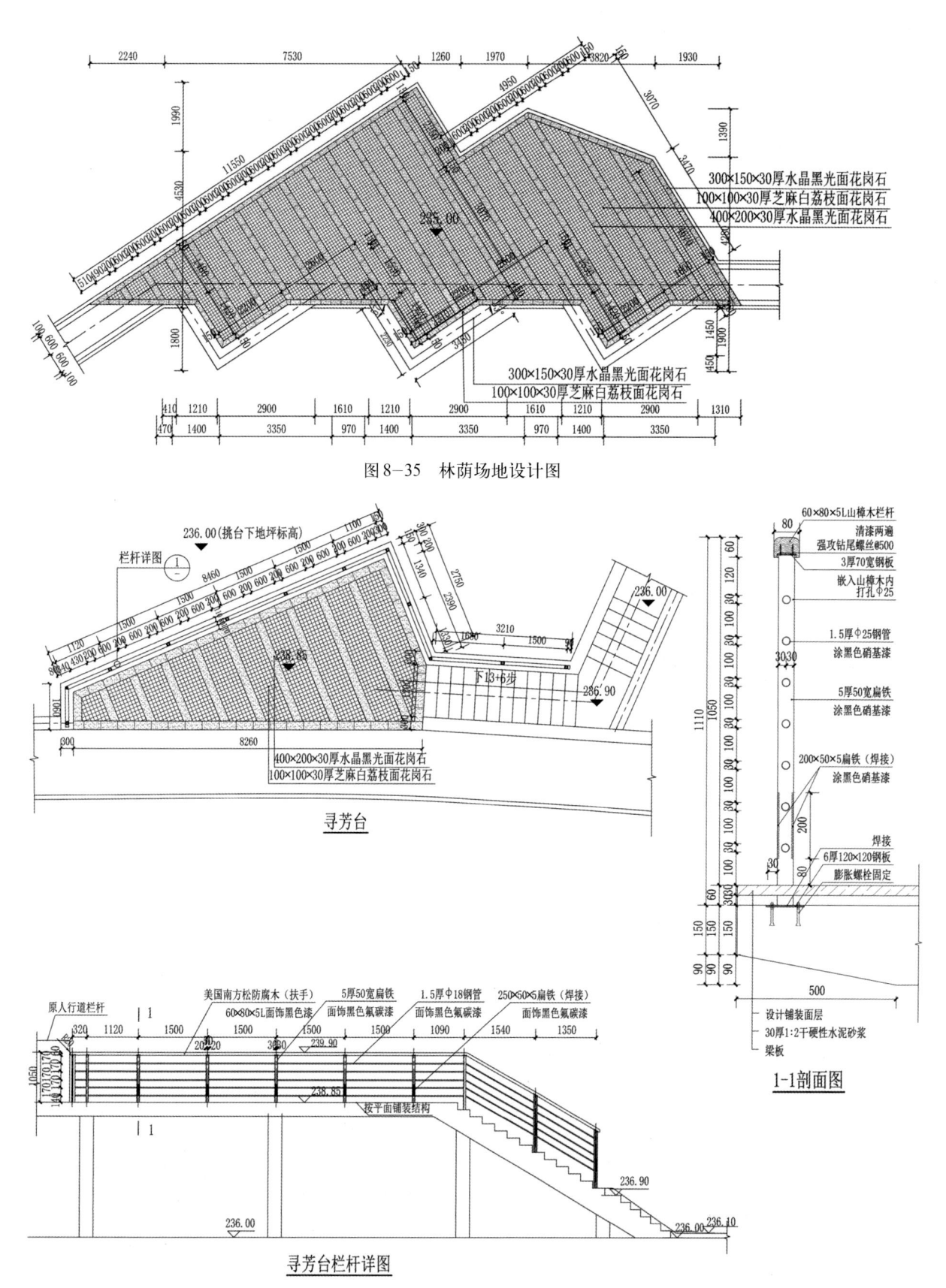

图 8-36　寻芳台设计图

⑥涵智融芳：将3号与4号池塘之间的堤坝断开，形成两个半岛，通过小拱桥连接，在拱桥下方隐藏两级滚水坝以协调上下水池的水位高差，半岛临4号池塘一侧修筑种植池，种植湿地植物，丰富岸线，从玉堤眺望，视觉上似3号、4号池塘连成整体，形成宽大的水面。在融汇中路与半岛之间形成了3 m左右的高差，错台场地的布置使得空间立体化，原有人行道旁道牙过高，增加了道路与水面的高差，设计将道牙高度降低，同时在此处拓宽原有人行道形成观景平台——明明台，利用文化景墙解决高差与文化表达的双重问题，如图8-37至图8-40。

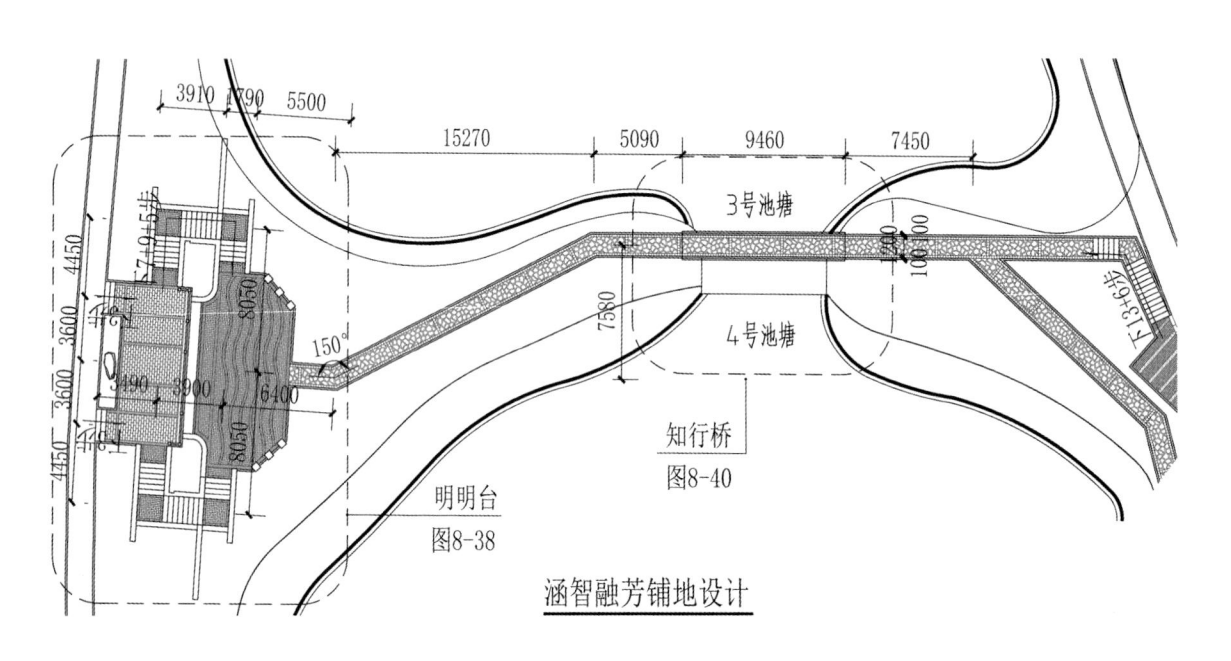

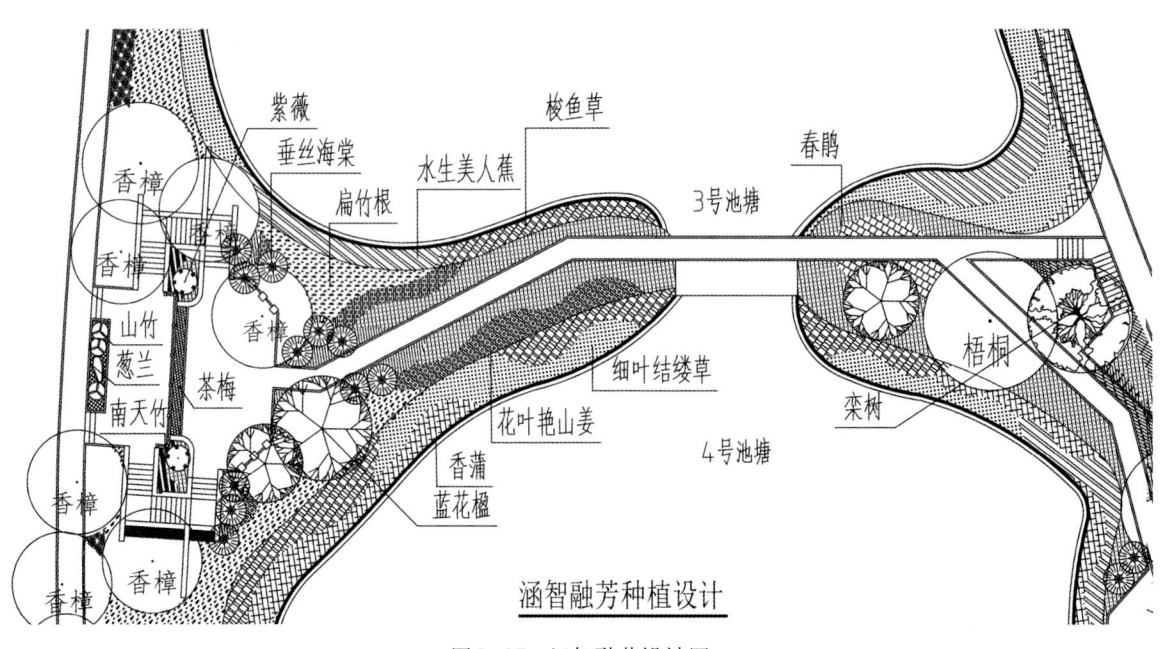

图8-37 涵智融芳设计图

明明台平面图

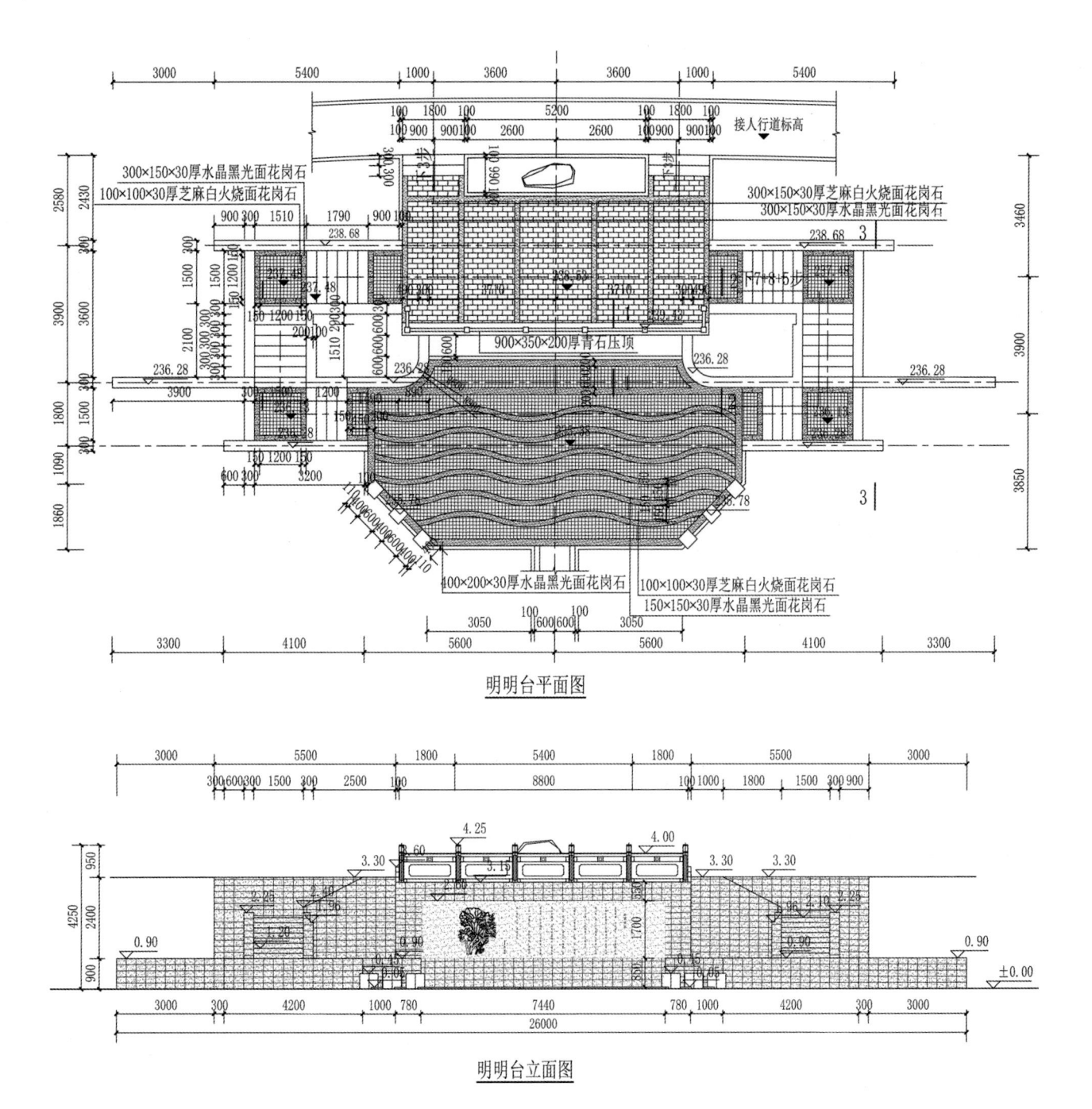

明明台立面图

图8-38 明明台设计图

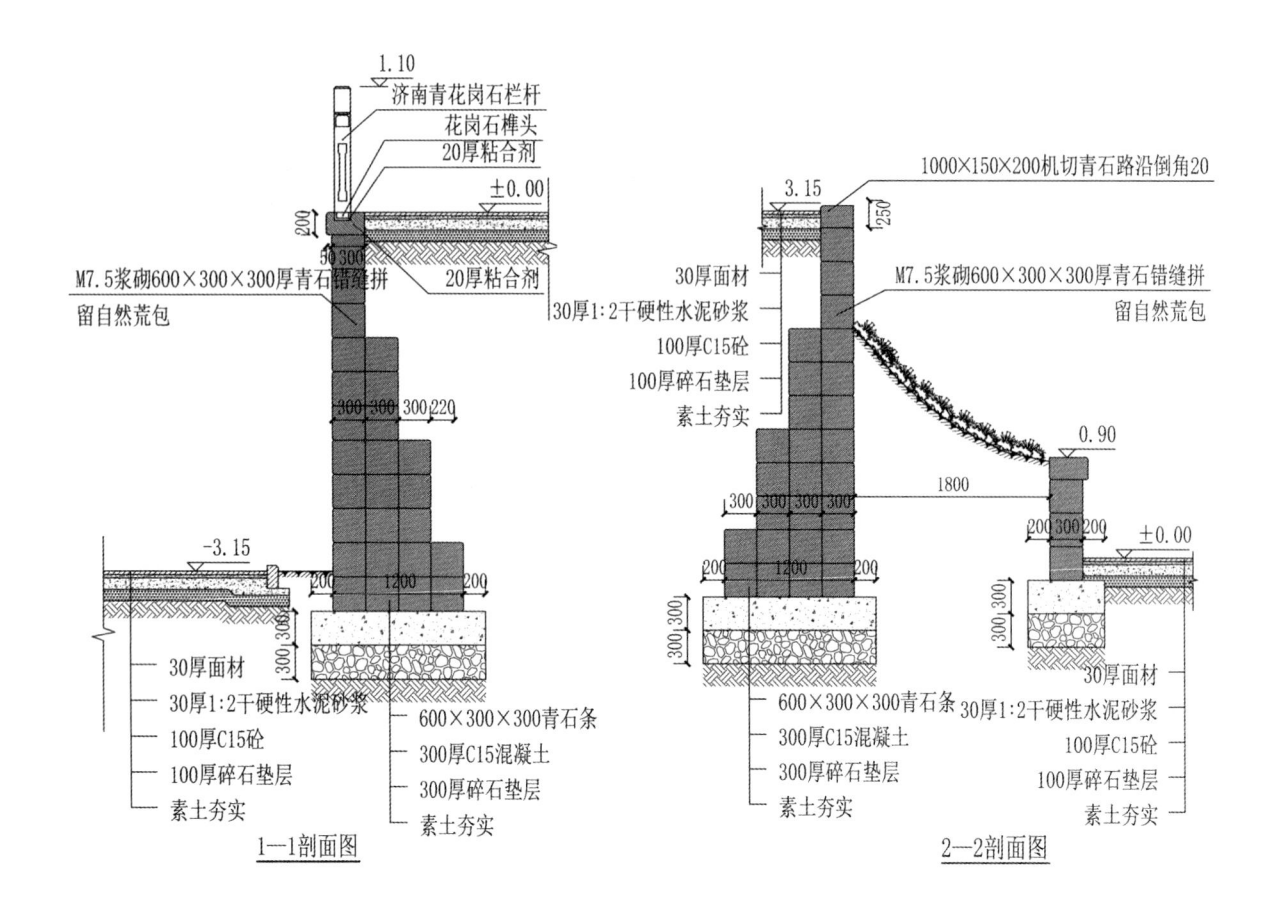

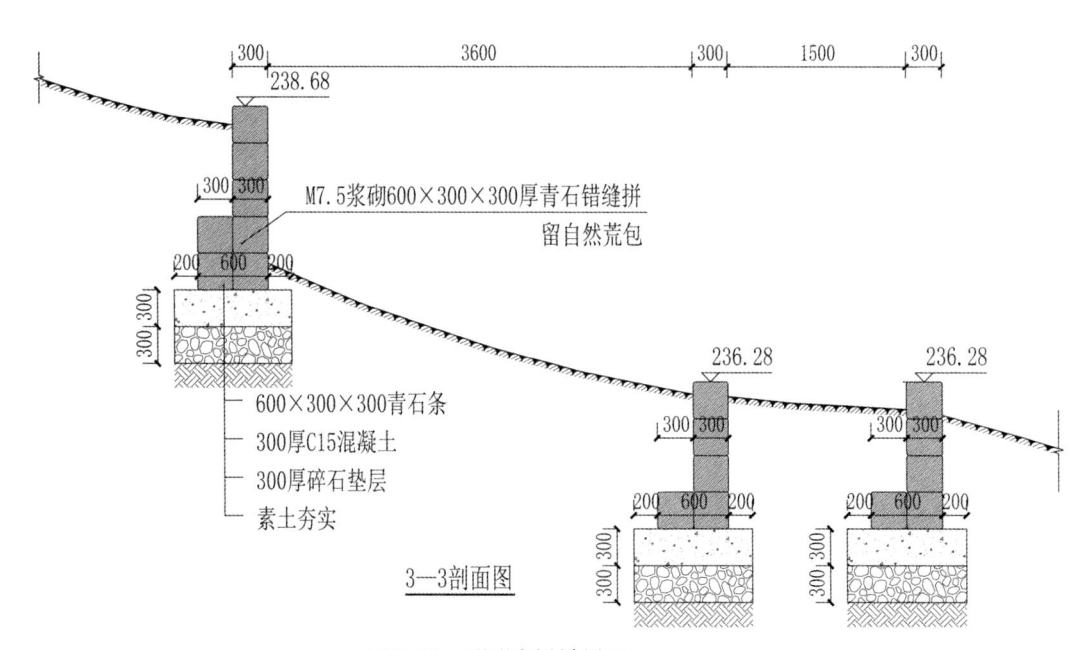

图8-39 明明台设计详图

知行桥平面图

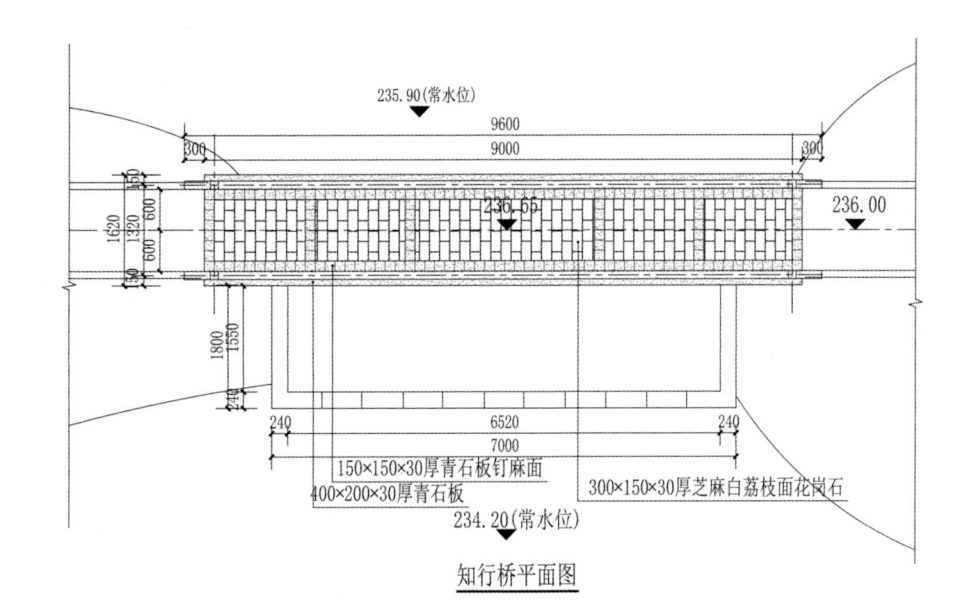

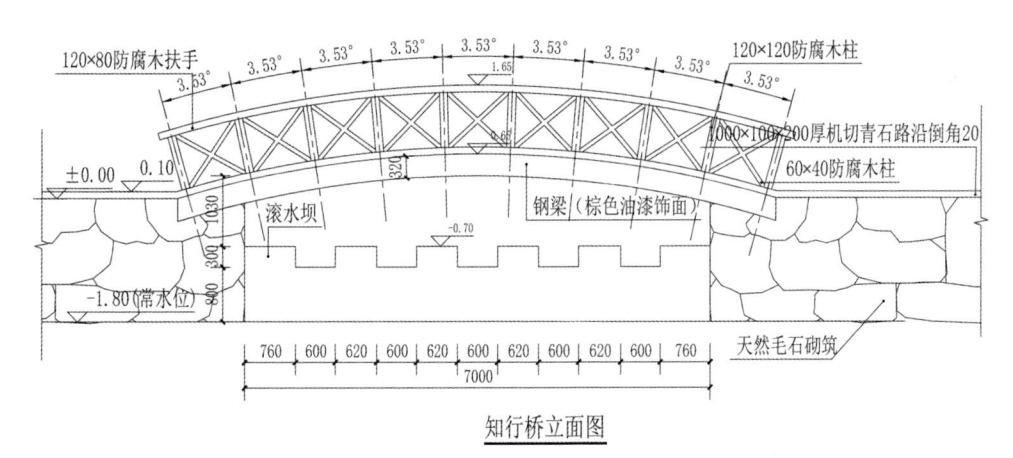

知行桥立面图

图8-40 知行桥设计图

⑦静思笃行：该节点处于文渊路与融汇中路相接路口，是重要的视觉焦点。在保留香樟所形成的植物空间关系的基础上，对林下灌丛进行整理，形成灌木色带，点缀海棠、日本晚樱（樱花）*Prunus serrulata* var. *lannesiana* (Carri.) Makino等开花小乔木，布置自然景石，以供静赏，如图8-41。

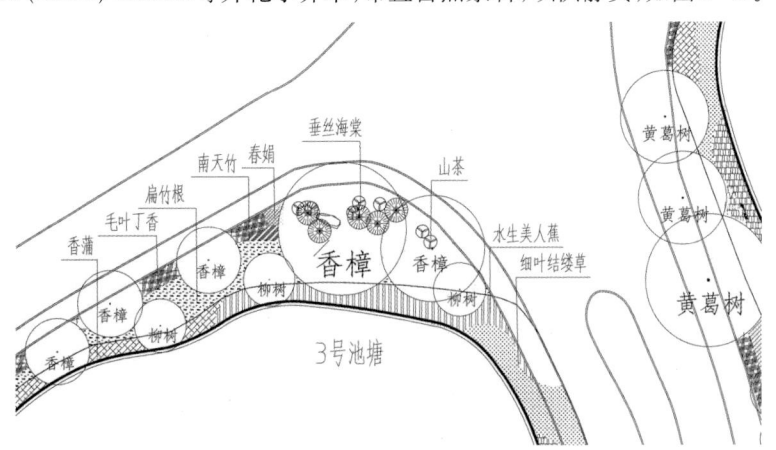

图8-41 静思笃行设计图

⑧柳岸铭德：是对现有的亲水步道环境进行品质提升。融汇路的人行道与亲水步道之间高差为0.8—2 m，沿人行道靠湖的一侧砌有高0.6 m、宽0.7 m的带状花台，使人行道过于狭窄，不能满足同行需求，且行人在此段行走时感觉空间压抑。改造设计时，首先去除带状花池，在人行道与亲水步道之间堆土塑坡，使急促的分岔变缓，利用灌木绿篱做生态挡墙，配置与车行道另一侧对应的黄葛树作为行道树，在坡地上点缀樱花和色带，亲水步道旁搭配垂柳，如图8-42。

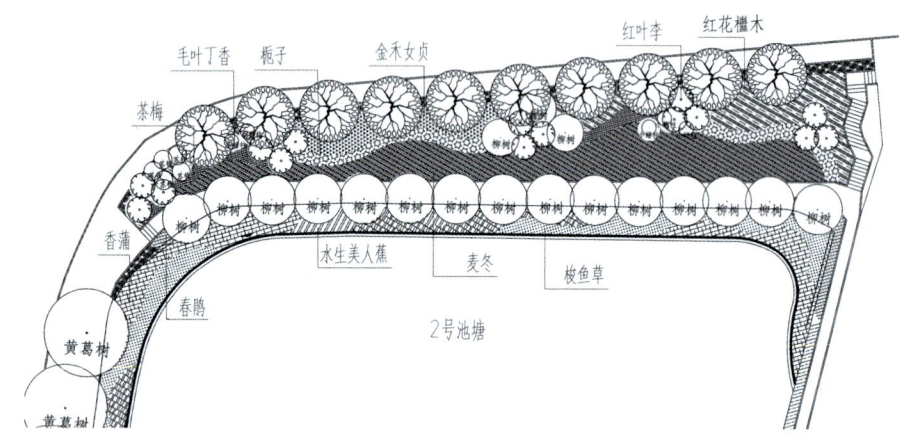

图8-42　柳岸铭德设计图

8.7　施工与维护

（1）因相关研究人员以5号池塘中水产养殖研究会受影响为由，阻止了紧邻塘边的樟荫折秀、德雅廊的修建。明明台墙面文字未实施。

（2）寻芳台未按架空平台设计修建，采取条石挡土墙砌筑回填形成实体平台，因平台土壤夯实不到位，在使用过程中平台场地基础沉降、铺地装饰破坏严重。

（3）崇德湖水质保持依然存在问题，环湖坡地植被养护不到位，出现荒芜的现象。

项目设计人员：张建林、罗捷、邢佑浩、王向歌等。

附图：崇德湖景观图

附图 8-1　知行桥实景

附图 8-2　缕月雅林实景

附图 8-3　思学台实景　　附图 8-4　寻芳台沉降状况　　附图 8-5　汀步基础

经济管理实验楼外环境设计

9 经济管理实验楼外环境设计

9.1 项目概况

经济管理实验楼位于西南大学8号门校园干道的东侧,与道路西侧的西南大学动物医院、温网室隔路相对。经济管理实验楼是西南大学南校区地标性建筑,其环境是满足广大师生休闲、读书和展示校园文化景观的重要场所之一,规划用地面积约2.42 hm²。

9.2 场地条件

(1)设计场地的东、南面为西南大学温室,北面为动物养殖场,西面与八号门校园干道相接,从八号门进入温室区的车行道从场地南部穿过。主楼为东西走向位于场地北侧,配楼为南北走向位于场地西侧,建筑呈"L"形布局。建筑的四个方向均设有出入口,建筑主出入口呈东南西北分布,师生主要从场地的东南、西北角进入大楼,如图9-1、图9-2。

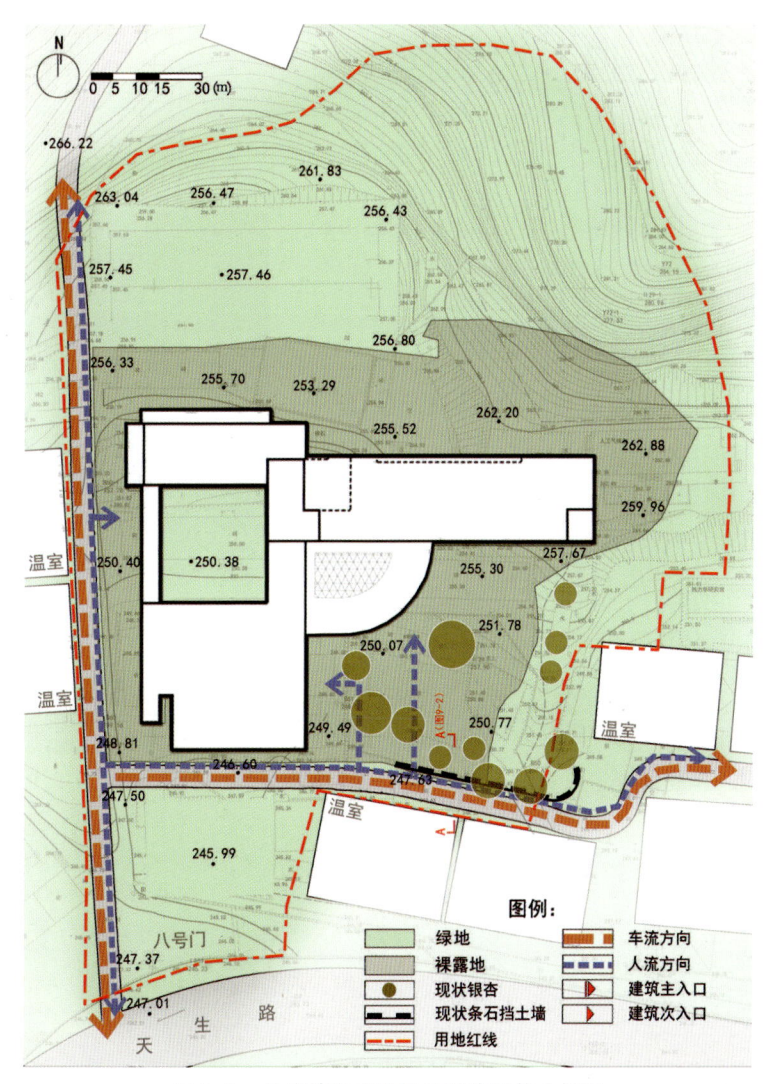

图9-1 经济管理实验楼外环境现状分析图

(2)设计场地内从北向南分为三层台地,北高南低,中间台地与南侧车行道高程相差2.5 m。最高点位于场地东北角,高程为283.87 m,最低点位于西南角靠近八号门处,高程为246.00 m。

(3)保留的12棵银杏树位于大楼所在台地的东南侧,条石堡坎的上方。

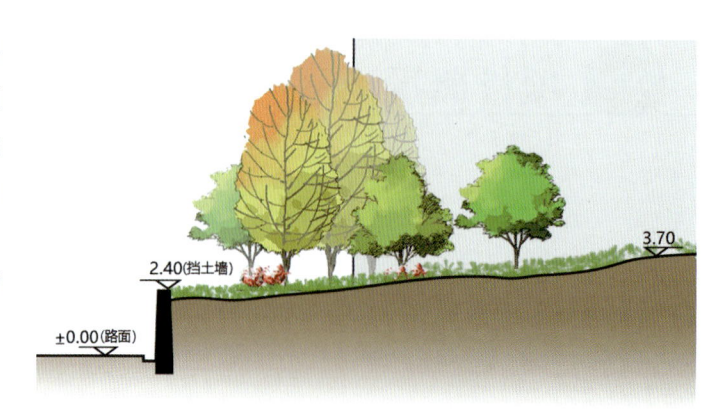

图9-2 A-A剖立面图

9.3 面对的问题

(1)在保持场地特征的基础上,如何处理场地内原有建筑留存的挡土墙(图9-3)与新建筑的道路交通关系,体现新建筑的环境特色。

(2)场地东侧建筑规划的消防通道因现场植物保护和温室不能拆除,无法按规划实施。

(3)经济管理实验楼特有的文化属性如何在环境设计中得以呈现,形成不一样的环境景观。

(4)如何通过有效的规划设计将场地内保留的12棵银杏树融入整体的环境之中,使其成为景观的有机组成部分。

图9-3 现状条石挡土墙

9.4 设计策略

（1）在不影响使用功能和植物保护的前提下，不同高程的场地之间尽可能采用斜坡绿地衔接，对现状条石挡土墙采取保留或降低高度的方式融入设计之中。从便捷的角度梳理场地内外交通关系，如图9-4。

（2）场地东侧消防通道采取尽端式回车，局部车道取消以达到保护现状植物和温室。

（3）以现状银杏树为特点，进一步强化银杏树的种植规模。

（4）场地内现状银杏树原则上采取就地保护，如因少数几株植物影响大楼整体景观和使用的，可采取就近移植。如建筑主出入口附近一棵银杏树影响施工及景观效果，在建筑施工时已将其移栽至场地东侧。

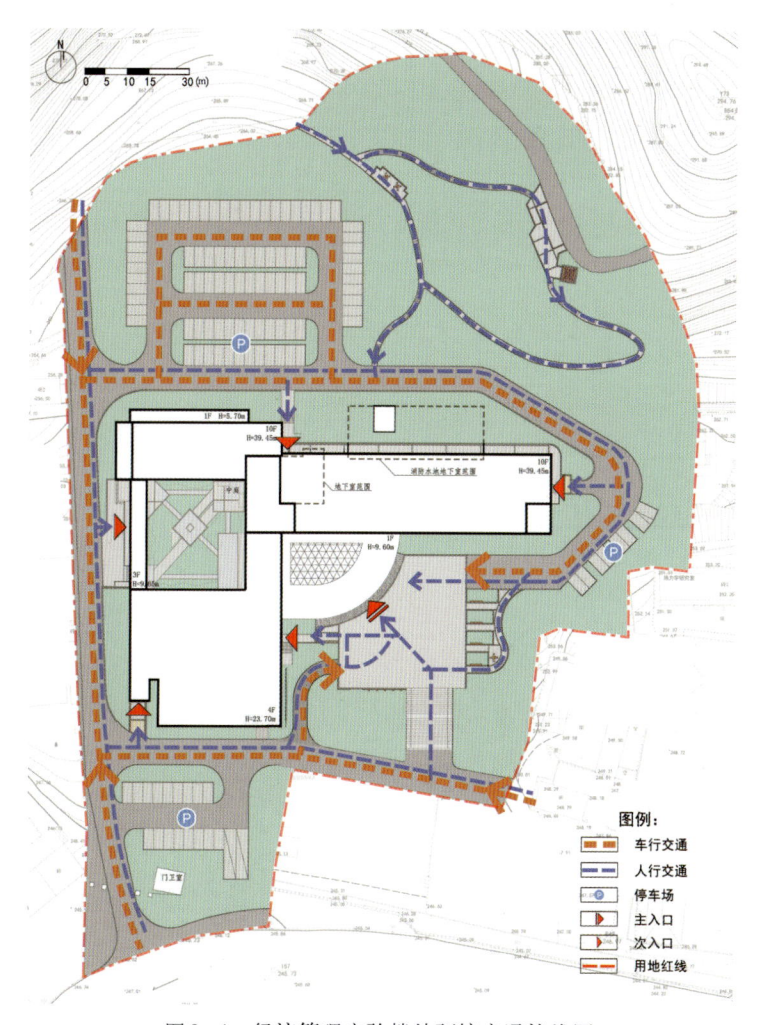

图9-4 经济管理实验楼外环境交通流线图

9.5 创意构思

（1）西南大学经济管理学院的精神是"含弘自强，笃行致远"。其中"含弘自强"的思想渊源在于中华文化之精华，即力求内外兼修，以厚德修己立身而终至达人载物。"笃行致远"寓指经济管理学院师生无论是在学术研究、教书育人，还是在学习探索过程中，当以实践为根基，求学理之精深，探事物之究竟，也当保自我完善、学无止境、不懈努力之精神。

(2)银杏象征坚韧与沉着,其寓意与经济管理学院精神中的踏实、不懈努力不谋而合。以楼前保留的12棵老银杏树为基础,整体营造以银杏为特色的雅致、和谐环境,如图9-5。

(3)提取古代货币符号以地雕的方式装饰广场铺地,体现经济管理学院的经济属性,彰显大楼特质,将校花玉兰花融入植物景观打造中,蕴含"优雅、高洁、报恩、进取"之意。

图9-5 设计元素提取构思图

9.6 方案与设计

(1)方案布局 依据经济管理实验楼外部交通功能和建筑整体形象展示要求,结合文化创意,在建筑的东南入口前布置致远广场,西北建筑围合的场地设计为笃行苑,南北台地规划为停车场,东北山坡地规划为山林休闲区。笃行苑以解决建筑西侧入口的人流交通,在彰显文化的同时软化中庭过硬的基底,营造舒适的通行空间。山林休闲区依托地形设计游步道、休闲场地,在较高处设休憩观景亭,如图9-6。

图9-6 经济管理实验楼外环境总平面图

图9-7　A-A剖立面图　　　　　　　　图9-8　致远广场效果图

(2)致远广场设计　基于现状场地高程、保留银杏的位置、建筑门厅朝向及人流关系,对致远广场的空间形态、集会展示、休闲空间和铺地进行设计。花岗石铺地上阴刻我国不同历史时期金属货币图案及对应的文字介绍,以彰显金融文化属性,强化以银杏为特色的广场植物景观,如图9-8至图9-17。

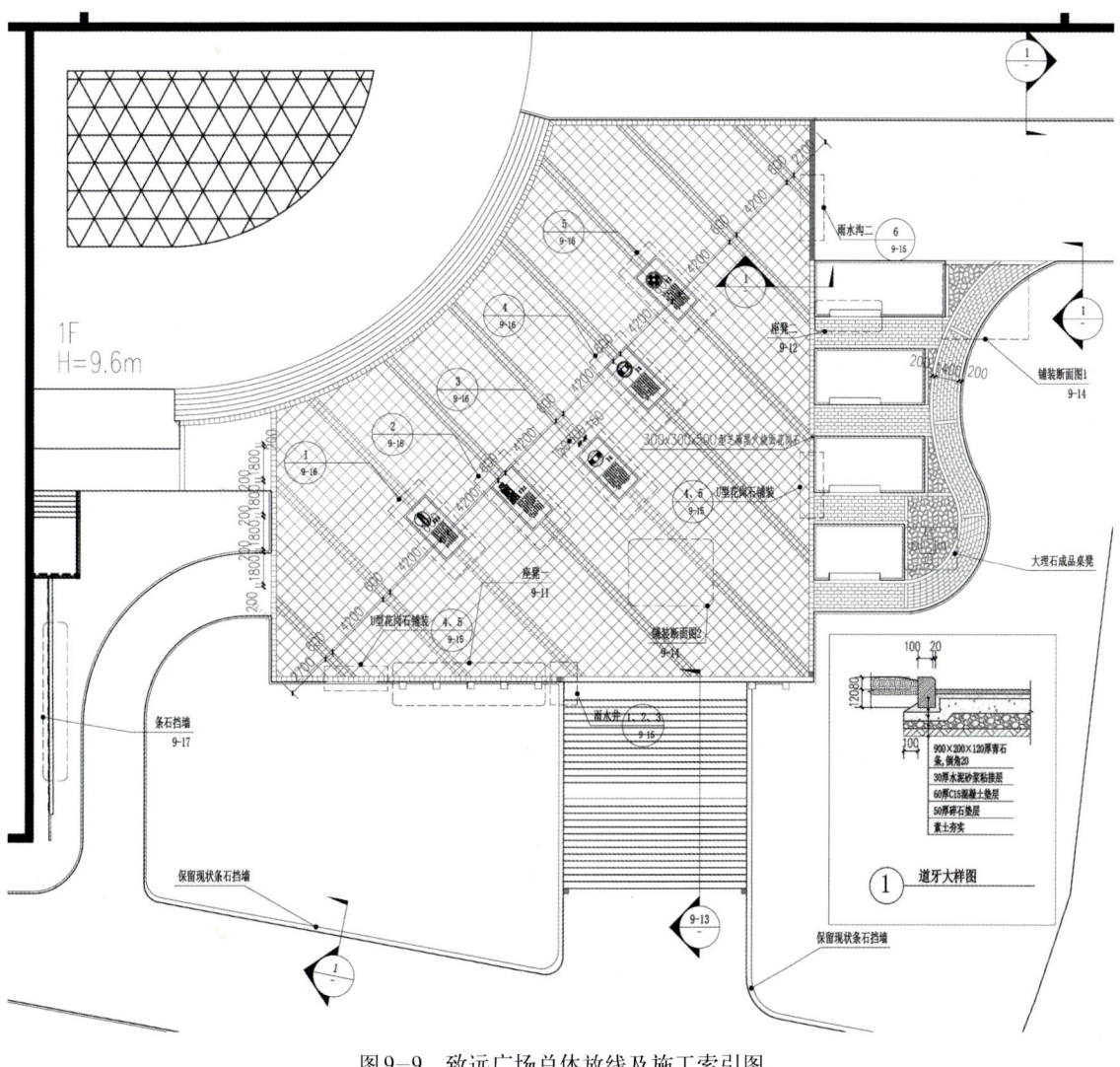

图9-9　致远广场总体放线及施工索引图

229

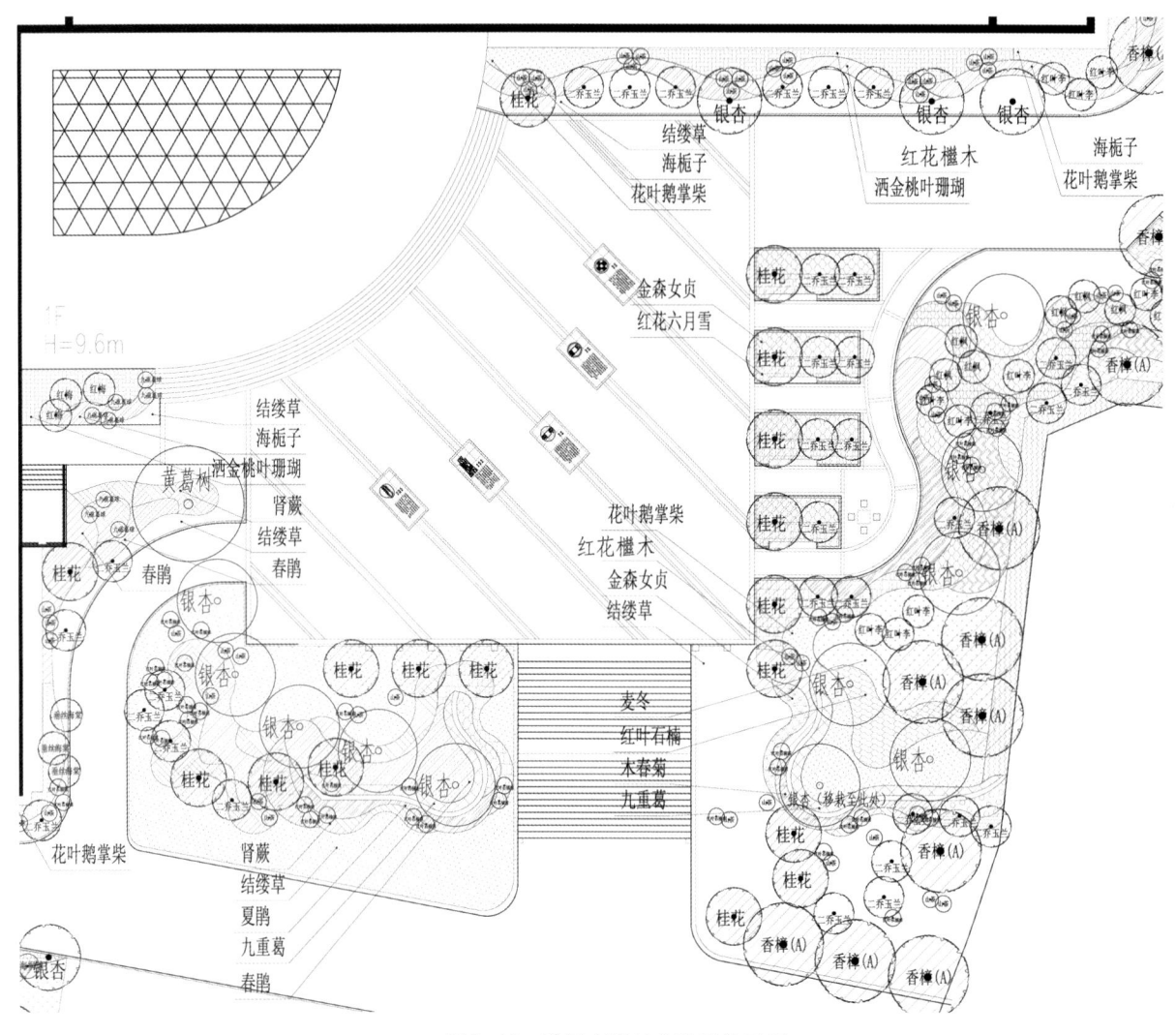

图 9-10　致远广场植物种植施工图

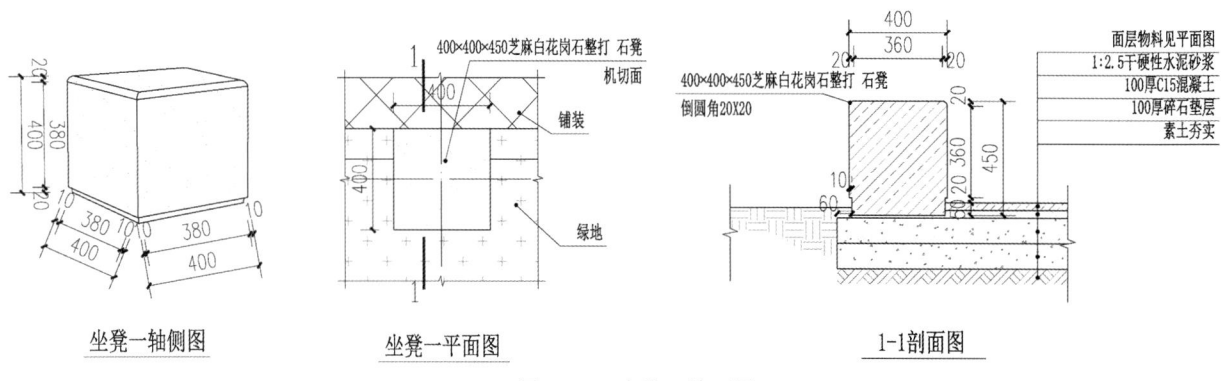

图 9-11　坐凳一施工图

图 9-12　坐凳二施工图

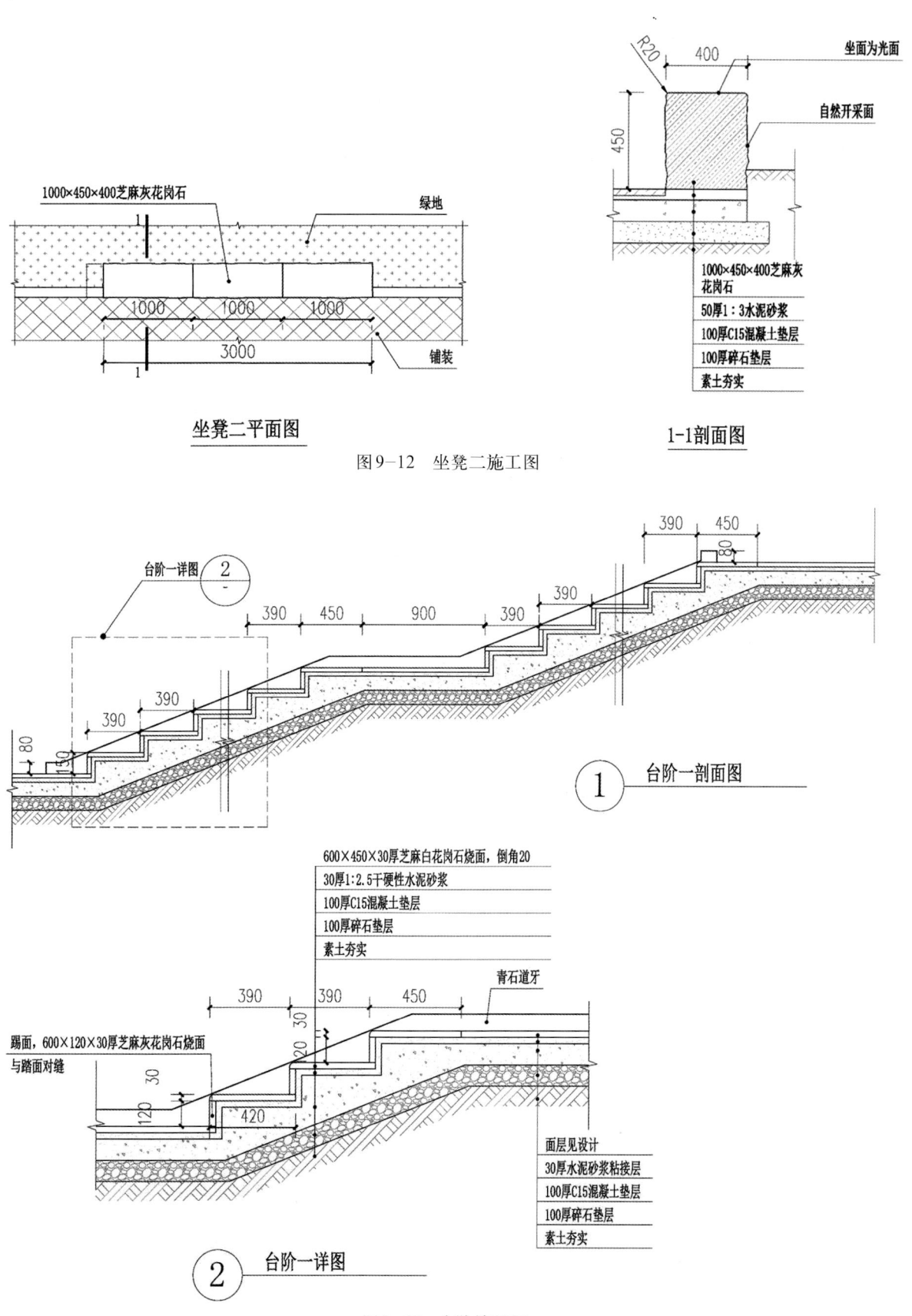

图 9-13　台阶施工图

图 9-14　场地铺装断面施工图

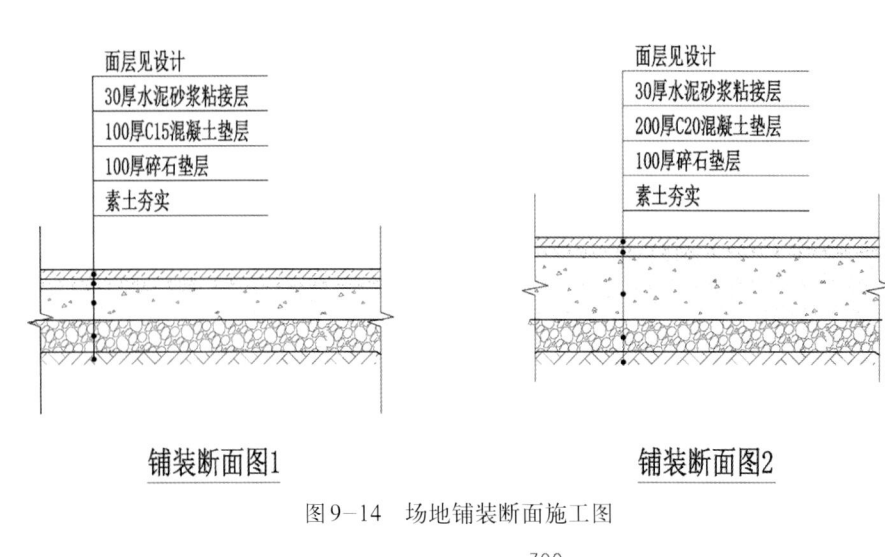

图 9-15　雨水井与排水沟施工图

① 阴刻1尺寸图　　　　② 阴刻2尺寸图

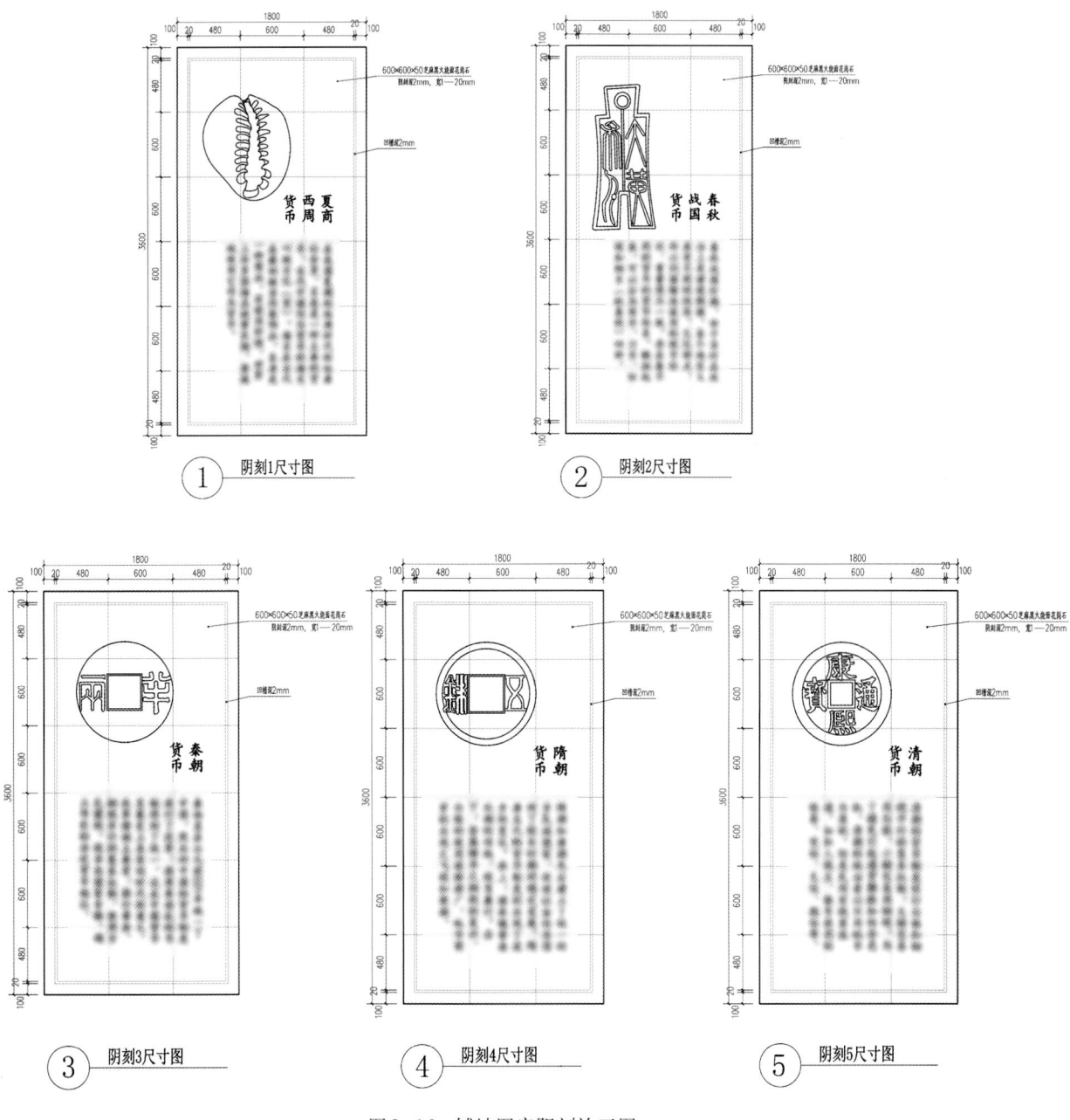

③ 阴刻3尺寸图　　　　④ 阴刻4尺寸图　　　　⑤ 阴刻5尺寸图

图9-16　铺地图案阴刻施工图

图 9-17 条石挡土墙施工图

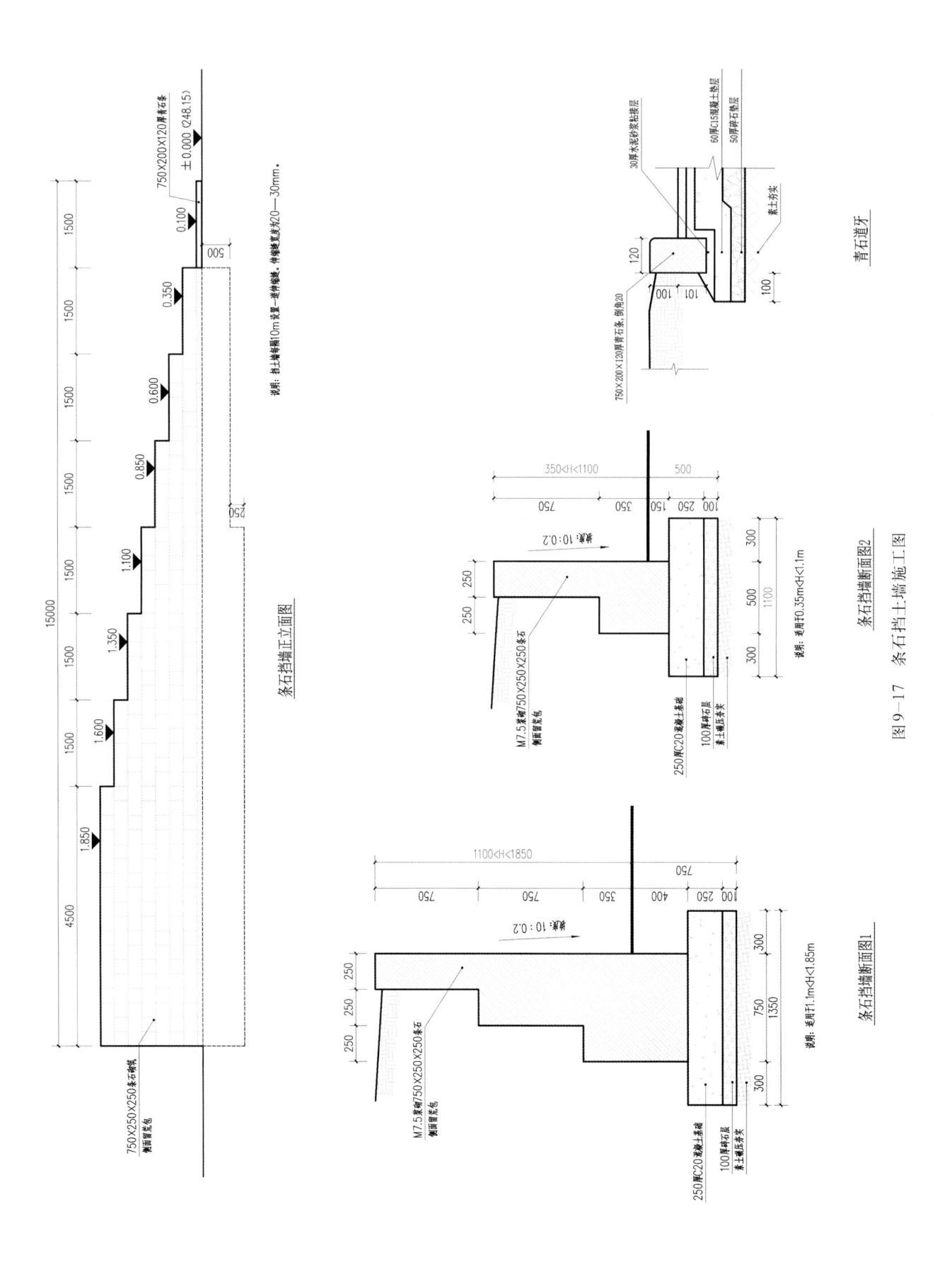

(3) 笃行苑设计

该中庭是建筑内外交通过渡地带，本着交通便捷、流畅和空中俯视具有整体效果的原则进行构图布局，营造雅致、富有文化的中庭景观，如图9-18、图9-19。

图9-18 笃行苑效果图1　　　　　　　　图9-19 笃行苑效果图2

(4) 山林休闲区设计　　位于经济管理学院东北侧山坡，以游步道串连两个小场地，以游览休憩功能为主，在较高处营造休憩场地，并在场地边设方亭子，如图9-20至图9-27。

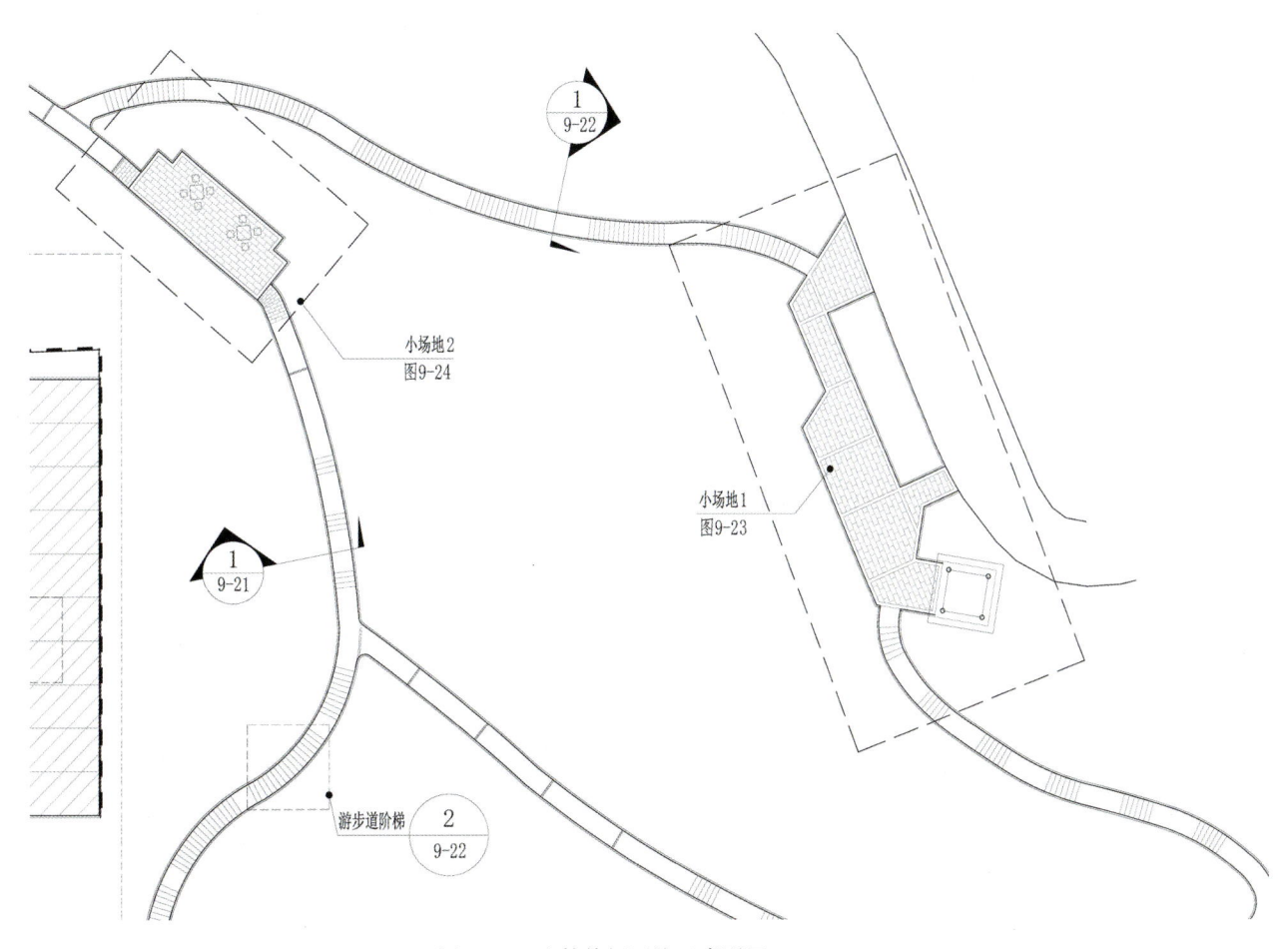

图9-20 山林休闲区施工索引图

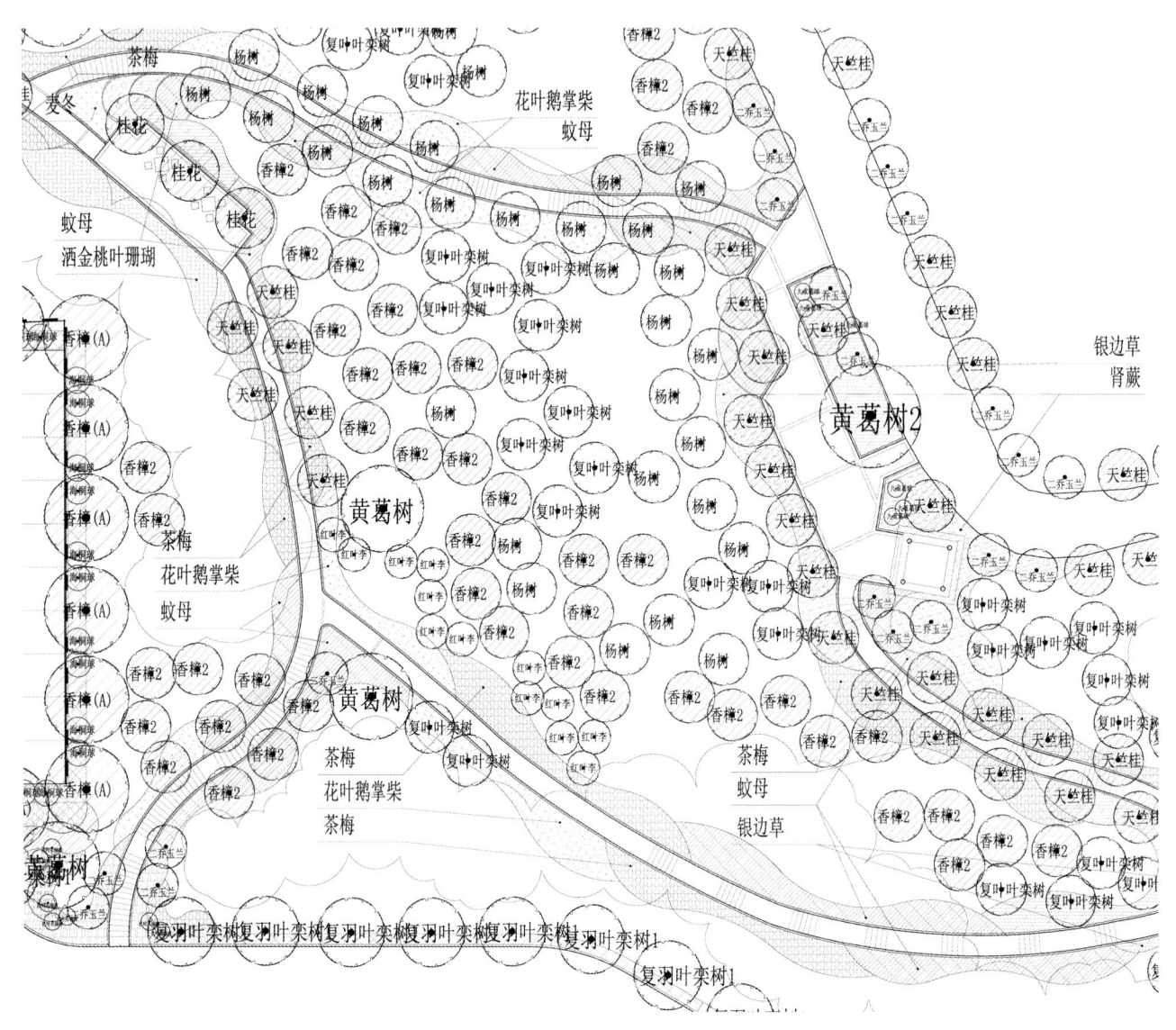

图9-21 山林休闲区植物种植施工图

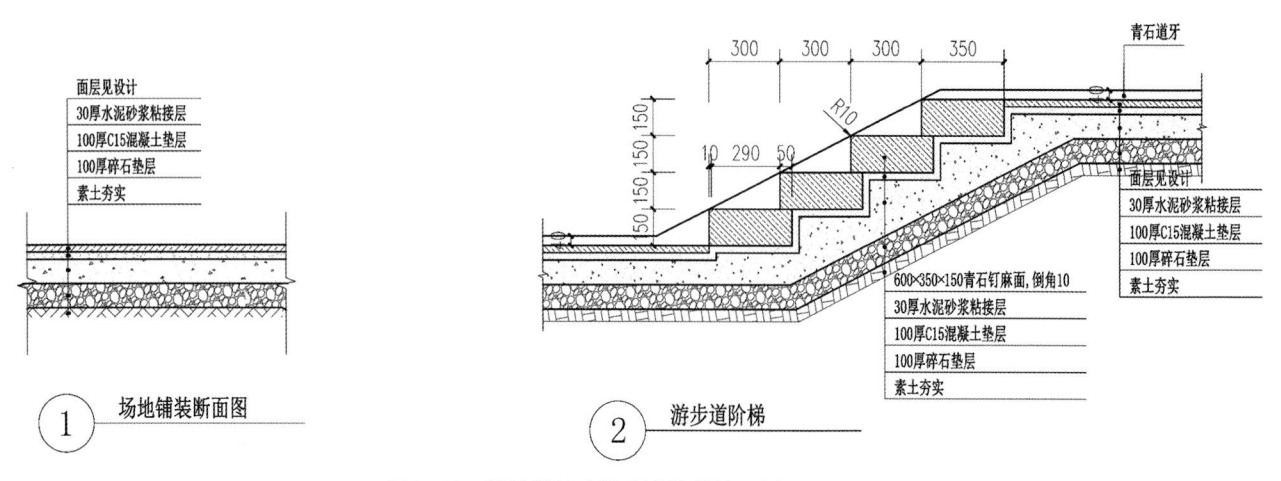

图9-22 场地铺装及游步道阶梯施工图

① 场地铺装断面图

② 游步道阶梯

经济管理实验楼外环境设计

① 小场地1索引、物料图

② 场地铺装断面图

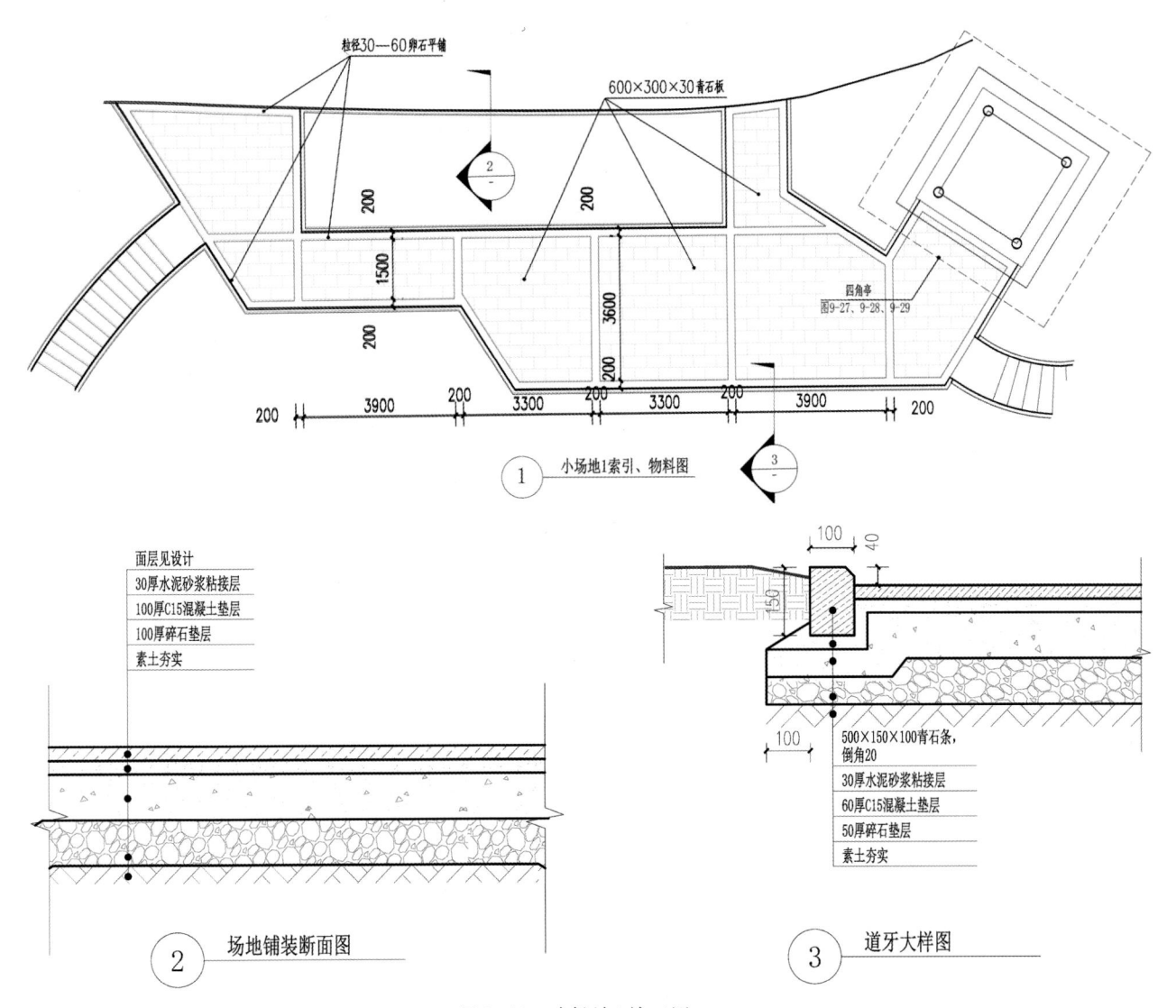

面层见设计
30厚水泥砂浆粘接层
100厚C15混凝土垫层
100厚碎石垫层
素土夯实

③ 道牙大样图

500×150×100青石条，倒角20
30厚水泥砂浆粘接层
60厚C15混凝土垫层
50厚碎石垫层
素土夯实

图9-23 小场地1施工图

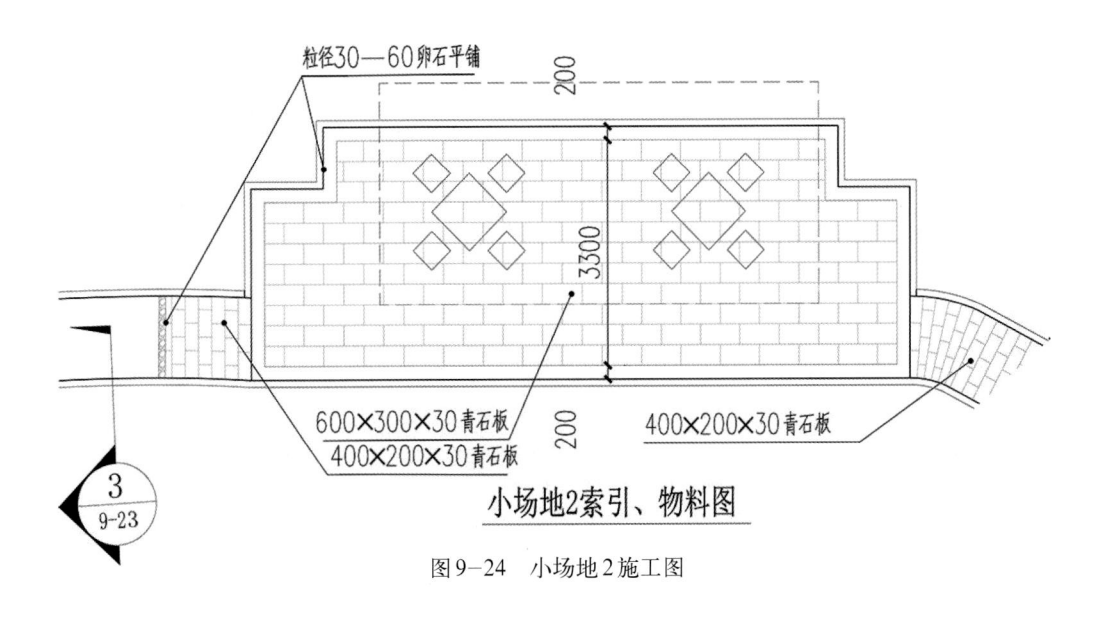

小场地2索引、物料图

图9-24 小场地2施工图

237

① 四角亭底平面图

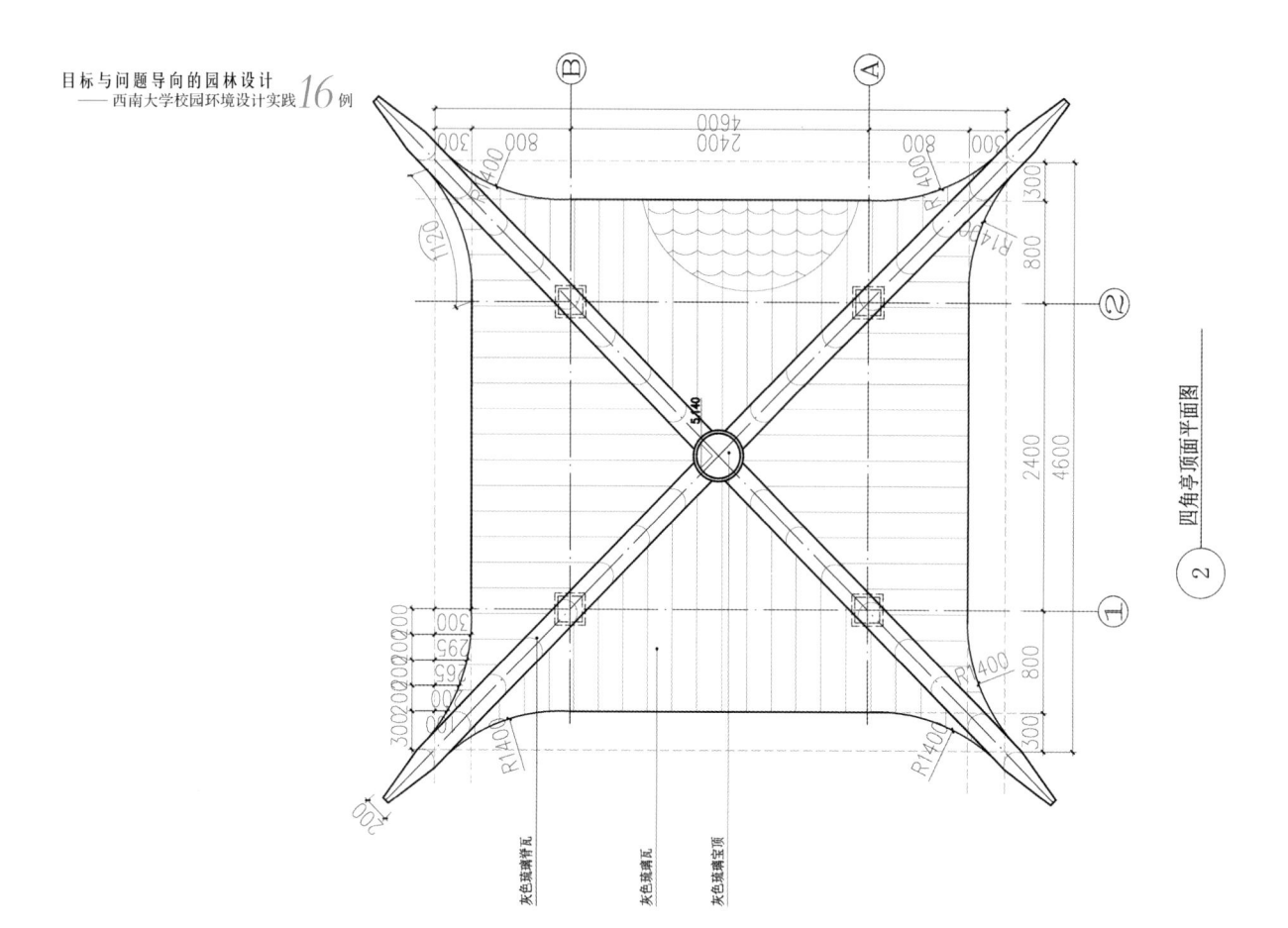

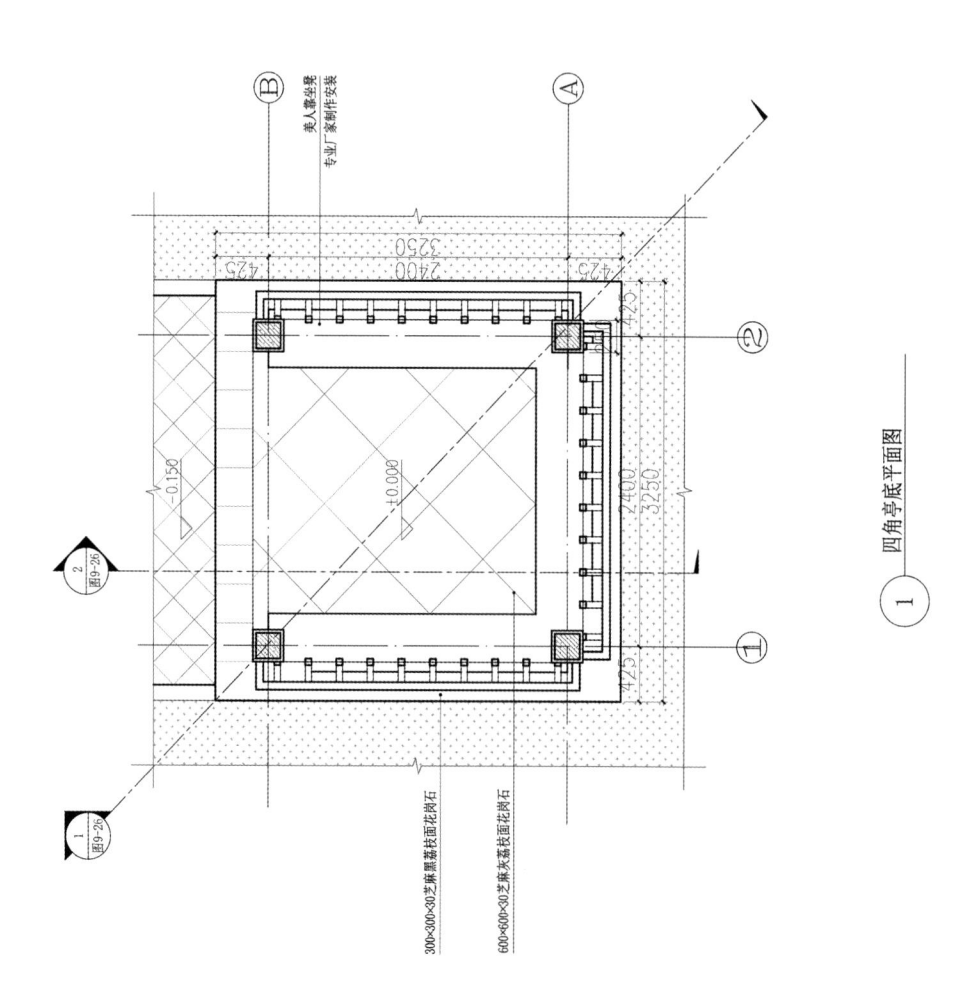

② 四角亭顶面平面图

图9-25 四角亭施工图1

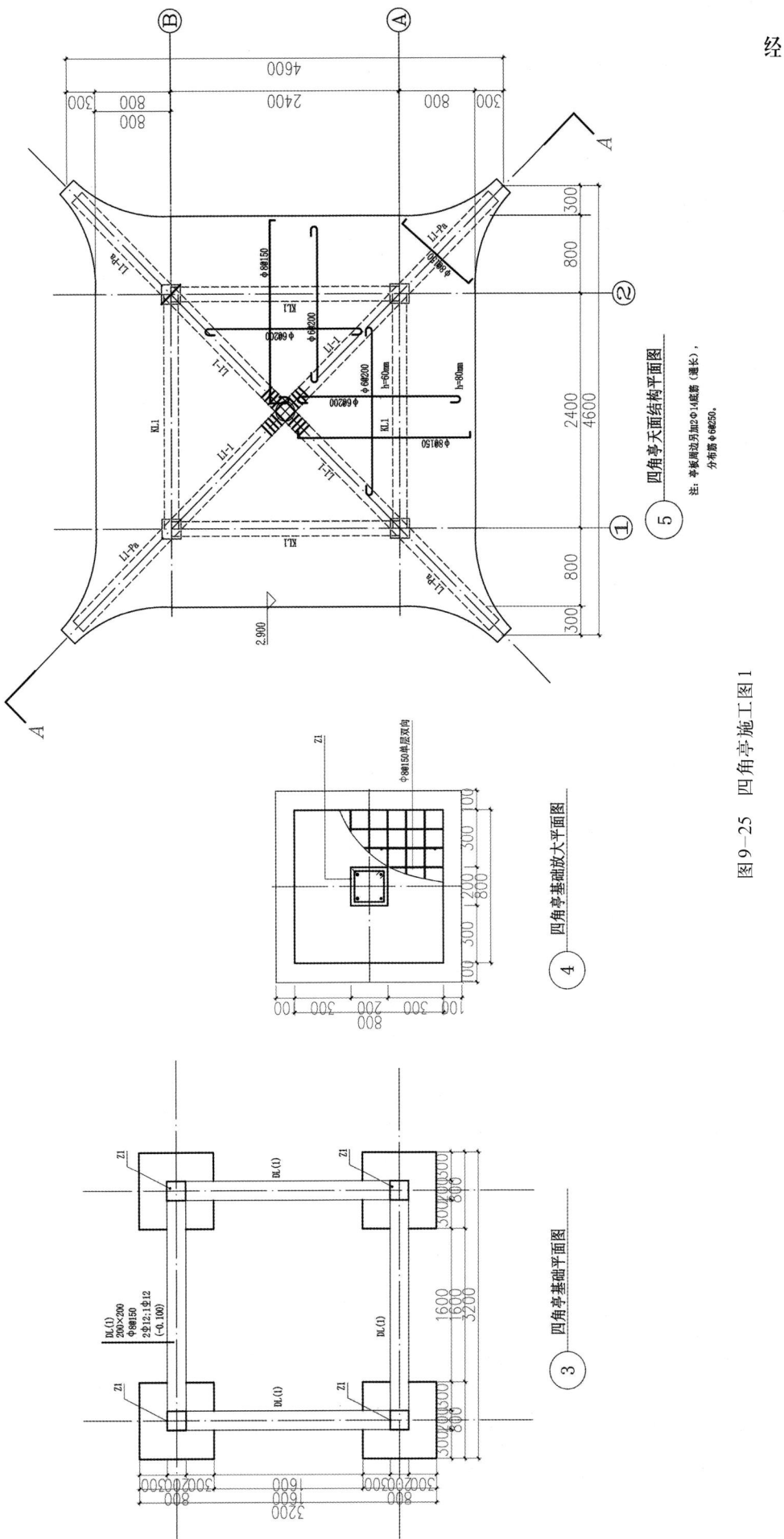

240

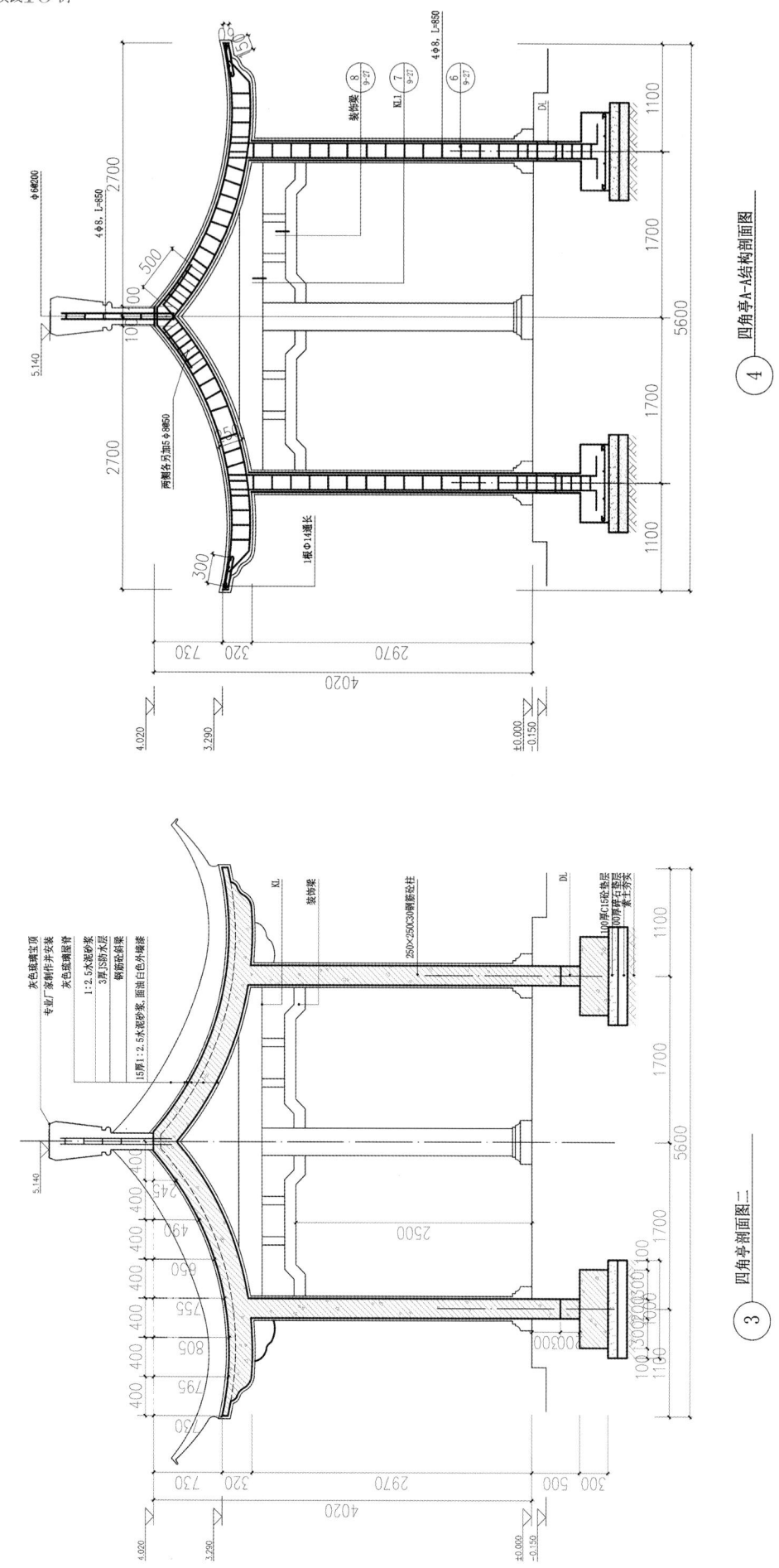

图 9-26 四角亭施工图图 2

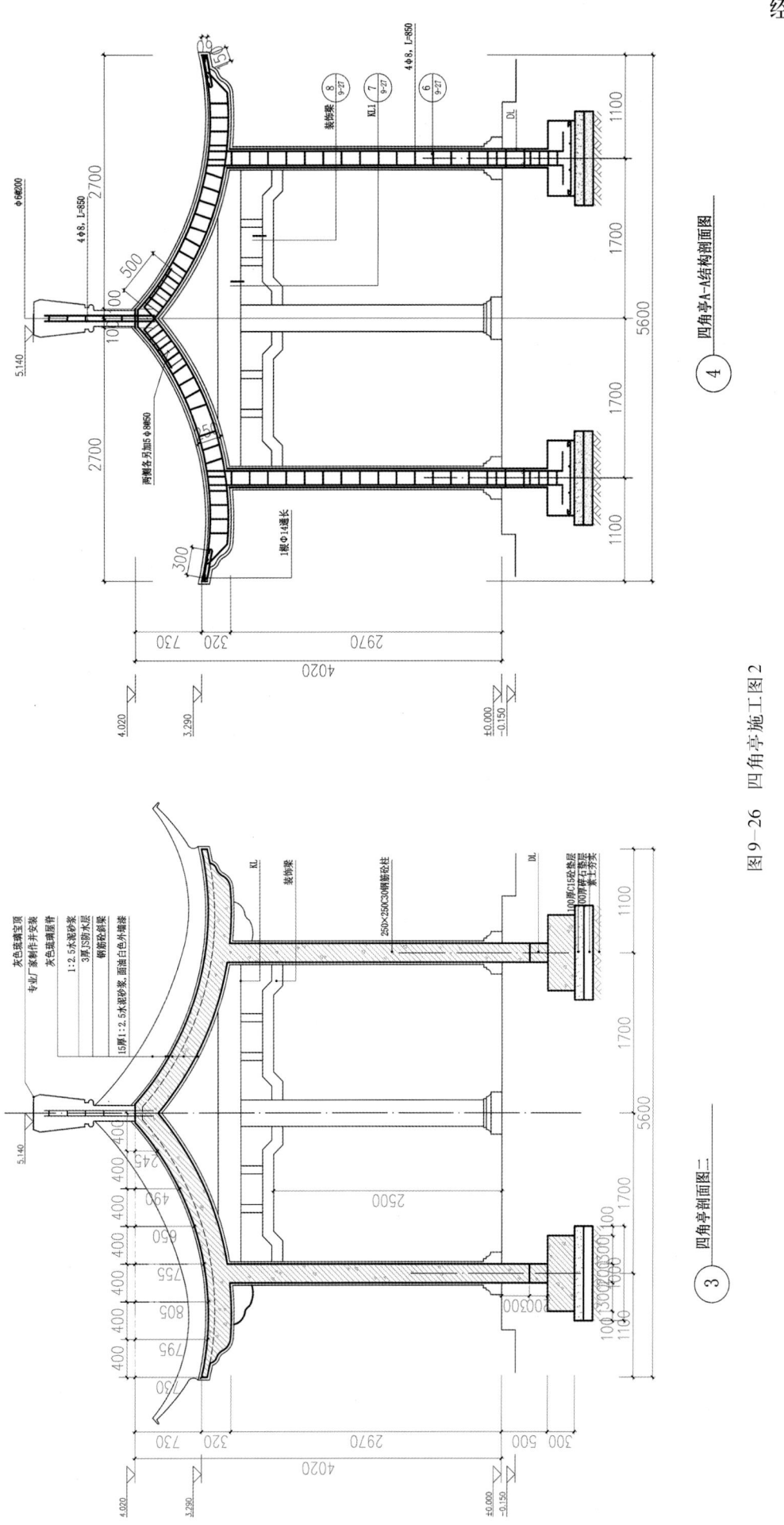

图9-27 四角亭施工图3

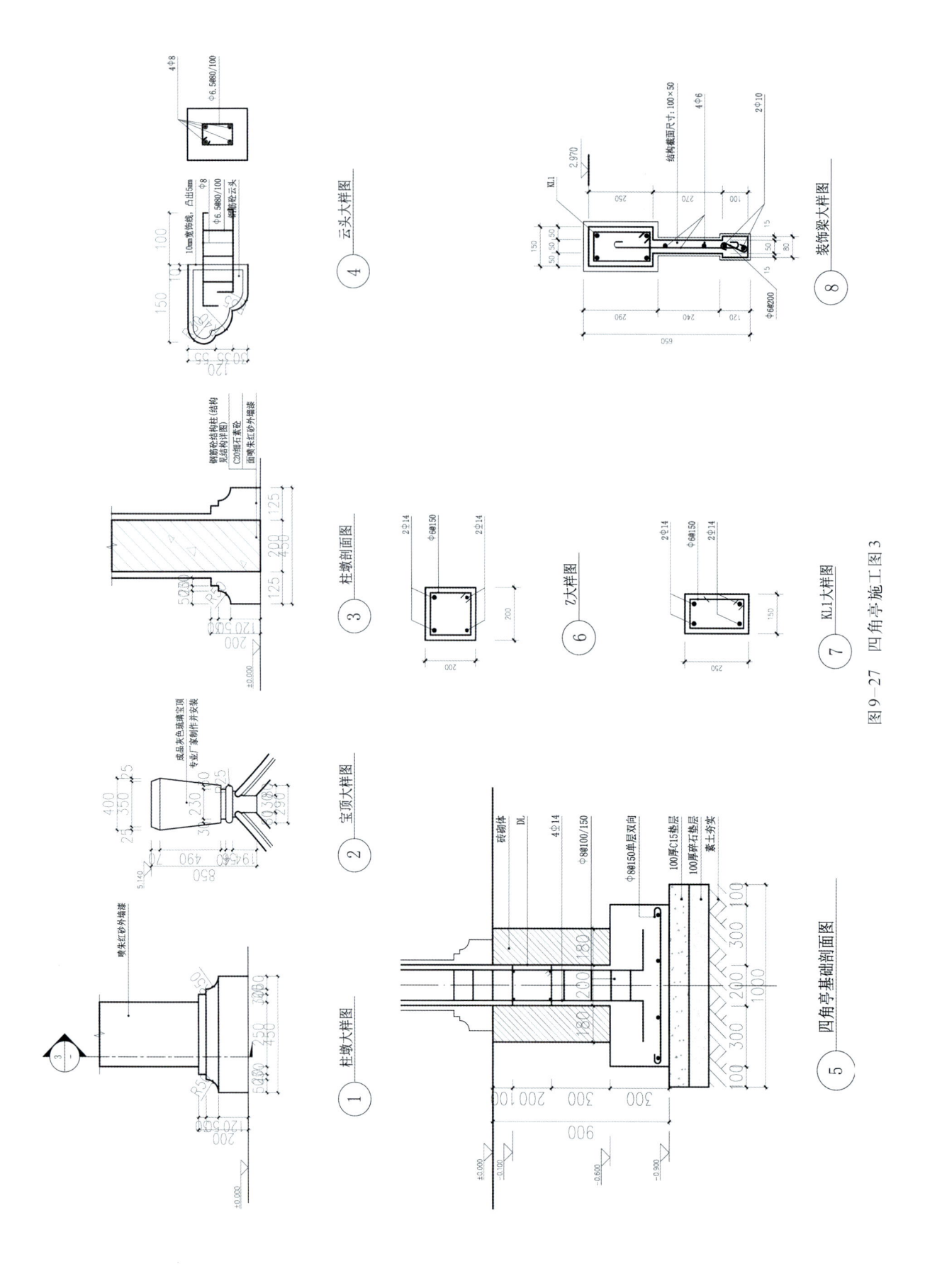

9.7 施工与维护管理

(1)该项目有较大一部分未按规划设计实施,其原因有多种。场地东北角山坡上的景观亭及其游步道未能实施的主要原因是此部分土地被资源环境学院使用;中庭——"笃行苑"未实施是因为大楼使用单位认为花园管理太费事;大楼竣工完成时北面的动物养殖场不能按时拆除,消防通道不能按既定的线路实施,大楼使用三年后才拆除动物养殖场并修建停车场。大楼南侧的停车场改为以小汽车停放为主,不再考虑大客车停放,其形式发生变化。

(2)整体维护管理较好。

项目设计人员:张建林、余梅、夏昕昕、戴梦迪等。

附图:

附图9-1 经济管理实验楼外环境实景图

10

资源环境学院楼外环境设计

10 资源环境学院楼外环境设计

10.1 项目概况

资源环境学院楼又称西南大学第三十五教学楼,它位于西南大学六号门附近,是为了满足资源环境学院建设规模和学科发展的需要,经学校多方筹措资金而新建的学院专属大楼。该院是我国著名的土壤学家、教育家侯光炯院士长期工作的学院。大楼集学院行政办公、科学研究和专业教学为一体,是展示资源环境学院悠久的办学历史、深厚的科教文化的重要载体和窗口,其环境景观文化建设是西南大学校园景观文化建设的重要组成部分,因此,资源环境学院楼的环境建设受到学校有关部门、领导及资源环境学院师生的高度重视。2009年1月,在大楼即将落成之际,开展大楼环境景观方案设计。该项目规划红线用地面积约20460 m^2,其中建筑占地3694.8 m^2。

10.2 场地条件

(1)资源环境学院楼北面为工程学院的实验工厂,东北角为食品科学学院,东面为第三十教学楼(实验大楼),南面为蚕桑研究室和西南大学农场办公室,西面为玻璃温室。大楼平面呈"L"形,位于用地的西北部分,设计场地中部和东部区域较平整,北、西、南三面均与中部区域有较大高差,最大相对高差约6 m;三面环抱的土丘地形构成相对封闭的空间,如图10-1。

(2)大楼建筑风格为大气稳重的现代欧式建筑,其西、南面、东南均设有出入口。东南主出入口设于"L"型建筑的阴角处,并与六号门内的校园干道呈45°左右交角,偏安一角的建筑布局,使其场地稍显活泼。

(3)进入大楼的师生主要来自六号门、学苑路和西北角方向的竹园,以及场地需承载第三十教学楼与实验温网室之间的人流和来自八号门的车流。

(4)设计用地范围内因建筑施工平场和搭建临时施工设施需要,部分区域硬化,无自然生长的树木。

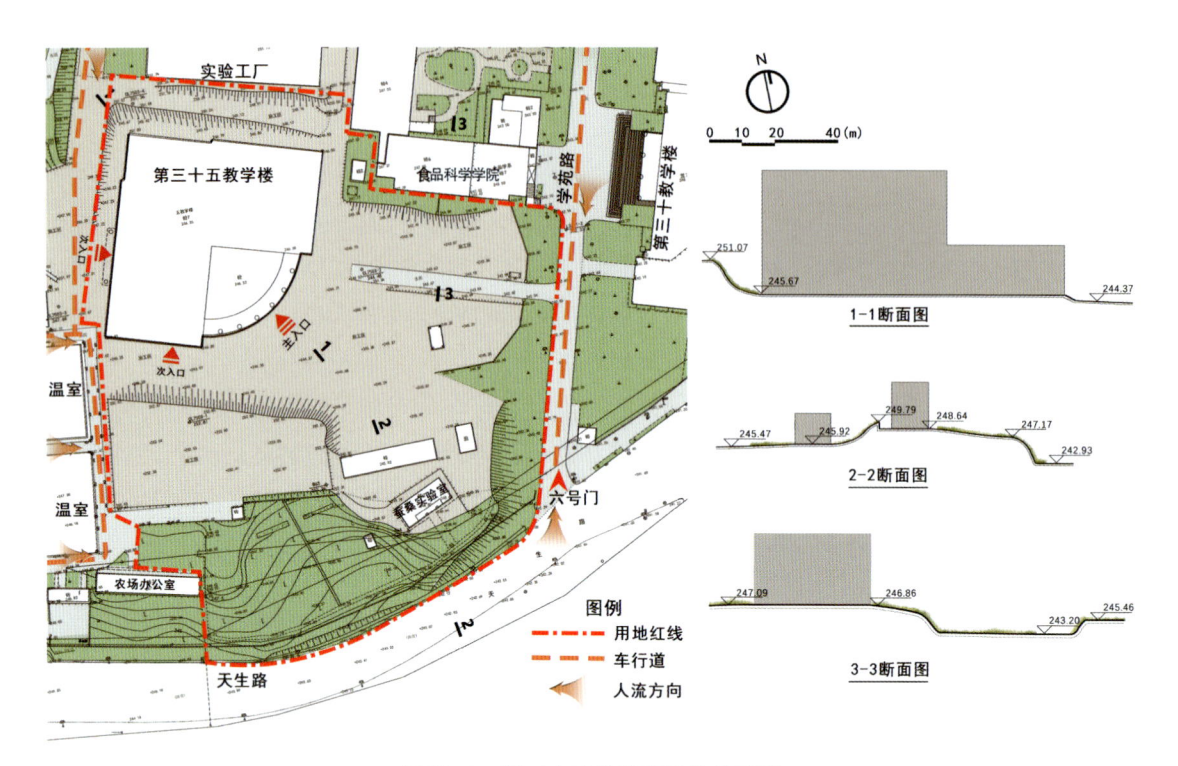

图10-1　第三十五教学楼现状总平面

10.3 面对的问题

(1)大楼周边用地破碎,如何通过环境设计来协调大楼建筑形态、朝向、超大宽度的建筑门厅与校园干道、相邻建筑所形成的空间、交通之间的关系。

(2)提取什么样的文化,以怎样的景观形式来表达资源环境学院楼特有的科学研究内涵,使其环境景观更具有标识性和场地文化。

(3)大楼与南侧的天生路相距90 m左右,如何通过环境设计来降低天生路上来往车辆所产生的噪音,避免校园教学工作环境受外部环境干扰,如何合理利用场地周边较大的地形高差,为环境功能与景观服务。

(4)什么样的环境景观形态,既能衬托建筑风格与气质,又能满足学院集会、师生课间的交流和户外学习的功能要求,以及部分教职工停车的需要。

10.4 设计策略

(1)对大楼周边环境用地进行必要的整合、挖填、整形,使环境用地更为简洁。在大楼入口正前方通过方形广场来协调建筑风格、统领相邻道路及建筑外部交通关系。

(2)从资源环境学院学科研究的主要对象、属性和代表人物中吸取大楼外部环境景观设计所需文化元素,并以景观形式呈现。

(3)保留场地南部小山丘,利用地形和植物配置降低甚至阻隔校园外部道路交通噪音。利用北、西、南三面地形高差强化广场空间的围合性。

(4)休憩设施与环境景观要素结合,对称布置。在不影响建筑主入口形象的前提下,尽可能将停车位设置在树荫下。

10.5 创意构思

(1)基于大楼建筑平面为"正方形构图",环境设计以正方形为设计母体,大楼主入口前广场平面形态借用大楼建筑平面形态,并以东北、西南为轴呈对称式布置,大楼建筑为"实",广场为"虚",构成良好的场地关系,以此整合建筑、门厅、广场及建筑周边的道路与景观空间关系,如图10-2。

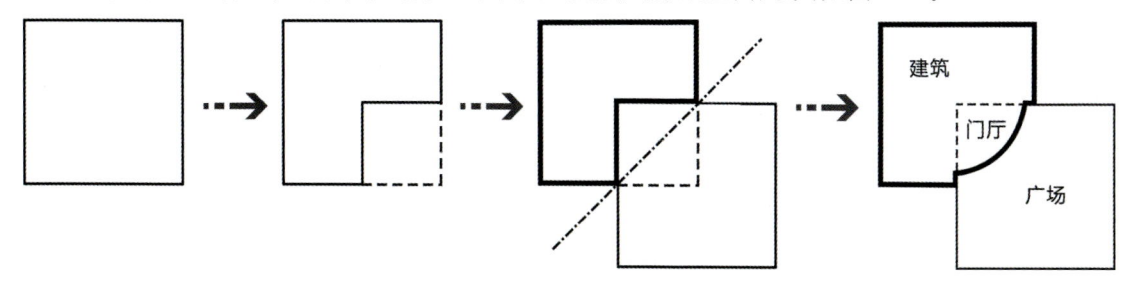

图10-2 第三十五教学楼前广场与建筑平面结构关系图

(2)从土壤色彩分类、垂直结构形态和丘陵山地梯田形式获取设计灵感,提取景观表达的线条与图案,用修剪整形的灌木植物表达多彩的土壤与大地景观,如图10-3。以橱窗箱的形式展示中国南方地区代表性土壤剖面样本,让师生在游乐中了解土壤特点。

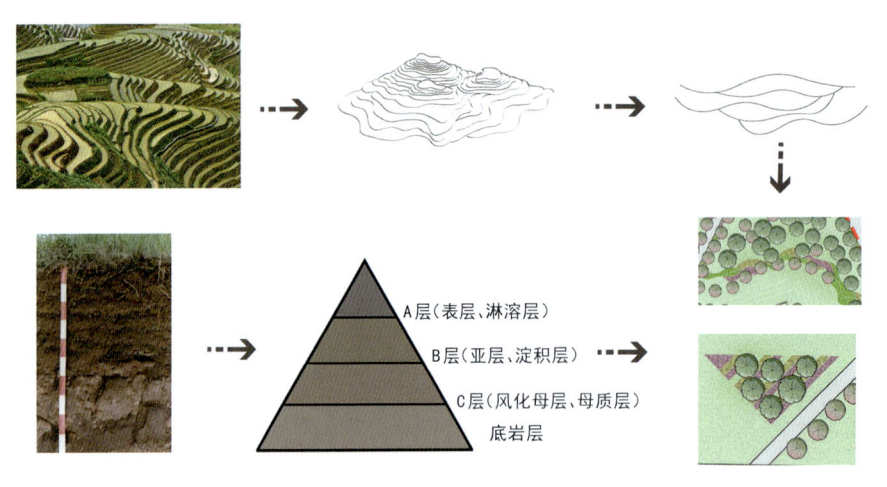

图 10-3　景观形式演绎

（3）大地因水的滋润而蓬勃生机，因水的作用形成不同的土壤。文人的"仁者乐山，智者乐水"的情怀，已成为人们偏好水文化的理由。为彰显"大地之子"、智者——侯光炯院士，特将广场的东南角、大楼门厅正对轴线上的小山丘剖开，设置规整的"L"形挡土墙和水池。一侧墙面上雕刻侯光炯院士头像和侯光炯赋，隐喻侯先生与大地同在，另一侧垂直挡土墙布置一系列规整的跌水景墙，潺潺的流水声与静静的水面共同烘托出纪念空间的文化氛围，如图 10-4。

图 10-4　侯光炯纪念景墙水景效果与实景图

（4）形式与功能的结合。充分调动广场铺地、周边地形、道路、树池、水体、植物等景观元素来强化广场空间的规整、对称和秩序。"L"型挡土墙和水池既是广场的主景、大楼门厅的对景，又是广场与天生路之间的障景。连接第三十教学楼与农场办公楼的直线步行道垂直广场轴线，进一步强化了广场的视角稳定性，并与广场形成良好的视角关系，如图 10-5。

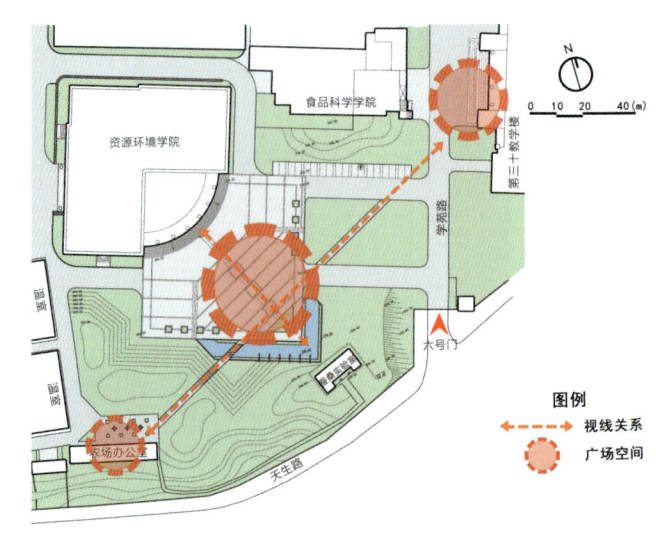

图 10-5　第三十五教学楼环境空间结构

10.6 方案与设计

(1) 规划布局 整体采用规则式结合自然式的设计手法,知行广场与第三十五教学楼以东北、西南为轴呈对称式布置,植物设计提取了土壤与大地的结构,巧妙地利用原有地形高差,通过植物的布置引导视线,以及L型水池的景墙中雕刻侯光炯院士头像和侯光炯赋,进一步烘托了整体文化氛围,如图10-6。

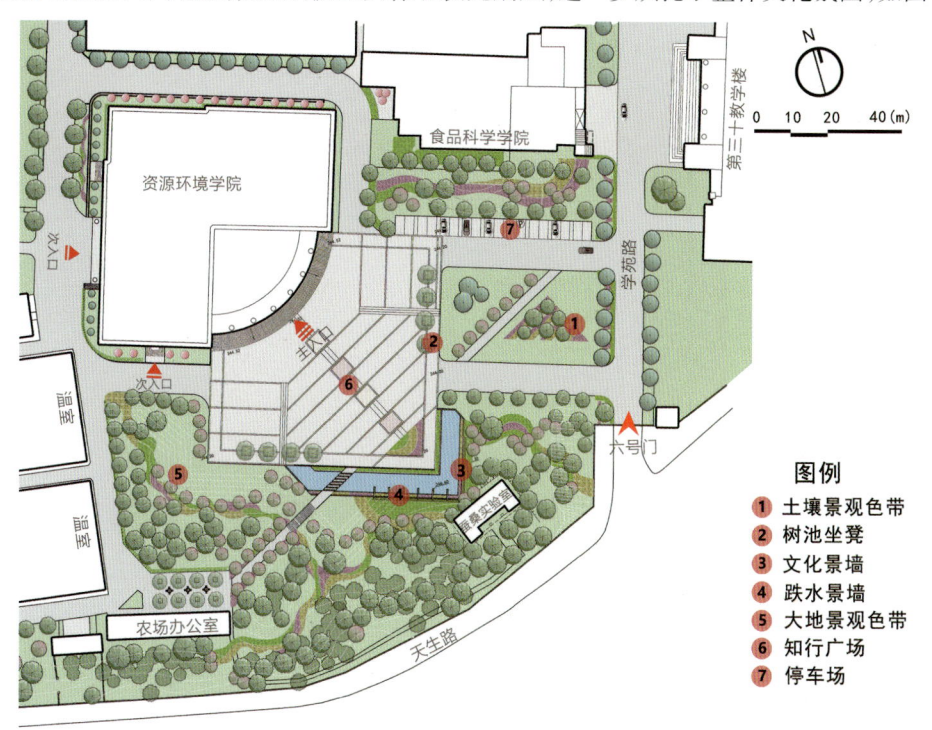

图10-6 第三十五教学楼环境设计总平图

(2) 道路及其竖向设计 设计对原有地形加以利用、整改。在用地中心形成了61.5 m×61.5 m见方的硬质场地;对东北侧土坡进行降坡处理;将西南方向南侧土坡整理成1:3均匀斜坡,转角处进行自然顺接,配以林木和花灌地被,可与教学楼形成体量上的呼应,同时能够对中心场地进行空间限定,产生围合感;在东侧平缓地设两条平行车行干道及矩形绿地。水产院与第三十教学楼,交通路线为直线,保证了师生通行的便捷性。在主要轴线上未种植高大乔木,保证视线通畅,如图10-7。

(3) 铺装设计 中心广场采用混凝土表面拉条作为主体铺装材料,间铺广场砖和厚度在50 mm以上的花岗石,抗车辆碾压性能较好,表面可停车。地面铺装色彩基调与建筑色彩相统一,纹样简单但有韵律,既不破坏广场的庄重感,又避免大面积铺装带来的呆板。使整个广场的设计风格庄重严谨、典雅大方,又不失活泼,如图10-8。

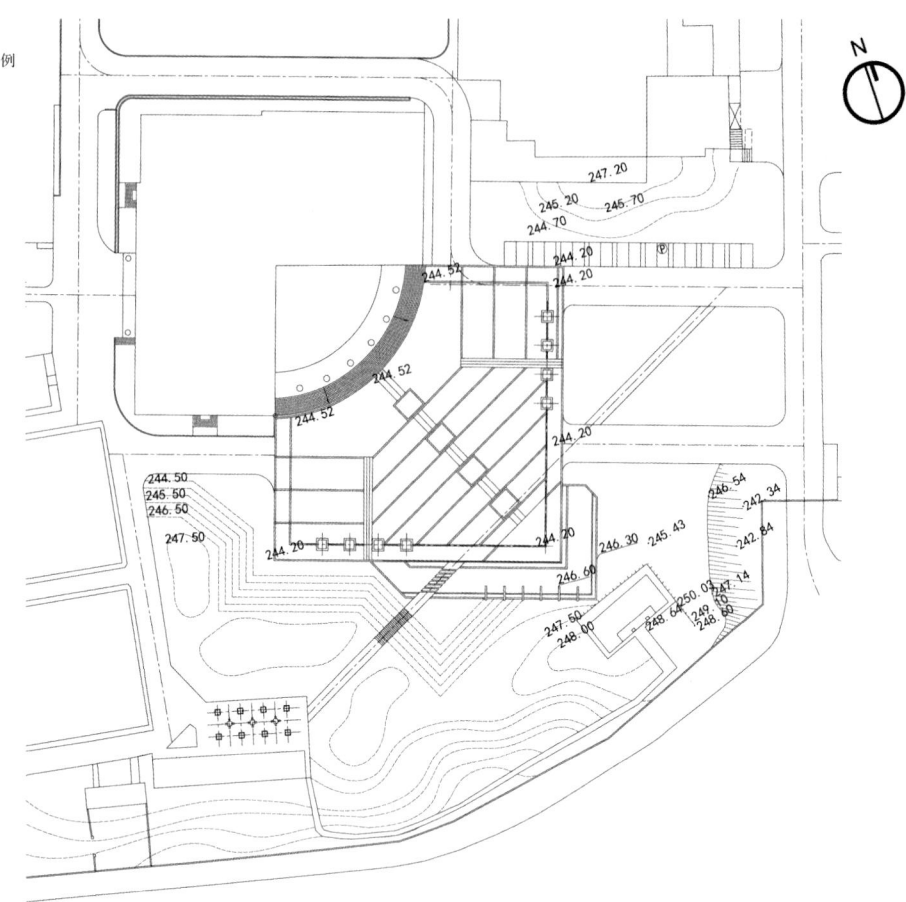

图10-7 第三十五教学楼环境竖向设计

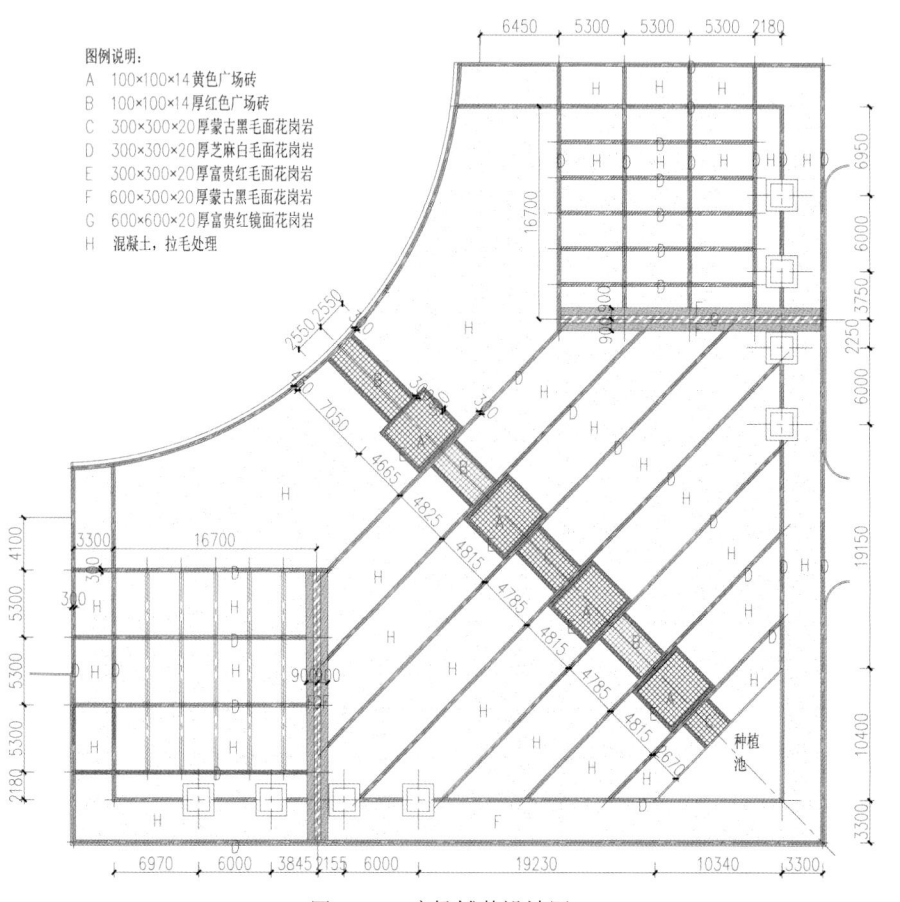

图10-8 广场铺装设计图

(4) 树池设计 场地边设置有树池，为车辆遮阴的同时，可供人小坐、休息，如图10-9。

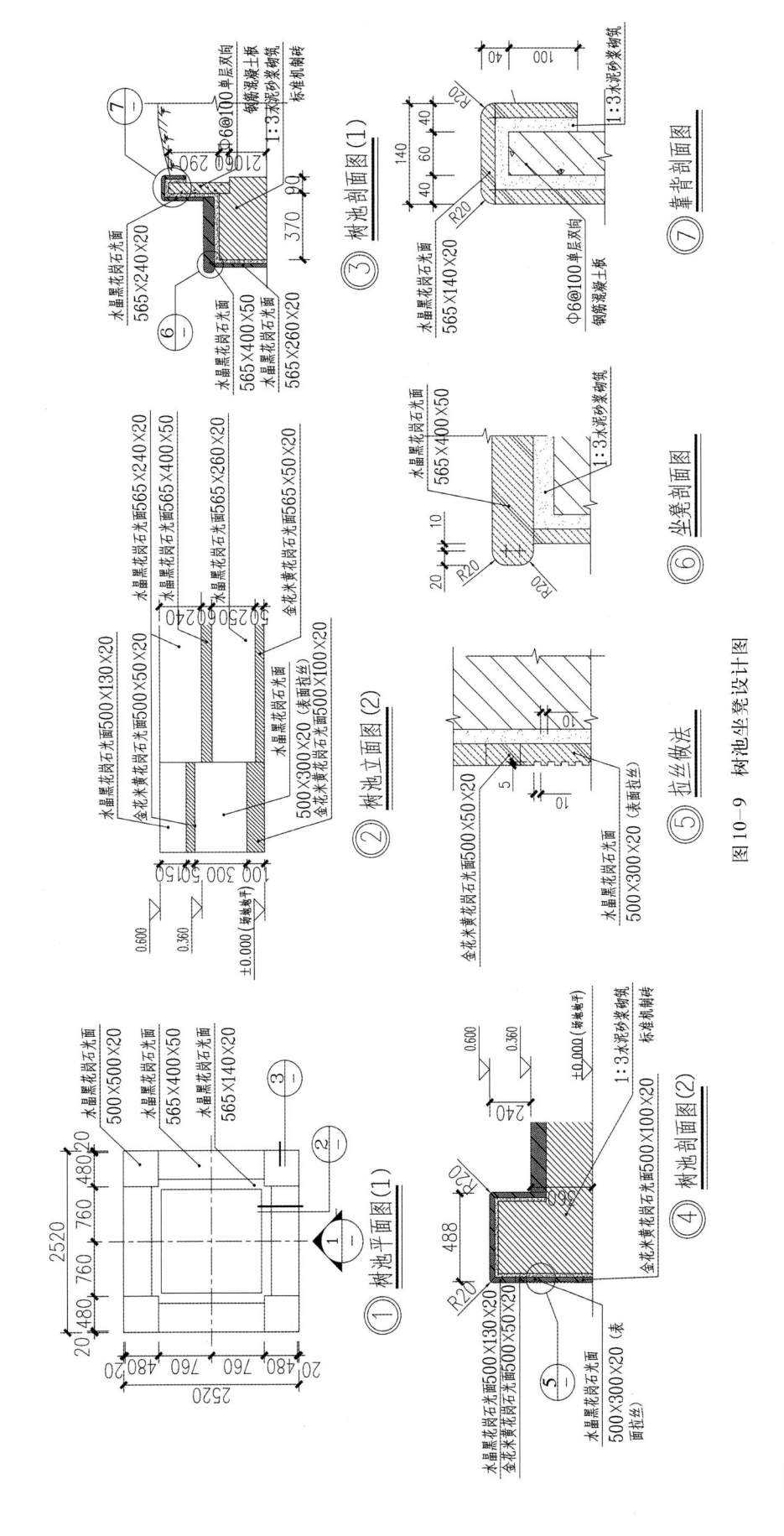

图10-9 树池坐凳设计图

(5)水景设计 在教学楼外广场的对角部分,设置了"L"形浅水池,和垂直切坡产生的跌水景墙,共同营造出一个具有动感的对景,为广场增添了活跃的气氛,如图10-10、图10-11。

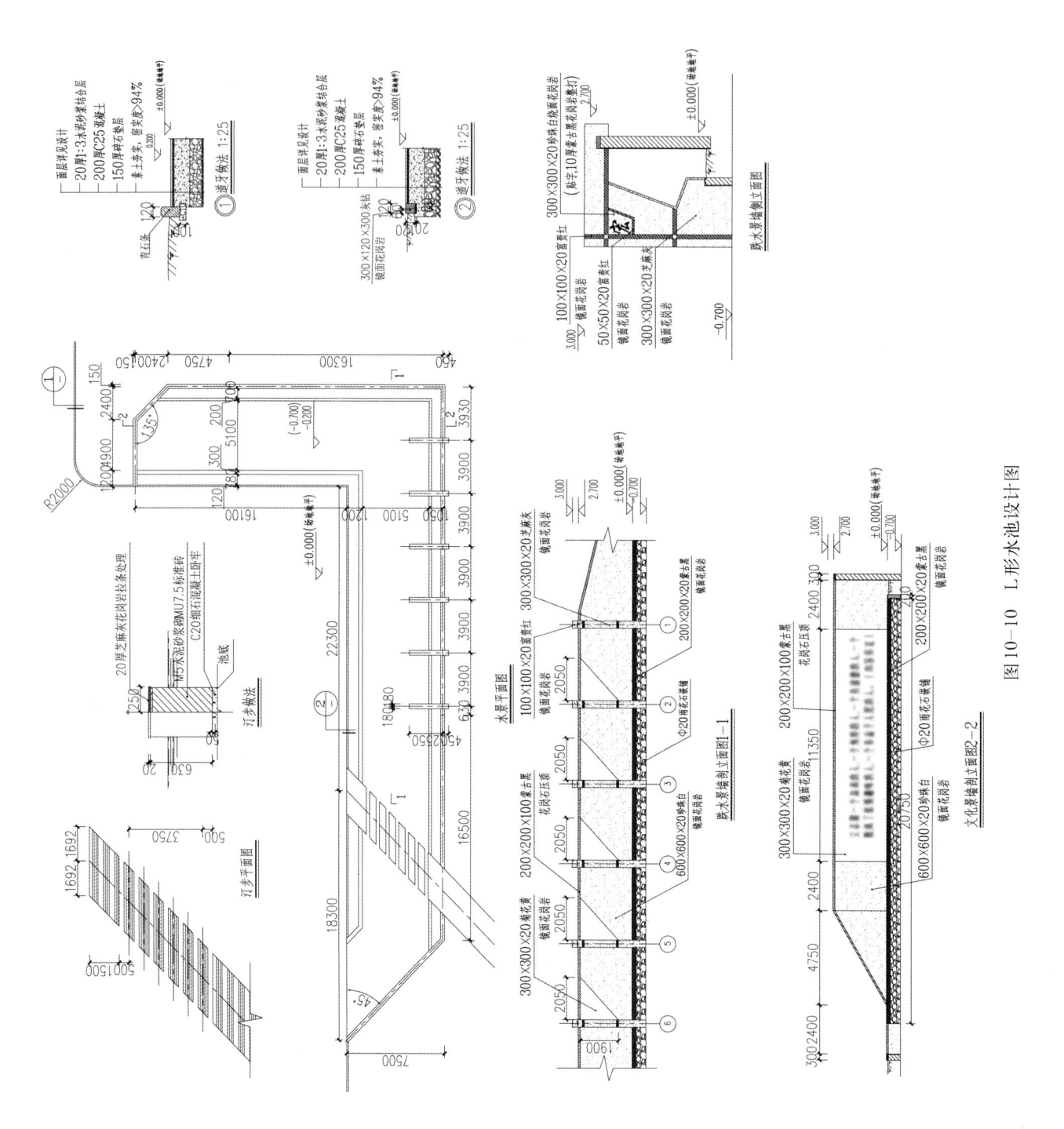

图10-10 L形水池设计图

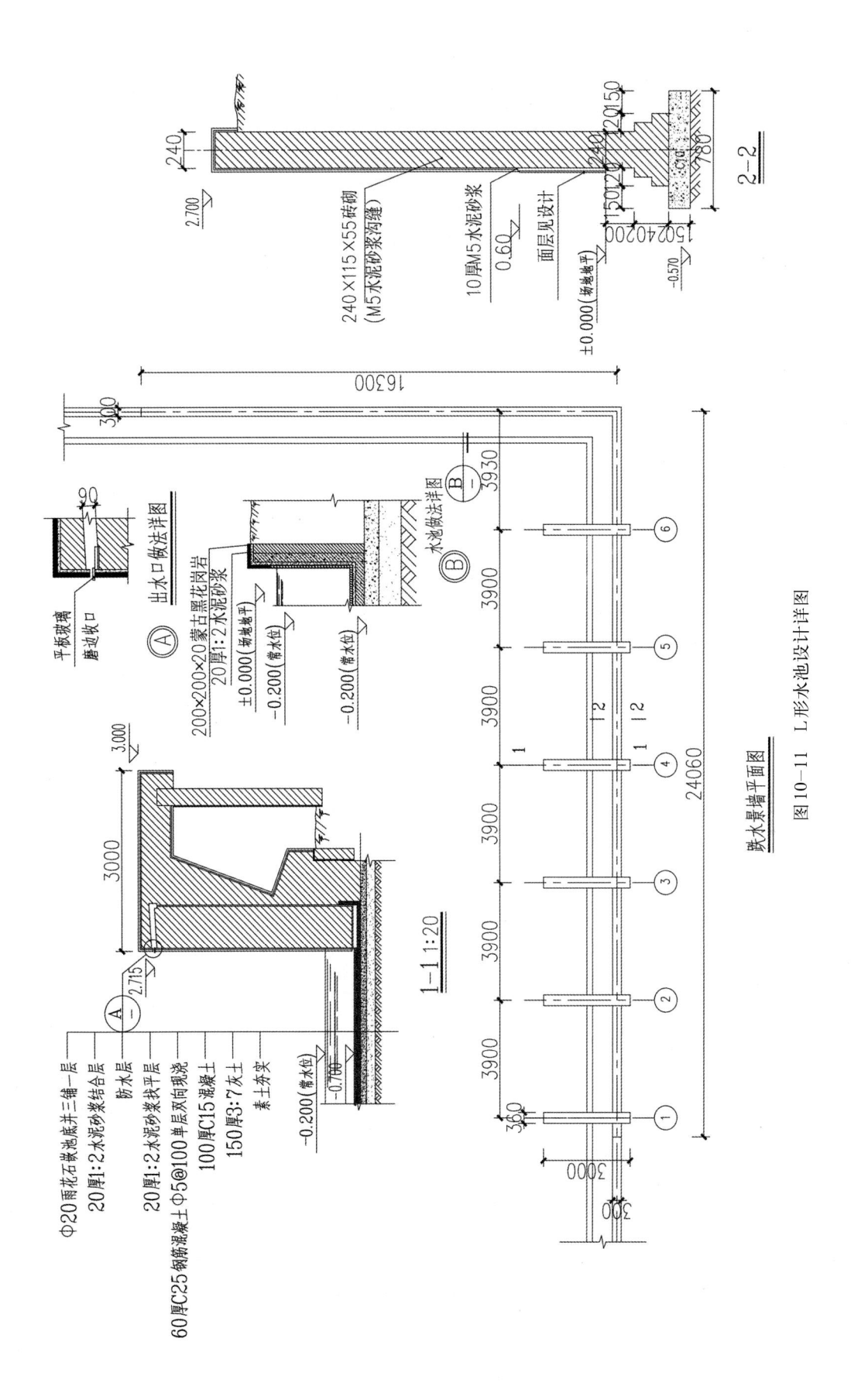

图10-11 L形水池设计详图

(6) 植物设计　在植物种植方面，入口处矩形绿地以规整造型的灌木绿带搭配规则式种植的上层乔木，形成简洁、疏朗的植物空间，视线通透；坡地上主要采用了"背景林+开花乔木+花灌木+地被"模式，以香樟为骨干树种搭配开花植物形成层次丰富的背景林；前有空阔的疏林草地，后有郁闭的背景林，植物层次丰富，形成良好的山体立面绿化效果。打造多种空间类型，中部为开敞空间、东北侧为半开敞空间、南侧为密闭空间，能满足师生课间交流、学习、思考等不同需求，如图10-12。

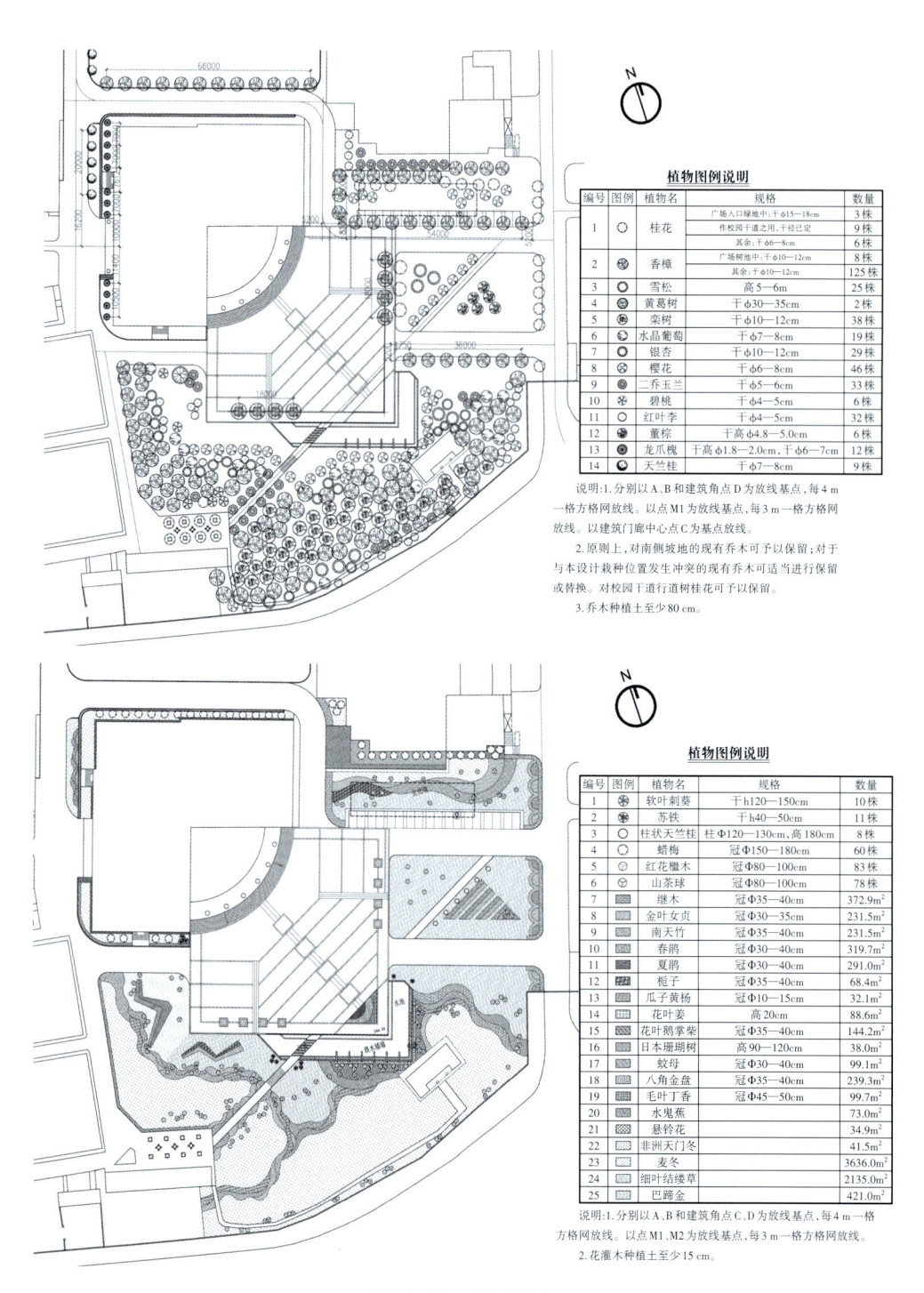

图10-12　种植设计

10.7 施工与维护管理

(1)该项目主体部分基本按设计创意构思进行施工,较好地还原设计。资源环境学院整体迁入大楼办公之后,沿广场西南角的绿地边缘布置土壤标本科普箱,进一步强化了广场从属学院文化的特征。

(2)2017年,学校为了进一步凸显校花在校园植物景观中的主导地位,在广场东侧矩形绿地的南北两侧增植两排玉兰,造成广场前区植物景观稍显拥挤。

(3)在2009年初,开车上班的人比较少,规划的停车位数量充足。短短几年时间,教师开车上班成为常态,停车需求不断增大,学校不得已将广场的大部分区域划为停车位,虽解决了部分停车需求,但大大降低了广场的文化、景观、休闲和集会功能。

(4)水池跌水未按时启动循环水泵,形成常态跌水景观。有时对水池的水疏于更换,致使水质变差,影响景观效果。

项目设计人员:张建林、邢佑浩、李渊、张夏子等。

周华科(负责侯光炯院士头像和侯光炯赋的制作和安装)

附图：资源环境学院楼外环境实景图

附图 10-1

附图 10-2

附图 10-3

附图 10-4

附图 10-5

附图 10-6

附图 10-7

附图 10-8

农学部大楼外环境设计

11 农学部大楼外环境设计

11.1 项目概况

农学部大楼(隆平楼)位于西南大学第五运动场南侧,由主楼和辅楼(烟草楼)两部分组成。2011年学校为了整合农学部所属学院相关农学学科的研究资源,创建大平台,打通学科间的交流通道,实现资源共享,利用好重庆市烟草专卖局提供的建设经费,决定规划修建农学部大楼。在2015年下半年,大楼即将建成之际,对农学部大楼环境开展设计。农学部大楼规划用地面积约8914.0 m²,其中建筑占地面积约2647 m²。

11.2 场地条件

(1)大楼选址在山坡上,西高东低、南高北低。其东面、北面为农业机械实验室,南面为资源环境学院和实验27,西南角为棉花研究所,西面为自然山丘,校园车行道处于用地东侧,如图11-1。

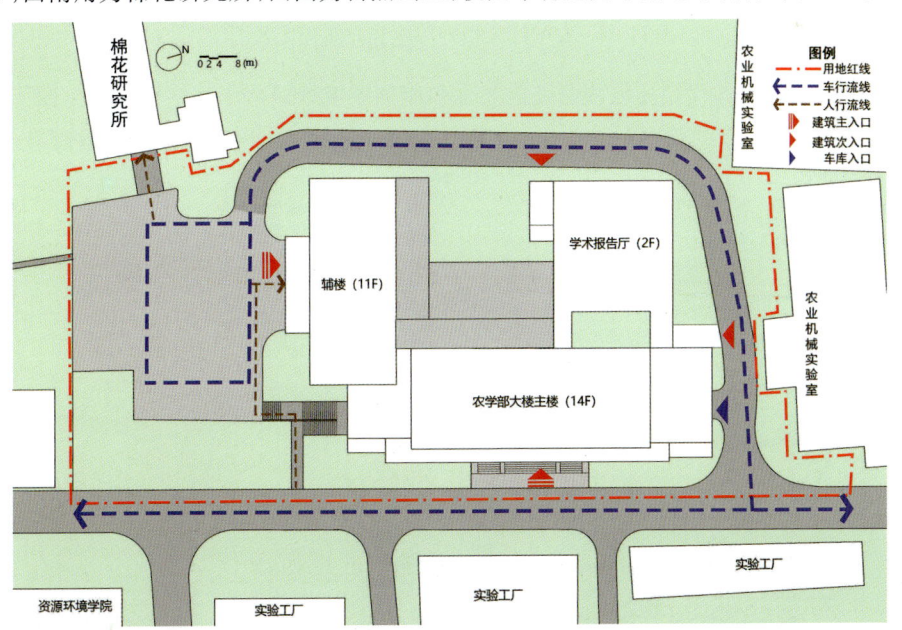

图11-1 农学部大楼相邻环境与交通流线图

(2)建筑为现代简约欧式风格,呈"U"形布置。主楼平行东侧道路布置,14层楼高;辅楼位于台地上,垂直主楼面向南侧布置,11层楼高;2层的学术报告厅处于用地北侧,垂直主楼,因台地而设。东侧紧邻校园干道设主楼主入口,南侧台地上设辅楼主入口,西侧设次入口连接建筑中庭和报告厅,南侧辅楼外设有大型车辆回转场和消防扑救面,学校师生主要从东北和东南角进入大楼区域,如图11-1。

(3)西侧因建筑施工平场形成高达13 m左右的高切坡,砂岩与紫色泥页岩裸露,风化剥蚀严重;"U"型建筑围合的中庭东侧因土建施工和安全加固,形成高达8 m左右护坡结构,如图11-2。

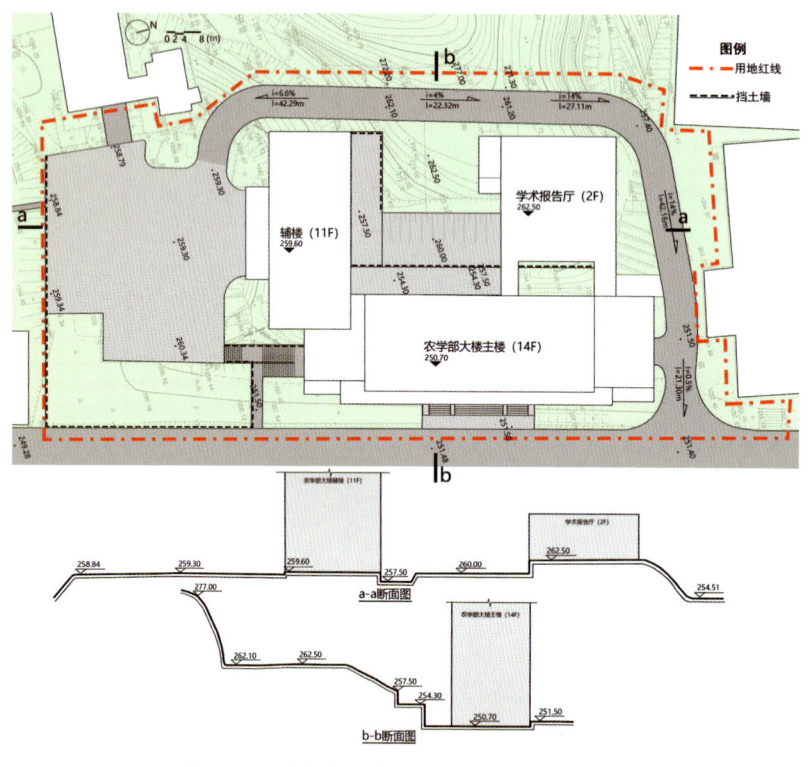

图11-2　农学部大楼外环境竖向高程现状图

(4)设计范围内因施工,仅在场地西侧陡坎之上和南侧缓坡处保留小叶榕、栾树等,西南角棉花研究所入口处局部栽植南天竹、金叶女贞等,东南侧与校园干道相邻处保留部分垂直绿化,如图11-3、图11-4。

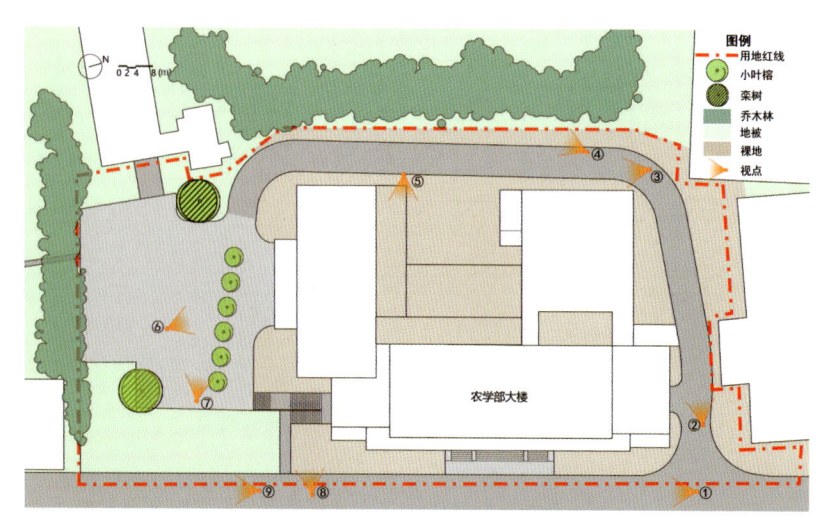

图11-3　农学部大楼外环现状植物平面图

视点① 视点② 视点③
视点④ 视点⑤ 视点⑥
视点⑦ 视点⑧ 视点⑨

图11-4 农学部大楼外环境现状图

11.3 面对的问题

(1)建筑体量大且高,给人以压迫感。如建筑主楼与东侧车道相距不足6 m,导致建筑入口区域外部空间环境极为局促,外部环境大小与建筑入口门厅极不相称,景观视觉效果较差。从视觉的角度,如何运用恰当的设计手法来削弱建筑场所的压迫感。

(2)大楼外环境景观以什么文化元素来彰显新时代农业科学研究的特色,以什么样的景观形式与建筑风貌相协调,如何将植物景观与人文景观相结合,选择什么样的植被类型与基调树,创造简洁而又富有内涵的植物景观。

(3)选用什么样的工程技术手段,能安全、经济、美观地对场地西侧高切坡潜在的安全风险加以有效控制;以什么样的景观设计形式协调中庭东侧的高护坡。

(4)如何充分利用场地条件,组织人行与车行交通路线,在展示环境景观形象的同时,为广大师生营造良好的休读、集会和停车空间。

(5)如何通过南侧辅楼前广场的形态设计,使辅楼与棉花研究所之间建立景观结构关系,解决停车、集会和消防的问题。

11.4 设计策略

(1) 在主楼东侧以简洁的模纹式色带形成简洁大气的景观效果来衬托高大的门厅；对建筑基础处裸露的岩石进行人工塑石处理，点缀植物形成特色性景观，加强护坡绿化和垂直绿化软化硬质坡面，避免对主入口区域空间的过多占用，同时利用高差引导视线，达到降低压迫感的视觉效果。

(2) 充分挖掘传统耕读文化的现代内涵和山地梯田景观形式，对文化与自然要素加以提炼，形成独具一格的设计语言，来诠释农学部大楼的新时代农学研究特色与风貌。选择适时适地的植物种类，分区域提取景观主题，营造统一、丰富的植物景观空间。

(3) 因施工裸露岩石断面结构不同，采取不同的护坡和美化方法；西侧高切坡的岩石结构稳定，采用挂网喷细石混凝土封面处理，用攀缘植物美化；中庭东侧采取梯田式分层绿化护坡，如图11-5、图11-6。

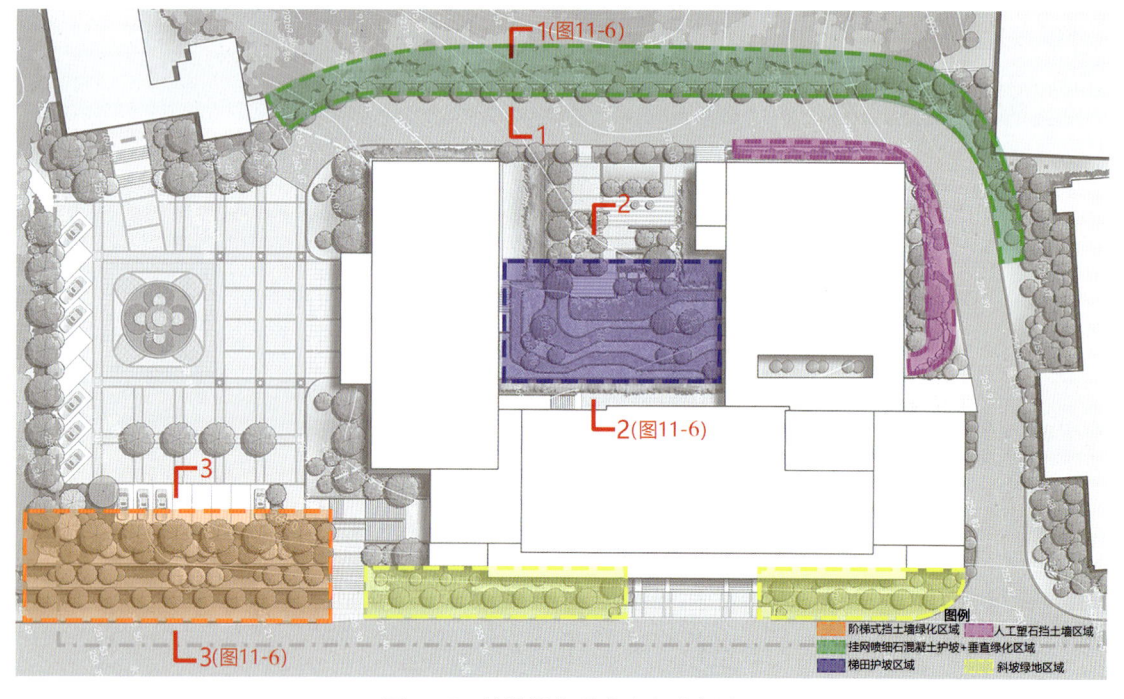

图11-5 护坡绿化形式分布示意图

(4) 优化建筑与室外交通流线关系，在满足交通便捷的前提下巧妙地划分空间。分别设置了一个车库入口和三个人行入口，均可方便不同人群直接进入农学部大楼，简化了交通形式。

(5) 在辅楼建筑和棉花研究所出入口的轴线交点处设置景观花池，构成广场视觉中心，相互之间建立空间次序。靠边规划停车场，选择节约环保型铺地材料，以降低造价。

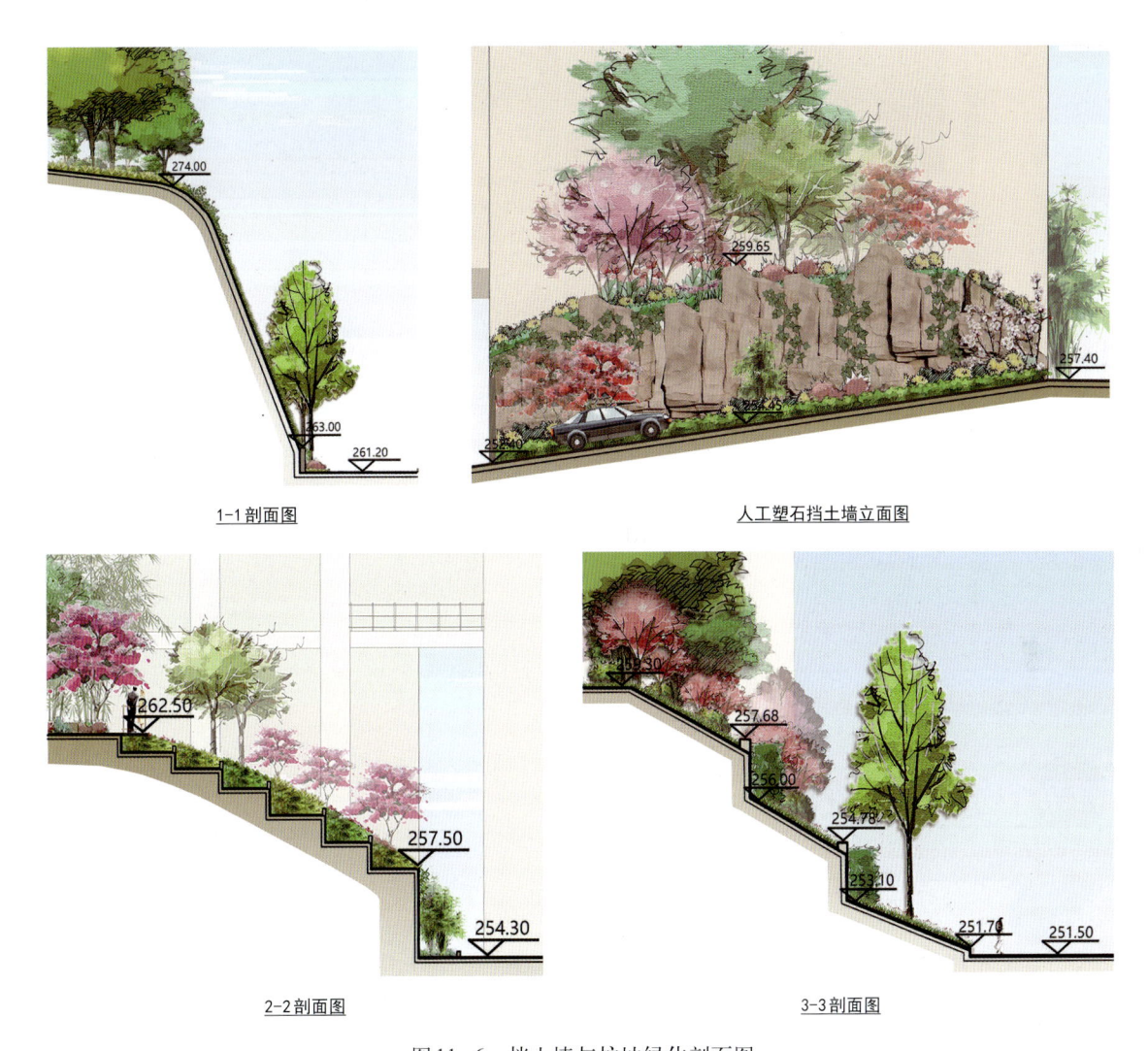

1-1剖面图　　　　　　　　　　　人工塑石挡土墙立面图

2-2剖面图　　　　　　　　　　　3-3剖面图

图11-6　挡土墙与护坡绿化剖面图

11.5 创意构思

(1)基于农学部大楼集合的科研平台主要服务于我国西南山地农业这一特点,从山地梯田、十字花科植物、农村生活用具等方面提取环境景观表达形式,以展示新时代农学内涵,如图11-7。

(2)通过石磨景观小品与矮墙坐凳体现传统耕读文化;以简约现代的几何构图铺地,衬托禅意的休读空间与简洁的广场空间;植物方面以规整式块状栽植为主,部分特色植物组团为辅,以常绿植物代表长青岁月,落叶植物代表青春活泼,创造与场地风格相统一的植物景观风貌。

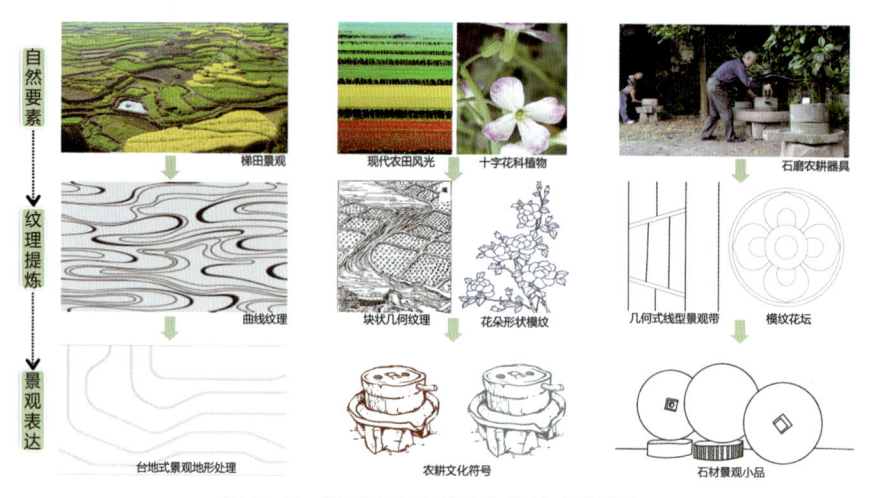

图11-7　景观元素的提取与设计形式演绎

11.6　方案与设计

（1）平面布局　基于农学部大楼建筑空间布局和环境创意，将大楼环境景观分为"两带、两点"进行打造，如图11-8至图11-10。

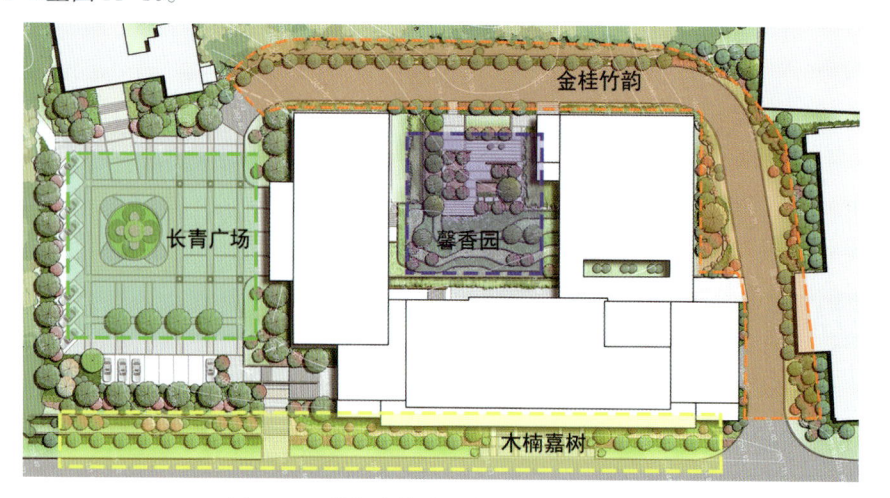

图11-8　学部大楼外环境景观分区示意图

两带：指位于建筑东侧的"木楠嘉树"和位于建筑北侧、西侧的"金桂竹韵"景观带。木楠嘉树景观带为建筑东侧前区绿化，紧邻校园车行道，以几何形状色带表达现代农业的简约，以直线栽植挺拔的桢楠形成空间骨架，象征农学部为国家培育栋梁之材。金桂竹韵景观带为建筑侧面、背面的消防车道两旁绿化带,以桢楠、天竺桂为基调树,沿建筑一侧呈线型栽植寿竹,点缀桂花、二乔玉兰、丝竹等,以九重葛、油麻藤等植物绿化堡坎、护坡,形成层次丰富、绿意盎然的读书环境。

图11-9 农学部大楼外环境设计总平面图

图11-10 学部大楼外环境东面图

两点:馨香园位于三面建筑包围的中庭,以"玉盏书香田园景"为创意,通过景墙、平台、石磨、梯田花带的空间组织,以玉兰为特色,点缀白兰、桂花、琴丝竹等植物,形成书香田园的景观氛围,故命名为"馨香园"。通过"一"字形景墙、长条石凳前后平行错落组合,形成丰富的空间关系,为大楼师生提供一个可俯瞰、可休读的中庭空间。长青广场位于农学部大楼南侧,辅楼(烟草大楼)与棉花研究所之间,以"长青三农根叶情"为创意,以源于十字花科植物花的抽象图案所设计的模纹花坛、铺地图案置于两栋楼的门厅轴线相交处,成为广场的视觉中心,以直线构图铺地强化广场空间的大气和简洁;以常绿的深山含笑树为广场基调树种,表达我校农科特色、亘古不变的"三农情怀"和一脉相承的师生情谊。

(2) 木楠嘉树 建筑主入口台阶前设置与门厅尺度相宜的硬质场地,依据建筑室内地坪与车道的高差关系,在建筑入口两侧设置斜坡绿地,南端布置转折台阶与长青广场相连,在转折平台的条石挡土墙上设计农耕主题文化浮雕,如图11-11至图11-16。

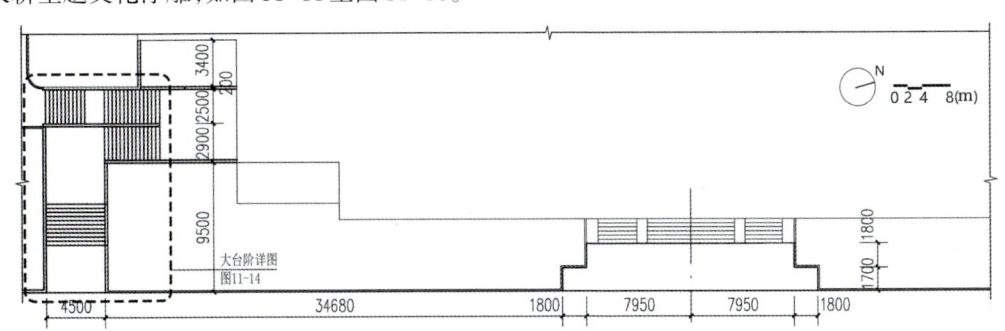

图11-11 木楠嘉树景观带放线及索引图

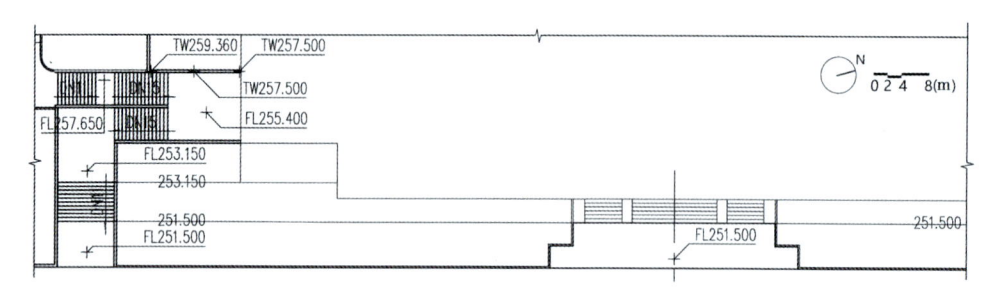

图11-12　木楠嘉树景观带竖向设计图

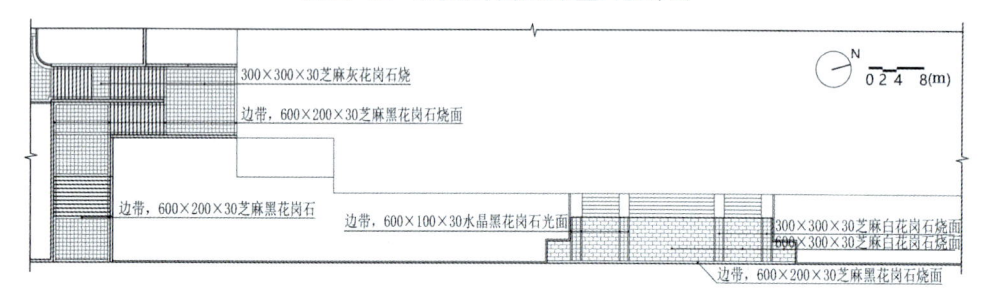

图11-13　木楠嘉树景观带道路场地铺装物料图

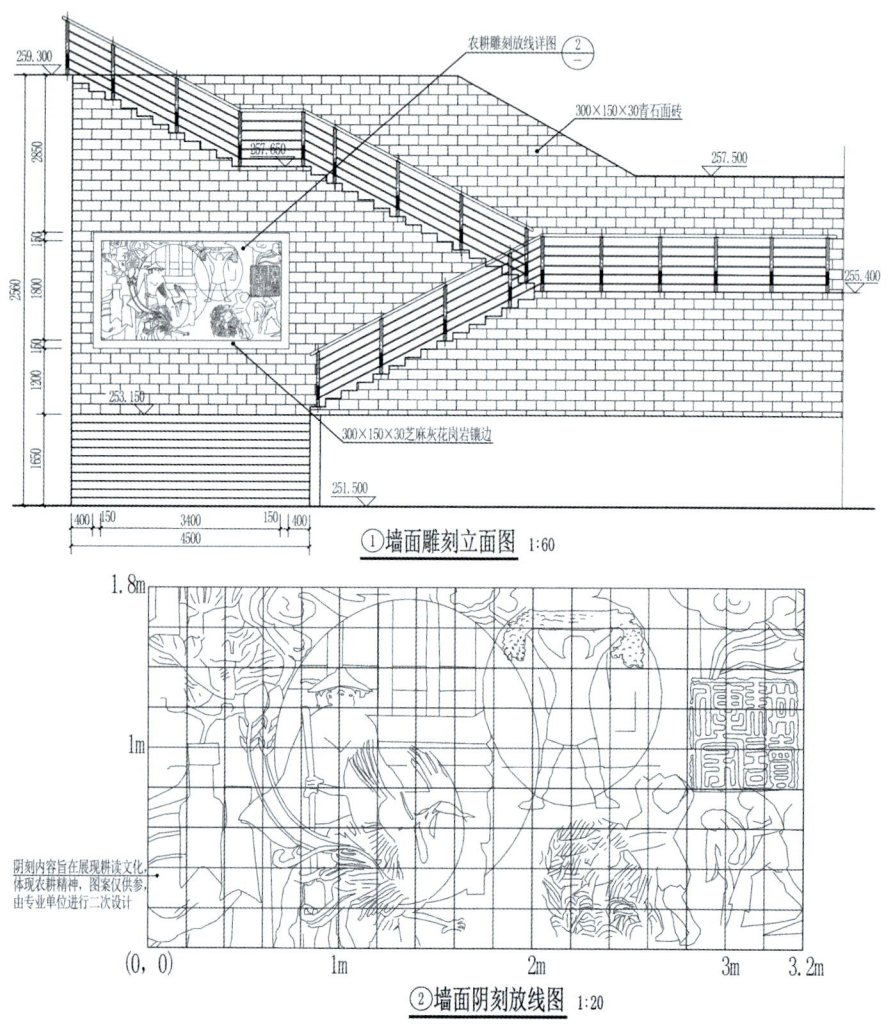

①墙面雕刻立面图 1:60

②墙面阴刻放线图 1:20

图11-14　大台阶详图

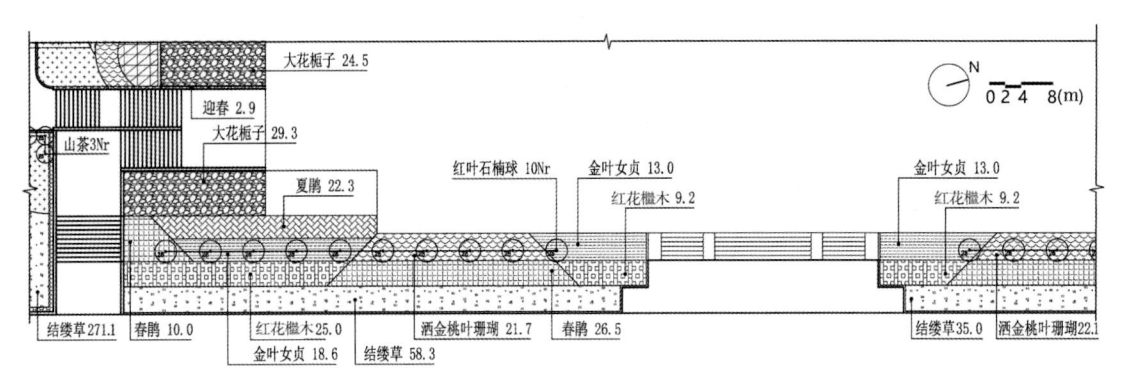

图 11-15 木楠嘉树景观带乔木种植图

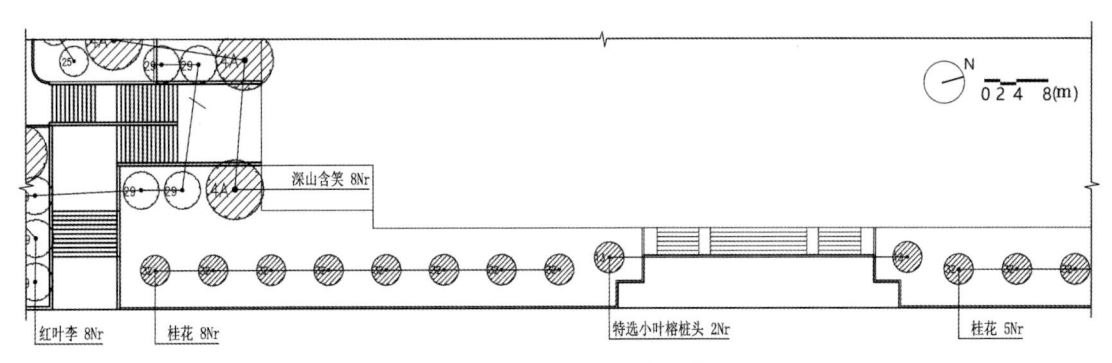

图 11-16 木楠嘉树景观带灌木种植图

(3) **馨香园** 该园被建筑和山所包围,呈内向空间,占地面积约 932.8 ㎡。建筑因循山地条件呈退台式布局,建筑施工平场后,庭院用地西高东低。西半部用地较为平坦,布置景墙、休闲场地和园路,供人参观休读;东半部分为大斜坡,运用传统坡地治理智慧,借用梯田的方式固土,在梯田内种植狼尾草、矢羽芒、蓝刚草等观赏草,展示南方山地多彩的梯田景观。如图 11-17 至图 11-25。

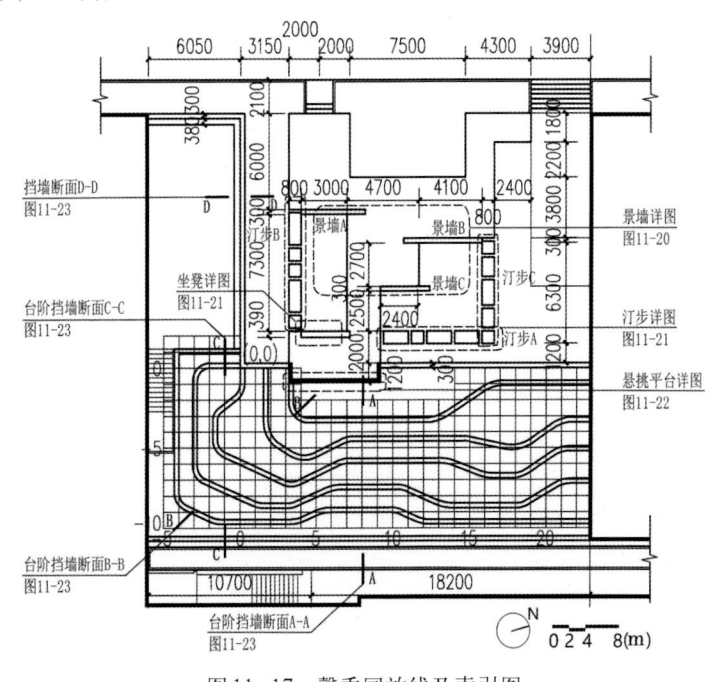

图 11-17 馨香园放线及索引图

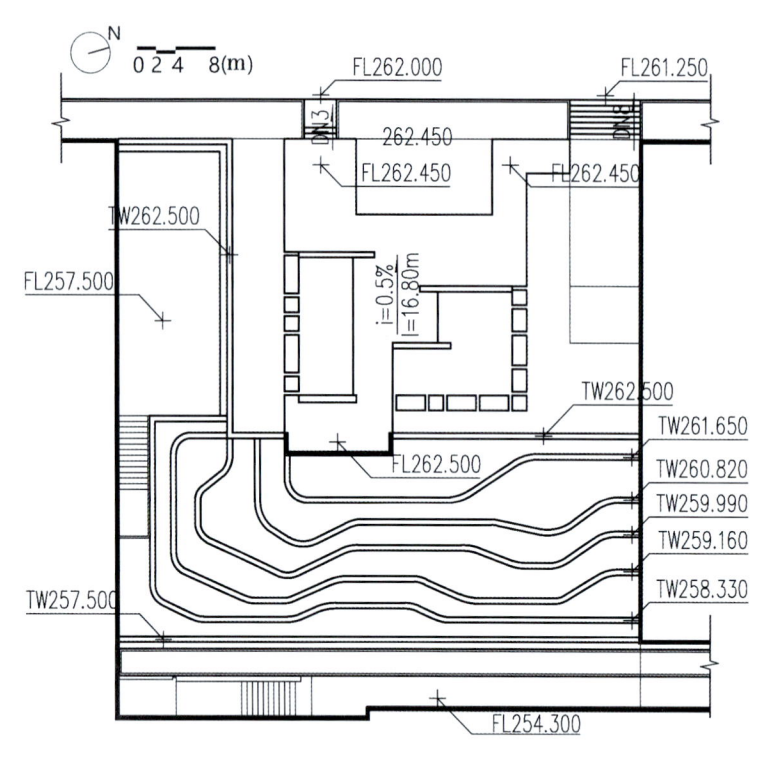

图11-18 馨香园竖向设计图

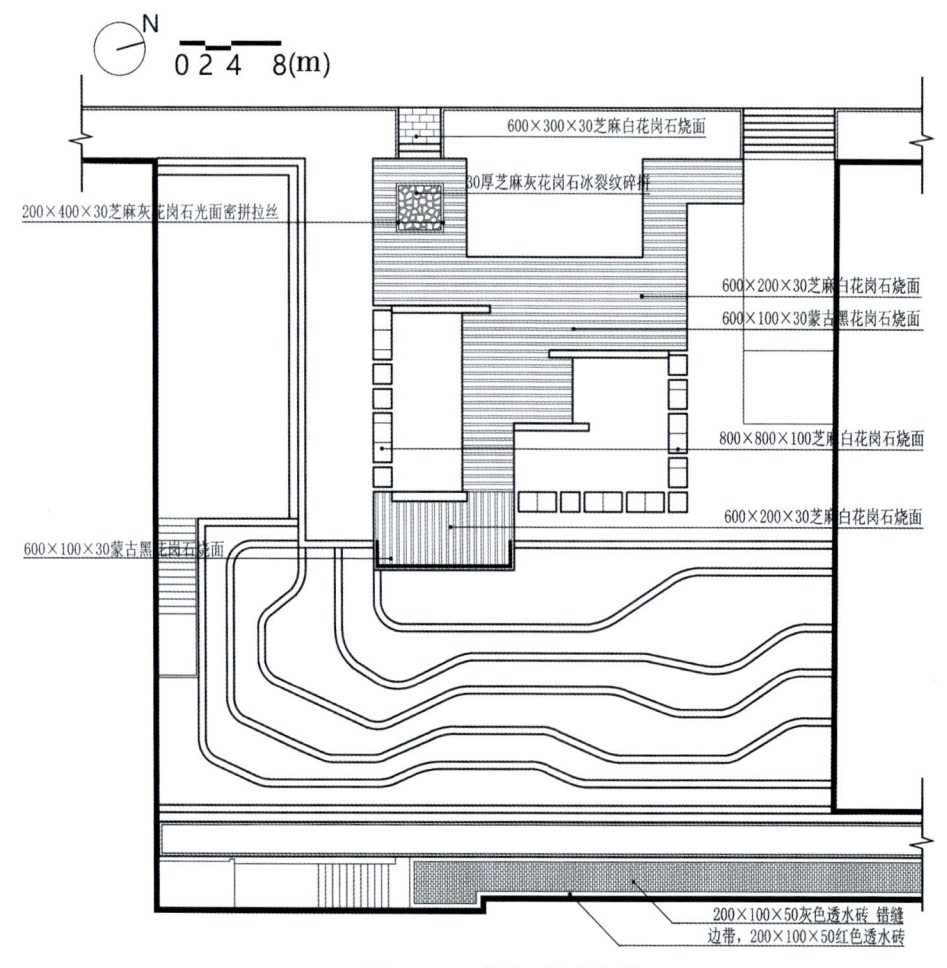

图11-19 馨香园铺装物料图

图 11-20 景墙详图

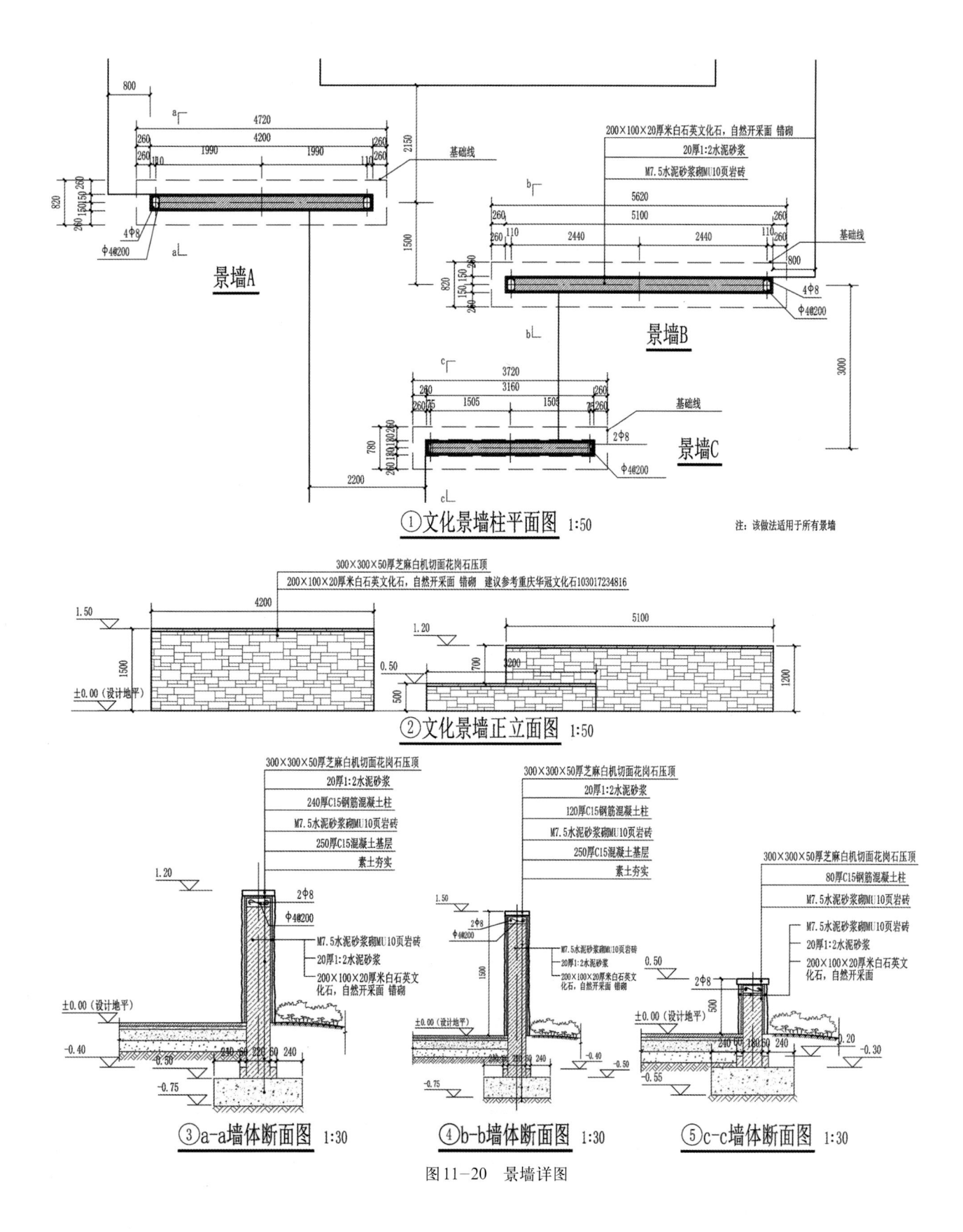

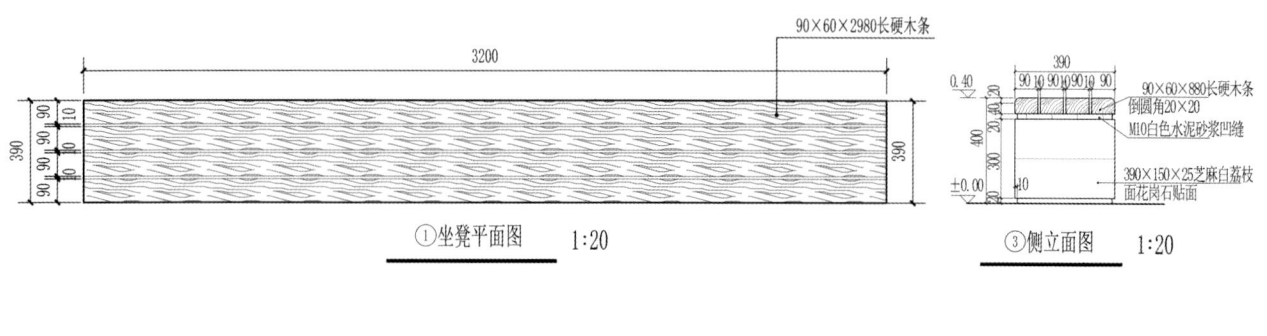

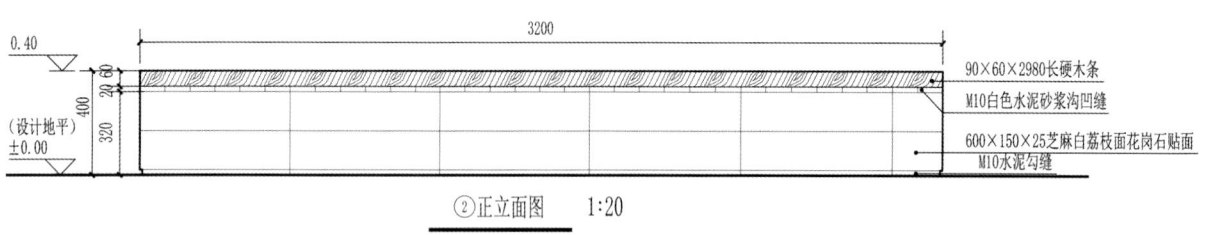

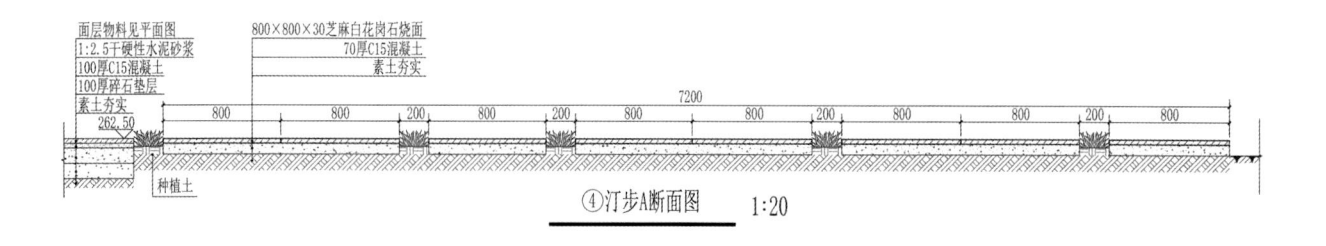

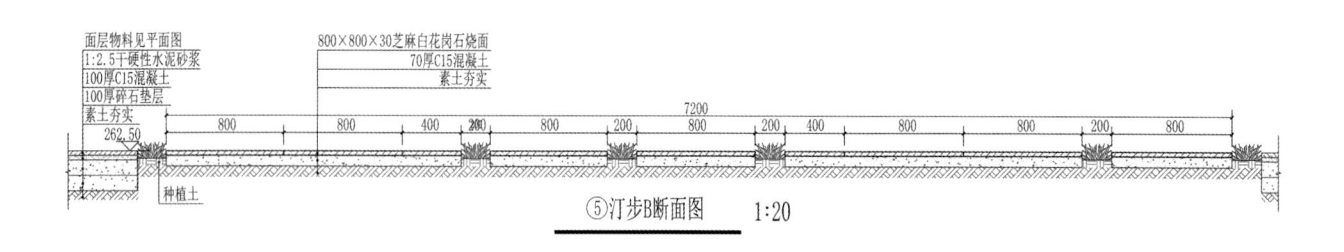

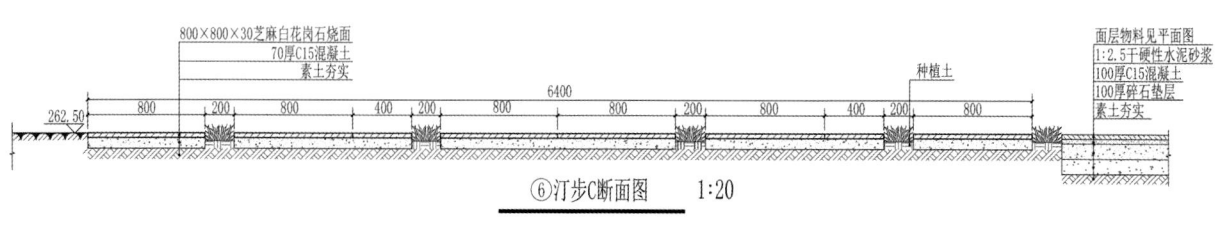

图 11-21　坐凳汀步详图

① 悬挑平台结构平面图 1:50

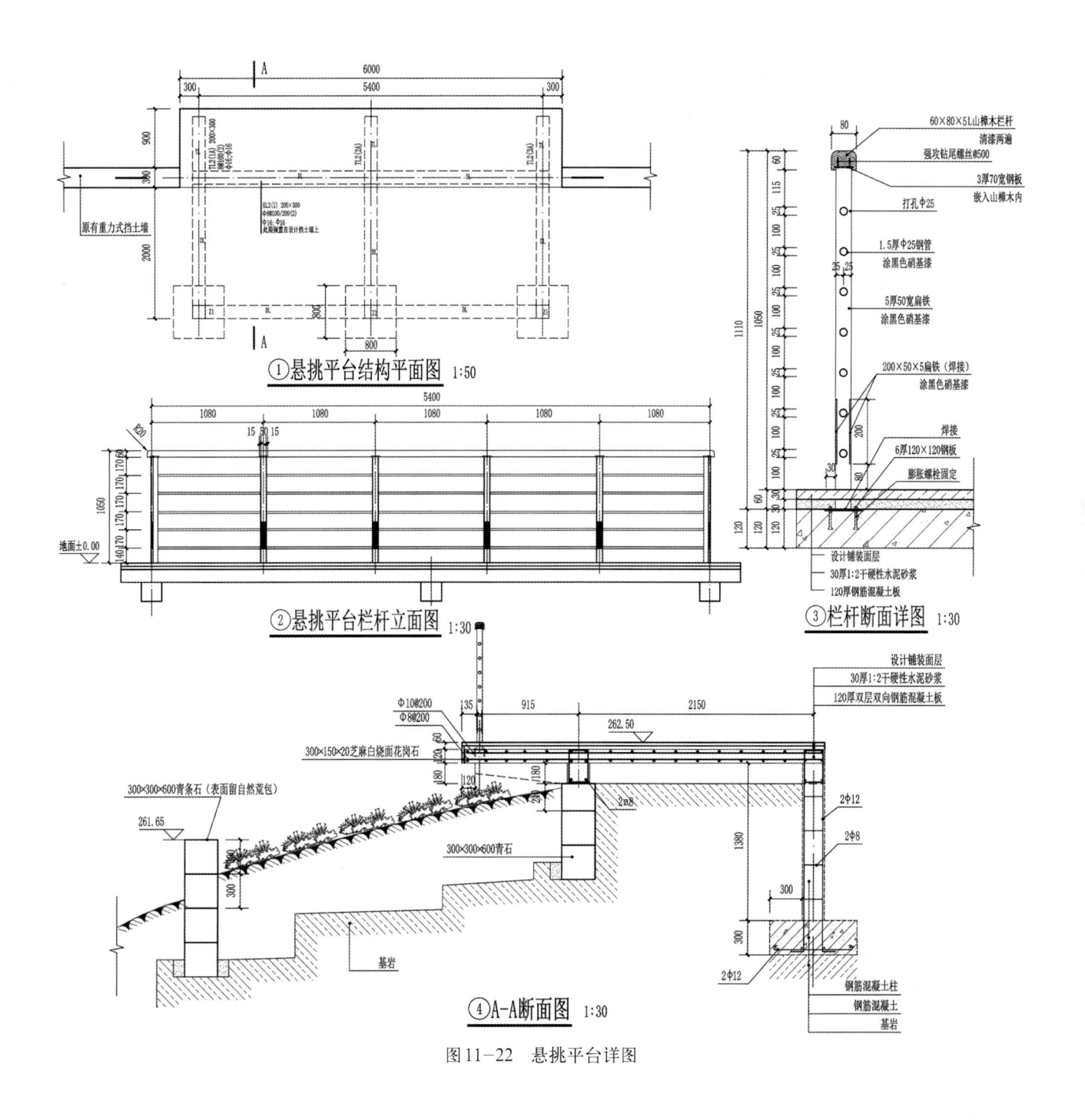

② 悬挑平台栏杆立面图 1:30

③ 栏杆断面详图 1:30

④ A-A断面图 1:30

图11-22 悬挑平台详图

图 11-23 断面详图

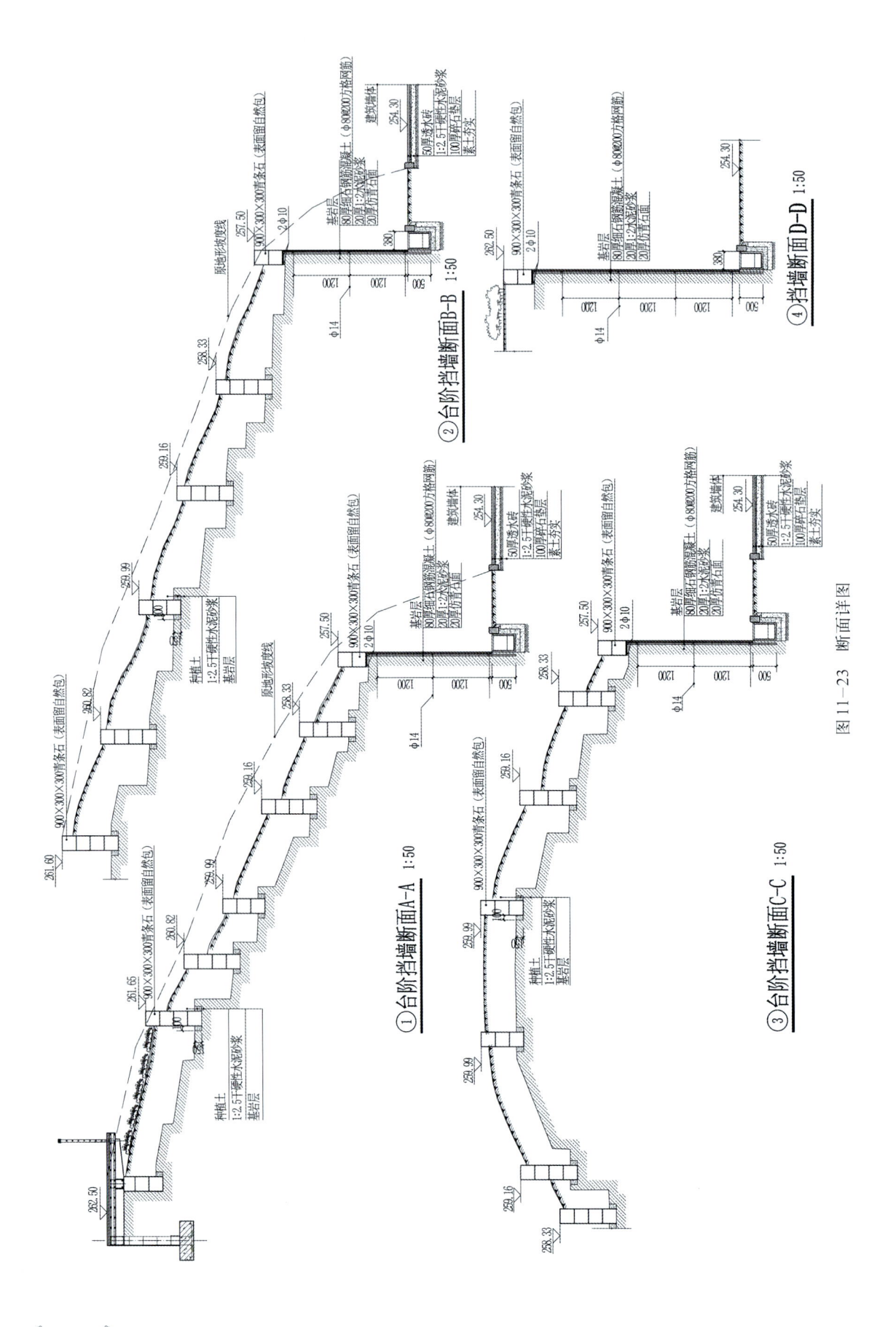

图11-24 馨香园乔木种植图

图11-25 馨香园灌木种植图

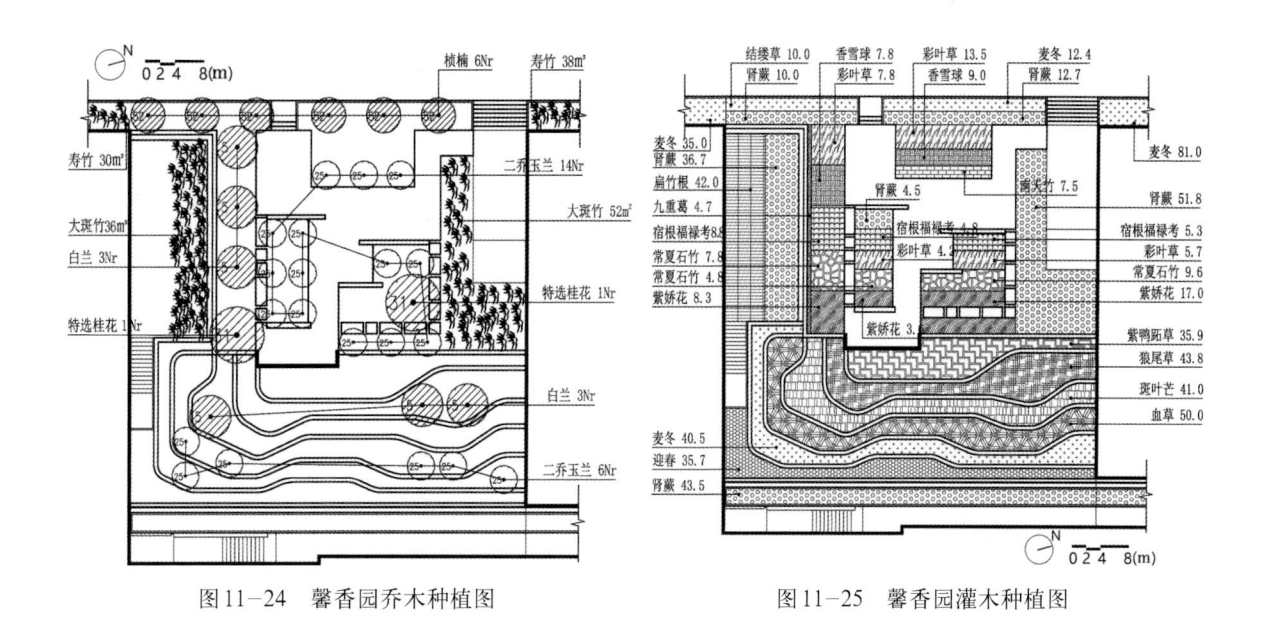

(4)长青广场 广场西北两侧为建筑,东南两侧为坡坎悬崖,广场用地为台地,视野开阔,占地面积约1828.2 m²。根据景观创意和功能要求,以花坛为广场主景,广场东南两侧布置树荫停车位,西南两侧建筑前设置基础绿化,形成整体简洁的环境。如图11-26至图11-31。

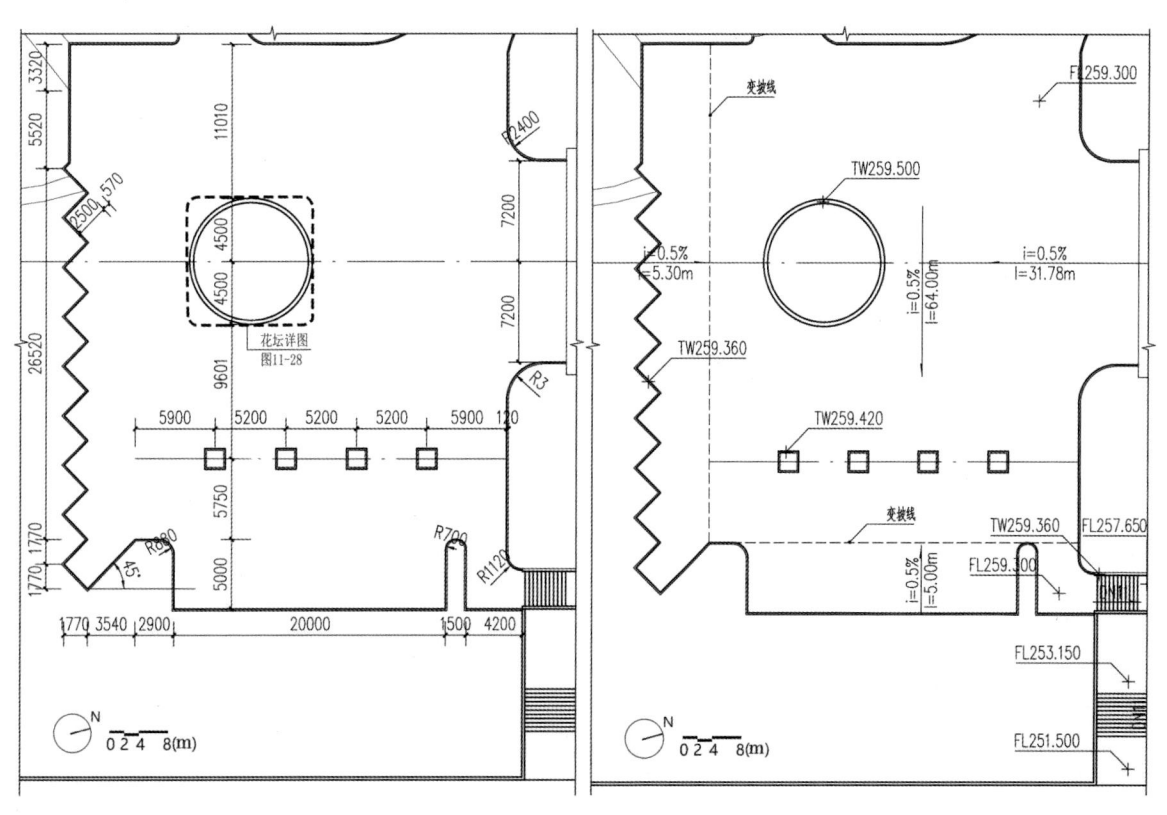

图11-26 长青广场放线及索引图

图11-27 长青广场竖向设计图

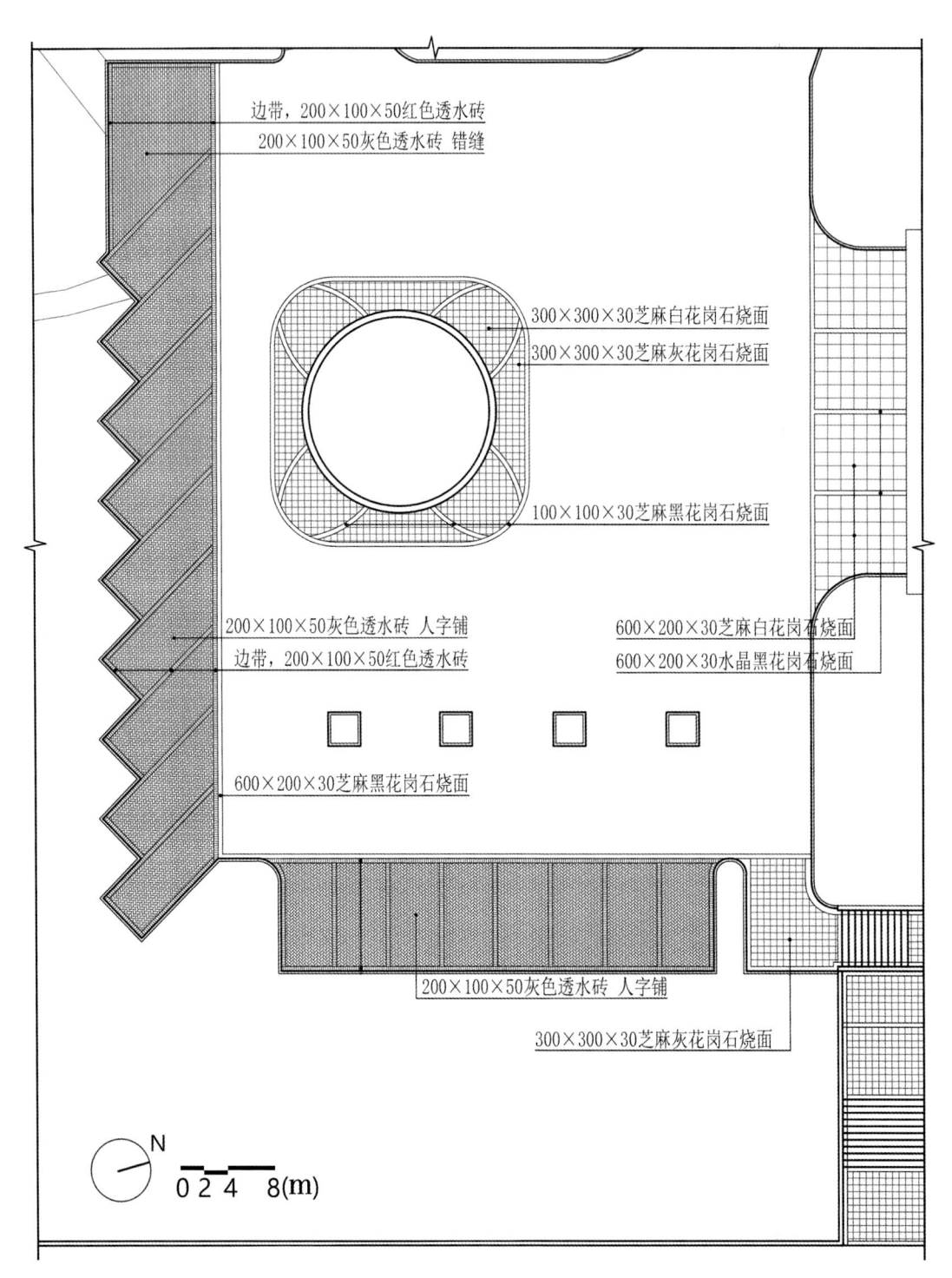

图11-28 长青广场铺装物料图

图11-29 花坛详图

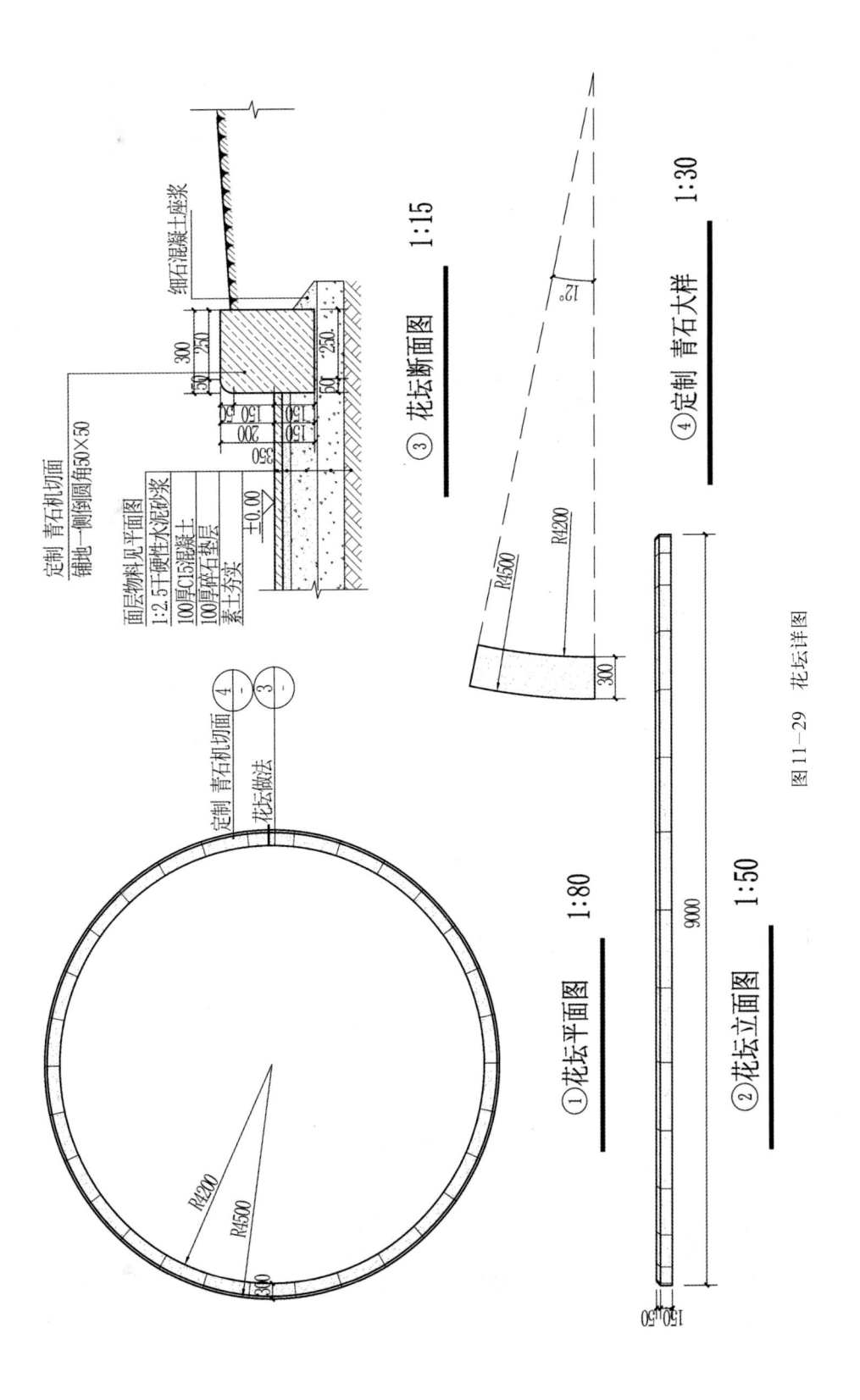

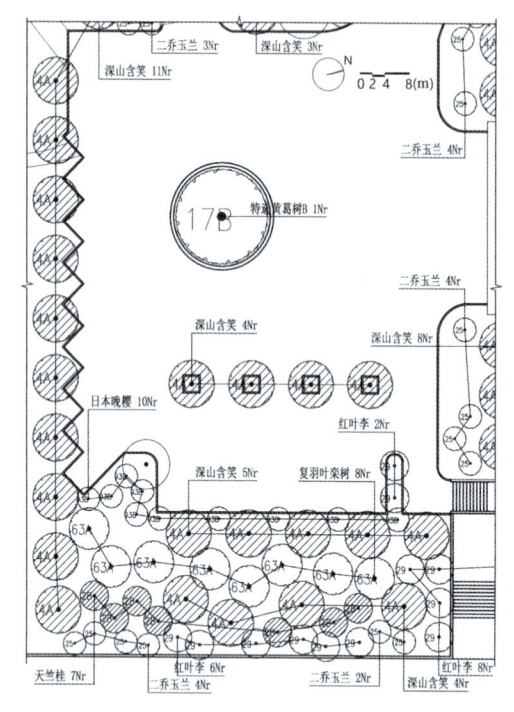

图11-30 长青广场乔木种植图

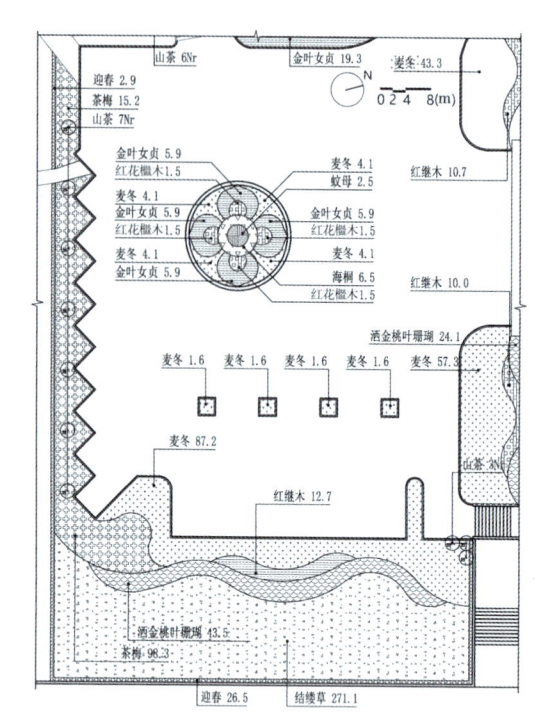

图11-31 长青广场灌木种植图

11.7 施工与维护管理

(1)大楼环境施工建设大部分区域是按设计图纸实施。因资金和人为原因,长青广场未按设计施工图建设,仅在保留现状小叶榕树的基础上,简单地将场地全部黑化用于停车。"农耕追忆"处的挡墙浮雕未实施,人行出入口的标识性和文化氛围未得到体现。如建设条件成熟,可按设计实施。

(2)馨香园西北角学术报告厅的人行出入口,因消防道路与建筑相对高差的调整未告知设计单位,任由施工单位处理建设,造成出入口无法正常使用。

(3)馨香园中的梯田植物景观主要由观赏草构成,初期景观效果好,但因长期未进行维护管理,杂草入侵,灌木野蛮生长,梯田式植物景观未能得到呈现。木楠嘉树区域设计的桢楠,施工单位将其改为桂花,未能达到强化竖向线条的景观效果。

项目设计人员:张建林、吴建鹏、刘罗丹、蒋知含、何鹤等。

附图：农学部大楼外环境实景图

附图11-1 主入口前植物景观

附图11-2 塑石挡墙

附图11-3 建筑背面植物景观

附图11-4 馨香园

附图11-5 馨香园

附图11-6 馨香园

附图11-7 馨香园梯田

12

兰苑食堂外环境设计

12 兰苑食堂外环境设计

12.1 项目概况

兰苑食堂(教工食堂)位于西南大学南校区兰苑宾馆东北角。兰苑食堂原为西南农业大学招待所和中央农业干部管理学院西南农业大学分院配套食堂,食堂建筑为平房。时至2014年之际,原食堂经历五十多年的使用,其规模和设施已无法满足西南大学发展之需,同时为了满足即将到来的校庆期间接待服务的需求,学校决定在原兰苑食堂的位置上重新修建新的兰苑食堂。2015年下半年,在食堂建筑即将建成之际,对其环境进行整体设计,以适应新建筑风格和使用功能。兰苑食堂规划面积约2502 m^2,其中建筑占地约946 m^2。

12.2 场地条件

(1)兰苑食堂东面为南区校医院、西面为绿地、北面为继续教育学院、南侧为兰苑宾馆,食堂主入口设在建筑西侧,在建筑北侧、南侧设次入口,建筑东南角设有食堂员工入口。进入兰苑食堂的主要人流来自于西侧校园干道和香樟林,如图12-1。

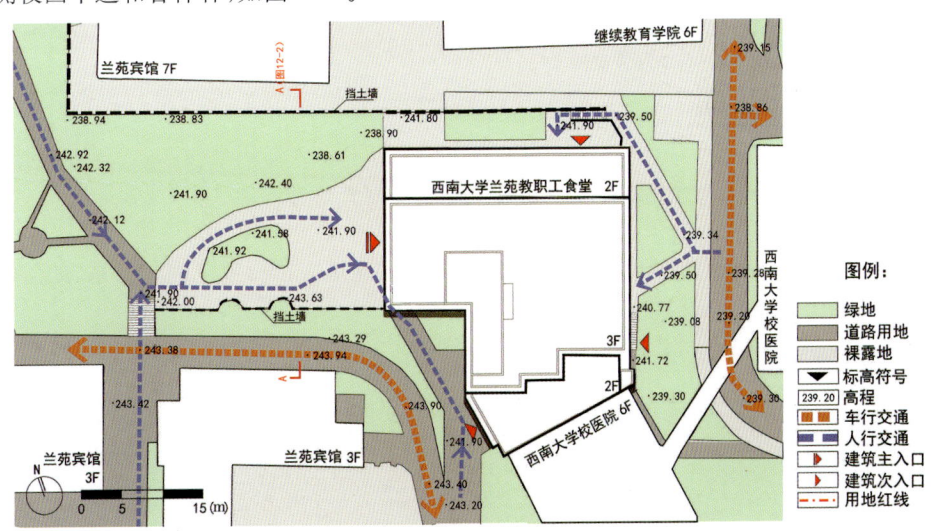

图12-1 兰苑食堂外环境现状高程及道路分析图

（2）在设计范围内用地呈台状，东、北侧低，西侧用地平缓，西南侧高，东西高差约3 m，南北高差约4.6 m，如图12-2。

（3）高大乔木有长势良好的蓝花楹、三角槭 *Acer buergerianum* Miq.、朴树 *Celtis sinensis* Pers.、榕树（小叶榕）*Ficus microcarpa* L. f.等，主要分布于食堂建筑的东、西两侧。东侧植物比较杂乱；西侧原为花园，花园南侧的人工塑石挡土墙、毛石立柱挡土墙具有一定观赏性，如图12-3。花池内的灌木及地被长势较差，植物、道路与花池形成的空间琐碎，如图12-4。

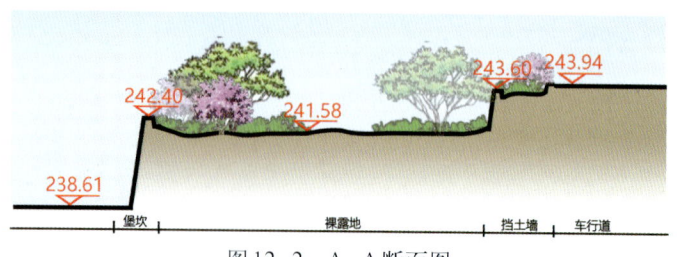

图12-2　A-A断面图

图12-3　兰苑食堂挡土墙现状图

图12-4　兰苑食堂外环境现状植物分析图

12.3 面对和问题

（1）如何协调场地西侧用地狭窄、琐碎与宽阔大气的食堂建筑入口形象之间的关系，如何解决食堂主入口前集中性时段人群聚集与疏散的问题？

（2）如何协调建筑周边不同高度的堡坎与道路、植物景观的关系？

（3）如何处理好场地内高大乔木的保护与建筑风格相适应的植物特色景观构建的问题？

12.4 设计策略

（1）梳理人流走向和现状高大乔木的空间关系，对西侧绿地空间进行删减、整合，以适应食堂前人流的汇集与疏散的功能需求，以及人行交通的流畅。

（2）保留食堂建筑西南侧石柱毛石挡土墙。对北、东两侧的挡土墙通过改变其原有平面形态，以适应食堂建筑环境功能需要，并在挡土墙下方种植灌木或攀援植物，对挡土墙进行遮挡软化。

（3）以衬托建筑风格为指引，整理杂乱的灌木和地被，去除杂乱乔木，形成简洁、大气的植物景观。

12.5 创意构思

设计主题为"香茗雅苑忆师情"。分别从玉兰、梅花、翠竹、桂花四种校园常见花木中提取设计元素，从玉兰花中提取正直、感恩、纯洁等寓意，从梅花中提取坚贞、高洁、高尚心灵等寓意，从翠竹中提取其正直、坚韧、万古长青的寓意，从桂花中提取其崇高、贞洁、友好的寓意；以此来打造宁静、舒适、芬芳的食堂外环境空间氛围；进而塑造"枫林雅苑沁芳馨，榕荫叶茂桂香凝。探梅观竹倚兰憩，蓝楹树下忆恩情"的诗意环境，如图12-5。

图12-5　兰苑食堂外环境设计理念

12.6 方案与设计

(1)总体方案 根据建筑立地条件和建筑对外功能要求,将兰苑食堂外环境分为入口区、安静区、缓坡绿化区三部分,如图12-6。入口区位于建筑西侧,师生进入兰苑食堂的过渡区域,是集观赏、休息、集散功能于一体的景观区,该区充分利用原有大乔木进行空间组织,基于设计主题增加香花、观花植物,以雅致、芳香为特色,来呼应"兰苑食堂"之名,故名为"雅沁园";同时运用道路铺装、花池、广场之间的几何关系来整合现状植物的无序关系,提高该区域的通达性与游憩度;保留场地南侧挡土墙的形式与肌理,对挡墙前局部花池形态进行调整改造,挡墙上边缘种植垂吊植物,丰富景观层次,如图12-7。安静区处于建筑西南侧的堡坎之间,空间狭长、急促,运用传统造园的手法,在较小的范围内精心配置植物,扩大空间的观赏度。缓坡绿化区位于建筑东侧,是师生进入食堂的次要方向,以场地内现有的三角枫为主景植物,增加梅花,梳理下层植物,在不影响交通组织、土体安全的前提下,尽可能采取斜坡缓解场地内高差,打造出立体化的植物景观,形成"青枫梅影"的效果。

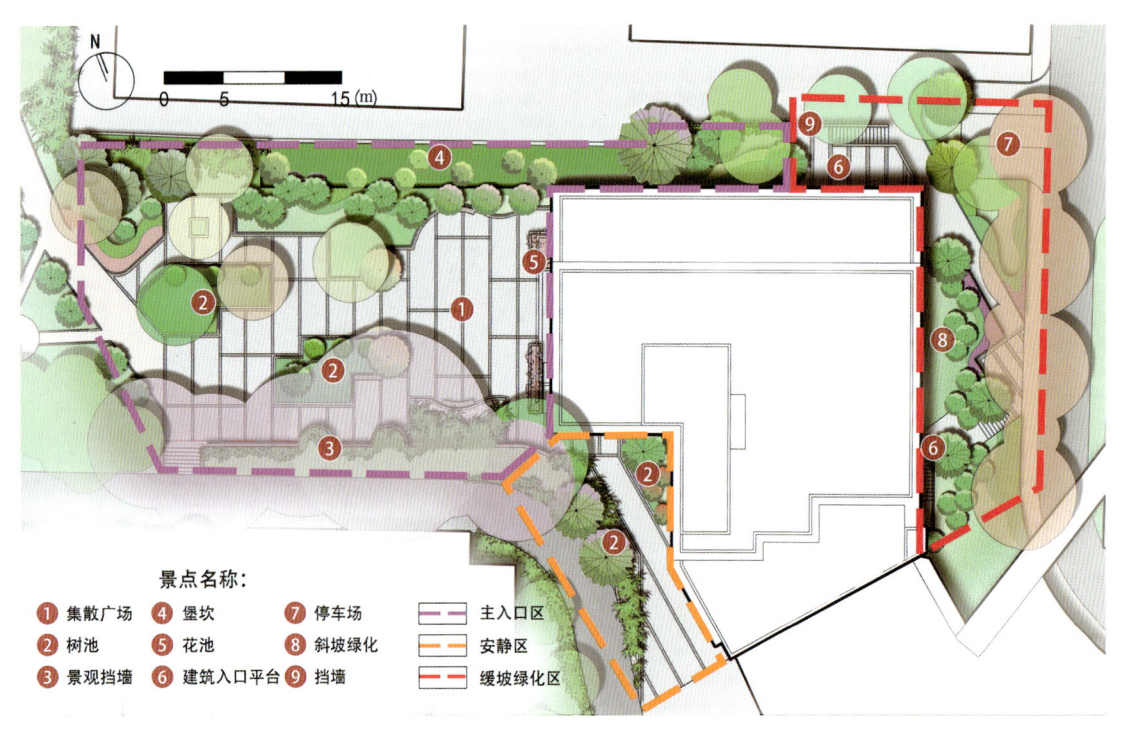

图12-6 兰苑食堂外环境总平面图

图12-7　兰苑食堂环境景观实景照片

(2)**道路交通组织**　依据校园前往食堂的人流方向、建筑主次出入口的位置,本着简明、流畅、方便师生员工出入的原则组织环境人行交通路线和人行道路,如图12-8。

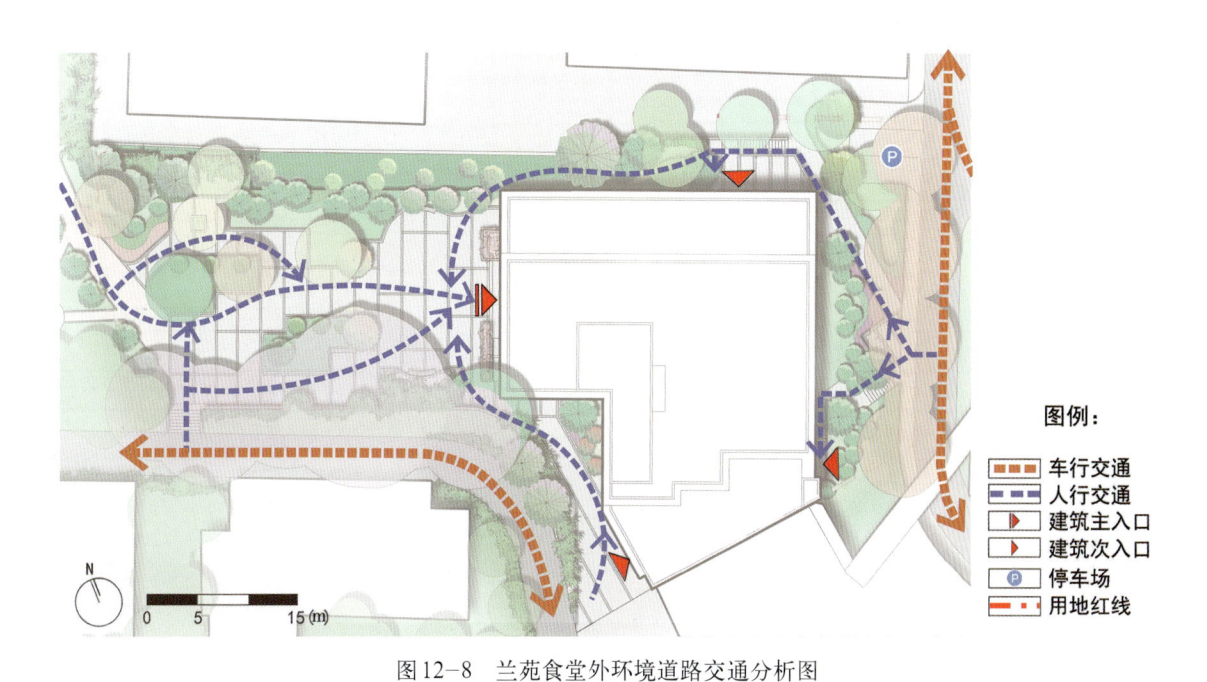

图12-8　兰苑食堂外环境道路交通分析图

(3)分区设计图

①主入口区。该区集观赏、休息、集散功能于一体,以场地原有大乔木为基础,以满足交通的畅达性为前提,对道路、树池、坐凳进行布局,补充香花、观花植物来突出设计主题,提升入口区的观赏性,设计如图12-9至图12-16。

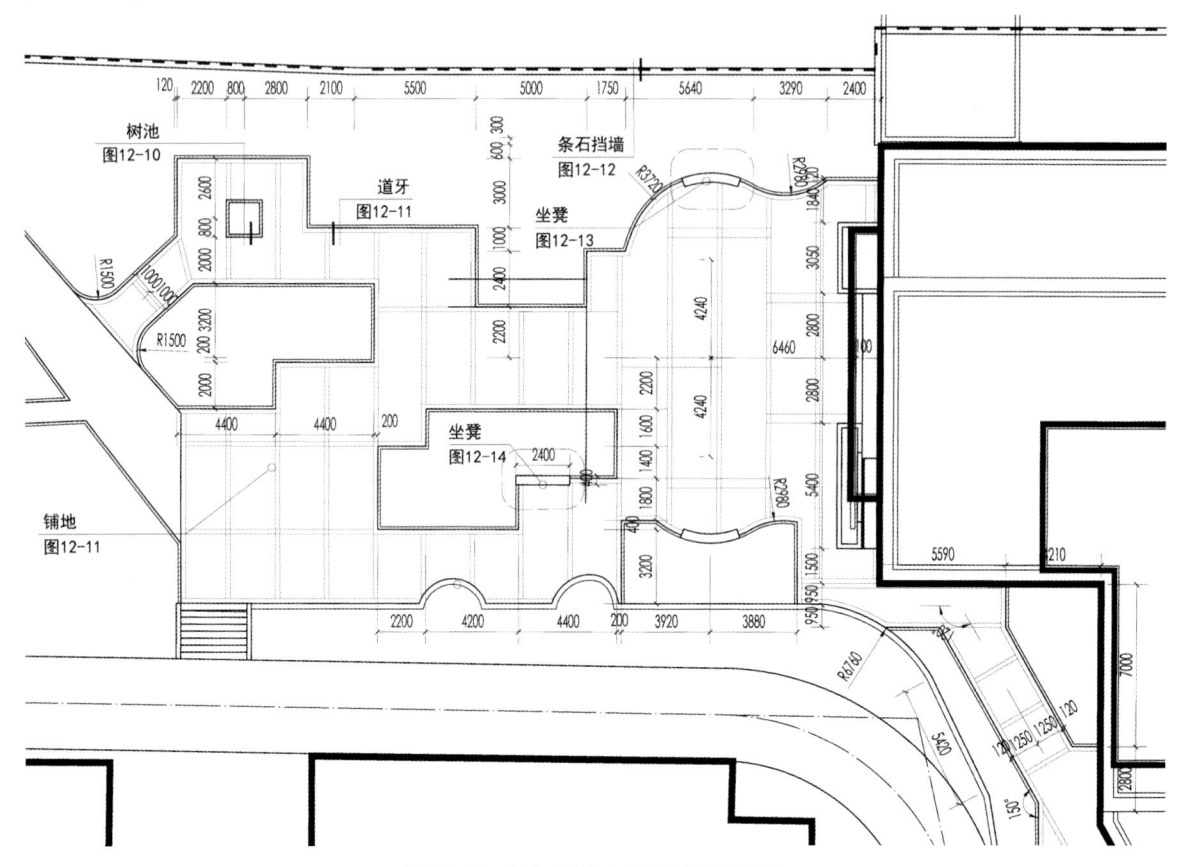

图12-9 主入口区放线平面及索引图

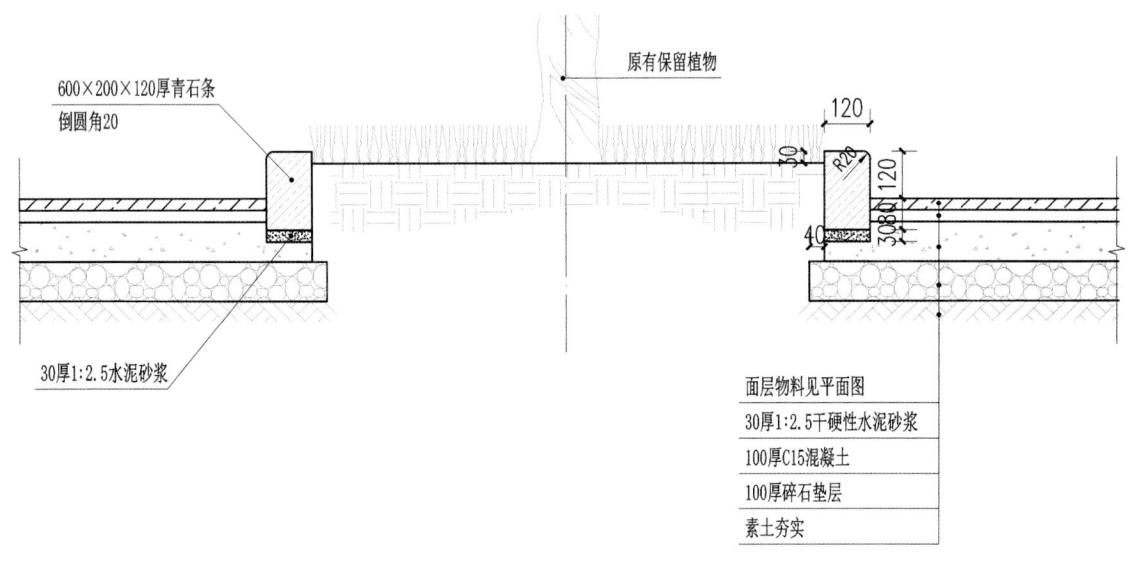

图12-10 树池断面图

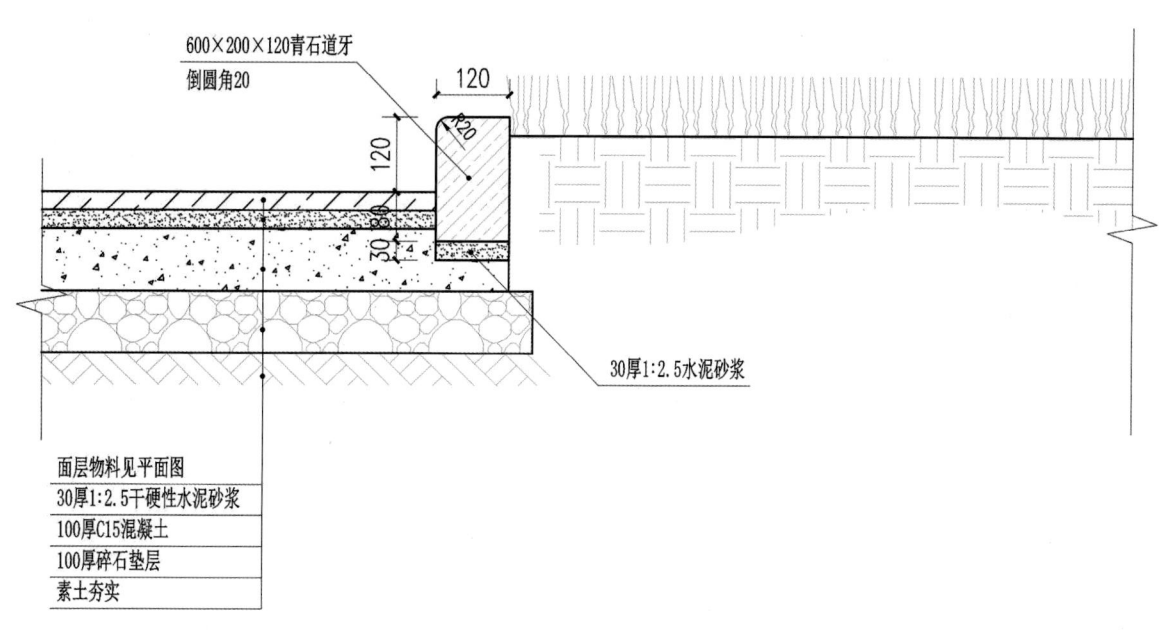

图12-11 铺地及道牙断面图

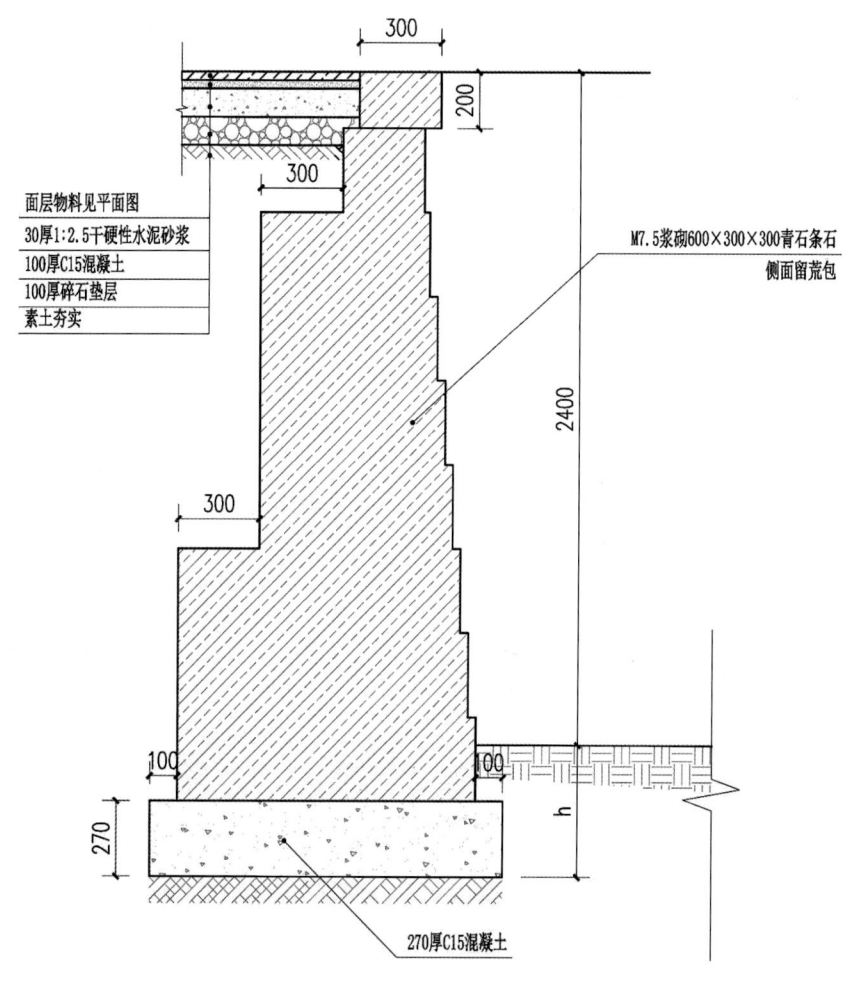

图12-12 条石挡墙断面图

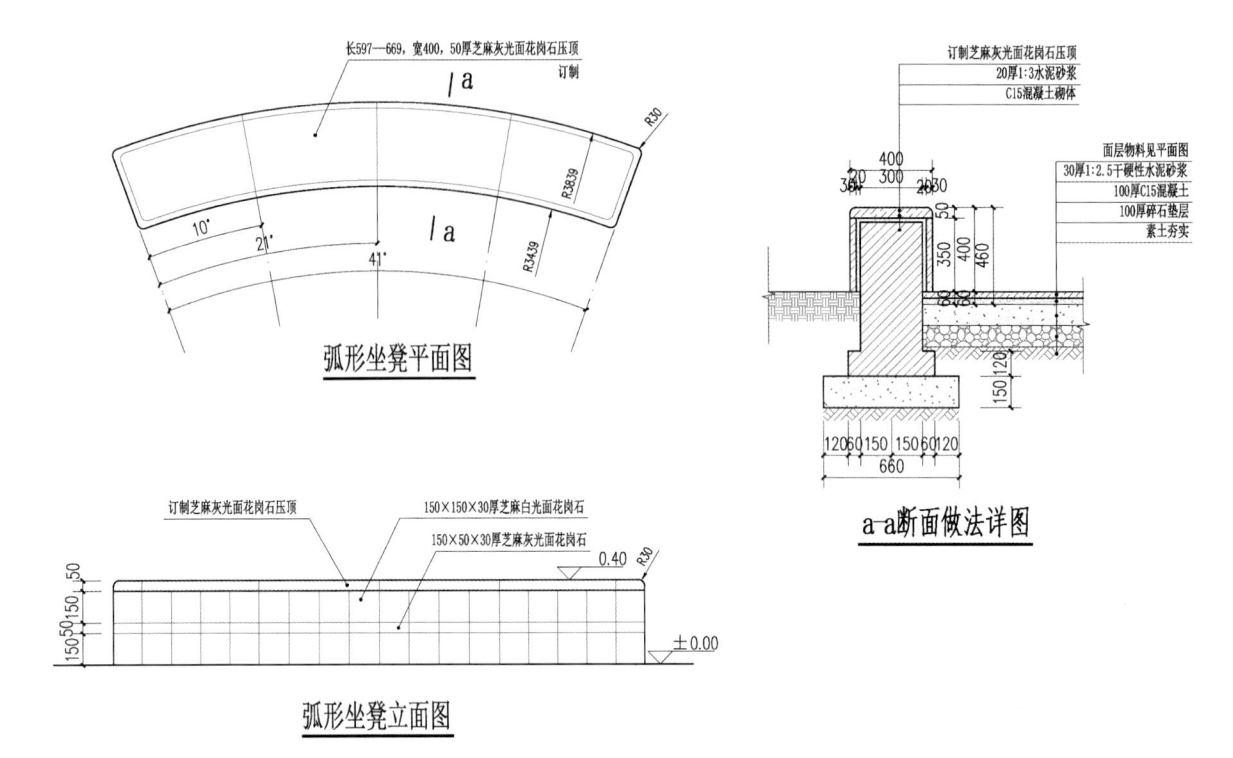

图12-13 弧形坐凳施工图

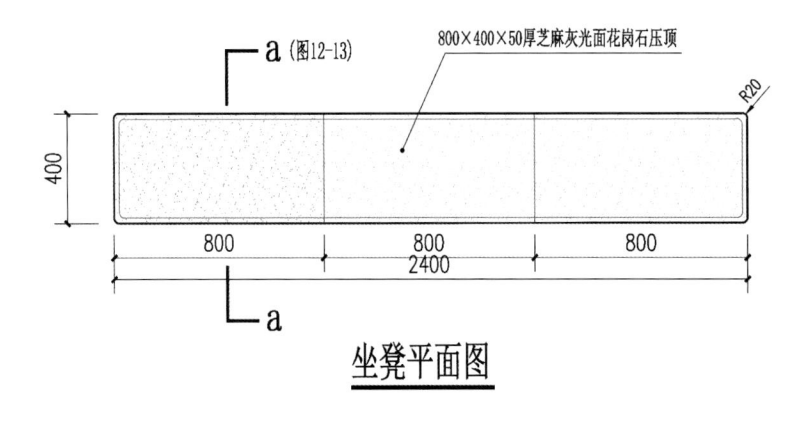

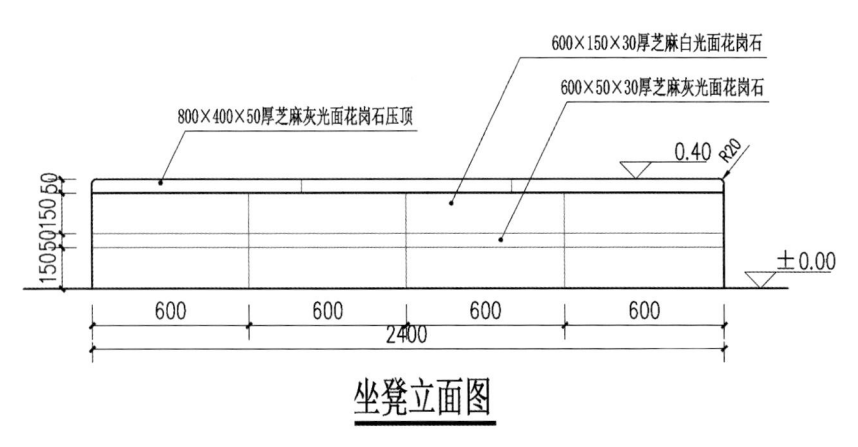

图12-14 坐凳施工图

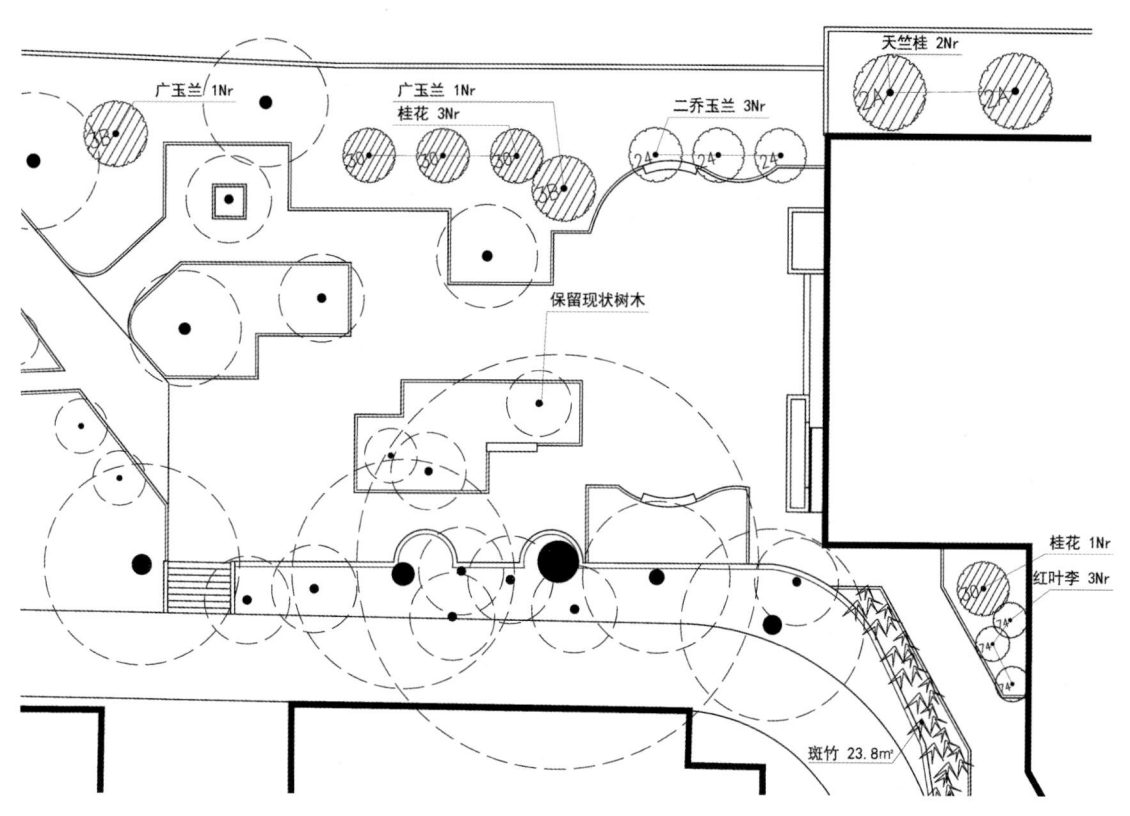

图12-15 主入口区乔木设计图

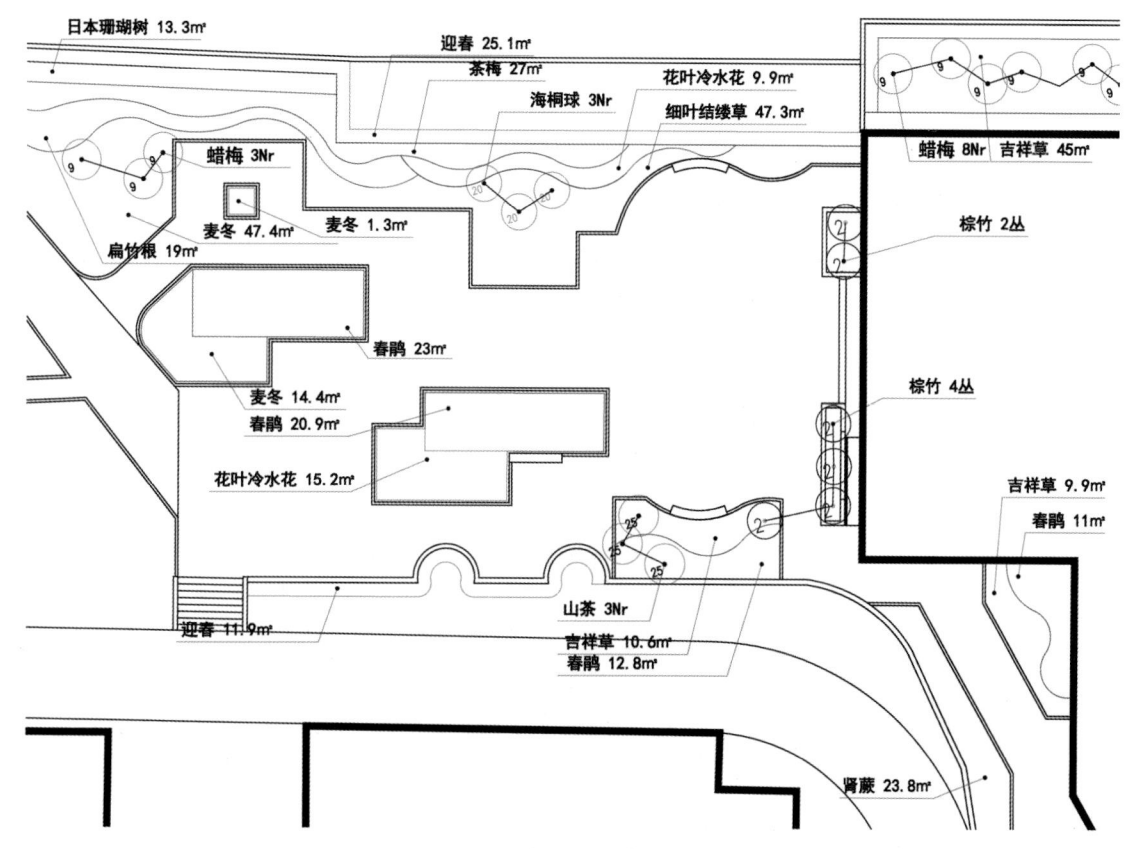

图12-16 主入口区灌木设计图

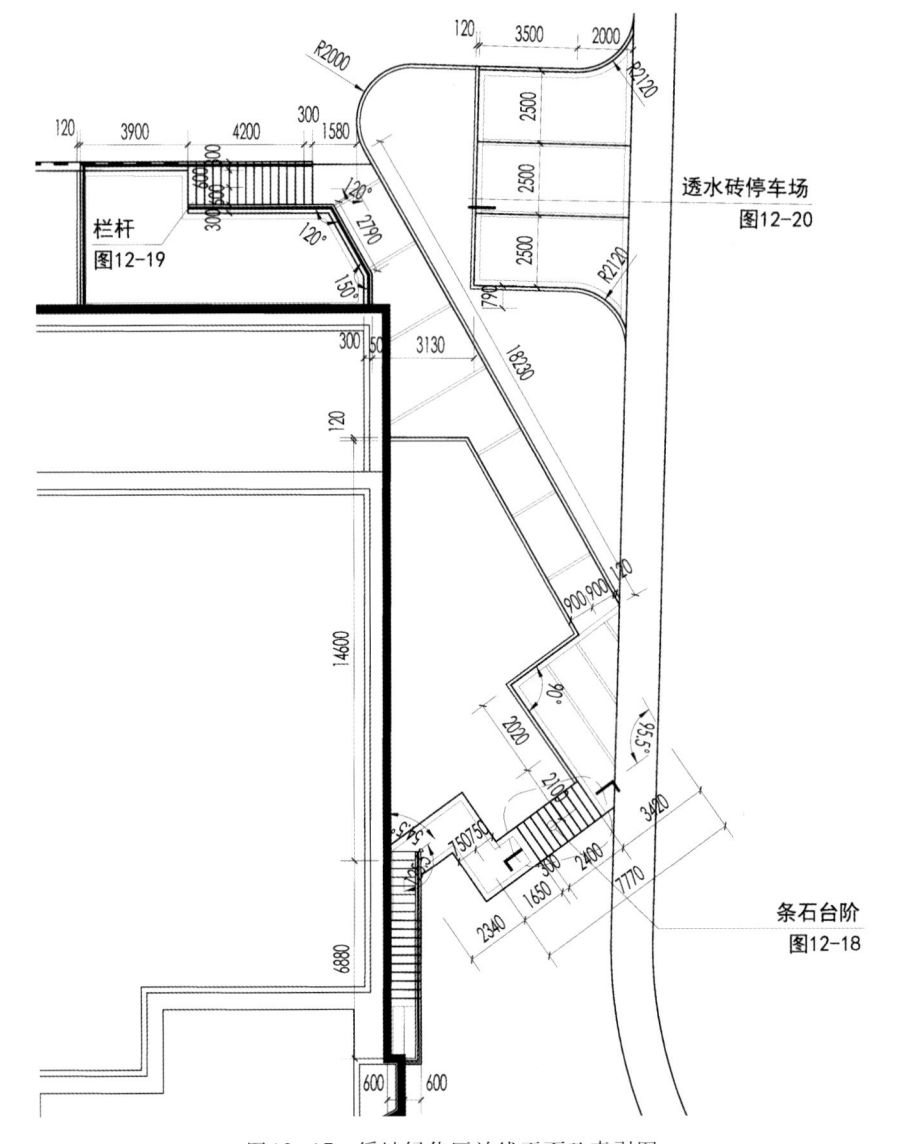

②缓坡绿化区。尊重场地原有地形和大乔木，对树下植物进行梳理，增加观赏价值较高的中层乔木及灌木，丰富植物的空间层次，形成立体化的景观效果，如图12-17至图12-22。

图12-17　缓坡绿化区放线平面及索引图

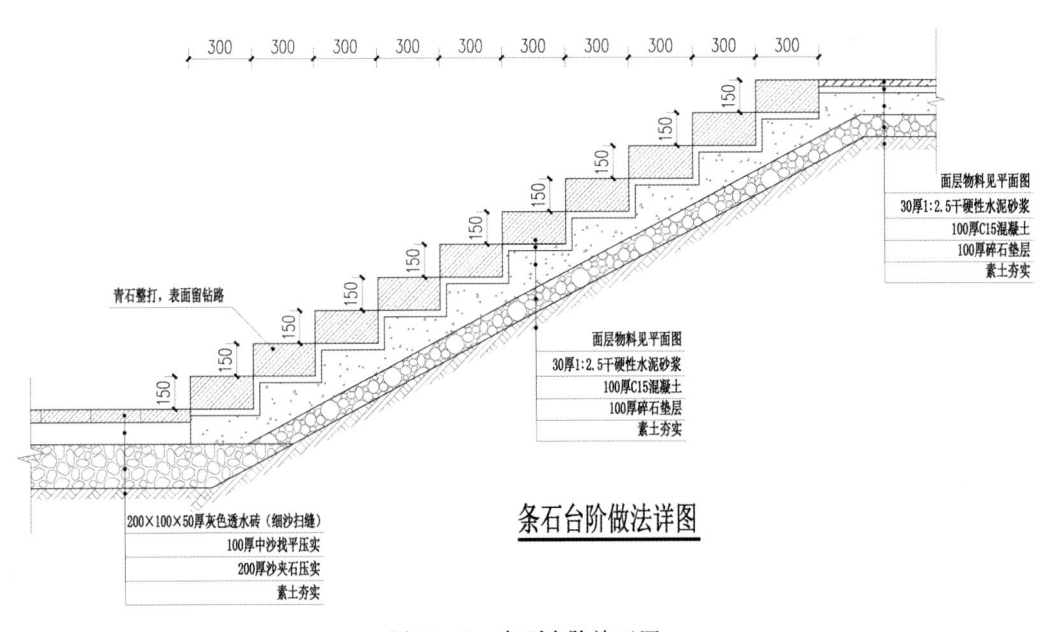

条石台阶做法详图

图12-18　条石台阶施工图

图12-19 栏杆施工图

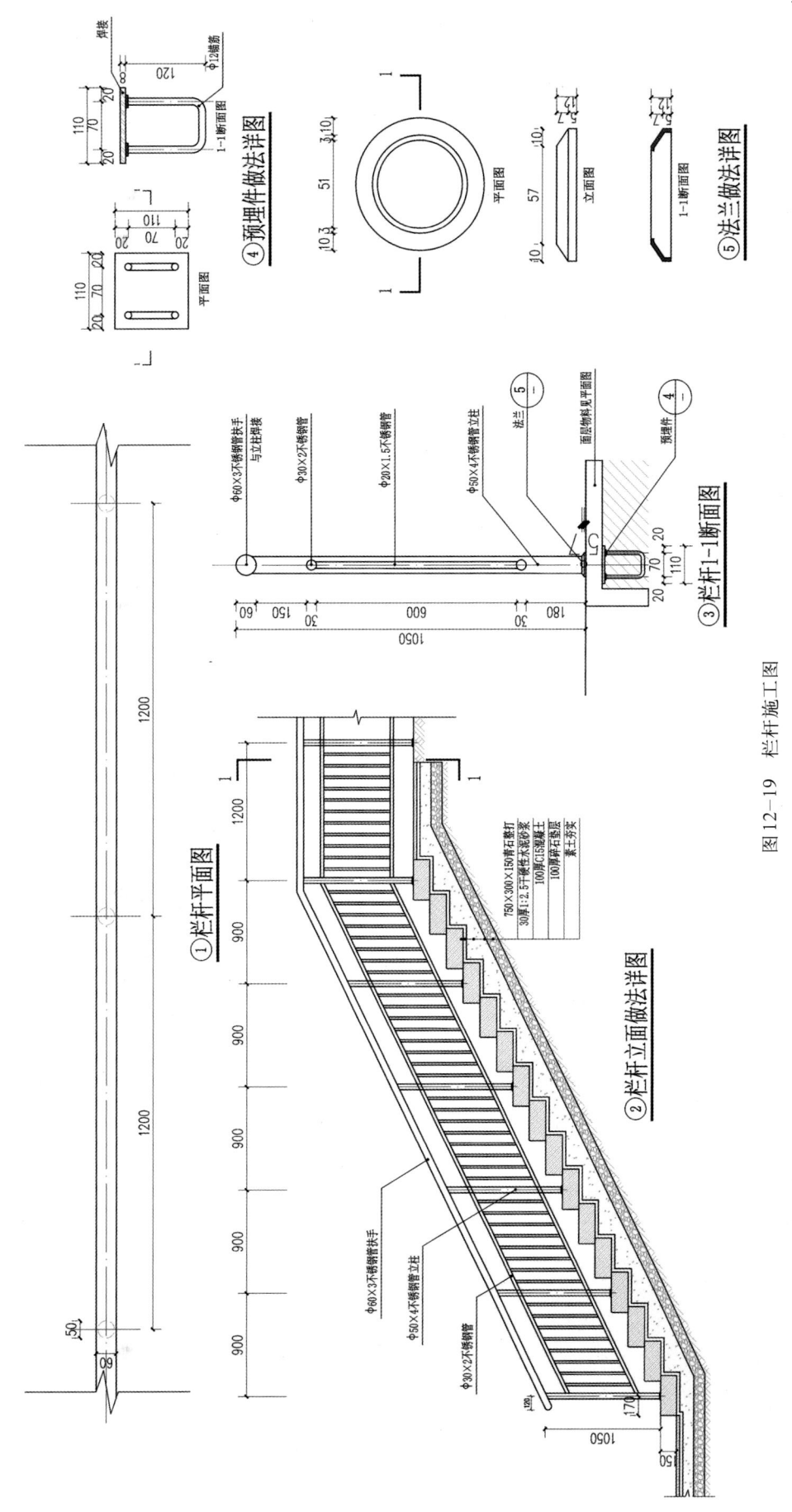

图12-20　透水砖停车位施工图

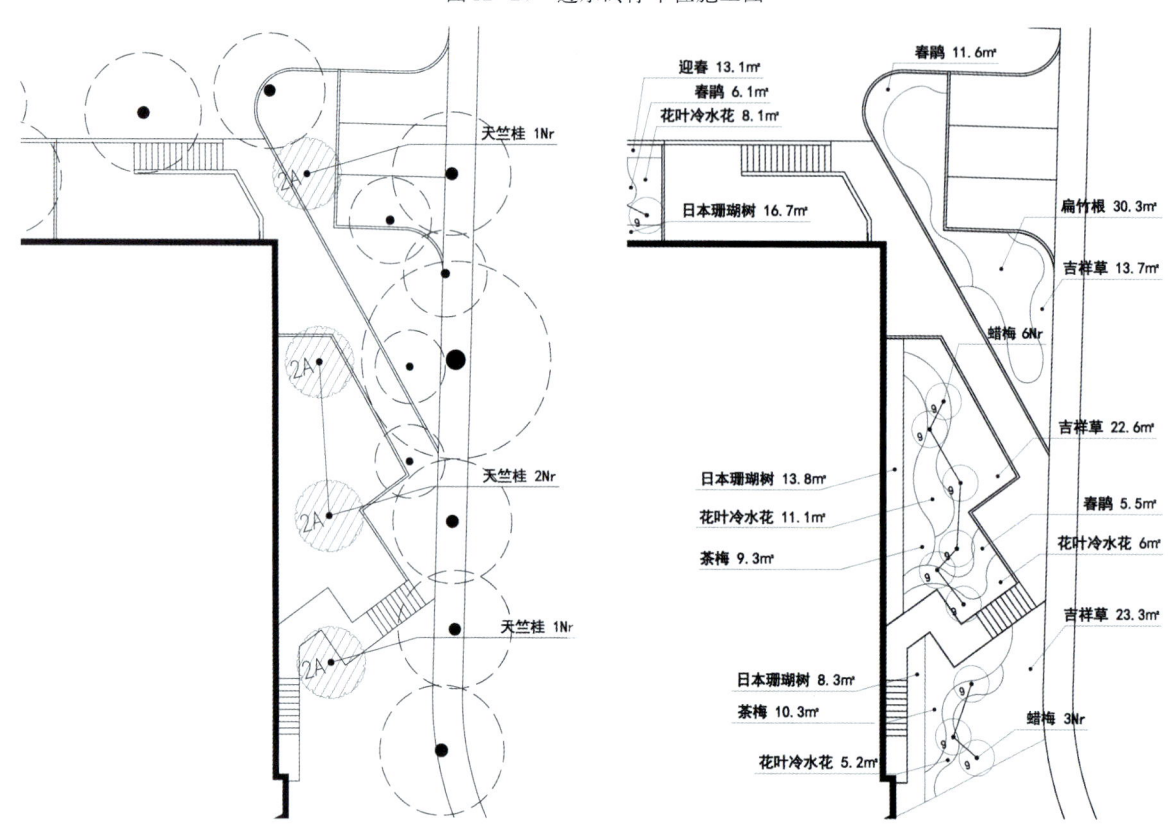

图12-21　坡绿化区乔木设计图

图12-22　缓坡绿化区灌木设计图

12.7 施工与维护管理

(1)基于继续教育学院的管理和工程造价,食堂建筑连接继续教育学院的连廊未实施。
(2)食堂建筑东侧的"青枫梅影"景点,因停车位的增加未能按设计方案实施。
(3)建成后,因食堂主入口左侧增加户外电梯及洗手设施而有所改动。

项目设计人员:张建林、赵杨、张晓迪等。

13

第二学生活动中心外环境设计

13 第二学生活动中心外环境设计

13.1 项目概况

第二学生活动中心位于西南大学蚕学宫与楠园三舍之间。学校为了满足日益发展的学生课外活动需要,为学生提供多种可能的活动空间,于2012年在南校区修建西南大学第二学生活动中心。2015年秋,在活动中心建筑即将建成之际,需对活动中心外环境进行整体规划设计。项目总规划面积约5909.2 m²,其中建筑占地1889.5 m²。

13.2 场地条件

(1)设计场地北临楠园三舍,南接蚕学宫,东至融汇南路及第四运动场,西侧山坡上为药学院。场地内部用地较为平坦,东侧保留场地内原有的条石挡土墙,由南向北与校园干道的高差逐渐增高,挡土墙高平均约1 m左右;西侧因建筑施工平场形成最高14 m的切坡,由南向北地势逐渐降低至与场地内部等高,如图13-1。

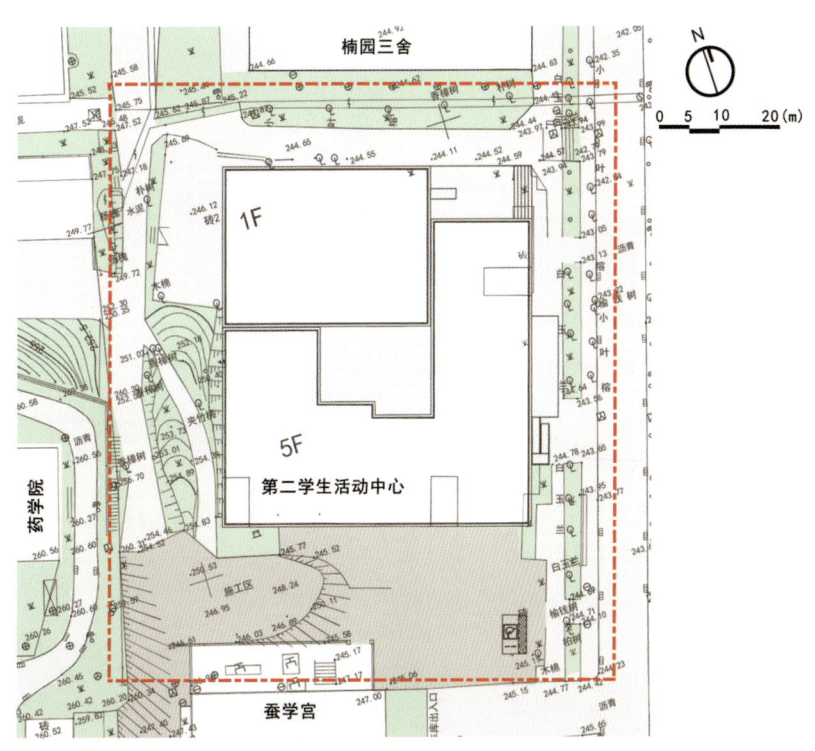

图13-1 第二学生活动中心建筑总平面图

(2)场地内部规划有环形道路,东侧和西北侧均有车行入口,西侧和南侧设有停车场,东侧为校园主干道、车流量大。活动中心建筑风格为现代简欧,建筑的主入口设在东侧,主要人流来源于东侧主干道;次入口设在西北角,方便楠园学生从西北方向进入大楼,如图13-2。

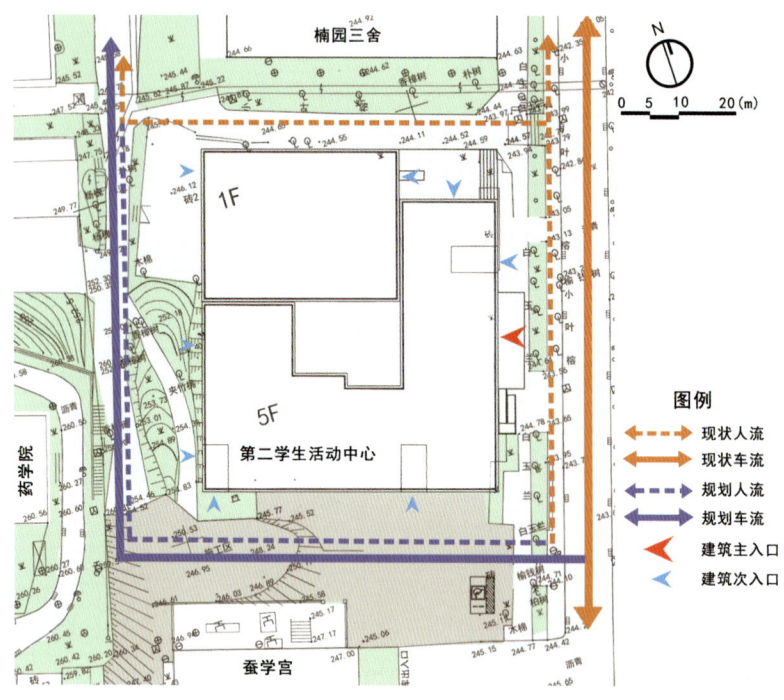

图13-2 建筑环境交通与人流分析图

(3)高大乔木分布在用地边缘,主要乔木有榕树(小叶榕)、天竺桂、荷花木兰(广玉兰)*Magnolia grandiflora* L.、白玉兰、梧桐、复羽叶栾树、加杨(杨树)*Populus × canadensis* Moench、美洲柏木(柏树)*Hesperocyparis arizonica* (Greene) Bartel、臭椿 *Ailanthus altissima* (Mill.) Swingle、构树等。植物种类多,整体杂乱、景观效果较差,如图13-3。

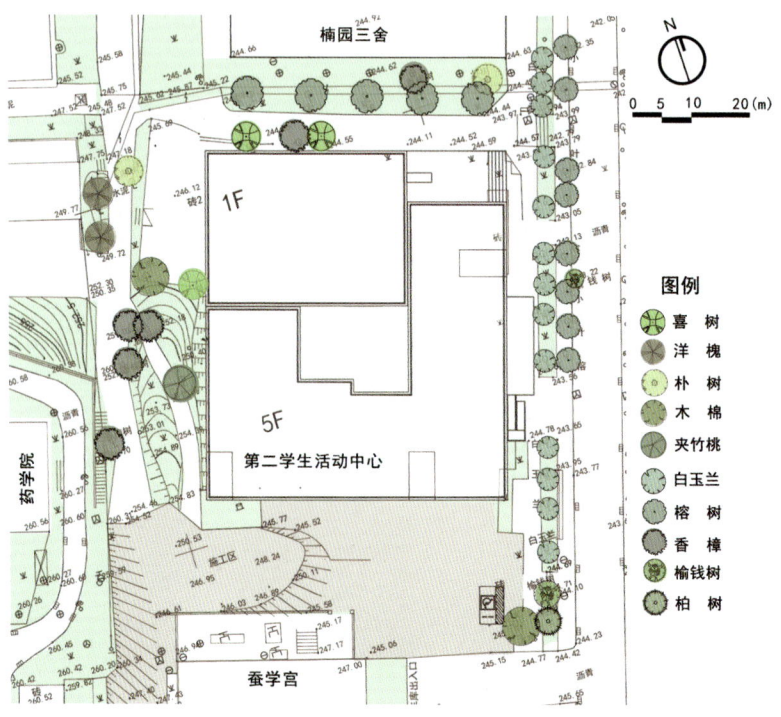

图13-3 第二学生活动中心环境植物现状图

13.3 面对的问题

(1)如何保护与利用场地东侧挡土墙及其上方的高大乔木,并与新的学生活动中心建筑正立面景观相适应;在经济的前提下,如何处理西侧高切坡安全问题与相邻景观的关系,实现与环境的融合。

(2)如何处理学生活动中心出入口人流集散、交通安全与主干道车流量大的矛盾,保障校园干道总体景观效果。

(3)如何从建筑环境景观文化的角度来体现时光记忆与大学生的青春活力。

(4)如何协调处理植物配置与建筑室内的通风、采光关系,以及植物与建筑交通出入口、立面的景观关系。

13.4 设计策略

(1)保留场地东侧挡土墙及其上方高大乔木,整理建筑至挡土墙之间的地面,尽可能向东侧主干道倾斜,增加视觉观赏面。西侧不同高度的切坡面采取不同的工程技术措施。

(2)在东侧主入口临车行道一侧做硬质铺装,满足集散要求;北侧留人行通道,满足学生快速通过的要求。

(3)从场地老建筑提取环境景观装饰元素以提升场地记忆,体现校园文化。

(4)对影响建筑采光、通风和景观效果的现状乔木采取疏枝、整形和修剪的方式,使其适应新的建筑环境要求。对新配置的乔灌木应严格按照国家相关的规范和标准进行布置。

13.5 创意构思

第二学生活动中心选址于原西南农业大学礼堂所在地,是西南大学历史见证之处,也包含了莘莘学子的大学记忆。场地内原建筑均为青砖墙,旧建筑拆除后,其青砖和条石在新建的学生活动中心环境中用于坐凳、树池、景观小品的构建,以此体现原场地的文化记忆。

广玉兰是该场地的标志性和历史记忆性植物。设计时,充分尊重场地内现有的观赏性乔木,如现状乔木广玉兰、小叶榕和天竺桂,强化以广玉兰为特色的植物景观设计。同时,兼顾以栀子(*Gardenia jasminoides* J. Ellis)、杜鹃(*Rhododendron simsii* Planch.)等开花灌木,"花"与"华"谐音,突出韶华夕拾的主题。

13.6 方案与设计

(1) **规划布局** 根据原有地形设计景观台阶,打造开阔的入口,将建筑西侧的较大坡坎进行绿化处理,减少生硬感;将老旧建筑的青砖再利用作为对原有场地与建筑的尊重和记忆,保留广玉兰并合理移栽,打造以玉兰为主题的特色校园景观。在建筑南侧设置停车位,方便师生出行,如图13-4。

(2) **竖向设计** (图13-5)

(3) **铺装设计** (图13-6)

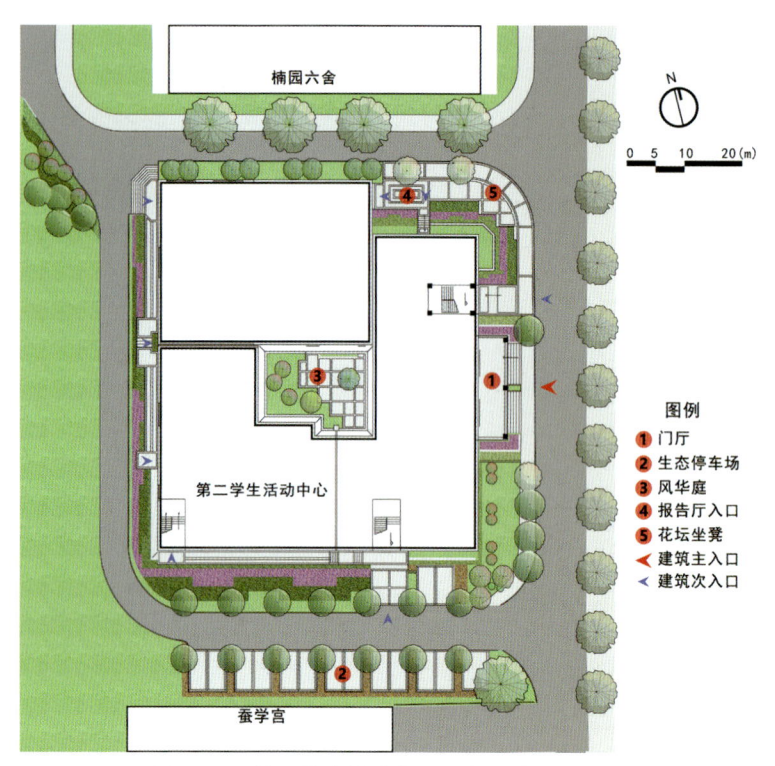

图例
① 门厅
② 生态停车场
③ 风华庭
④ 报告厅入口
⑤ 花坛坐凳
◀ 建筑主入口
◁ 建筑次入口

图13-4 第二学生活动中心环境设计总平面图

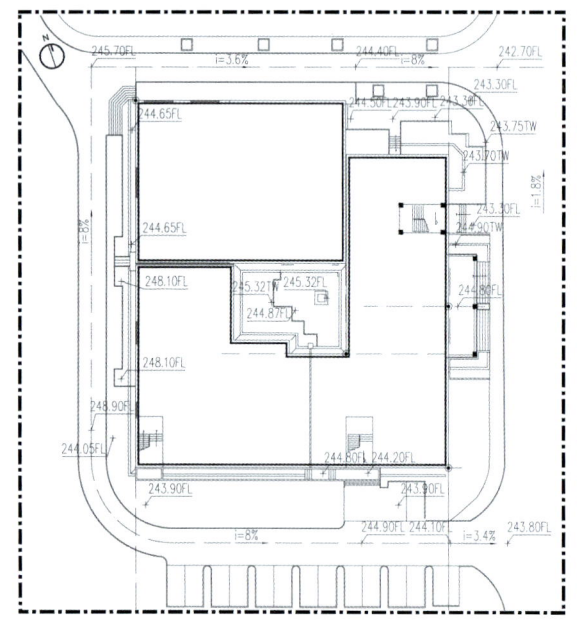

图13-5 第二学生活动中心环境竖向设计图

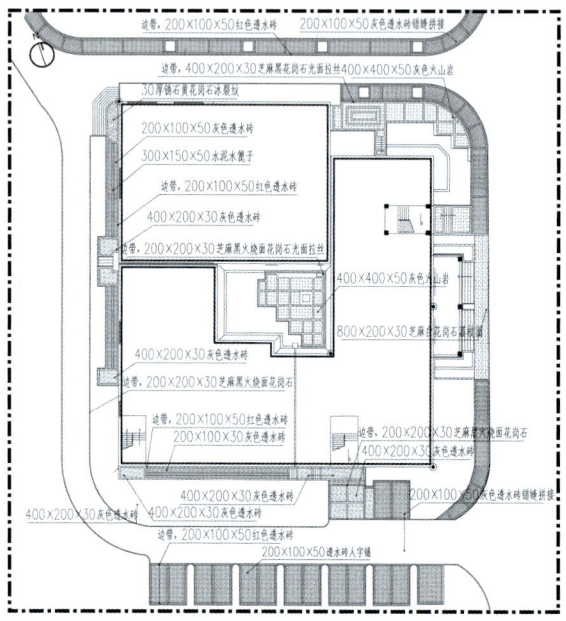

图13-6 第二学生活动中心环境铺装设计图

(4) **种植设计** 西侧因土建施工的放坡要求,将原山坡上的梧桐、杨树、臭椿等铲出,形成细石混凝土护坡面,采取藤蔓植物做坡面垂直绿化。在不影响建筑环境使用功能的前提下,原则上保留场地东侧、北侧现状大树,如原有的构树、广玉兰、柏树、栾树、二乔、玉兰、小叶榕、天竺桂。补种植物与保留植物形成整体的植物景观关系,如图13-7。

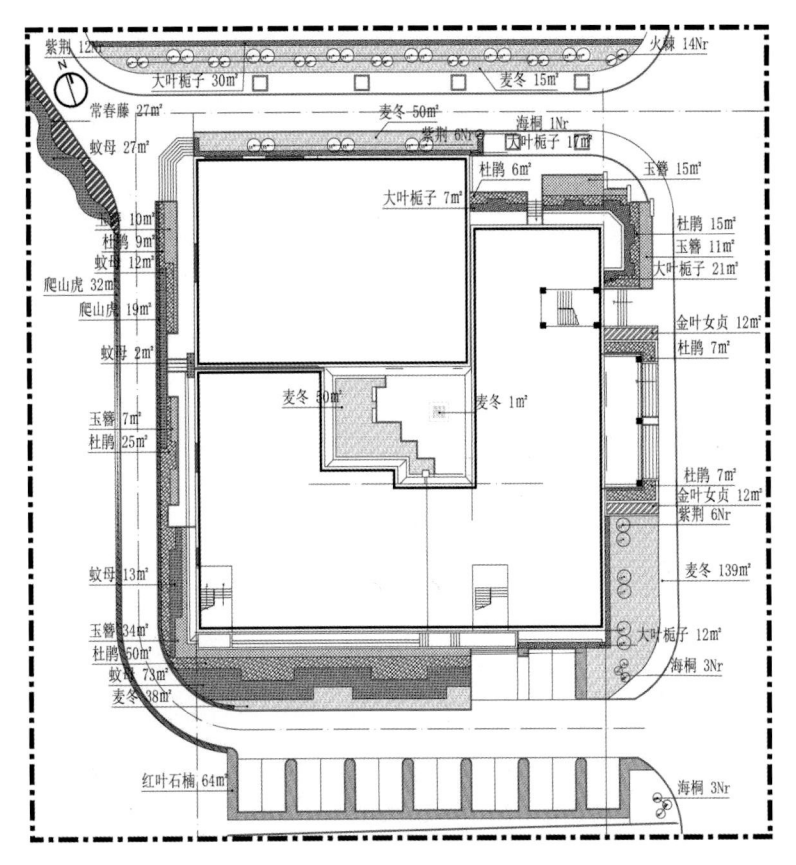

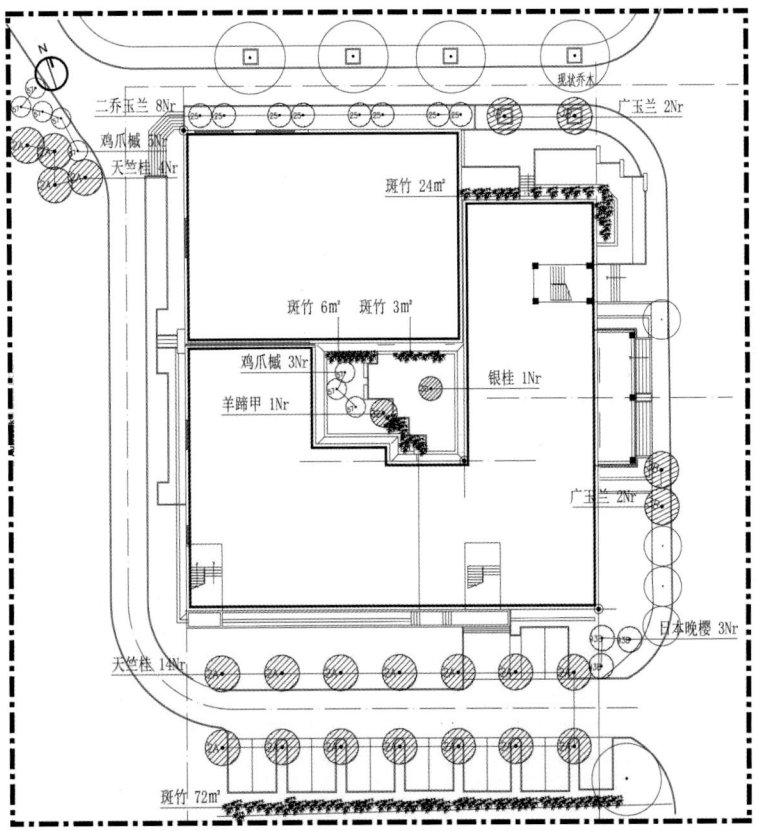

图13-7 第二学生活动中心环境种植设计图

13.7 施工与维护管理

（1）由于场地东北角的挡土墙与校园干道的高差大，以及挡土墙上方高大乔木的存在，其车行道未按规划实施，改为车道同宽的台阶供师生通行。

（2）原建筑设计对场地西侧的地形、道路、施工安全等研究不深入，导致环境设计施工图与实际建成相差极大。西侧平场未能按设计实施，仍保留坡坎，停车场也未能修建，建筑三个北入口仅修建了一个。

项目设计人员：张建林、郝欢焕、沈杨霞、王婷等。

附图：第二学生活动中心外部环境实景图

附图13-1　主入口实景

附图13-2　校园干道一侧实景

附图13-3　风华庭

14

化学化工与药学实验楼外环境设计

14 化学化工与药学实验楼外环境设计

14.1 项目概况

化学化工与药学实验楼位于西南大学北校区的梅园西南侧。2013年为了适应化学化工学院、药学院的办学与学科发展需求,整合教学科研平台和办学资源,解决两个学院教学与科研场所过于分散、不利管理等问题,学校决定筹建化学化工与药学实验楼。2017年秋季,在化学化工与药学实验楼即将建成之际,对大楼外环境开展设计。该项目规划面积约15000 m²,其中建筑占地面积4850 m²。

14.2 场地条件

（1）设计场地东北面与梅园四舍相邻,东南面与第二十六教学楼隔文渊路相望,西南面靠近西南大学驾校练车场,西北面邻近马鞍溪湿地公园。场地东南侧为校园干道（文渊路）,西北部紧邻马鞍溪规划消防道,东北部为人行通道;进入场地的人流、车流主要来自于文渊路方向,如图14-1。

（2）大楼建筑平面为"日"字型布局,建筑9层吊3层,正立面高41.1 m,现代风格,呈东北西南方向布置。建筑东南面距文渊路约23 m,设两处主入口分别进入化学化工学院、药学院；建筑东北侧附3楼设消防车辆入口,可进入中庭；建筑西南侧、西北侧设有次入口。

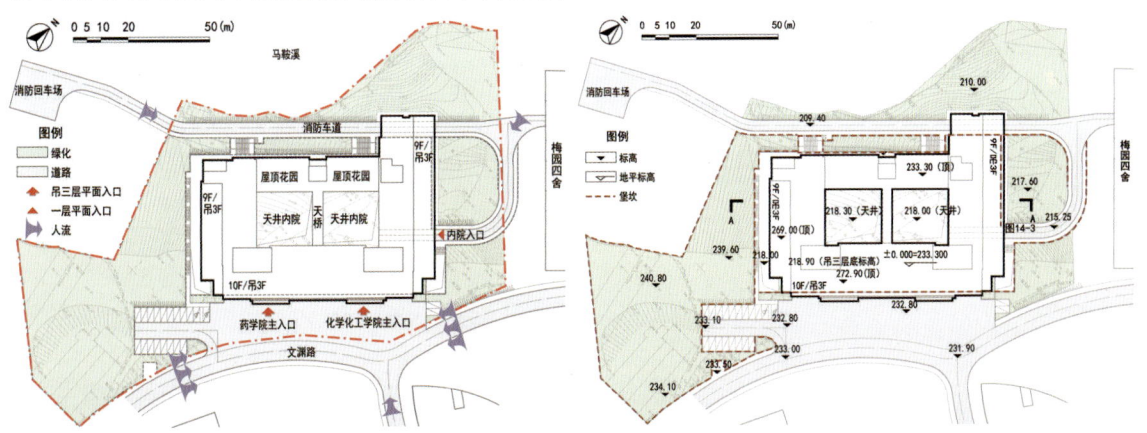

图14-1 化学化工与药学实验楼建筑总平面图　　图14-2 化学化工与药学实验楼竖向规划图

（3）设计用地处于东南西北向的坡地上,东南高,西北低,相对高差约30 m；南高北低,北侧最低点高程为202.80 m,南侧最高处高程为240.80 m,相对高差38 m；用地基本由坡地和陡坎组成,高差大,如图14-2、图14-3。

①建筑东北立面

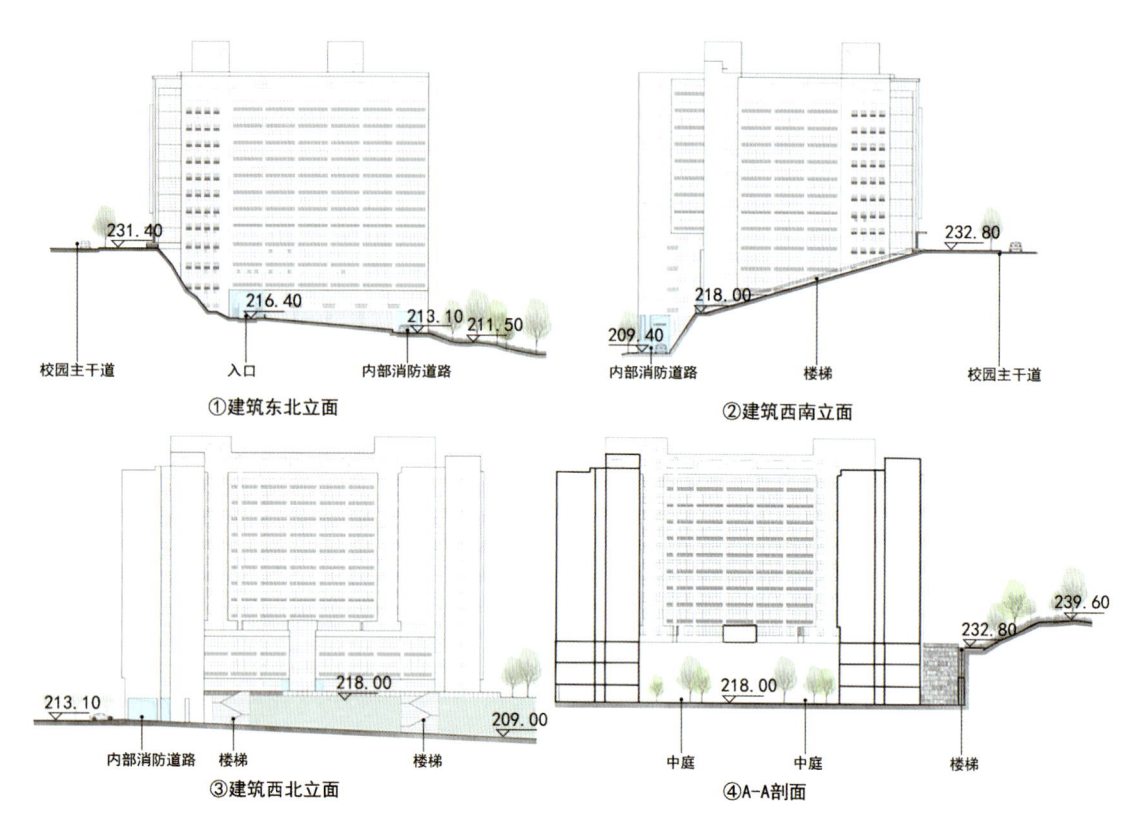

②建筑西南立面

③建筑西北立面

④A-A剖面

图14-3 化学化工与药学实验楼代表性剖、立面图

(4)场地内乔木有小叶榕、香樟、黄花槐、玉兰、竹子、紫薇、栾树、泡桐；灌木有鹅掌柴、红花檵木、矮棕竹等。临近马鞍溪一侧植物生长较好；南部山坡为自然植被，较为杂乱，东北侧步行道两旁植物景观效果较好；东南侧文渊路行道树为香樟和小叶榕，长势良好，如图14-4。

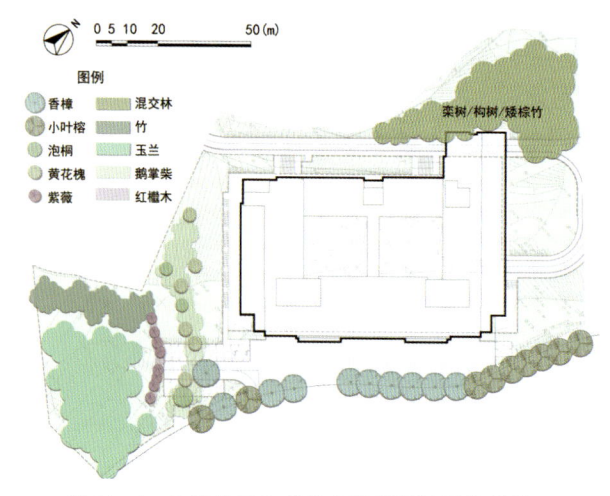

图14-4 化学化工与药学实验楼环境植物现状图

14.3 面对的问题

(1)距离校园主干道较近,体量大而高的建筑给人以压迫感,如何通过环境设计来弱化人们的心理感受。建筑四周环境和建筑各层出入口高程不同,环境道路交通如何与建筑内部交通协调一致。

(2)如何解决大楼日常教学、科研活动的环境需求与学生宿舍环境需求不同的矛盾,比如存在药学与化学化工实验过程中释放出有害人体健康的气体从而影响宿舍内学生身心健康的风险,以及学生宿舍的嘈杂声影响教学科研工作的问题。

(3)如何解决文渊路的线型和行道树的杂乱与大楼正面形象不相称的问题。

(4)如何在环境景观中呈现化学化工学院和药学院的科教文化特色。

(5)如何处理因建筑施工所形成的生硬高护坡、挡土墙与环境景观协调的问题,对现场不同高度、不同形式的固土护坡设施采取什么样的景观美化方法更加经济、合理。

14.4 设计策略

(1)在建筑正面场地的左右两端种植高大乔木,以减缓视觉上的高差感。

(2)在大楼与梅园四舍之间构建卫生隔离风景林,靠近梅园四舍一侧种植能吸收有害气体的乔木、花灌木。在建筑周围种栀子、桂花、白玉兰、香樟、山茶等抗性植物,以增强视觉景观效果和芳香效果。

(3)将主入口前的校园车行道边线进行适当修整变直与建筑前入口广场相适应,对长势不佳的行道树进行移除,对姿态凌乱的行道树进行适度修剪。

(4)以化学化工与药学研究的物质基本构成为演绎原型,结合阴阳平衡、虚实相生的哲学思想,实现大楼外环境的统一与协调,展现两个学院的文化特质。

(5)在挡土墙上方种植垂吊植物,在挡土墙前方密植高大灌木遮挡堡坎,以此在视觉上缓解高差。对场地内因施工扰动造成安全隐患的陡峭坡面,采用放坡退台或增设挡土墙,并在坡地上种植根系发达的固土植物,强化退台区域绿化,形成多层次立体绿化景观,如图14-5。

图14-5　放坡退台式示意图

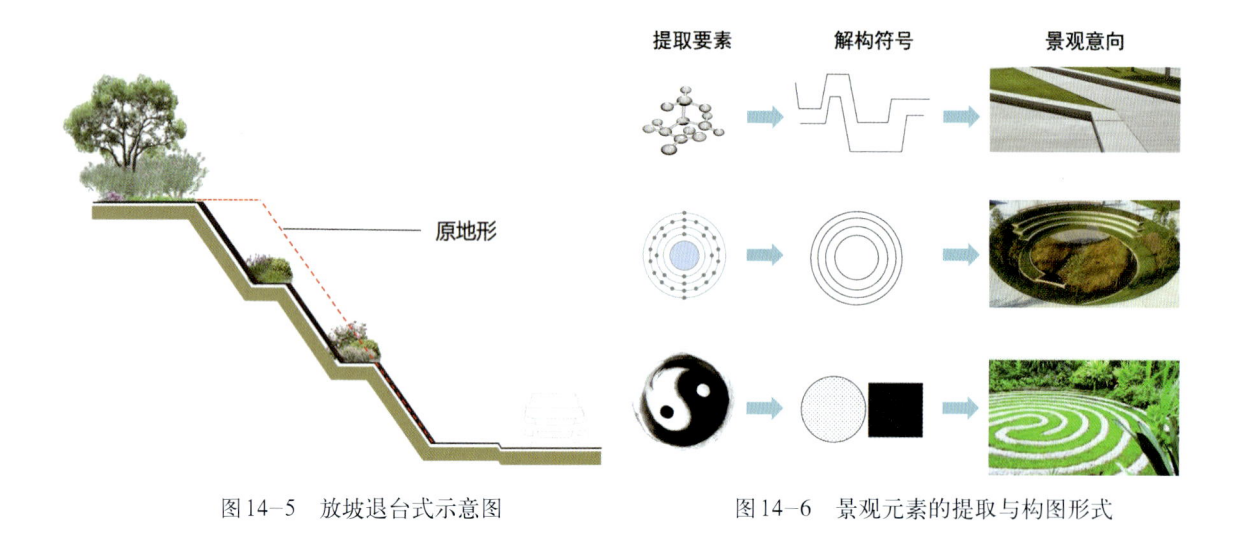

图14-6　景观元素的提取与构图形式

14.5　创意构思

从化学反应、中药的起源和道教文化这三个方面提取设计元素,形成解构符号,以此为基础生成该楼外环境的景观意向。化学反应是化学化工与药学实验过程中新物质形成的基本途径,具有灵活多变特性,能展现学科活力;原子是化学反应中无法再变化的最小微粒,核外电子具有向心性,可抽象为不忘初心、严谨专注的科研精神;中药的起源与道教文化息息相关,炼丹活动也促进了我国早期化学的发展,同时,道教文化中的虚实相生、阴阳平衡的思想与环境空间的营造具有异曲同工之理,如图14-6。

14.6　方案与设计

（1）方案布局　依据建筑内外环境布局及高程关系,在文渊路与建筑之间设入口广场,作为人流集散空间。建筑南、西、北三侧为绿化休闲空间,依据不同场地打造不同景观。南侧中庭以体现生态之美的雨水花园为特色,北侧中庭为满足卸货、消防所需,以嵌草铺地回车场为特色,两个中庭景观互为阴阳和对比关系。建筑吊三层屋顶建造屋顶花园,并借缙云山之景,在为师生提供休闲空间的同时,增加建筑绿化覆盖率。充分利用车道旁的平地，设置两处小型停车场，如图14-7。

图14-7　化学化工与药学实验楼环境设计总平图

（2）竖向设计　依据建筑吊层与地形结合关系，本着建筑环境服务于建筑功能的原则，室外道路、场地高程满足相邻建筑室内高程所需。西侧堡坎处通过植物种植遮挡堡坎，缓解高差；东西两侧区域上下高差约20 m，通过缓坡地、坡道和长阶梯连接，如图14-8。

（3）主入口广场设计　主入口广场位于文渊路与建筑之间，为满足两个学院师生进出、集会等需求，基于建筑左

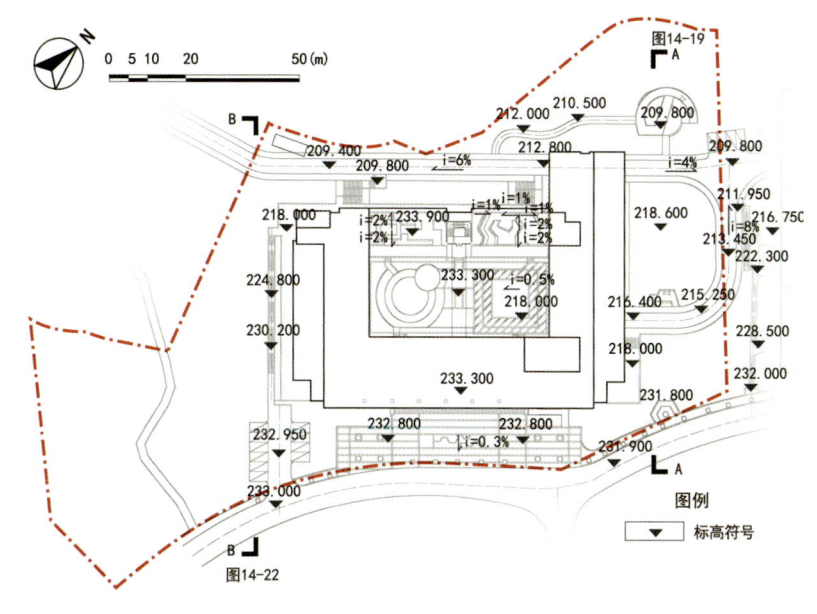

图14-8　竖向设计图

右对称的创意，广场以硬质铺地图案为中心，4株银杏组成的方阵左右对称布局，去除文渊路旁生长弱势的行道树，并对保留乔木进行必要的修枝。地面均采用花岗石铺地，以火烧面芝麻白花岗石为基调，芝麻黑花岗石为装饰线条，形成与大楼形象相适应的入口广场景观，如图14-9。建筑左右对称设计的残疾人坡道扶手栏杆改为红色景观矮墙，景观矮墙既满足安全防护需要，又是院名题刻墙，如图14-10。设计施工图如图14-11至图14-16。

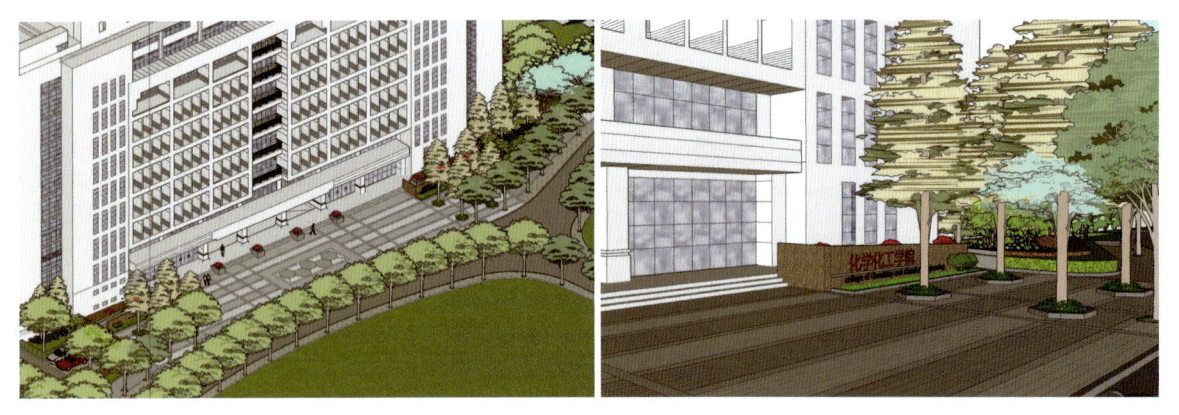

图14-9 入口广场鸟瞰图

图14-10 景观矮墙效果图

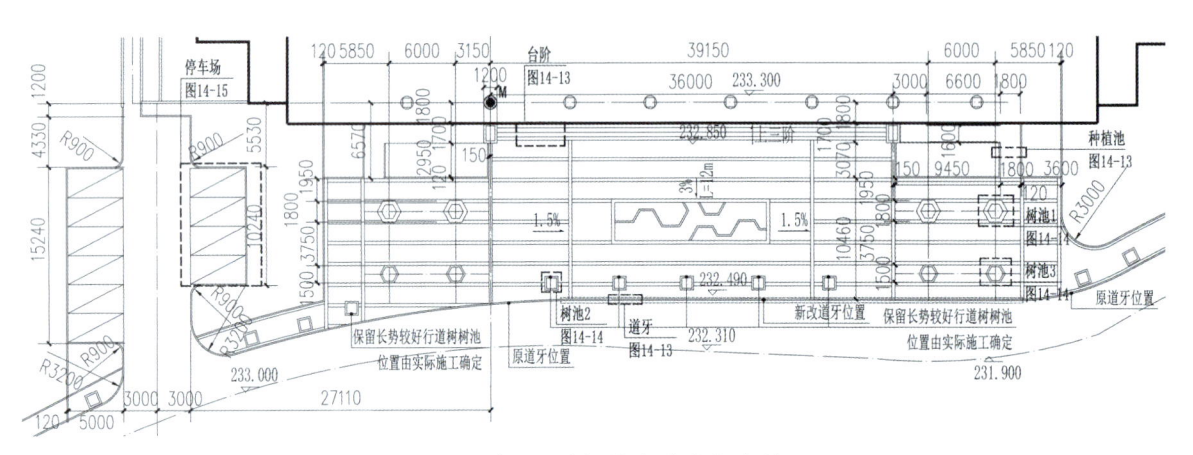

图14-11 主入口广场放线、竖向与索引图

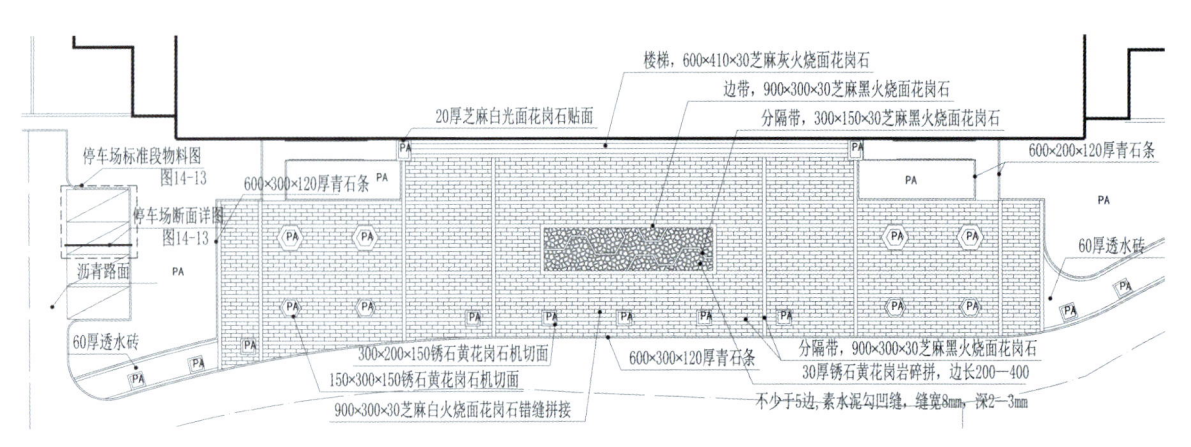

图14-12 主入口广场物料图

① 台阶详图

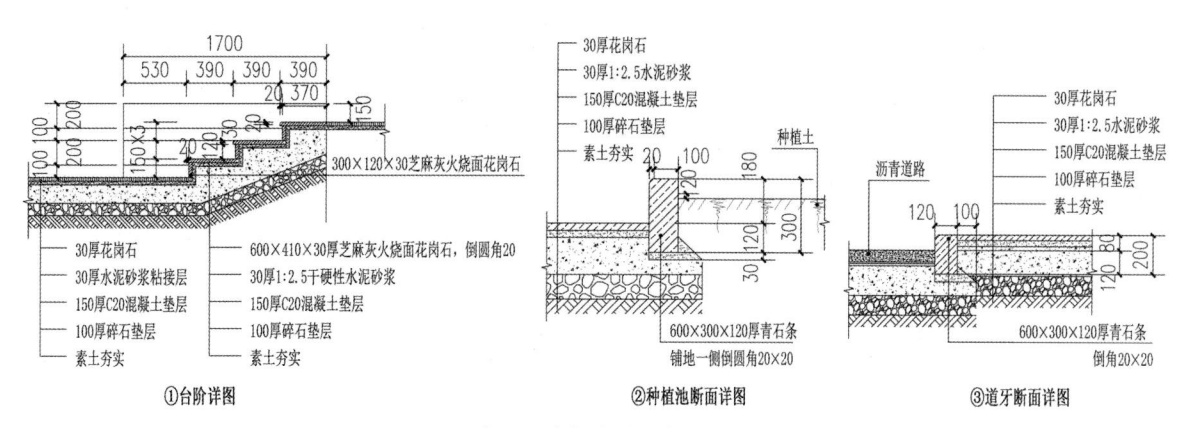

② 种植池断面详图

③ 道牙断面详图

图 14-13　主入口广场台阶、种植池、道牙详图

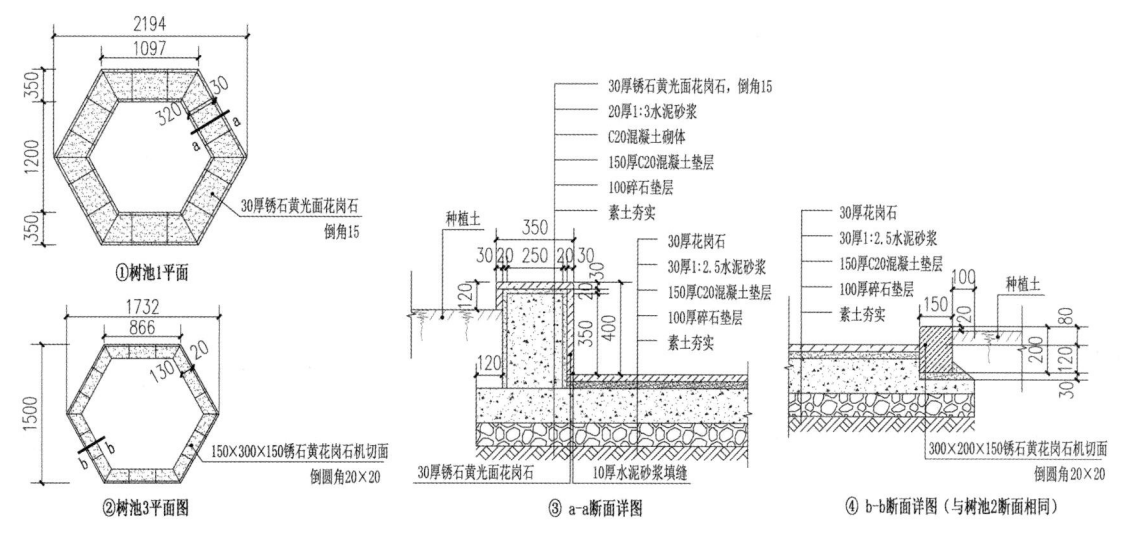

① 树池1平面

② 树池3平面图

③ a-a断面详图

④ b-b断面详图（与树池2断面相同）

图 14-14　主入口广场树池详图

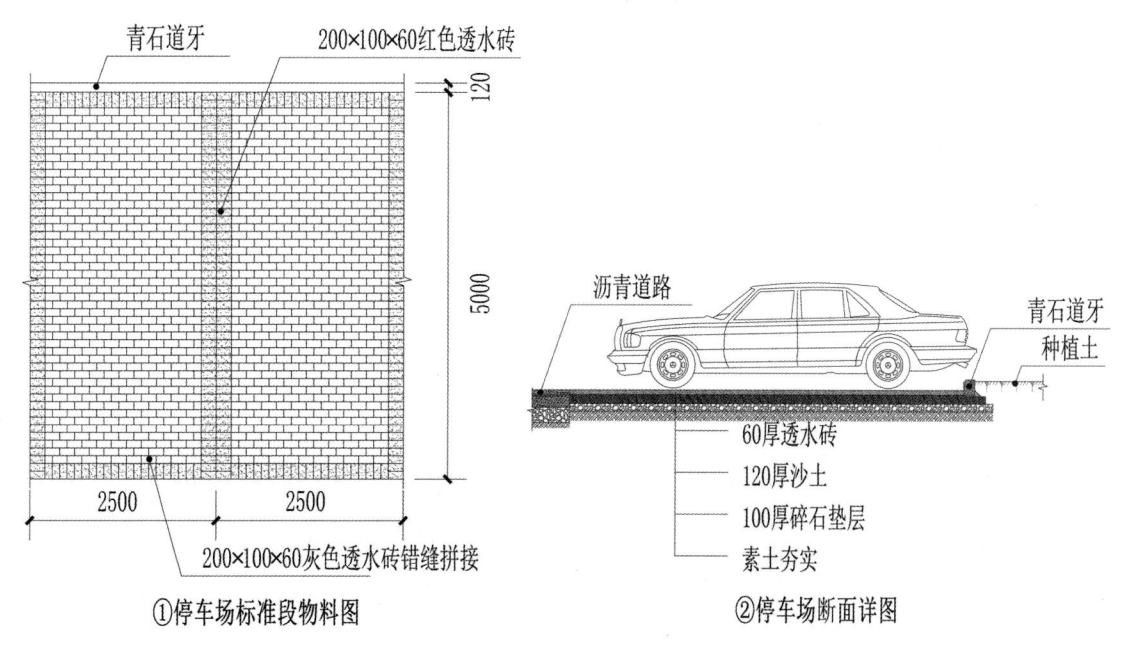

① 停车场标准段物料图

② 停车场断面详图

图 14-15　主入口广场停车场详图

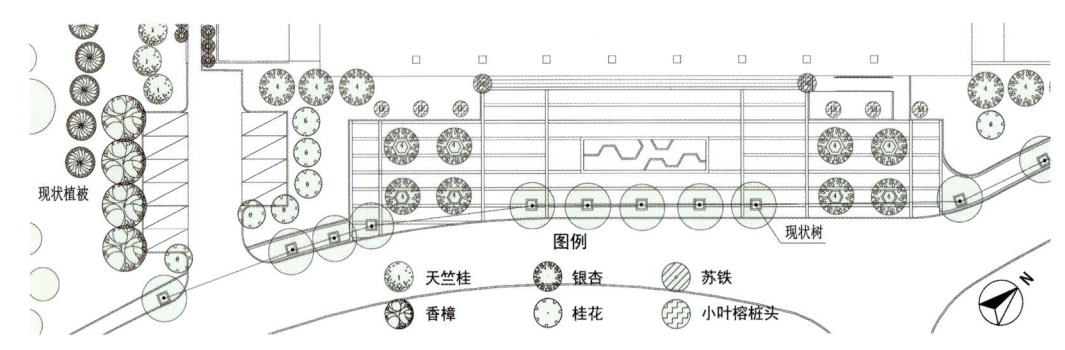

图14-16 主入口广场乔木种植图

(4) 建筑东侧景区设计　该区域介于教学楼与宿舍楼之间,以植物景观为主;在靠近中庭入口的消防通道旁设置休息平台,供学子驻足休读;在与校园主干道相接的高处设置观景台,览沁香林,眺马鞍溪,如图14-17。利用植物芳香和抗性植物打造沁香林,起美化和隔离之效。为协调校园主干道与建筑室外地坪的高差,于东侧陡坡种植麦冬作为固土地被,同时片植深根性乔木广玉兰,如图14-18、图14-19。

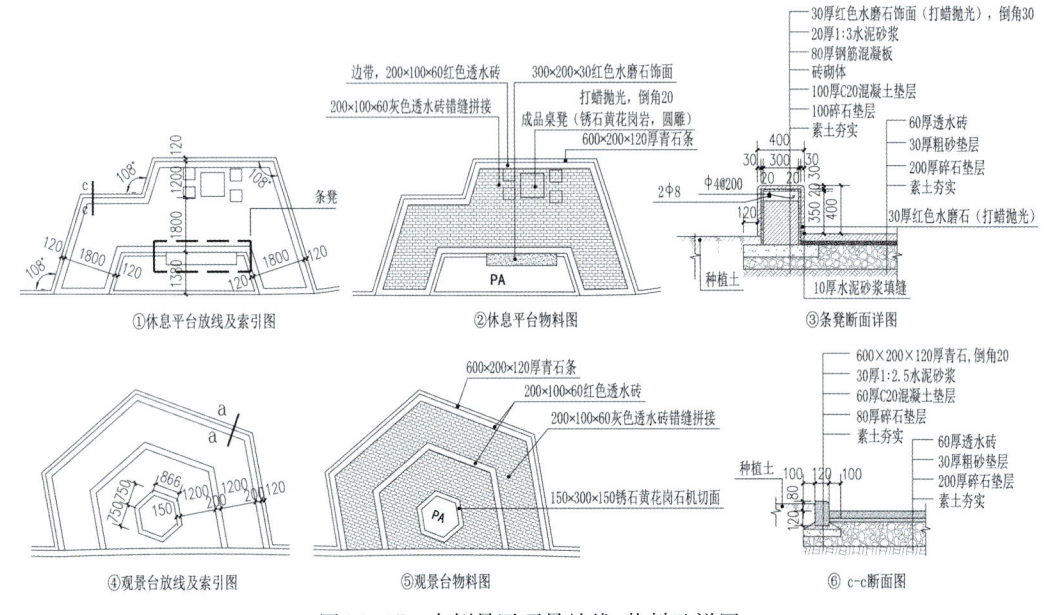

图14-17 东侧景区硬景放线、物料及详图

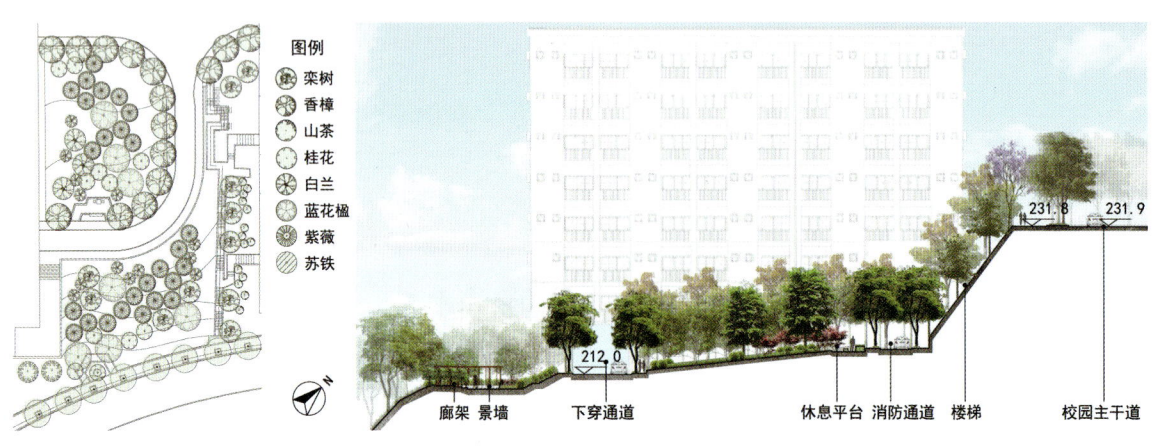

图14-18 东侧景区乔木种植图　　图14-19 A-A剖面图

(5)**建筑西侧景区设计** 该区域与西南大学驾校训练场相连,高差大。保留现状玉兰林作为背景林。建筑与长陡坎之间有长台阶,在护土固坡的同时,于台阶两侧种植彩色植物以愉悦心情,如图14-20至图14-22。

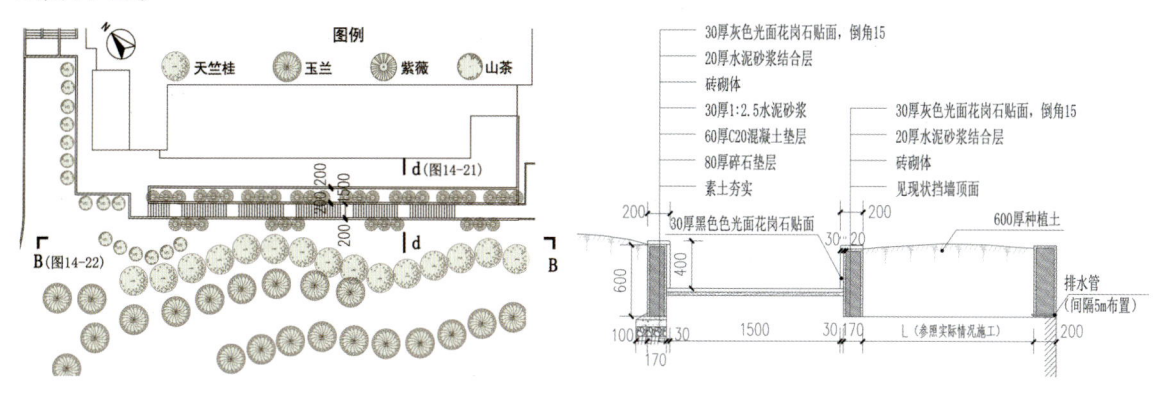

图14-20 西侧景区乔木种植图

图14-21 d-d断面图

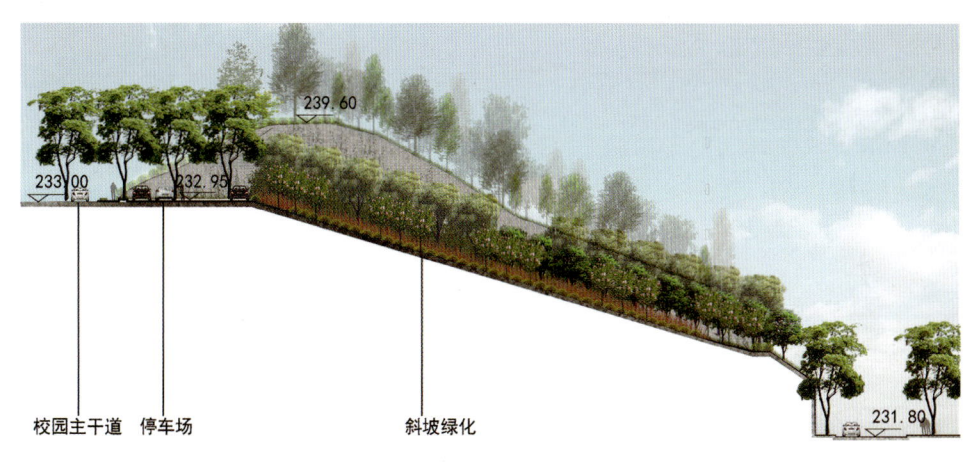

图14-22 B-B剖面图

(6)**建筑北侧景区设计** 该区域紧邻马鞍溪湿地公园。保留现状混交林,于混交林中开辟平地建造休闲廊架,作为休读场地,如图14-23至图14-25。列植蓝花楹、香樟形成景观大道,成为与马鞍溪湿地公园的分界线,如图14-26。

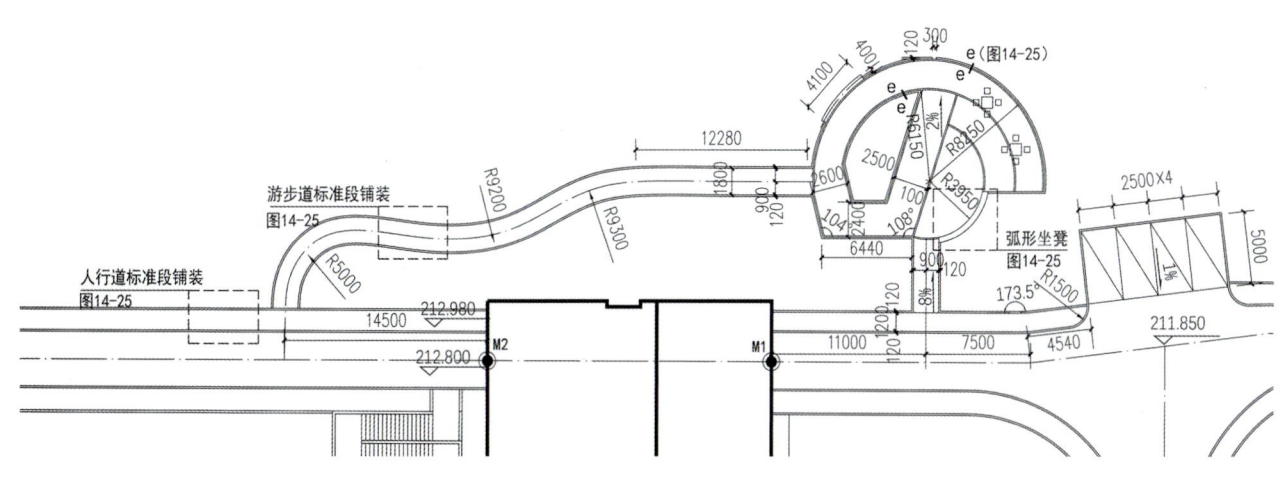

图14-23 北侧景区放线、竖向及索引图

313

图14-24 北侧景区场地物料图

图14-25 北侧景区施工详图

① 人行道标准段铺装详图
② 游步道标准段铺装详图
③ 弧形坐凳平面详图
④ e-e断面详图

图14-26 北侧景区花木种植图

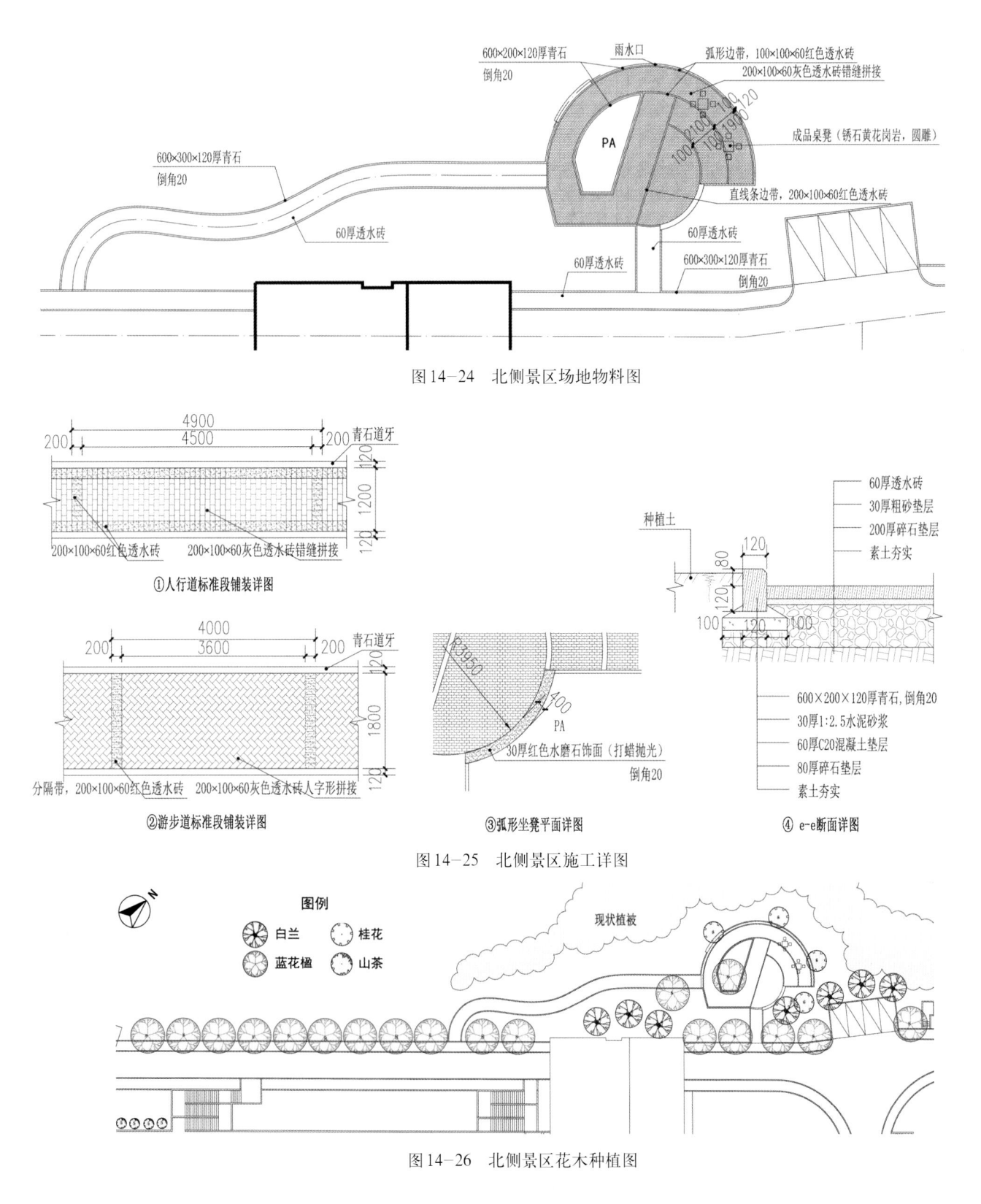

(7)屋顶花园设计 屋顶花园构图简洁，分别为直线和折线构图，如图14-27。铺装均采用花岗石，以火烧面芝麻白花岗石为基调，芝麻黑花岗石为装饰线条，形成简洁的景观基底，如图14-28、图14-29。种植池中以灌木为主，少量点缀乔木，营造轻盈简洁的景观，如图14-30。场地给排水如图14-31。

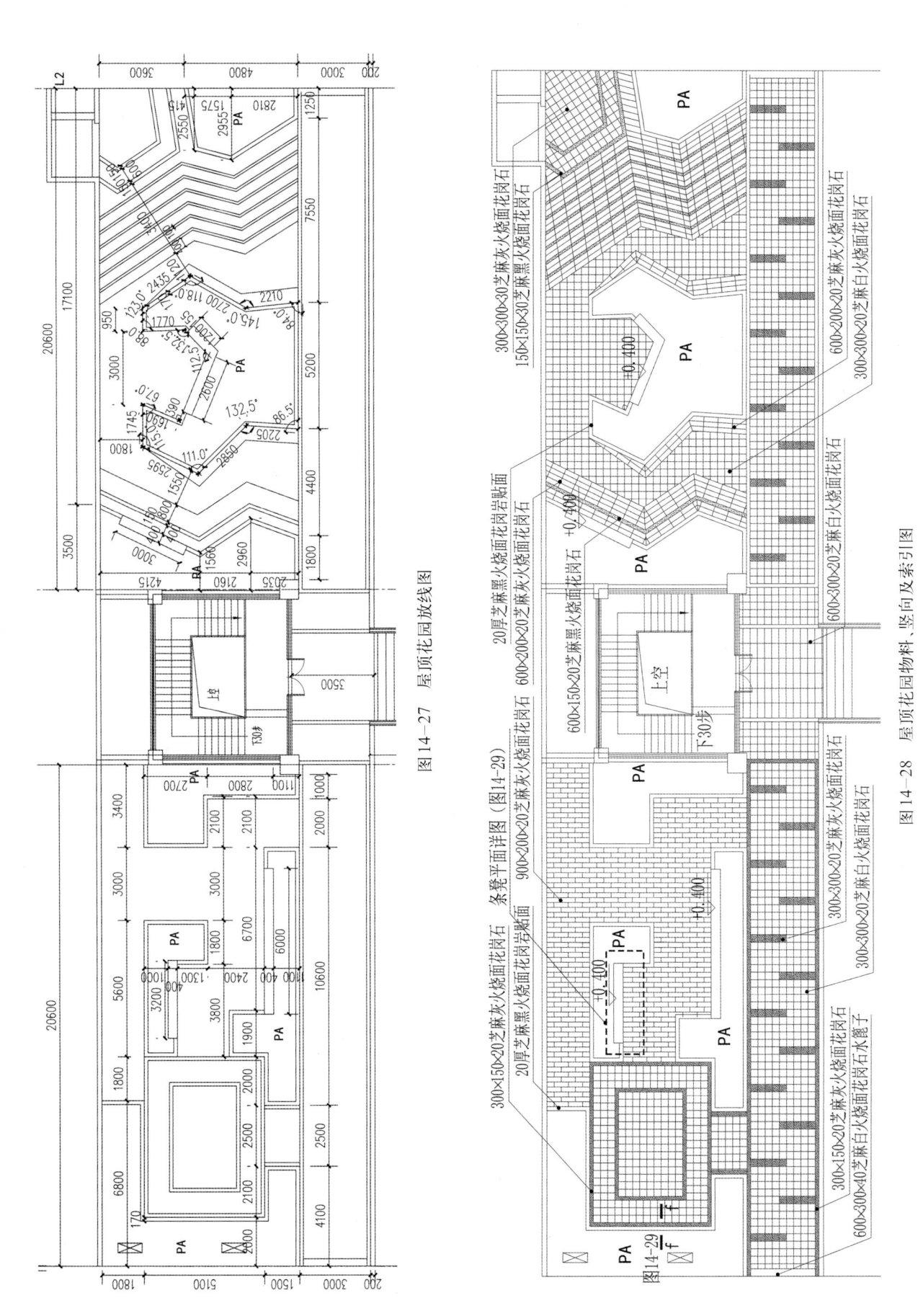

化学化工与药学实验楼外环境设计

图 14-27 屋顶花园放线图

图 14-28 屋顶花园物料、竖向及索引图

图14-29 屋顶花园施工详图

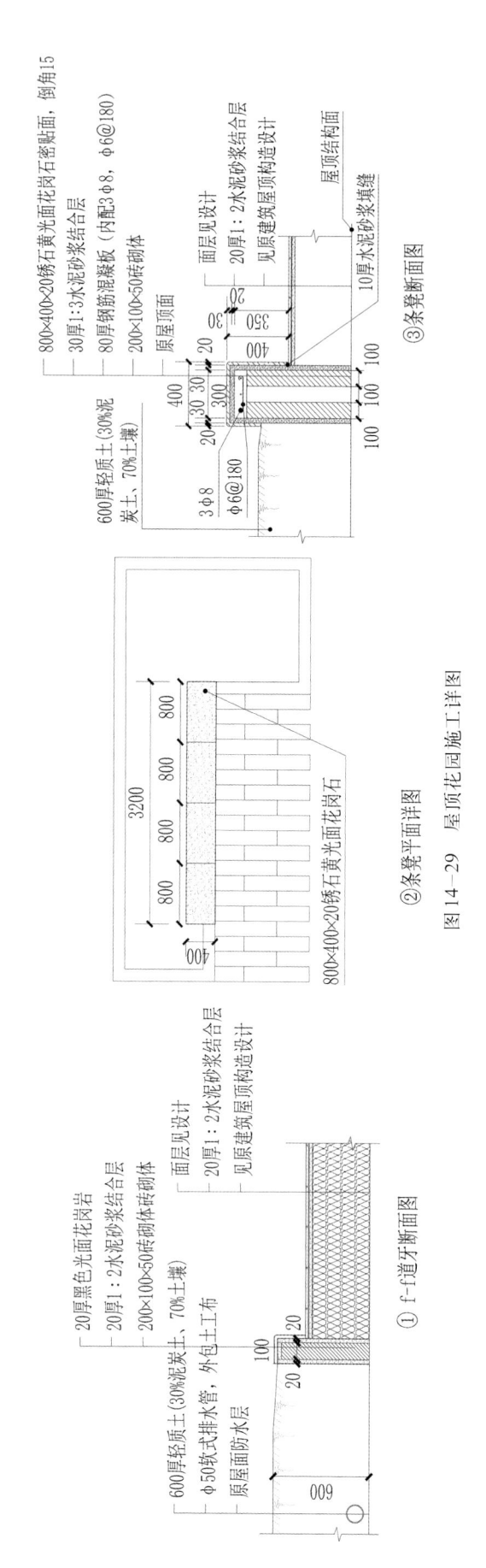

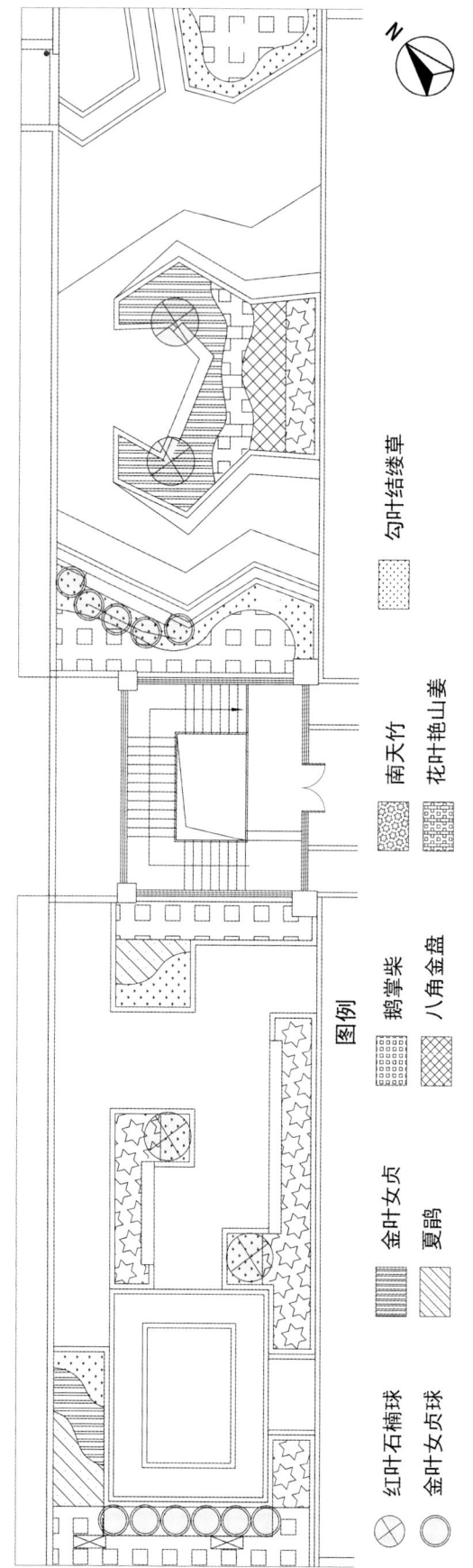

图14-30 屋顶花园植物配置图

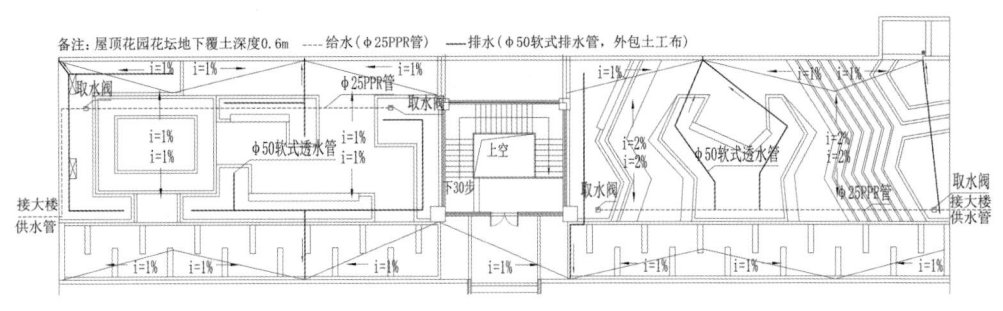

图 14-31 屋顶花园给排水图

(8) 中庭设计　中庭包括雨水花园和嵌草回车场,构图元素分别提取自"原子""中药的起源——道教文化",简洁精练,隐喻化学化工以及药学两个学院,实施过程中因后勤管理部门为方便清洁打扫,要求中庭以硬质铺地装饰为主,如图14-32。铺装以火烧面芝麻白花岗石为基调,以芝麻黑花岗石和青石为装饰线条,如图14-33、图14-34。以竹类植物为背景、以低矮且芳香的乔木为点缀,如图14-35。场地给排水如图14-36。

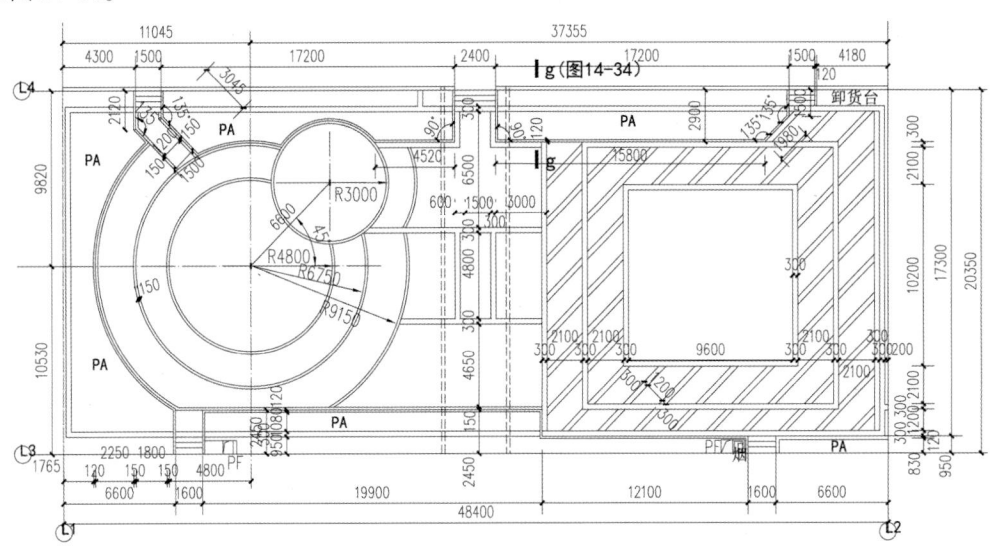

图 14-32　中庭放线图

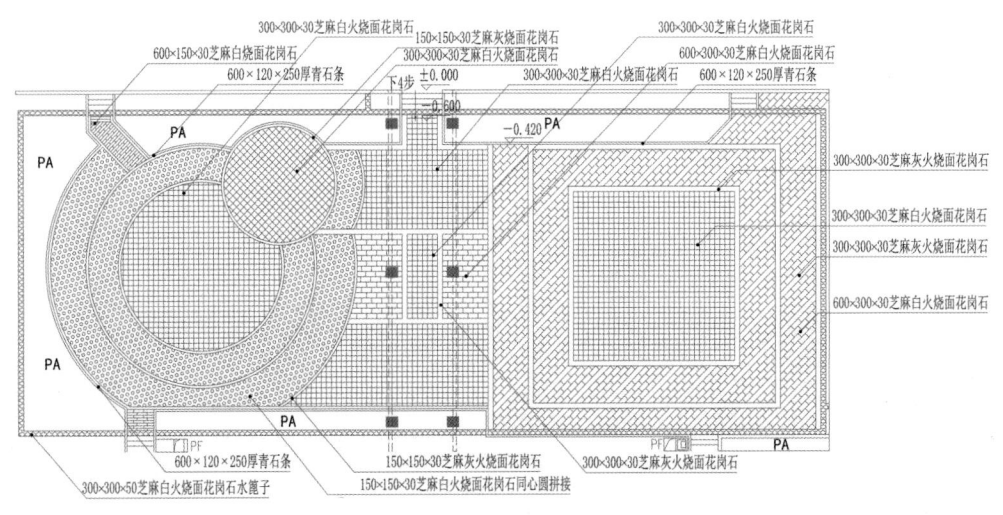

图 14-33　中庭物料及竖向图

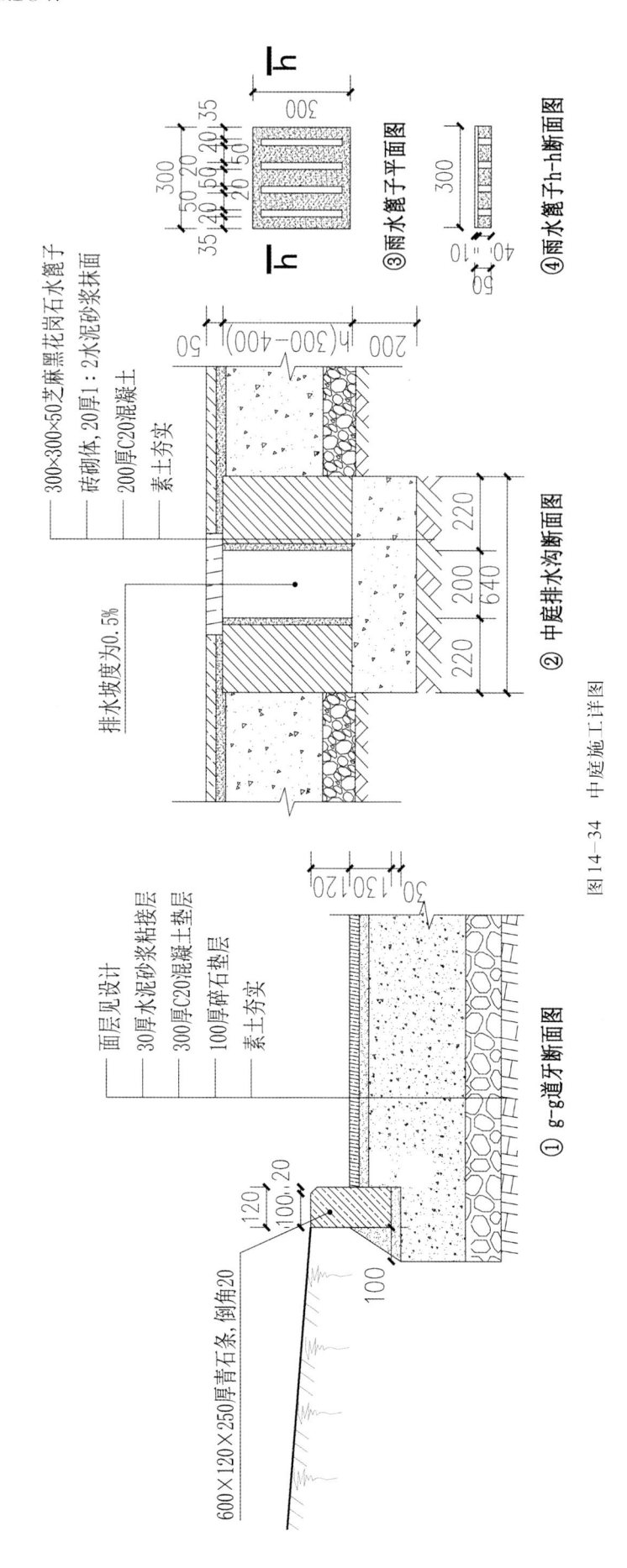

图14-34 中庭施工详图

图例

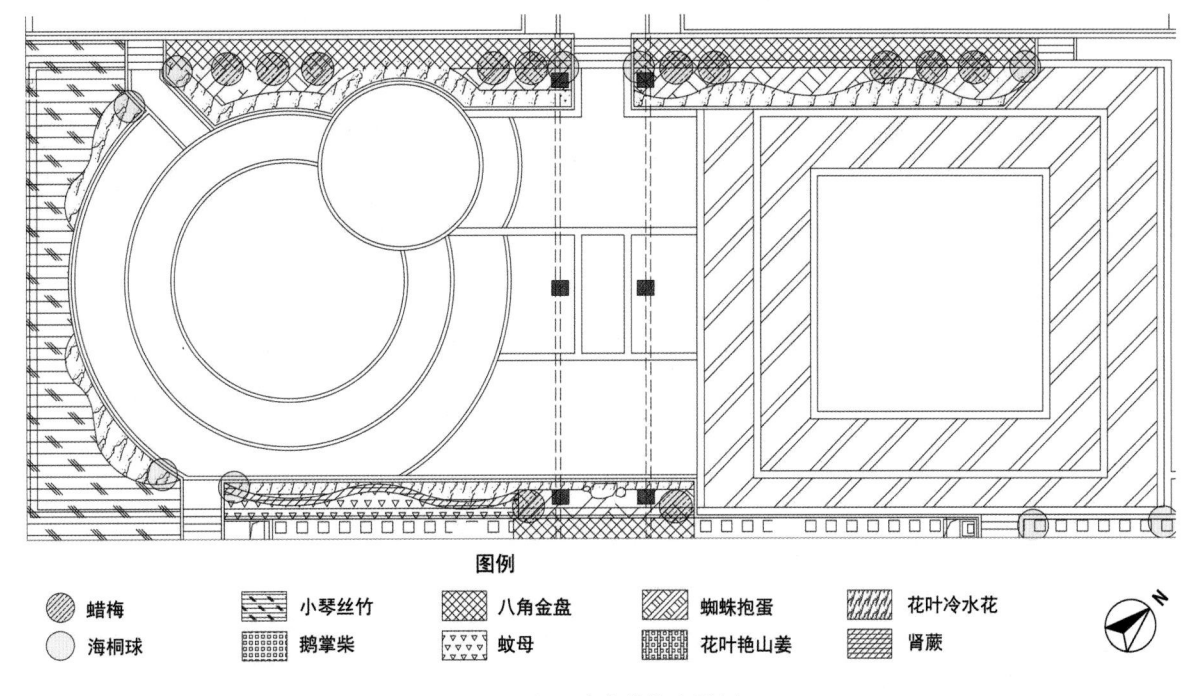

- 蜡梅
- 海桐球
- 小琴丝竹
- 鹅掌柴
- 八角金盘
- 蚊母
- 蜘蛛抱蛋
- 花叶艳山姜
- 花叶冷水花
- 肾蕨

图 14-35 中庭植物配置图

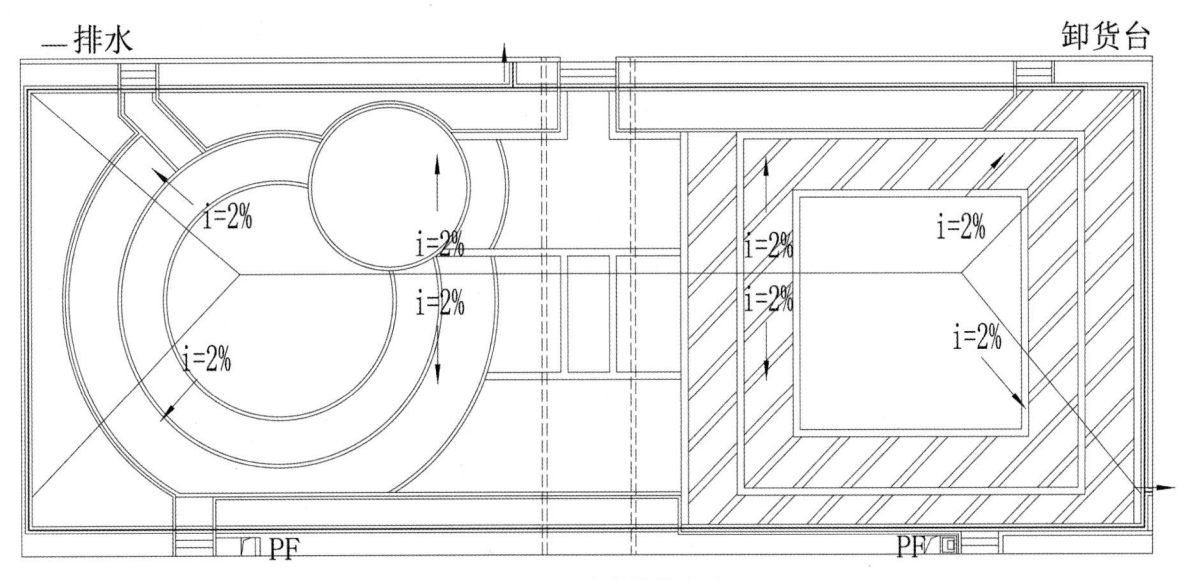

图 14-36 中庭给排水图

14.7 施工与维护管理

(1)中庭部分因学校有关部门考虑后期养护和保洁,最终全部做硬质铺地处理,未按设计施工。屋顶花园因建筑屋面结构施工未完全按建筑施工图施工,导致屋顶花园未按设计施工。

(2)位于梅园学生宿舍之间的人行道因车道旁的挡土墙高度和位置的改变而调整位置。休闲廊架位置因后期新增实验废弃物回收站,未能实施。

项目设计人员: 张建林、李美佳、李良、牛曼泽等。

附图:化学化工与药学实验楼外环境实景图

附图14-1 主入口广场实景1

附图14-2 主入口广场实景2

15

培训楼外环境设计

15 培训楼外环境设计

15.1 项目概况

培训楼位于西南大学桂园宾馆南侧,五号门入口附近。2010年,学校为了更好地开展不同层次校外在职人员培训工作,满足社会各个行业发展需要,促进学校发展,决定新建西南大学培训楼以改善培训环境,提高培训接待能力。2014年,在培训大楼即将建成之际,学校需对外部环境进行整体设计打造,以便更好地展示西南大学对外窗口形象。项目规划用地约为9941 m²,其中建筑基地面积约6884 m²。

15.2 场地条件

(1)培训楼东面与北泉路一墙之隔,北面为校园干道和桂园宾馆,西面为山,南侧为教职工家属区。场地内地形较为平缓,整体东侧低,西侧高,西侧与居民区之间有近10 m高差的堡坎;北面低南面高,北侧的校园主干道(融汇北路)从五号大门向西依次增高,道路纵坡大,如图15-1。

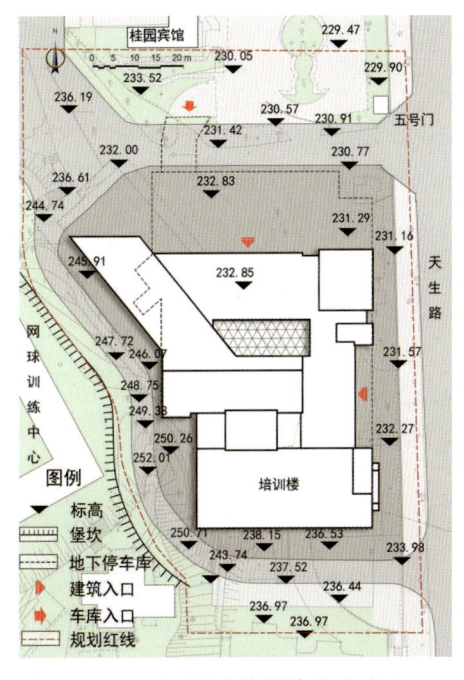

图15-1 培训楼建筑设计总平面图 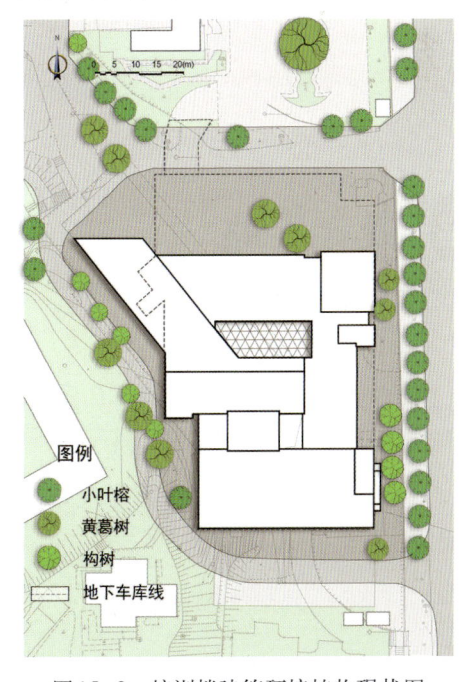　　图15-2 培训楼建筑环境植物现状图

(2)培训楼为高层现代建筑,主楼15—17层,裙楼2—3层。建筑北面设主入口,并面向融汇北路,建

筑的东、南、西三面均设有次入口,建筑南侧和西侧规划有消防通道。

(3)设计场地边缘有小叶榕、黄葛树、构树等乔木,长势良好。新施工完成的挡土墙立面缺绿化美化,且植物少而杂乱,如图15-2。

15.3 面对的问题

(1)如何组织协调建筑出入口、地下车库与校园干道、五号门之间的交通关系;在保障来往车辆通畅的前提下,如何营造合理的停车空间和舒适的建筑前集散休憩空间。

(2)如何利用现状地形条件,通过恰当的形式解决北侧道路与建筑室外平台所形成的剪刀差,即北侧道路东端低于建筑室外平台1.2 m,造成建筑地下车库墙体在临近五号门一端外露;北侧道路西端高于建筑室外平台1.1 m。如何软化西侧高大的硬质挡土墙对建筑和通行空间产生的压迫感。

(3)如何协调处理场地内部的管线、生化池和燃气箱等设施与环境景观的关系。

(4)如何运用设计手法在培训楼外环境景观中彰显其树人育才的精神文化,展现培训楼的风貌特色。

15.4 设计策略

(1)人车分流。尽可能引导车辆进入培训楼地下车库停车,在综合考虑培训楼整体景观形象、入口功能的前提下,在主入口平台上设置少量临时停车位,而临时停车集中在北面的桂园宾馆前,如图15-3。

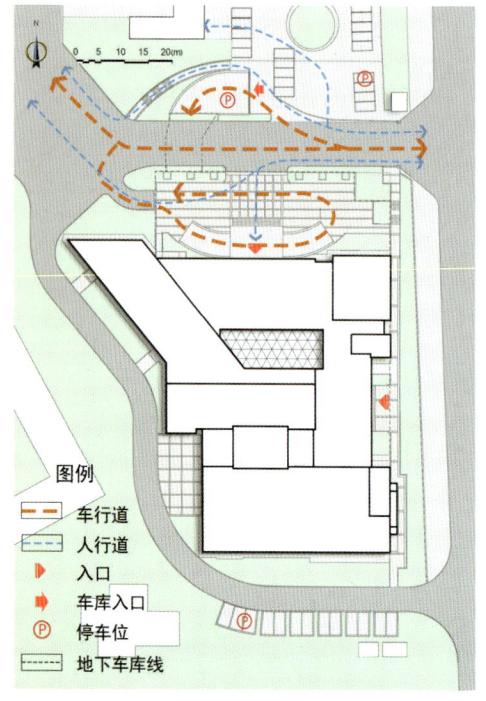

图15-3 培训楼环境交通设计图

(2)校园干道与建筑室外平台之间规划树池花坛、斜坡绿带和植物，缓解校园干道与建筑室外平台所形成的内外高差，如图15-4。道路及场地边缘堡坎处栽植垂吊植物或常绿耐阴灌木带，对生硬的墙面进行软化。

(3)部分管线与燃气箱用栏杆维护，在其周围设计灌木遮挡；生化池上方以地被植物覆盖，避免种植乔木和大灌木，如图15-5。

(4)运用园林植物的文化特性来诠释培训楼外环境景观所要表达的树人育才文化。

图15-4　平台边组合花坛

图15-5　燃气箱、冷却塔和管线实景图

15.5 创意构思

受现场的黄葛树和西南大学校花的启示，以"一花一世界，一叶一菩提"的哲学思想指导培训楼环境文化的塑造。黄葛树在民间有菩提树的别称，菩提在梵语译为觉悟、智慧、知识、道的意思，即为觉悟、成就佛果之意。二乔玉兰为西南大学的校花，其包含着品性正直、纯洁高尚、心怀感恩的寓意。黄葛树与二乔玉兰两种植物与培训楼的育人精神不谋而合，更象征着西南大学十年树木百年树人的教育职责，由此，本方案以黄葛树和二乔玉兰为基调植物，并保留场地内现有的黄葛树，形成文化记忆。

15.6 方案与设计

(1) **总体布局** 北侧主要满足场地停车问题,地下车库入口与桂园宾馆前作为主要临时停车位,培训楼主入口前场地平台采用组合花池和斜坡绿地缓解高差,结合建筑前的花坛,打造面向校园主干道的景观,平台不设计停车位,为入住的培训人员留出活动的空间。东侧用植物和栏杆等遮盖场地内的管线,减少外部道路的影响。南侧设计少量停车位。东侧较狭窄,可通过灌木带结合垂直绿化削弱堡坎的压迫感,如图15-6。

图例
① 桂园宾馆
② 保安亭
③ 组合花池
④ 生化池
⑤ 冷却塔
⑥ 堡坎
▶ 建筑入口
➡ 车库入口
Ⓟ 停车位
--- 地下车库线

图15-6 培训楼环境设计平面图

(2) **竖向设计** 基于培训楼东、北两侧车行道标高、坡度和建筑出入口高程,在尊重场地原设计高程、方便使用的前提下开展竖向设计。场地内总体平坦,西北部稍高,东、南、北三面海拔高程在232 m左右,排水坡度控制在0.5%左右,由建筑向四周道路和绿地排水。竖向设计的难点在于解决培训楼北侧入口前地下车库屋顶平面高程与校园车行道东低西高的问题,如图15-7。

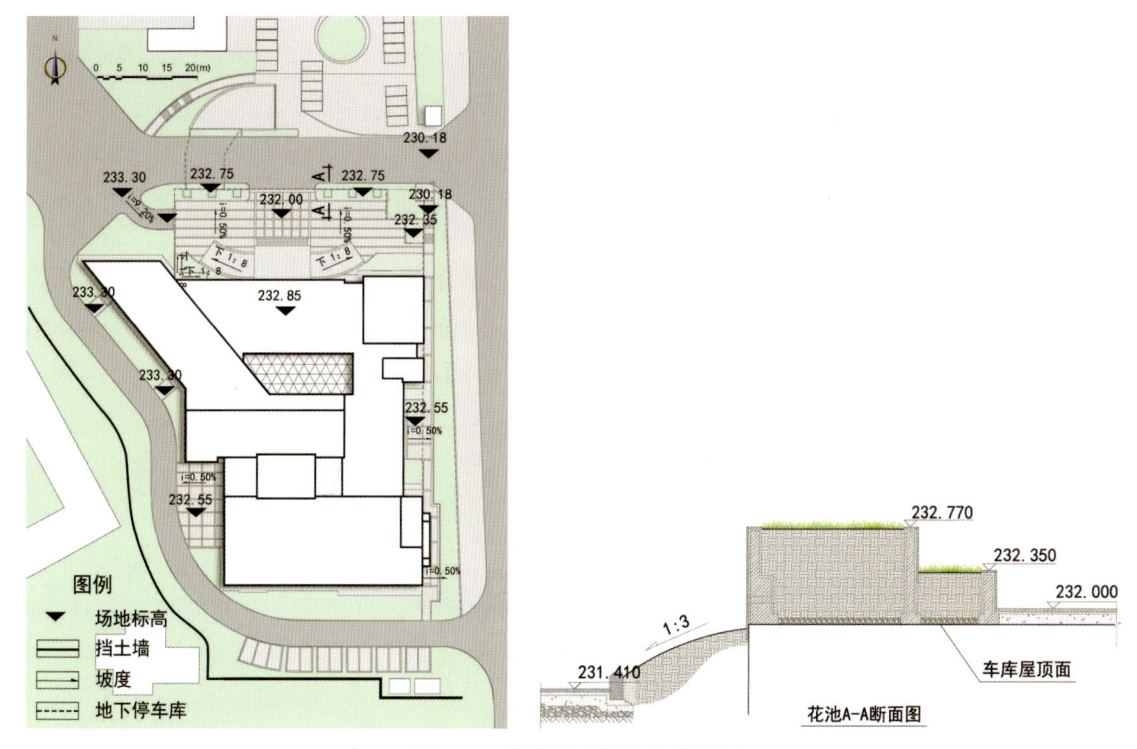

图15-7 培训楼环境竖向设计图

(3)主入口区硬质设计 主入口区环境景观是展示培训楼环境景观的窗口形象,其他三面均为基础性绿化设计。因此,此处仅介绍培训楼主入口区环境硬质设计、电气设计和植物设计,其余区域设计不做介绍。

主入口区场地铺装以芝麻黑和芝麻白花岗岩作为主要基调,简洁美观,桂园宾馆前停车区域用黑色沥青混凝土,停车库旁人行道路和南侧停车位均采用透水砼砖,北侧设计组合花池协调道路、场地和植物的关系,如图15-8。

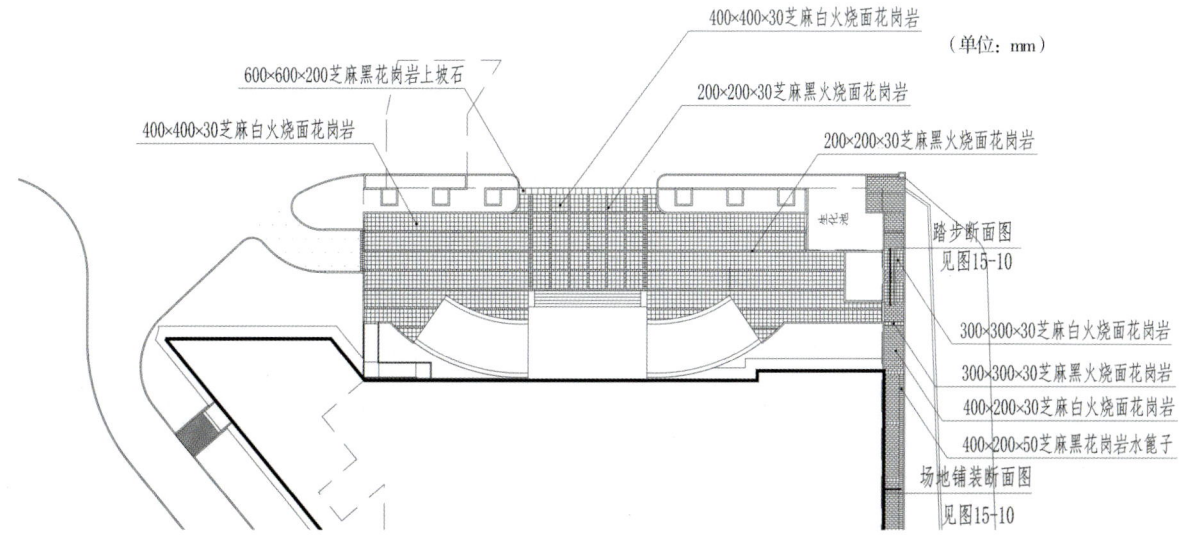

图15-8 培训楼主入口区铺地设计平面图

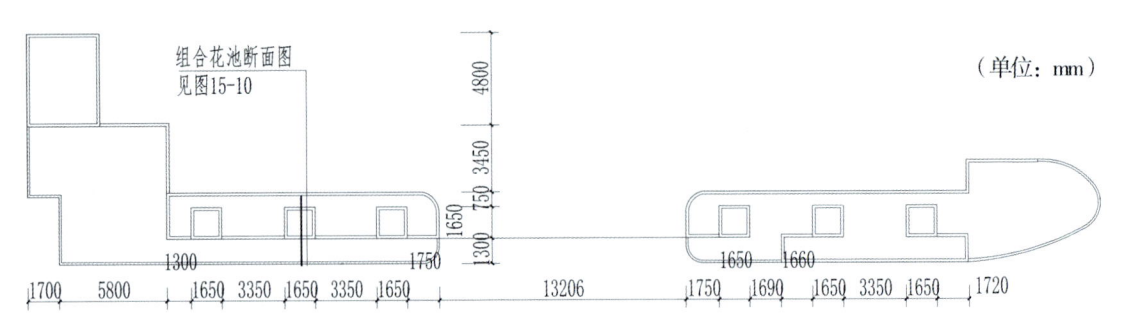

组合花池平面图 1:150

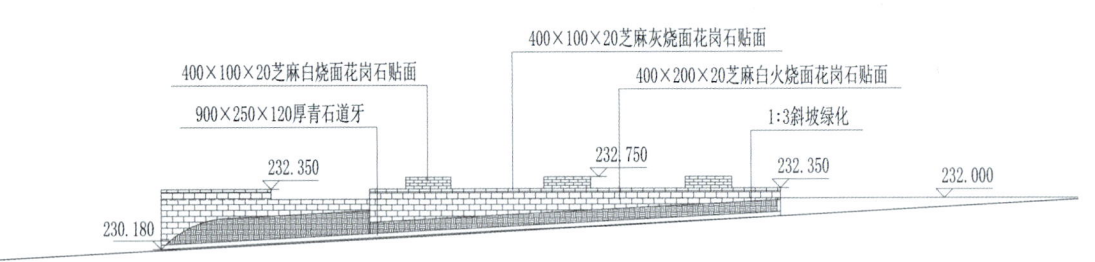

主干道一侧组合花池立面图 1:100

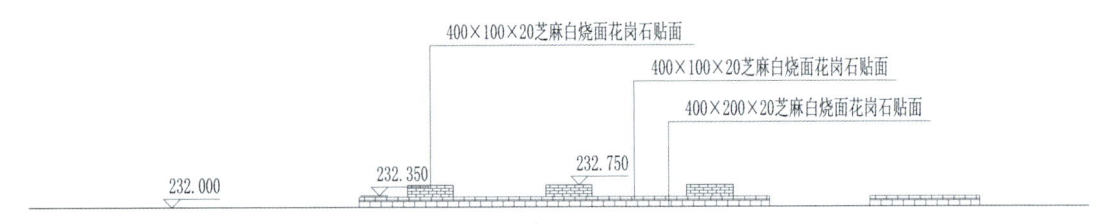

培训楼一侧组合花池立面图 1:100

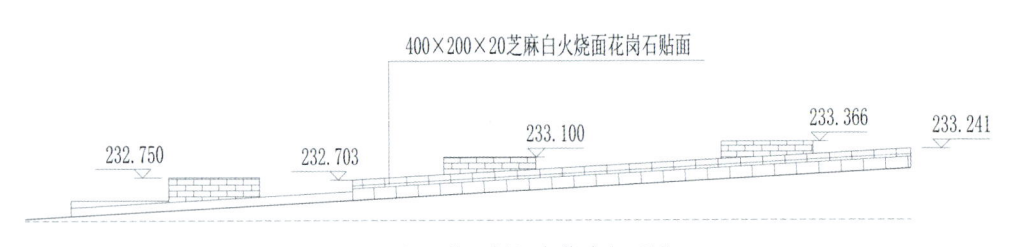

主干道一侧组合花池立面图 1:50

培训楼一侧组合花池立面图 1:50

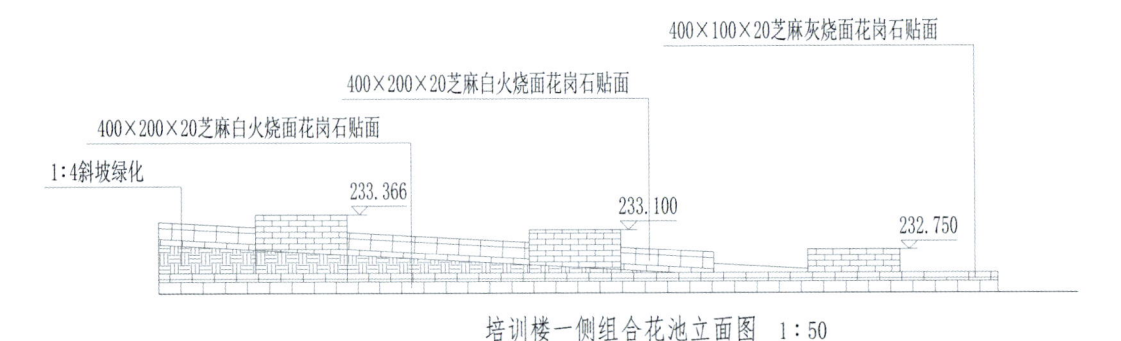

图15-9 组合花池设计图

培训楼外环境设计

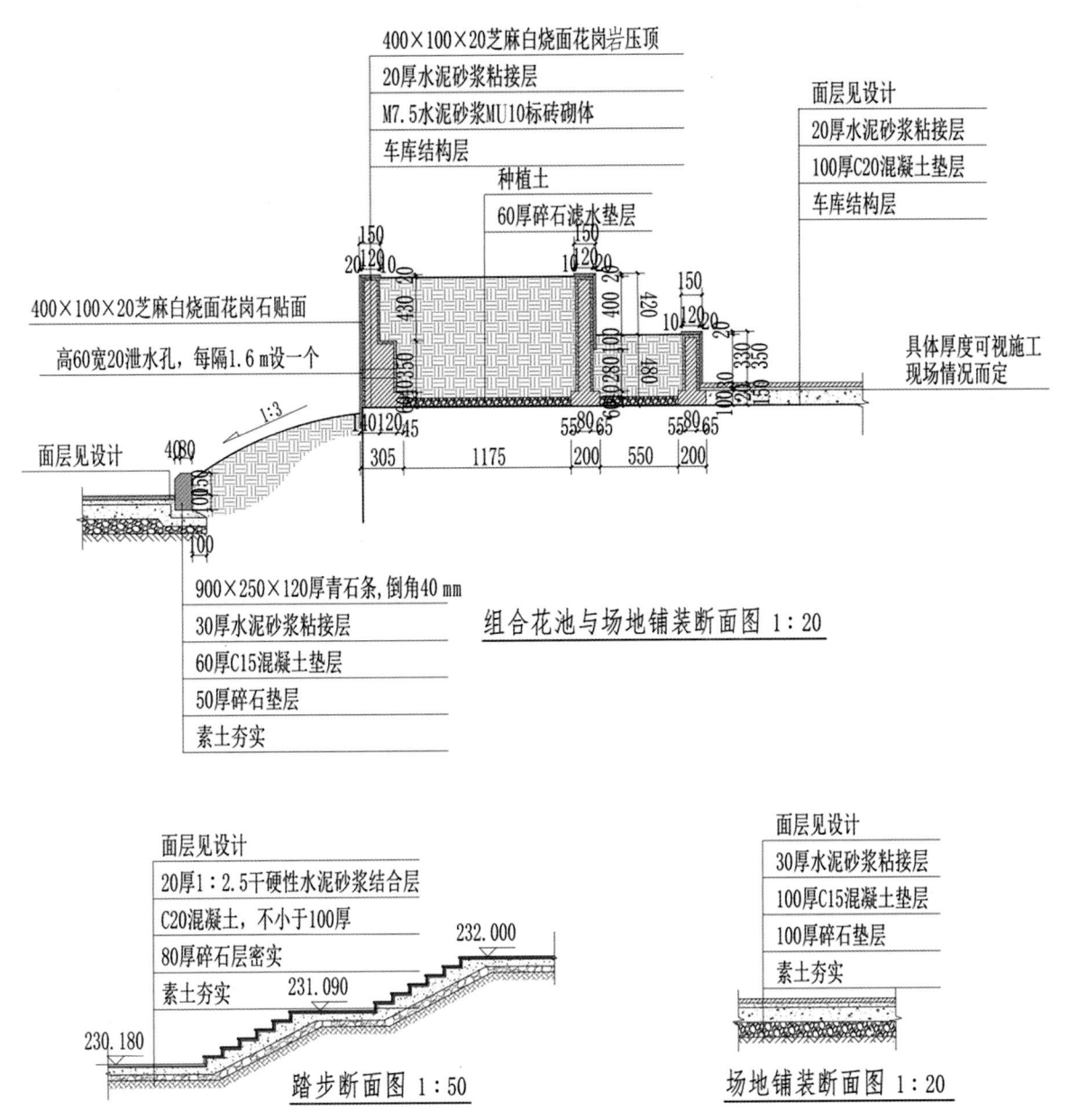

组合花池与场地铺装断面图 1:20

- 400×100×20芝麻白烧面花岗岩压顶
- 20厚水泥砂浆粘接层
- M7.5水泥砂浆MU10标砖砌体
- 车库结构层
- 种植土
- 60厚碎石滤水垫层
- 面层见设计
- 20厚水泥砂浆粘接层
- 100厚C20混凝土垫层
- 车库结构层
- 400×100×20芝麻白烧面花岗石贴面
- 高60宽20泄水孔，每隔1.6m设一个
- 具体厚度可视施工现场情况而定
- 面层见设计
- 900×250×120厚青石条，倒角40mm
- 30厚水泥砂浆粘接层
- 60厚C15混凝土垫层
- 50厚碎石垫层
- 素土夯实

踏步断面图 1:50

- 面层见设计
- 20厚1:2.5干硬性水泥砂浆结合层
- C20混凝土，不小于100厚
- 80厚碎石层密实
- 素土夯实
- 232.000
- 231.090
- 230.180

场地铺装断面图 1:20

- 面层见设计
- 30厚水泥砂浆粘接层
- 100厚C15混凝土垫层
- 100厚碎石垫层
- 素土夯实

图15-10 铺装施工图

(4) 主入口区电气设计　　根据建筑主入口功能照明和景观形象要求,结合植物设计情况设置庭院灯和树下射灯,如图15-11。

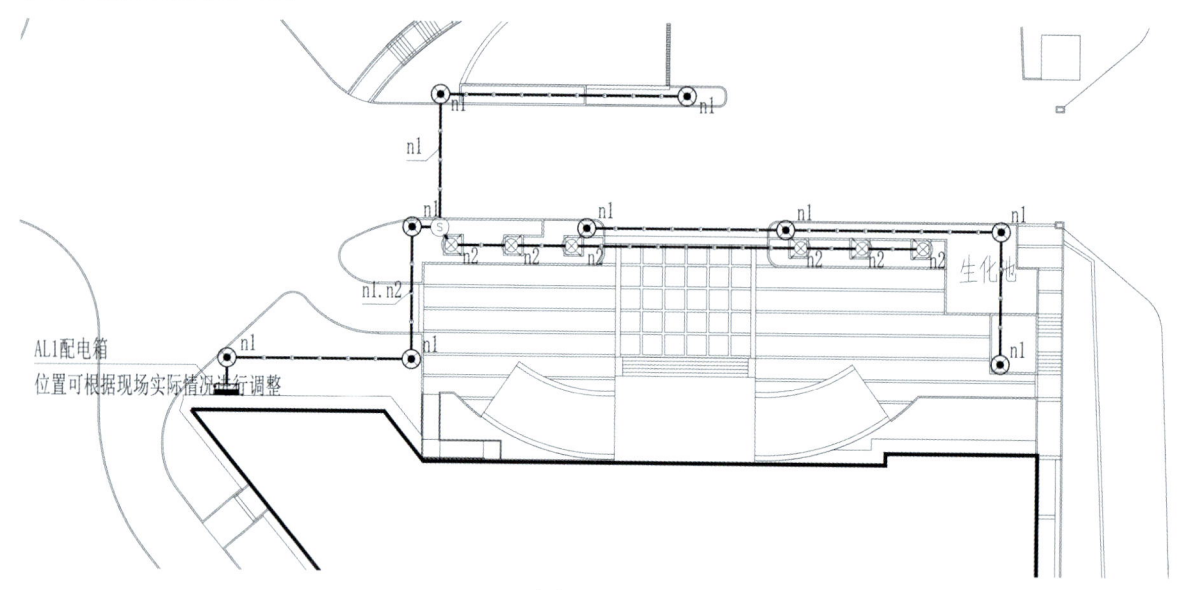

电气材料表

序号	图例	名称	规格	单位	数量	备注
1	Ⓢ	电气检查井	非标,做法见详图	个	1	可视现场情况增减
2	▬	景观配电箱	非标,按系统图订制	套	1	—
3	⊗	树下射灯	36W,LED,AC220,4000K	盏	6	IP65
4	⊙	庭院灯	每盏灯预留80W	盏	9	选型同校园内其他步道灯具样式
5		电力电缆	VV-0.6/1kV,3×4.0	m	按需	照明配电回路
6		电力电缆	YJV-0.6/1kV,5×6	m	按需	配电箱进线
7		聚乙烯电缆保护管	PVC25	m	按需	配电箱出线电缆套管
8		聚乙烯电缆保护管	PVC40	m	按需	配电箱出线电缆套管

图15-11　培训楼主入口前区电气设计平面图

(5)主入口区种植设计 （如图5-12、图15-13）

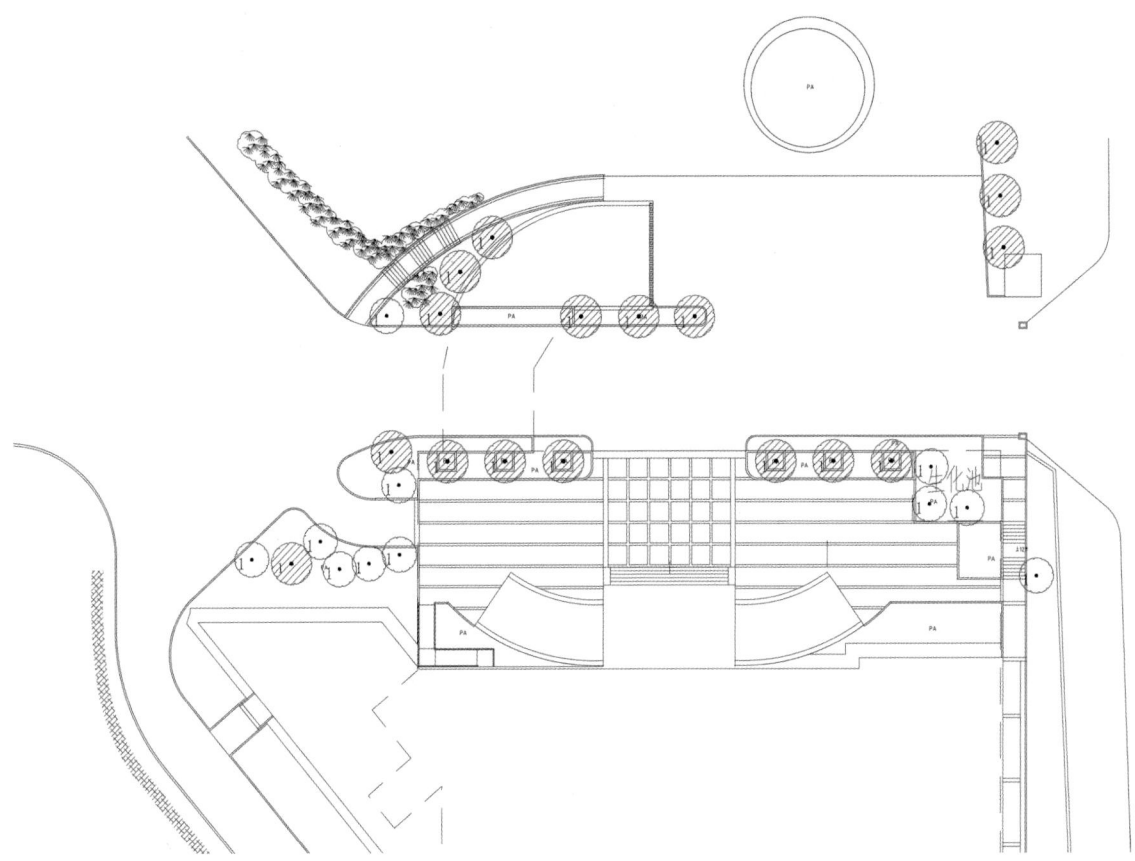

乔木统计表

序号	图例	名称	规格要求				数量	单位	备注
			冠幅(m)	干径(cm)	树高(m)	分枝点(m)			
乔木										
常绿										
1		桂花	3.5—4.0	11—12	3.5—4.0	1.5	19	株	独干,树冠丰满、完整
落叶										
1		二乔玉兰	2.5—3.0	8—9	3.0—3.5	1	11	株	全冠、树形端正,分枝均匀
2		原有树						株	
其他										
1		琴丝竹	1.8—2.0	2—4	2.0—2.5	—	46	m²	枝梢不截顶,每丛大于20株,3丛/2m

图15-12　培训楼主入口区乔木种植图

331

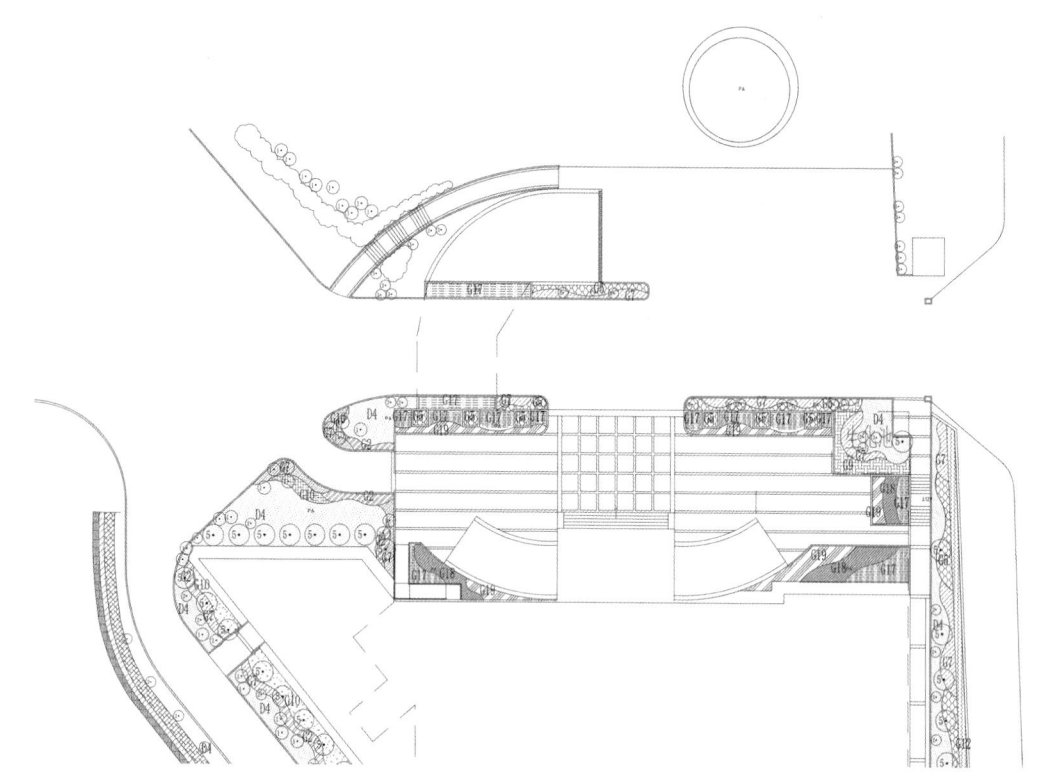

灌木及地被统计表

序号	图例	名称	规格要求 蓬径(m)	规格要求 灌高(m)	数量	单位	备注
单株灌木							
1	①·	山茶	1.2—1.5	1.4—1.5	61	株	株型圆整,枝叶饱满
2	②·	海桐球	1.0—1.2	1.0—1.2	71	个	株型圆整,枝叶饱满
3	③·	红叶石楠球	1.0—1.2	0.7—0.8	16	个	株型圆整,枝叶饱满
4	④·	苏铁	1.2—1.5	1.0—1.2	2	株	株型圆整,枝叶饱满
5	⑤·	蜡梅	1.8—2.0	2.0—2.5	49	株	株型圆整,枝叶饱满
灌木							
G2		海栀子	0.2—0.3	0.2—0.3	53	株	49株/选用生长旺盛植株
G5		金叶女贞			98	株	49株/选用生长旺盛植株
G7		春鹃			103	株	36株/选用生长旺盛植株
G9		洒金桃叶珊瑚			88	株	25株/选用生长旺盛植株
G10		花叶鹅掌藤			50	株	36株/选用生长旺盛植株
G12		日本珊瑚树			127	株	16株/选用生长旺盛植株
G17		时令花卉1	—	—	53		根据实际苗木规格密植
G18		时令花卉2			29		根据实际苗木规格密植
G19		时令花卉3			52		根据实际苗木规格密植
观赏草及地被							
D3		木春菊	0.3—0.4	0.3—0.4	29	株	36株/选用生长旺盛植株
D4		结缕草	—	—	474		根据实际苗木规格密植
D5		麦冬	—	—	31		根据实际苗木规格密植

图15—13 培训楼主入口区灌木种植图

15.7 施工与维护管理

项目施工基本还原了设计意图。建筑南侧的停车场和绿化受施工现场的影响,进行了适当调整。后期使用过程中,为了解决人行的需要,将地下车库墙体与车道之间的斜坡绿地拆除改为人行道,景观效果变差,如图15-14。

图15-14 将斜坡绿地改为人行道

项目设计人员:张建林、吴建鹏、余朋秋、周莹等。

附图:培训楼外环境实景图

附图15-1 实景1

附图15-2 实景2

附图15-3 实景3

16 出版社大楼外环境设计

16 出版社大楼外环境设计

16.1 项目概况

出版社大楼位于西南大学桂园宾馆北侧,文星湾大桥南桥头旁。2013年,学校为了促进西南大学出版事业的发展,解决出版社办公场地严重不足、用地分散和对外业务开展不便等问题,决定在北泉路与文星路相交路口规划建设面向北泉路的出版社专用大楼,使其成为文星湾南桥头地标性建筑和西南大学对外宣传的重要窗口之一。2017年秋,在大楼即将建成之际,要求对大楼周边环境进行整体性规划设计。该项目规划用地面积约15220 m²,其中建筑基地面积4445 m²。

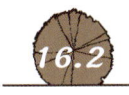

16.2 场地条件

(1)设计场地北以文星路为界,东以北泉路为界,南侧为桂园宾馆,西侧为西南大学北社区和公共管理学院(国家治理学院)。在场地的东南角为连接教学区和学府小区的跨北泉路的人行天桥,人行天桥与一条东西走向的步行道连接。

(2)出版社大楼由主楼和裙楼组成,主楼22层,高77.9 m;裙楼2—4层,高24 m,现代建筑风格。主入口设于建筑东侧,北侧、西南角设次入口,在建筑的东南角和西北角设地下车库入口,出版社员工主要从西南入口进入。(如图16-1)。

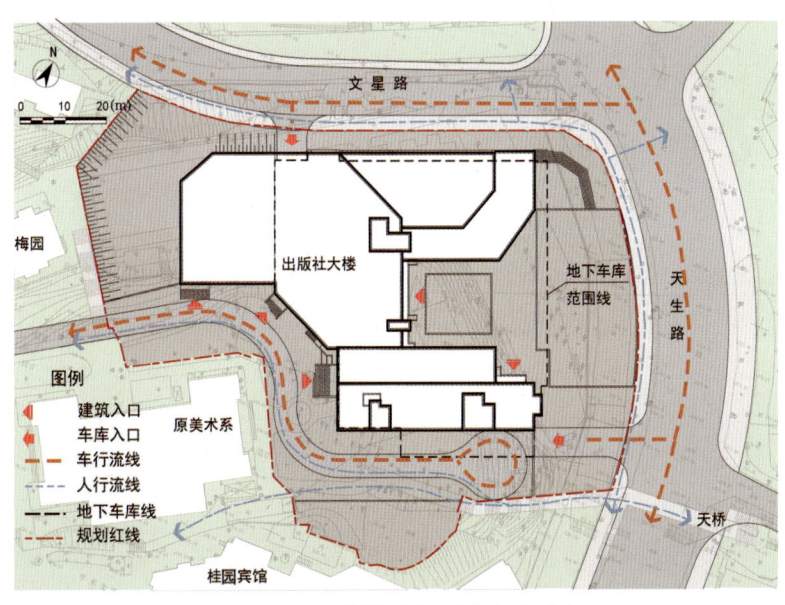

图16-1 出版社建筑设计总平面图

(3)场地总体西南高、东北低,最大高差约27 m。南侧和西南侧由于建筑施工平场形成高达16 m的垂直钢筋混凝土挡土墙。东侧的北泉路南部高于大楼底层0.6 m、北部低于大楼底层2.6 m;北侧的文星路东部低于大楼底层2.6 m、西部低于大楼底层8.4 m。人行天桥桥面高于人行道路面6.6 m,与场地内人行道平接。(图16-2)

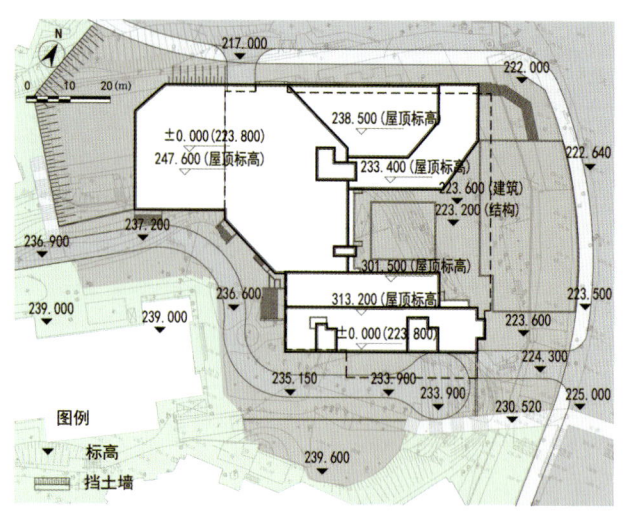

图16-2 出版社建筑环境竖向现状图

(4)场地北侧、东侧相邻的行道树保存完好;南侧、西侧山坡上受建筑施工干扰较小,植物保持自然生长状态,且绿化覆盖率较高。主要乔木有香樟、蓝花楹、黄葛树、栾树、小叶榕、悬铃木等,如图16-3。

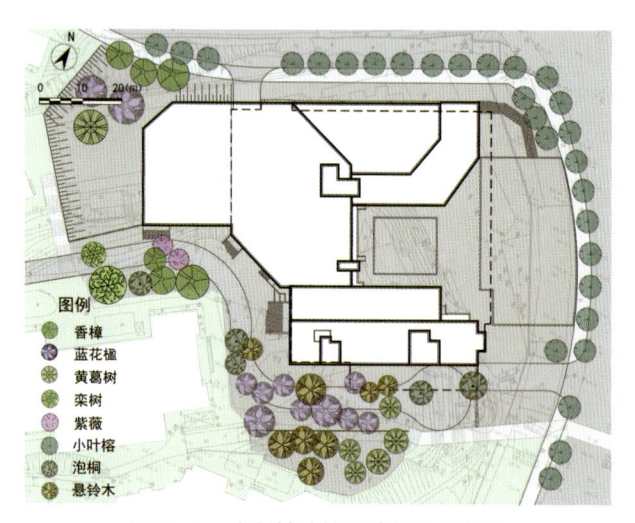

图16-3 出版社建筑环境植物现状图

16.3 面对问题

(1)场地东、北两侧市政道路纵坡较大,如何使建筑底层平面与市政路面的交通相互衔接;如何使场地空间形态与城市街道景观相融;场地南部区域人行天桥与各台地之间高差较大,如何解决人行交通的流畅性和行走的舒适性。

(2)出版社大楼的主楼与裙楼相对高差较大,如何通过环境设计来调和从东、北两侧市政道路观看建筑时给人造成视觉上的不稳定感。

(3)建筑不同方向的出入口分布在不同的建筑层上,如何利用建筑环境的地形条件,为进出大楼的各类工作、办事人员提供流畅的外部交通、集散空间和休憩环境。

(4)场地内保留的大树如何融入新的建筑环境之中,使其成为出版社大楼外部景观环境的有机组成部分。

(5)在外部环境设计中选取什么样的文化景观形式来凸显出版社大楼内在功能与特质,并与城市节点街道景观相适应。

16.4 设计策略

(1)在满足出版社大楼使用功能的前提下,在大楼与市政人行道之间置入绿地和景观墙体,以此来缓冲、协调大楼底层与人行道之间的不同高差,在二者之间尽量避免用硬质铺地直接连接。同时综合考虑场地景观与行人的关系,利用场地高差形成的边缘设置休憩空间。

(2)将大楼东北两侧环境景观置于城市景观节点的维度进行空间布局,在彰显大楼自身环境特质的同时融入城市街道景观之中,市政人行道结合大楼环境创意而做适度调整,形成既满足集散交流、停留等候,又具有形象展示的城市景观环境。

(3)基于进出人员管理和学校安全需要,对人行天桥桥头处的门卫室位置进行调整,道路台阶向西后移,方便人流疏散的同时,提高整体景观形象。

(4)在建筑主入口轴线两侧拟对称布置树阵,弱化视觉的不稳定感。

(5)从出版行业传播知识的技术手段、载体的历史变迁中挖掘环境景观符号,以现代简洁的景观形式演绎出版业久远的历史和文化。

16.5 创意构思

从古代竹简到活字印刷术的历史变迁中提取景观元素符号,融入现代钢架与镜面水池等现代元素,在大楼前广场中轴线上集中演绎我国出版业的发展变迁,展现现代与历史的碰撞、创新与传统并存的环境景观。在前广场入口处设立体竹简雕塑小品作为出版社入口形象标志;将活字印刷术中单个活字概念提出来,用于广场周边坐凳、铺地装饰设计;同时,广场铺装、镜面水体融入数字化元素以体现"数字出版"的新时代创新理念,镜面水体所形成的倒影烘托两侧建筑,增加景观层次,如图16-4。

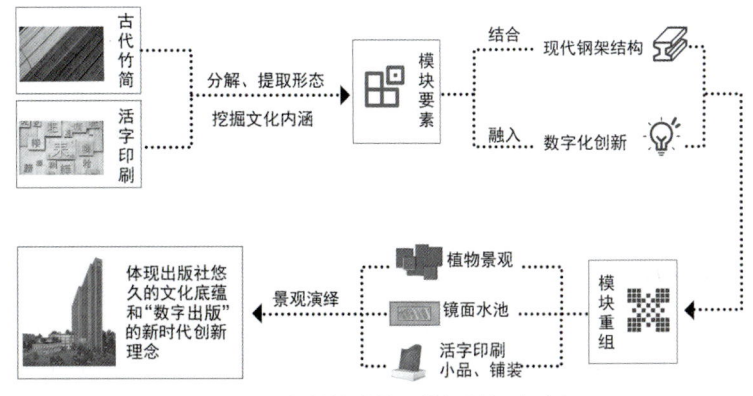

图16-4 出版社建筑环境设计概念演绎

16.6 方案与设计

(1) **总体布局** 出版社总体布局遵循功能性原则、生态性原则和文化性原则。协调环境、建筑之间的关系，满足交通、集散、休憩、美化等基本使用功能。建筑入口前广场设计植物景观与具有代表性的活字印刷小品，布置景观坐凳和引导视线的树列，通过地面铺装、小品、植物等设计来强化文化氛围。晖泽林和林荫休息区充分利用现有植被，保留现状大树，注重乡土树种的运用，强调建筑同周边环境的协调关系，地下车库、停车位和消防回车场共同满足建筑周边交通需求。（图16-5）

图16-5 出版社环境设计平面图

(2) **竖向设计** 本着因地制宜、满足功能要求的原则，利用种植区协调建筑东侧市政人行道与建筑地下车库顶面形成的不等高差关系。北侧顺应市政道路高程，西南两侧的场地结合道路，以挡土墙和台阶的方式化解高差，形成合理坡度，如图16-6。

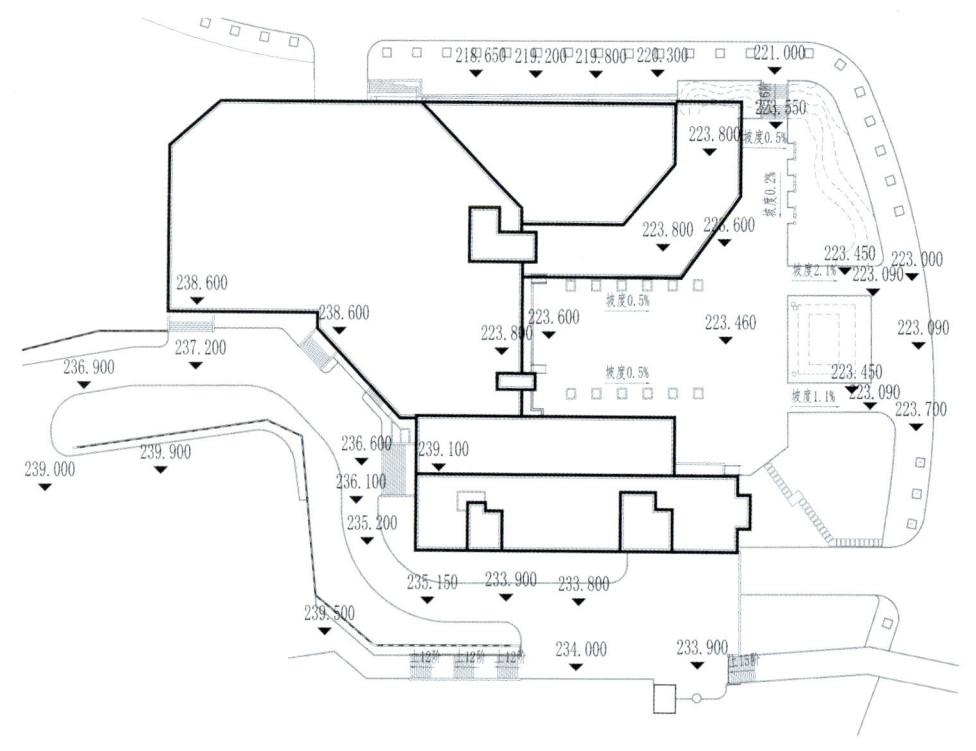

图16-6 出版社建筑环境竖向设计图

(3) **硬质设计** 本项目硬质设计特色主要体现在建筑东侧的前广场区域。该区域铺地以芝麻白花岗岩为基调，芝麻灰花岗岩为装饰线条，结合活字印刷术字块纹样的地面雕刻和仿活字坐凳，形成主题突显、简洁大气的铺地形式；人行道铺地采用市政道路统一形式和透水砖，如图16-7。

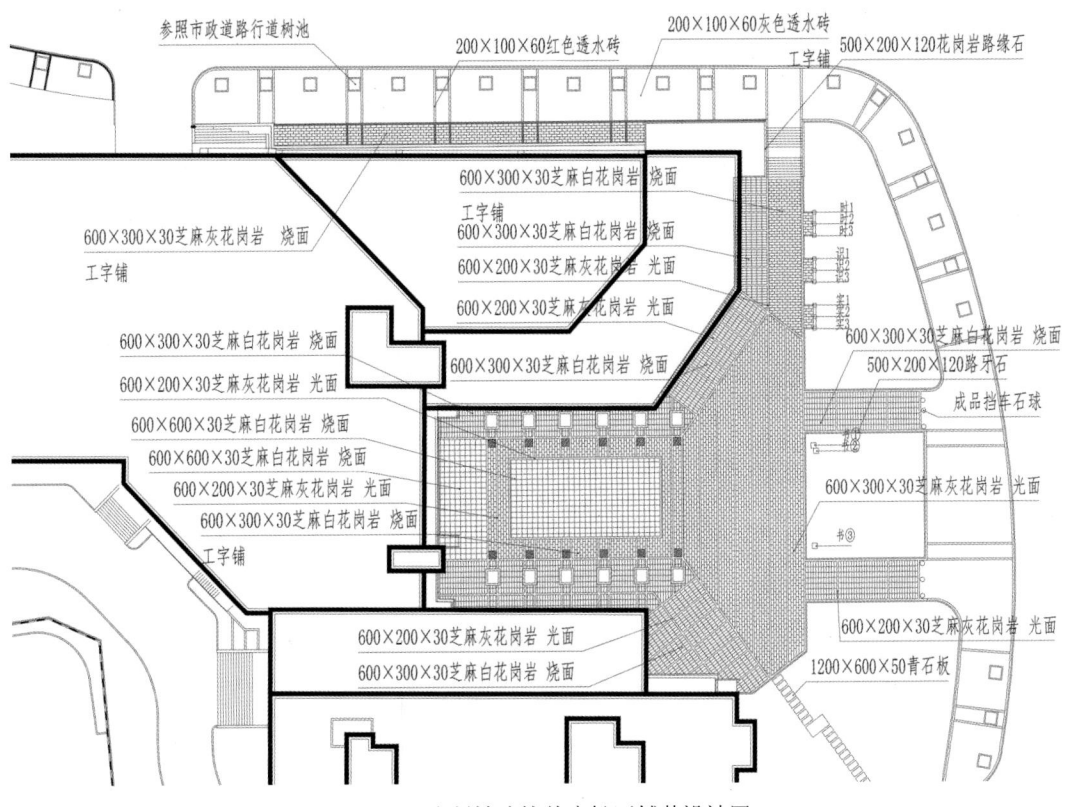

图16-7 出版社建筑前广场区铺装设计图

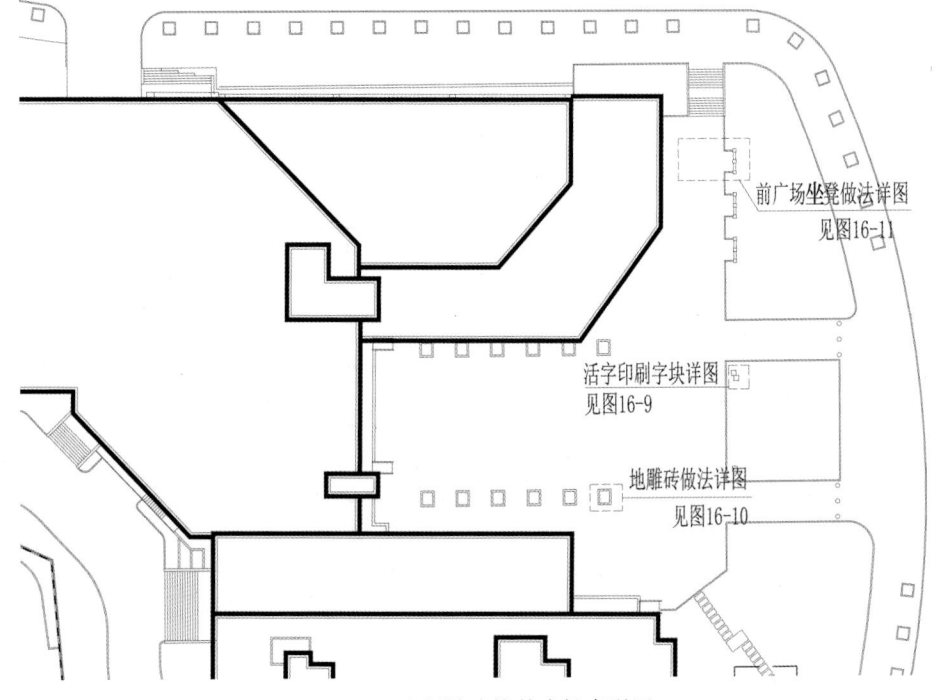

图16-8 出版社建筑前广场索引图

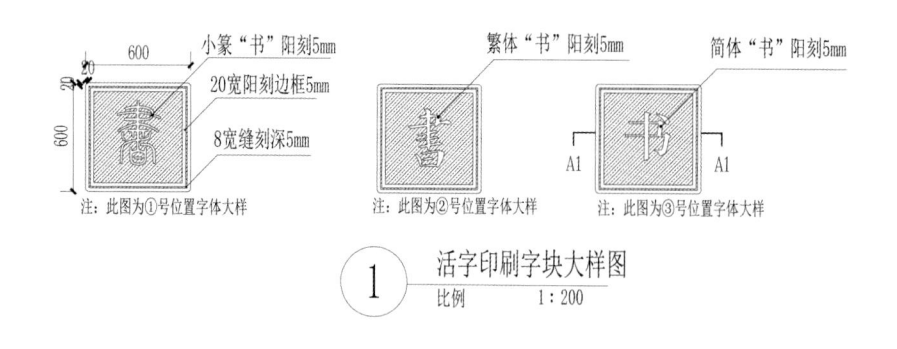

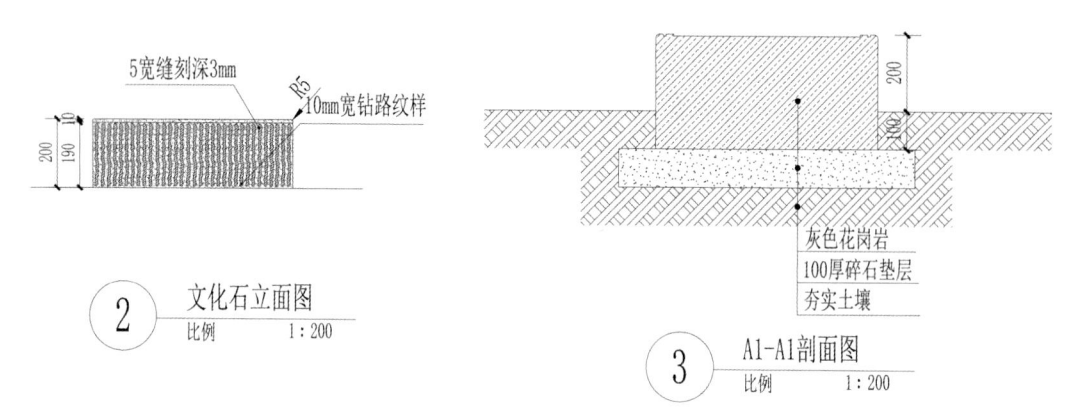

图 16-9 活字印刷字块做法详图

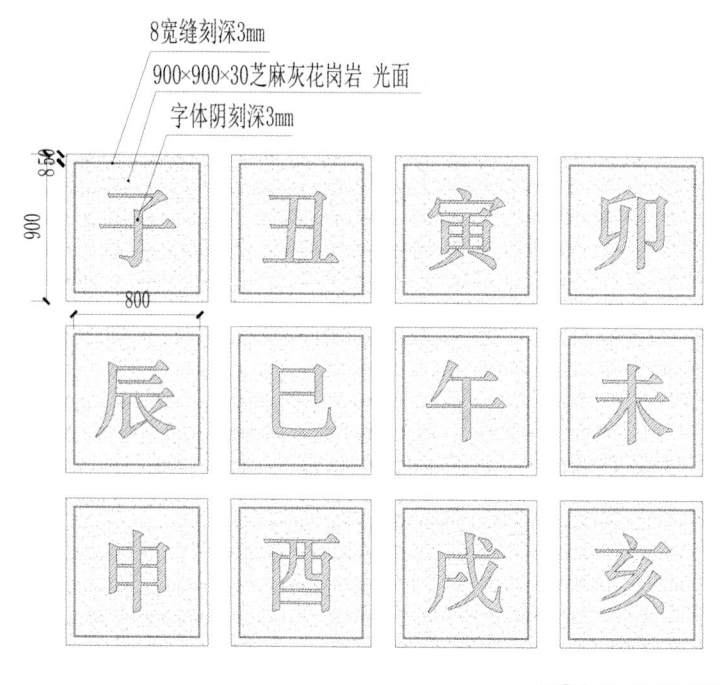

图 16-10 地雕砖做法详图

注：①十二时辰地面雕刻要求相同，铺材摆放位置及方向根据前广场区物料平面示意进行作业。
②文化砖都为30厚整体光面芝麻白花岗岩石板。
③安装方法参照连接结构1面层安装方式。

图16-11 前广场坐凳做法详图

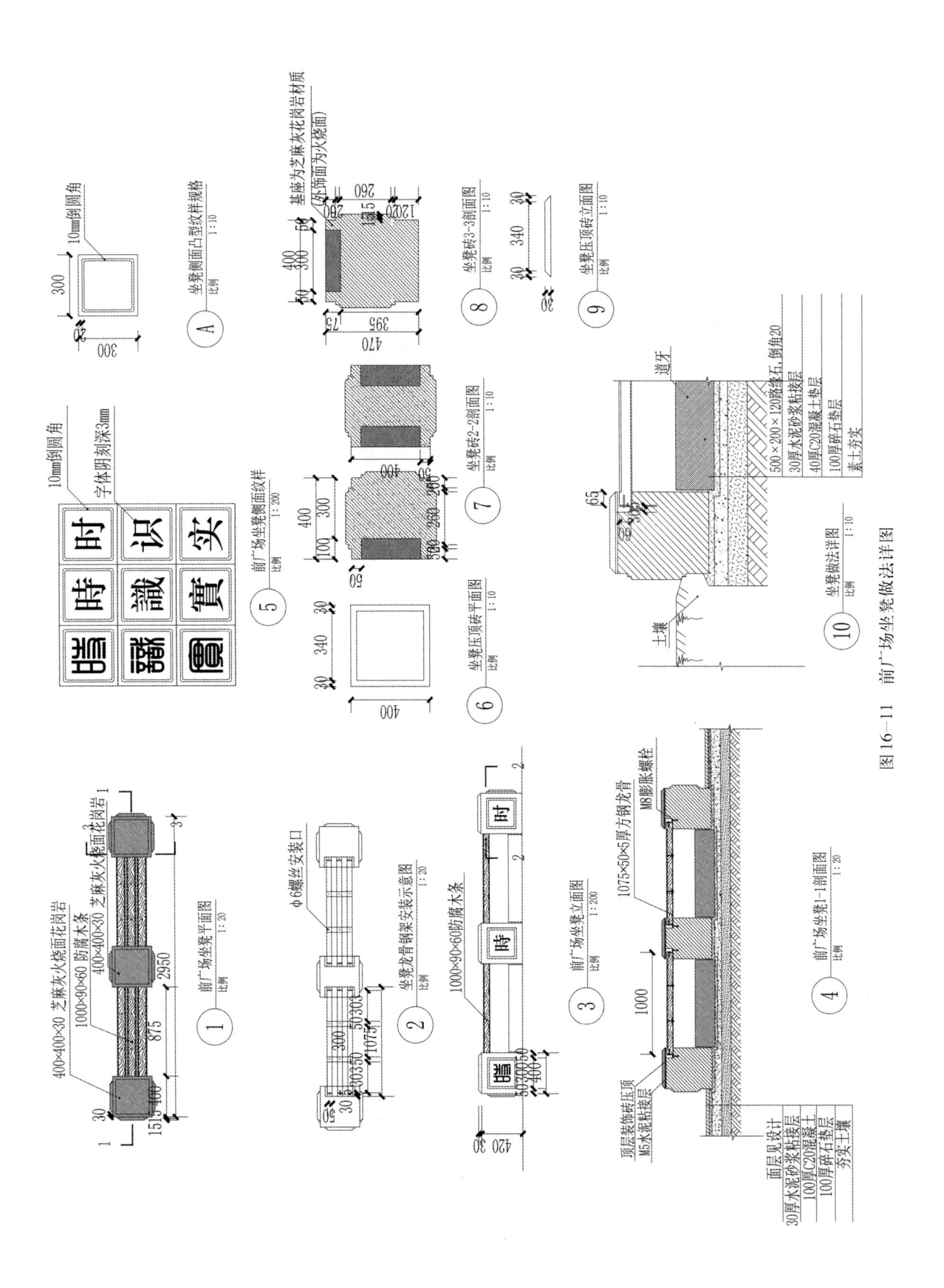

(4)电气设计 电气布置根据照明需求沿着道路布置庭院灯,在景观区域设置草坪灯与树下射灯,如图16-12所示。

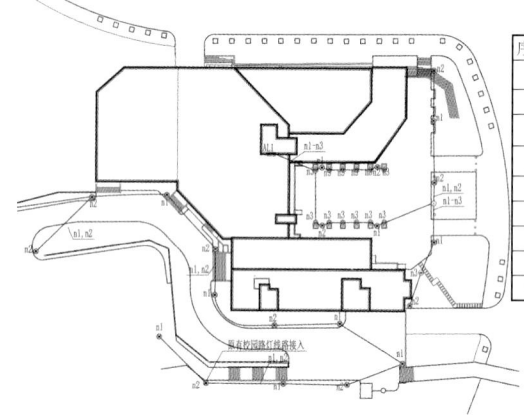

电气材料表

序号	图例	名称	规格	单位	数量	备注
1	Ⓢ	电气检查井	非标,做法见详图	个	4	可视现场情况增减
2	▬	景观照明配电箱	非标,按系统图订制	套	1	室外落地安装
3	◉	庭院灯	40W,LED灯,3200K暖白色	盏	22	H3500,IP55
4	●	草坪灯	15W,LED灯,3200K暖白色	盏	1	H600,IP55
5	⊗	树下射灯	36WLED灯,3500K暖白色	盏	12	IP67
6		电力电缆	VV—0.6/1kV,3×4	m	按需	照明配电回路
7		电力电缆	YJV—0.6/1kV,5×6	m	按需	配电箱配电回路
8		聚乙烯电缆保护管	PVC25	m	按需	配电箱出线电缆套管
9		聚乙烯电缆保护管	PVC32	m	按需	配电箱出线电缆套管

说明:1. AL1配电箱是景观配电箱,室外落地安装。
2. AL1配电箱电源来自就近低压配电室,电源线路走向及布线安装方式由施工方和建设方现场商定。
3. 电气检查井的设置可根据现场施工具体情况进行调整。

图16-12 出版社建筑环境电气平面布置图

(5)给排水设计 (图16-13、图16-14)。

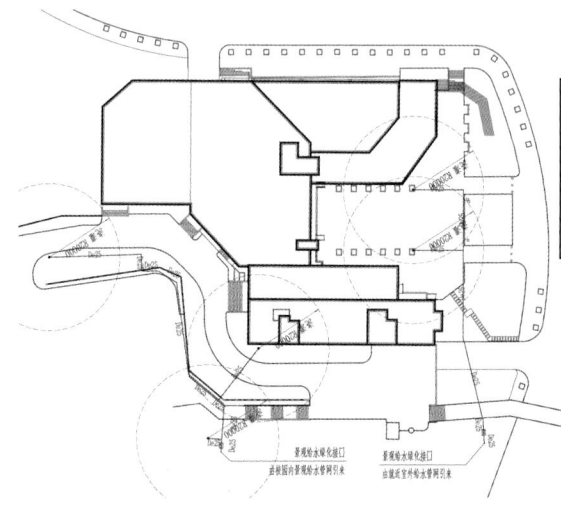

景观给水材料表

序号	图例	名称	规格	单位	数量	备注
1	───	PPR给水管	De25	m	220	不包含管段垂直段距离
2	●	快速取水阀	DN20	个	5	
3	⋈	PPR截止阀	De25	个	5	
4	⋈	给水阀门井	600×600×800mm	个	2	

说明:1. 室外景观给水管道由就近室外景观给水管网引来,管网接口处压力应达到0.25MPa。
2. 图中所示管道均为PPR给水管,压力等级为1.25MPa。
3. 快速取水阀井采用地下式取水井形式,具体做法见详图,绿化用水点位置可根据现场实际情况进行调整。
4. 给水阀门井具体做法见详图。
5. 路边的快速取水阀井设置位置距离路边30cm。

图16-13 出版社建筑环境给水平面布置图

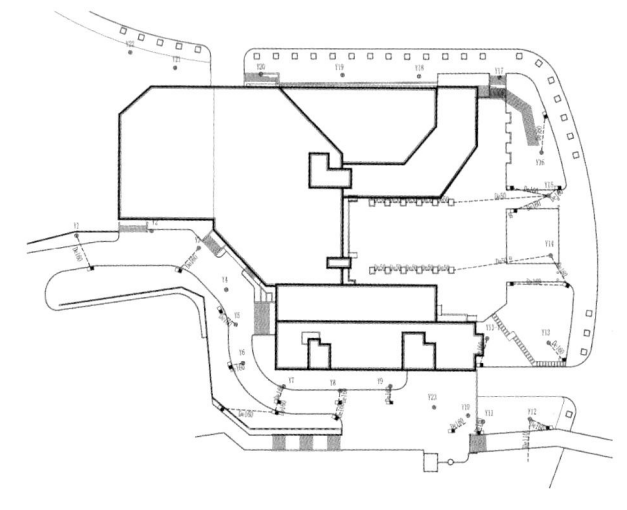

景观排水材料表

序号	图例	名称	规格	单位	数量	备注
1	-----	UPVC排水管	De50	m	85	
2	-----	UPVC排水管	De110	m	15	
3	-----	UPVC排水管	De160	m	135	
4	⊕	建筑雨水检查井	详见建筑雨水设计	个	15	
5	■	雨水口	详见大样图	个	21	

说明:1. 该工程的有组织雨水排放点均排入就近的建筑室外雨水检查井中。
2. 景观雨水口做法见详图,均采用De160的UPVC排水管引入就近雨水检查井中。
3. 管径小于200mm的排水管道采用UPVC排水管,管径大于等于200mm的排水管道采用HDPE双壁波纹管。
4. 塑料排水管埋地基础做法详见标准图集《埋地塑粒排水管道施工》04S520—P17。

图16-14 出版社建筑环境排水平面布置图

(6)植物景观设计　植物景观设计遵循经济、生态和美观原则,在保留原有树种的基础上新增具有观赏性的乔灌木。乔木主要采用了榕树(小叶榕)、二乔玉兰、银杏 Ginkgo biloba L.、天竺桂、假槟榔 Archontophoenix alexandrae (F. Muell.)H. Wendl. et Drude等,灌木主要采用了日本珊瑚、蜡梅、红花檵木、海桐球等,如图16-15、图16-16。

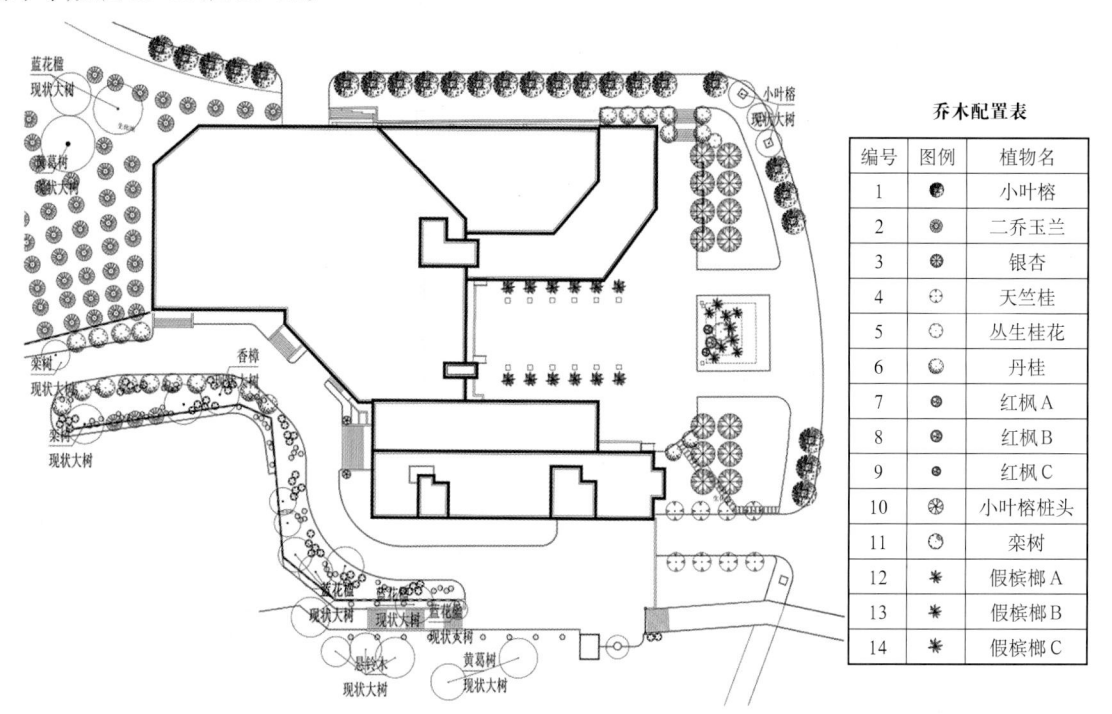

乔木配置表

编号	图例	植物名
1		小叶榕
2		二乔玉兰
3		银杏
4		天竺桂
5		丛生桂花
6		丹桂
7		红枫A
8		红枫B
9		红枫C
10		小叶榕桩头
11		栾树
12		假槟榔A
13		假槟榔B
14		假槟榔C

图16-15　出版社建筑环境乔木平面布置图

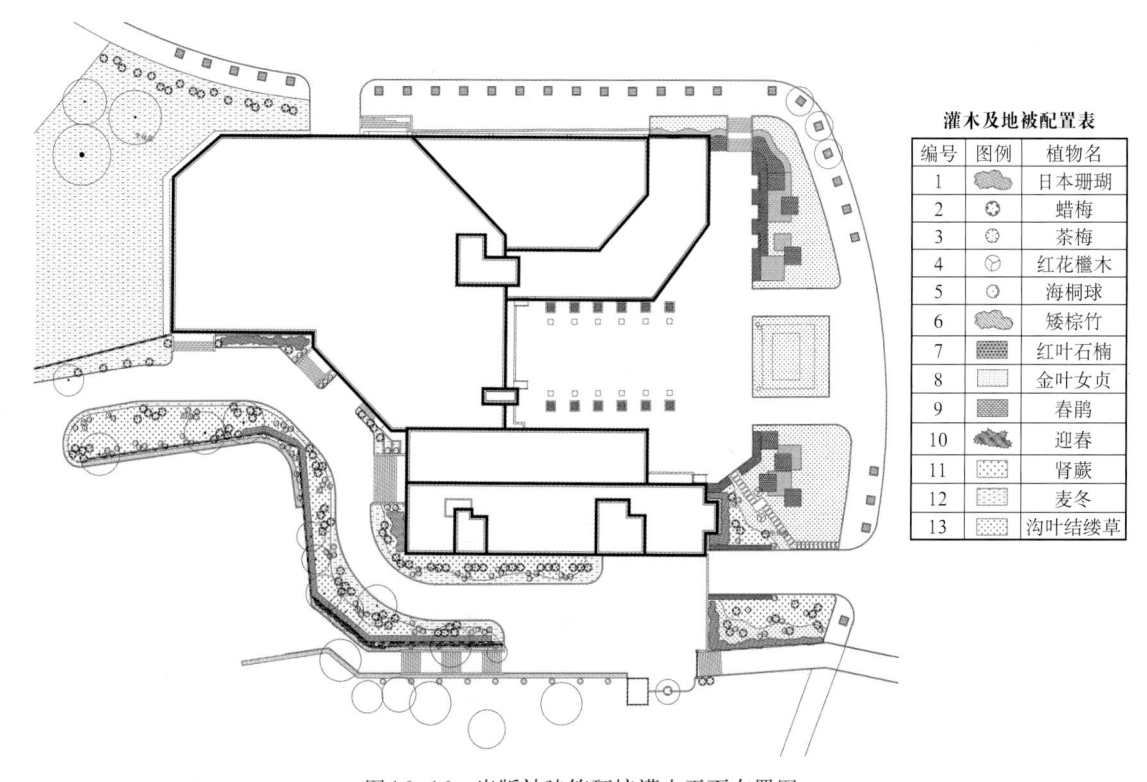

灌木及地被配置表

编号	图例	植物名
1		日本珊瑚
2		蜡梅
3		茶梅
4		红花檵木
5		海桐球
6		矮棕竹
7		红叶石楠
8		金叶女贞
9		春鹃
10		迎春
11		肾蕨
12		麦冬
13		沟叶结缕草

图16-16　出版社建筑环境灌木平面布置图

16.7 施工与维护管理

（1）大楼环境建设基本按设计方案的空间骨架施工完成。但因建筑地下车库施工未预留给排水设施，以及校有关部门认为前广场镜面水池维护管理成本高而简单地改为铺地。入口标志景观雕塑未实施。

（2）为了保护和利用场地南部区域原有蓝花楹，依据蓝花楹的空间位置关系设计的休闲场地未能按图实施。其原因是学校最终决定对该区域地形标高进行了适度降低，原有大树不复存在。

（3）新栽的蓝花楹冠幅偏小，红枫和部分灌木层养护管理不到位。

项目设计人员：张建林、李良、牛漫泽等。

附图：出版大楼外环境实景图

附图16-1

附图16-2

附图16-3

后记

不知道从何时开始,风景园林系的设计类教师将西南大学校园环境景观作为户外教学的重要场地之一,以校园景观设计实例开展现场实证、测绘教学,或者将校园已建成的景观场作为做课程设计场地,教师剖析设计初衷、当时的环境条件和学校要求等。基于此,不少老师为了教学需要希望我提供校园景观设计的相关资料。加之近年来校园绿化养护及建设管理方面的不足导致校园景观缺少文化意境,甚至出现顾此失彼的随意改造,部分景观环境空间已失去设计者的最初创意。基于多种原因,我在两年前就打算将自己主持设计并已建成的校园环境景观作品的设计目标、需要解决的场地问题、设计构思与创意、施工图设计、施工还原设计状况等内容整理成书,期望方便我校专业教学的同时,促进园林、风景园林专业学生更好地理解、学习园林设计,为广大师生员工了解校园环境景观提供一手资料。

说来也巧,本书整理的16个案例,刚好是从2007年设计建成的宓园至2017年设计建成的出版社大楼环境景观,跨度正好十年,这十年也是新组建的西南大学在校园环境着力建设的十年。从本人设计项目的建成及其维护效果来看,校园纪念性景观、全校标志性公共景观的设计施工还原度较高,后期养护管理较为到位,能长期保持设计效果。但对于二级单位专属大楼环境景观的设计施工还原度则较低,施工中随意调整施工范围、删减内容,加之疏于后期专业化的维护管理,景观效果呈现不尽人意。书中呈现的图文将有利于读者了解设计者的初衷,更好地理解从理念、形式到实际呈现的效果。

在成书出版之际,首先,感谢西南大学基建处2007年至2017年间任职的领导和同仁给予我这些设计实践的机会,并对实施环境景观设计方案出谋划策和精心组织施工。正因如此,才能将校园内的环境景观建设变成教学实践场所,并获得全校师生的好评。其次,感谢三十三教学楼610实验室参与设计的研究生们,尽管你们的初期设计构思和表达如此稚嫩,但通过老师的反复修改、打磨,设计方案最终得到圆满实施。最后,特别感谢2021级研究生高会鑫、何雨忆、杨鑫玉、朱灵杰、敖梦苹同学协助对本书收录设计项目的图文整理,李先源教授对书中植物的拉丁名认真而细致的校对。

以目标与问题导向进行园林设计,仅是众多园林设计方法之一。我认为对于缺乏灵感的园林工程设计师而言,这不失为一种行之有效的设计方法,至少应用此方法提出的景观设计方案与用地条件、建成目标是相适应的,也许不是那么有创意,但至少能保住专业设计底线。我也相信以目标与问题导向的园林设计思想是风景园林专业学生的重要学习方向。